全国高等职业教育园林类专业"十三五"规划教材

园林工程招投标及预决算

（第3版）

主　编　张朝阳　张　蕊
主　审　许桂芳

黄 河 水 利 出 版 社
·郑 州·

内 容 提 要

本书依据全国新版工程量清单计价规范和地方园林计价定额，并结合最新文件和计价方法编写而成。全书分为9章，主要内容包括园林工程造价概述、园林工程定额、工程量清单计价及报价编制、园林工程计量与计价、园林工程设计概算、园林工程结算与竣工决算、园林工程预算软件的应用、园林工程招标投标、园林工程计价案例等。

本书适用于高职高专园林工程技术、园林技术、风景园林设计、环境艺术设计、景观等相关专业的园林工程计价与招投标课程教学，还可作为各类培训班的培训教材，并可供园林、生态修复等行业从业人员参考学习。

图书在版编目(CIP)数据

园林工程招投标及预决算/张朝阳，张蕊主编.—3版.—郑州：黄河水利出版社，2020. 3 （2023.1 重印）
全国高等职业教育园林类专业“十三五”规划教材
ISBN 978-7-5509-2605-9

Ⅰ.①园… Ⅱ.①张…②张… Ⅲ.①园林-工程施工-招标-高等职业教育-教材②园林-工程施工-投标-高等职业教育-教材③园林-工程施工-建筑经济定额-高等职业教育-教材 Ⅳ.①TU986.3

中国版本图书馆CIP数据核字(2020)第037124号

策划编辑：王志宽 电话：0371-66024331 E-mail：wangzhikuan83@126.com

出 版 社：黄河水利出版社 网址：www.yrcp.com
地址：河南省郑州市顺河路黄委会综合楼14层 邮政编码：450003
发行单位：黄河水利出版社
发行部电话：0371-66026940、66020550、66028024、66022620(传真)
E-mail：hhslcbs@126.com
承印单位：河南承创印务有限公司
开本：787 mm×1 092 mm 1/16
印张：21.75
字数：503千字
版次：2010年12月第1版 印次：2023年1月第2次印刷
2015年10月第2版
2020年3月第3版

定价：39.00元

全国高等职业教育园林类专业“十三五”规划教材
编审委员会

出版说明

近年来，随着社会的进步和人们生活水平的提高，人类对生存环境的质量要求越来越高，园林作为生态环境建设的重要组成部分和提高人类生存环境质量的重要凭借手段，越来越受到环境决策者和建设者的重视，特别是在城市，生态园林建设已成为解决社会快速发展所带来的环境问题的主要方式之一，因而以服务和改造室内外环境为基本内容的园林专业也随之迅速发展，新观念、新技术不断涌现，社会对园林工程专业高端技能型人才的要求也不断提高。

为了配合全国高等职业教育园林类专业的教学改革与教材建设规划，按照国家对高等职业教育园林专业人才培养目标定位和市场对园林专业人才专业知识及实践技能的要求，在对现有园林工程专业教材出版情况进行深入调研并充分征求了各课程主讲老师意见的基础上，我社组织出版了这套“全国高等职业教育园林类专业‘十三五’规划教材”。教材的编写立足于高起点、出精品，本着知识传授与能力培养并重的原则，以培养园林高级专业技术人才为目标，着重加强职业教育的技能培养特色，重点突出实验、实训教学环节。

本系列教材的编写和出版得到了全国多所园林类高等职业院校的大力支持，我们特别邀请了多所高等院校相关专业的老师对稿件进行了严格审查把关。正是由于他们的辛勤工作和无私奉献，才使得这些教材能够在最短的时间内付梓，并有效保证了教材的整体水平和质量。在此，对推进此次教材编写与出版工作的各院校领导、参编和审稿的老师表示衷心的感谢和诚挚的敬意。

诚然，人才的培养需要教育者长期坚持不懈的努力，好的教材也需要经过时间的考证和实践的检验。希望各院校在使用这些教材的过程中提出改进意见与建议，以便再版时不断修改和完善。

黄河水利出版社

第 3 版前言

《园林工程招投标及预决算》第 2 版于 2015 年 10 月出版后，一些相关政策发生了很大变化。2016 年开始全面推广营业税改征增值税，到 2017 年 11 月 19 日《国务院关于废止〈中华人民共和国营业税暂行条例〉和修改〈中华人民共和国增值税暂行条例〉的决定》，园林工程计价中税金发生变化；2018 年 3 月，住房和城乡建设部印发了《关于加强生态修复城市修补工作的指导意见》，为园林工程项目内容提出新要求，也为园林工程提供了新内涵；在园林工程项目管理与招标投标方面，2017 年 12 月实施修改后的《中华人民共和国招标投标法》，2017 年 4 月，住房和城乡建设部正式发文取消了园林绿化资质，并印发了《园林绿化工程建设管理规定》，为规范取消园林绿化资质后的招标投标行为，中国风景园林学会于 2019 年 1 月发布了《园林绿化工程施工招标投标管理标准》团体标准（T/CHSLA 50001—2018）。随着新政策的实施，原书中部分内容需要更新，为此，我们编写了《园林工程招投标及预决算》第 3 版。本书充分体现了任务引领的课程设计思想，每一章节均以园林工程项目为载体，并配有大量的园林工程计价案例，通过对工程实例的分析、讲解和实训操作来培养学生的技能。

园林工程计价与招标投标是园林建设中的重要环节，具有很强的政策性、经济性、科学性和技术性。合理确定好园林工程造价、编制好园林工程招标投标文件、进行工程资料管理等，是园林从业人员的重要技能之一。本书是根据园林类专业培养目标、培养方案和课程标准的内容要求及新版的《建设工程工程量清单计价规范》（GB 50500—2013）及相关计算规范、部分地区园林工程计价定额、取费定额和相关最新文件编写的。

本书特点如下：

（1）项目导向，理论与实践相结合。

以完成园林工程项目的计价与招标投标工作为任务，在每个章节中，均以具体工程项目为载体，围绕项目进行计价过程学习，并配有大量的园林工程计价案例，通过工程实例的分析、讲解和实训操作来培养学生的技能。

（2）应用性、针对性强。

作者根据多年的实际工作和教学经验，在编写上充分考虑学生的学习能力和学习特点，力求做到内容生动、简明浅显，实例丰富，且突出园林专业的特点。本书的大量实例都来自工程实际，缩短了理论与实践的差距，并使学生在真实的任务中学习，边做边学，激发学习兴趣，为学生走上专业人员的道路打下坚实的基础。

（3）兼顾了统一性和地域性。

园林工程计量与计价既有国家统一的工程量清单计价规范，又有各地方采用的定额、价格、费用规定。因此，本书在编写中兼顾了统一性和地域性，以满足不同地区对园林工程计价的适应性。在教材的正文与习题部分，套用定额时，均给出了相应定额表，以利于学生理解掌握计价方法，在实训中可由任课教师根据当地实际情况，完善问题，着重培养学生解决问题的能力。

本书由张朝阳(长沙环境保护职业技术学院)、张蕊(周口职业技术学院)担任主编,由张朝阳负责全书统稿;由曾志勇(长沙环境保护职业技术学院)、竹丽(长沙环境保护职业技术学院)、唐敏(河南林业职业学院)、王梦飞(浙江广厦建设职业技术学院)、王金贵(黑龙江农垦科技职业学院)、杨志鹏(甘肃林业职业技术学院)担任副主编;孙清梅(浙江广厦建设职业技术学院)、黄晓林(湖南省湘潭市风景园林中心)、朱永兴(河南农业职业学院)、黄新文(湖南生物机电职业技术学院)参编;由许桂芳(长沙环境保护职业技术学院)担任主审。

虽竭尽努力,但由于水平与条件所限,本书难免存在一些缺点和不妥之处,欢迎读者提出宝贵意见。同时,园林工程计价是一门实践性、政策性很强的课程,如内容存在与国家、省市有关部门的规定(新规定)不符之处,以文件及国家、省市部门的最新有关规定为准。

编　者

2019 年 12 月

目　录

第一章　园林工程造价概述

第一节　园林工程计价

园林工程造价即园林工程产品的价格。园林工程产品的价格由成本、利润及税金组成。但与工业产品标准化、批量生产、便于统一定价不同，园林工程产品自身生产特点决定它需要单独定价，而不能事先统一定价。

园林工程计价的主要特点就是将一个工程项目分解成若干基本子目，找到合适的计量单位，采用特定的估价方法进行计价，组合汇总，得到该工程项目的工程造价。

一、基本建设程序

基本建设程序是指建设项目从策划、评估、决策、设计、施工到竣工验收、投入生产或交付使用的整个建设过程中各项工作必须遵守的先后顺序。投资建设一个项目都要经过投资决策、建设实施、生产运营和总结评价四个发展时期。

（一）编制项目建议书

项目建议书是建设某一具体项目的建议文件。项目建议书是工程建设程序最初阶段的工作，业主经过调查分析，说明拟建项目建设的必要性、条件的可行性等。

（二）进行可行性研究

项目建议书一经批准，既可着手进行可行性研究，在现场调研的基础上，提出可行性研究报告，在建设项目投资决策前进行技术经济论证。可行性研究是项目前期工作的最重要的一项工作。

（三）编制计划任务书

计划任务书是确定建设项目规模、编制设计文件的依据。计划任务书应包括规划依据、建设目的、工程规模、地址选择、主要项目、平面布置、设计要求、资金筹措、工程效益、项目组织管理等主要内容。

（四）编制设计文件

计划任务书批准后，开始进行勘测设计。设计文件一般委托设计单位编制。一般建设项目设计分为三阶段设计和两阶段设计两种。

三阶段设计：初步设计（编制初步设计概算）、技术设计（编制修正概算）、施工图设计（编制施工图预算），适用于技术复杂且缺乏经验的大中型项目。

两阶段设计：初步设计、施工图设计，适用于一般小型项目。

一般项目采用两阶段设计，有的小型项目可直接进行施工图设计。

（五）建设准备

建设准备主要内容有：征地、拆迁、场地平整，施工用水、电、路准备工作，组织设备、材料订货,准备招标文件和必要的施工图纸,组织施工招标。

(六)建设实施

建设实施前须取得当地建设主管部门颁发的施工许可证方可正式施工。

一般情况下,合理的园林工程建设施工程序为:整地→安装给水排水→修建园林建筑→铺装广场、道路→移植大树→种植树木→种植草坪→达到竣工验收标准后,由施工单位移交给建设单位。

(七)竣工验收、交付使用

建设项目按批准的设计文件所规定的内容建完后,便可以组织勘察、设计、施工、监理等有关单位参加竣工验收。验收合格后,施工单位应向建设单位办理竣工移交和竣工结算手续,并把项目交付建设单位使用。

(八)工程项目后评价

工程项目后评价指工程建设完成并投入生产或使用之后所进行的总结性评价。

二、园林工程计价的特征

工程计价的特征由工程项目的特点决定,工程计价具有以下特征。

(一)计价的单件性

目标工程在生产上的单件性决定了在造价计算上的单件性,它不能像一般工业产品那样,可以按品种和规格成批地生产、统一定价,而只能按照单件计价。国家或地区有关部门不能按各个工程逐件控制价格,只能就工程造价中各项费用项目的划分、工程造价构成的一般程序、概预算的编制方法、各种概预算定额和费用标准等,做出统一性的规定,据此做宏观性的价格控制。

(二)计价的多次性

目标工程的生产过程是一个周期长、数量大的生产消费过程。它要经过可行性研究、设计、施工、竣工验收等多个阶段,并分段进行,逐步接近实际。为了适应工程建设过程中各方经济关系的建立,适应项目管理,适应工程造价控制与管理的要求,需要按照设计和建设阶段多次性计价,如图1-1所示。

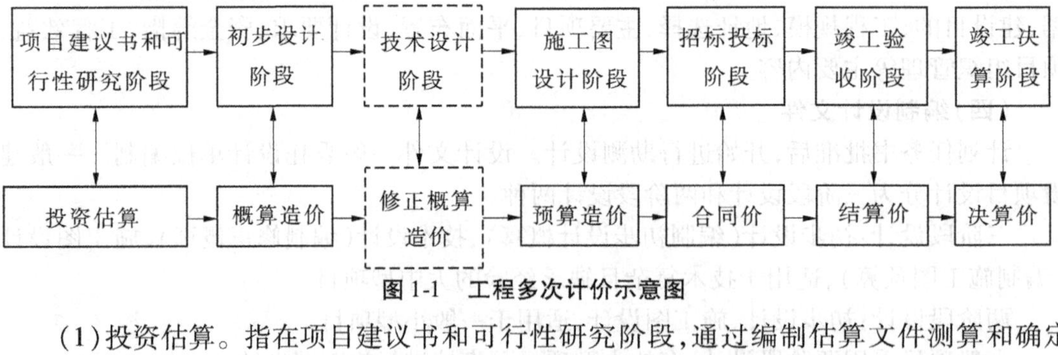

图1-1　工程多次计价示意图

(1)投资估算。指在项目建议书和可行性研究阶段,通过编制估算文件测算和确定的工程造价。投资估算是建设项目进行决策、筹集资金和合理控制造价的主要依据。

(2)概算造价。指在初步设计阶段,根据设计意图,通过编制工程概算文件预先测算和确定的工程造价。与投资估算造价相比，概算造价的准确性有所提高，但受估算造价的控制。概算造价一般又可分为建设项目概算总造价、各个单项工程概算综合造价、各单位工程概算造价。

(3)修正概算造价。指在技术设计阶段，根据技术设计的要求，通过编制修正概算文件预先测算和确定的工程造价。修正概算是对初步设计阶段的概算造价的修正和调整，比概算造价准确，但受概算造价控制。

(4)预算造价。指在施工图设计阶段，根据施工图纸，通过编制预算文件预先测算和确定的工程造价。它比概算造价或修正概算造价更为详尽和准确，但同样要受前一阶段工程造价的控制。

(5)合同价。指在招标投标阶段，通过签订总承包合同、建筑安装工程承包合同、设备材料采购合同，以及技术和咨询服务合同所确定的价格。合同价属于市场价格，它是由承发包双方根据市场行情共同议定和认可的成交价格。但要注意：合同价并不等同于最终决算的实际工程造价。根据计价方法不同，建设工程合同有许多类型，不同类型合同的合同价内涵也会有所不同。

(6)结算价。指在竣工验收阶段，按合同调价范围和调价方法，对实际发生的工程量增减、设备和材料价差等进行调整后计算和确定的价格，反映的是工程项目实际造价。结算价一般由承包单位编制，由发包单位审查，也可委托具有相应资质的工程造价咨询机构进行审查。

(7)决算价。指在竣工决算阶段，以实物数量和货币指标为计量单位，综合反映竣工项目从筹建开始到项目竣工交付使用为止的全部建设费用。

(三)计价的组合性

工程造价的计算是分部组合而成的，这一特征与建设项目的组合性有关。从计价和工程管理的角度，分部分项工程还可以进一步分解。建设项目的组合性决定了确定工程造价的逐步组合过程，同时也反映到合同价和结算价的确定过程中。工程造价的组合过程是：分部分项工程单价→单位工程造价→单项工程造价→建设项目总造价。

(四)计价方法的多样性

工程项目的多次计价有其各不相同的计价依据，每次计价的精确度要求也各不相同，由此决定了计价方法的多样性。例如，计算投资估算的方法有设备系数法、生产能力指数估算法等；计算概预算造价的方法有单价法和实物法等。不同的方法有不同的适用条件，计价时应根据具体情况加以选择。

(五)计价依据的复杂性

由于影响工程造价的因素较多，决定了计价依据的复杂性。计价依据主要可分为以下七类：

(1)设备和工程量计算依据。包括项目建议书、可行性研究报告、设计文件等。

(2)人工、材料、机械等实物消耗量计算依据。包括投资估算指标、概算定额、预算定额等。

(3)工程单价计算依据。包括人工单价、材料价格、材料运杂费、机械台班费等。

(4)设备单价计算依据。包括设备原价、设备运杂费、进口设备关税等。

(5)措施费、间接费和工程建设其他费用计算依据。主要是相关的费用定额指标。

(6)政府规定的税、费。

(7)物价指数和工程造价指数。

三、园林工程计价的基本方法

(一)定额计价方法

定额计价方法即工料单价法,指项目单价采用分部分项工程的不完全价格(包括人工费、材料费、施工机械台班使用费)的一种计价方法。

我国现行有两种计价方法,一种是单价法,另一种是实物法。

1. 单价法

首先按相应定额工程量计算规则计算工程中各个分部分项工程的工程量,然后直接套取相应预算定额的各个分部分项工程量的定额基价,直接得出各个分部分项工程的直接费,汇总得出工程总的直接费,再用工程总的直接费乘以相应的费率得出工程总的间接费、利润和税金,最后汇总得出工程的造价。单价法计算工程造价工作程序示意图如图1-2所示。

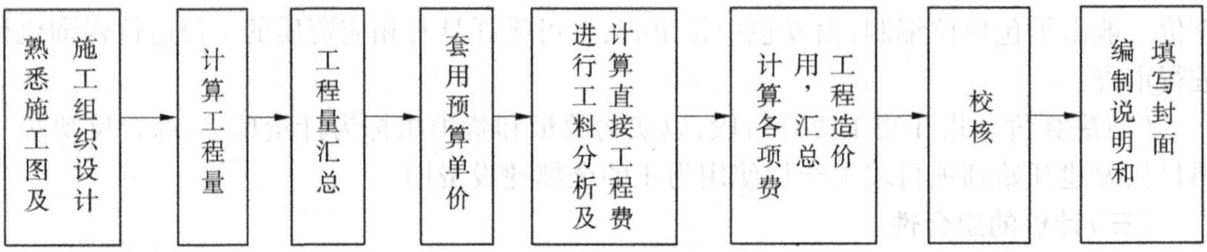

图1-2 单价法计算工程造价工作程序示意图

2. 实物法

在计算出各个分部分项工程的工程量后套用相应的分部分项工程的定额消耗量,将各个分部分项工程量分解为相应的工料机的消耗量,然后分别乘以相应的人工、材料、机械的市场单价后相加得出相应分部分项工程的工料机合价(分部分项工程的直接费),再将各个分部分项工程的直接费汇总得出工程的总直接费,后面取费就与单价法一样。实物法计算工程造价工作程序示意图如图1-3所示。

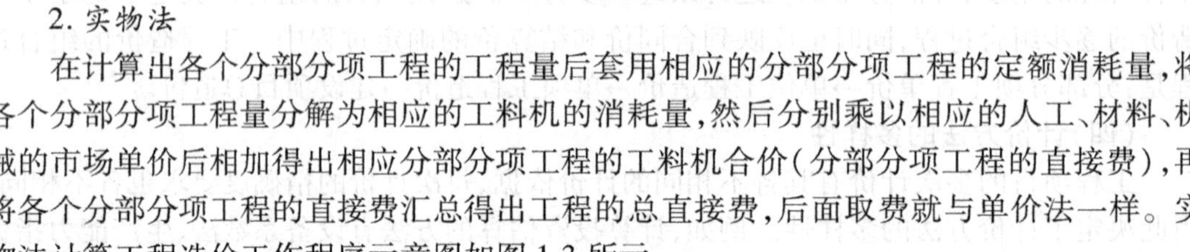

图1-3 实物法计算工程造价工作程序示意图

可以看出,单价法与实物法最主要也是最根本的区别在于计算出工程量以后的步骤。

单价法和实物法的区别在于各个分部分项工程的工料机合价计算依据不同，单价法用“定额基价”直接计算，而实物法用“消耗量定额”和“工料机的市场单价”确定各个分部分项工程的工料机合价。不管采用哪种方法计算，所计算出来的各个分部分项工程的费用都只包括工料机费用，各个分部分项工程的费用没有间接费、利润、税金、措施费、风险费等，换句话来说就是定额计价法中只能计算工程总的间接费、措施费、利润和税金等，在这种计价方法下无法得出各个分部分项工程的间接费、措施费、利润和税金。因此，此种工料单价又称为“不完全单价”。

定额计价法以图纸为依据，施工图预算主要通过定额计价方式来确定工程造价。定额计价方式确定工程造价，在建设工程项目的决策阶段、设计阶段、招标投标阶段、施工阶段、竣工验收阶段均发挥作用。

（二）工程量清单计价方法

工程量清单计价法即“综合单价法”。它是以国家颁布的《建设工程工程量清单计价规范》（GB 50500—2013）及相关计算规范为依据，首先根据“五统一”（统一项目名称、项目特征、计量单位、工程量计算规则、项目编码）原则编制出工程量清单；其次由各投标施工企业根据企业实际情况与施工方案、对完成工程量清单中一个规定计量单位项目进行综合报价（包括人工费、材料费、机械使用费、管理费、利润、风险费），最后在市场竞争过程中形成园林工程造价。工程量清单计价是一种国际上通行的计价方式。

其各个分部分项工程的费用不仅包括工料机的费用，还包括各个分部分项工程的间接费、利润、税金、措施费、风险费等，即在计算各个分部分项工程的工料机费用的同时就开始计算各个分部分项工程的间接费、利润、税金、措施费、风险费等。这样就会形成各个分部分项工程的“完全价格（综合价格）”，最后直接汇总所有分部分项工程的“完全价格（综合价格）”就可直接得出工程的工程造价。工程量清单计价方法计算工程造价工作程序示意图如图 1-4 所示。

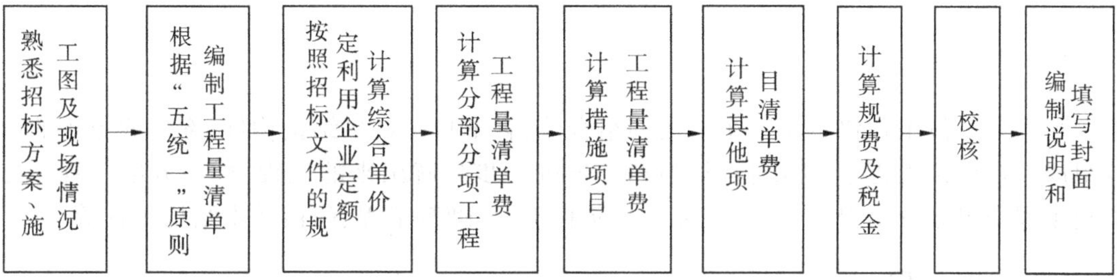

图 1-4　工程量清单计价方法计算工程造价工作程序示意图

当园林工程标的物及有关条件明确后，采用清单计价方式，通过招标投标来确定工程造价和承包商，体现了市场经济规律的基本要求。

第二节　园林绿化工程分部分项工程划分

园林建设产品种类丰富，但是经过层层分解后，都具有许多共同的特征。例如，一般园林建筑都由基础、墙体、门窗、屋面、地面等组成;仿古建筑一般也都由台基、屋身、屋顶构成,构件的材料不外乎砖、木、石、钢材、混凝土等。工程做法虽不尽相同,但有统一的常用模式及方法;设备安装也可按专业及设备品种、型号、规格等加以区分。

一、建设项目

建设项目是指在一个总体设计或初步设计范围内进行施工、在行政上具有独立的组织形式、经济上实行独立核算、有法人资格与其他经济实体建立经济往来关系的建设工程实体。建设项目一般是指一个企业或一个事业单位的建设,如××化工厂、××商厦、××大学、××住宅小区等,如一个公园、一个游乐园、一个动物园等就是一个建设项目。建设项目可以由一个或几个工程项目组成。

二、工程项目

工程项目又称单项工程,它是建设项目的组成部分。一个建设项目,可以同时是一个工程项目,也可以包括几个或几十个工程项目。工程项目都有独立的设计文件,竣工后能够独立发挥生产能力或使用效益,如民用建设项目××大学中的图书馆、理化教学楼等。工程项目是具有独立存在意义的一个完整过程,也是一个极为复杂的综合体,它是由许多单位工程组成的。如一个公园里的码头、水榭、餐厅等。

三、单位工程

单位工程是指具有单独设计、可以独立组织施工,但竣工后不能独立发挥生产能力或使用效益的工程。一个工程项目,按照它的构成,一般都可以把它划分为建筑工程、设备购置及其安装工程,其中建筑工程还可以按照其中各个组成部分的性质、作用,划分为若干个单位工程。如建筑工程中的一般土建工程、装饰装修工程、给水排水工程、电气照明工程、园林绿化工程等均可以单独作为单位工程。

四、分部工程

每一个单位工程仍然是一个较大的组合体,它本身由许多结构构件、部件或更小的部分组成。在单位工程中,按部位、材料和工种进一步分解出来的工程,称为分部工程。如土建工程中可划分出土石方工程、地基与防护工程、砌筑工程、门窗及木结构工程等。

五、分项工程

由于每一分部工程中影响工料消耗大小的因素仍然很多,所以为了计算工程造价和工料消耗量的方便,还必须把分部工程按照不同的施工方法、不同的构造、不同的规格等,进一步地分解为分项工程。分项工程是指能够单独地经过一定施工工序就能完成,并且可以采用适当计量单位计算的建筑或安装工程。例如,每10 m暖气管道铺设、每10 m^3砖基础工程等,都分别为一个分项工程。但一般来说,分项工程独立的存在往往是没有实用意义的,它只是建筑或安装工程构成的一种基本部分,是建设工程预算中所取定的最小计算单元,是为了确定工程项目造价而划分出来的假定性产品。

根据《园林绿化工程工程量计算规范》(GB 50858—2013)规定,园林绿化工程分为四个分部工程:绿化工程,园路、园桥工程,园林景观工程,措施项目。每个分部工程又分为若干个子分部工程。每个子分部工程又分为若干个分项工程。每个分项工程有一个项目编码。园林绿化工程的分部分项工程划分详见表 1-1。

表 1-1　园林绿化工程的分部分项工程划分

<table>
<tr><th>分部工程</th><th>子分部工程</th><th>分项工程</th></tr>
<tr><td rowspan="3">绿化工程</td><td>绿地整理</td><td>砍伐乔木;挖树根(蔸);砍挖灌木丛及根;挖竹根及根;砍挖芦苇及根;清除草皮;清除地被植物;屋面清理;种植土回(换)填;整理绿化用地;绿地起坡造型;屋顶花园基底处理</td></tr>
<tr><td>栽植花木</td><td>栽植乔木;栽植竹类;栽植棕榈类;栽植灌木;栽植绿篱;栽植攀缘植物;栽植色带;栽植花卉;栽植水生植物;垂直墙体绿化种植;花卉立体布置;铺种草皮;喷播植草;植草砖内植草(籽);挂网;箱/钵栽植</td></tr>
<tr><td>绿地喷灌</td><td>喷灌管线安装、喷灌配件安装</td></tr>
<tr><td rowspan="2">园路、园桥工程</td><td>园路、园桥工程</td><td>园路;踏(蹬)道;路牙铺设;树池围牙;盖板(箅子);嵌草砖铺装桥基础;石桥墩、石桥台;拱券石制作、安装;石券脸制作、安装;金刚墙砌筑;石桥面铺筑;石桥面檐板;石汀步(步石、飞石);木制步桥;栈道</td></tr>
<tr><td>驳岸、护岸</td><td>石(卵石)砌驳岸;原木桩驳岸;满(散)铺砂卵石护岸;点(散)布大卵石;框格花木护岸</td></tr>
<tr><td rowspan="7">园林景观工程</td><td>堆塑假山</td><td>堆筑土山丘;堆砌石假山;塑假山;石笋;点风景石;池、盆景置石;山(卵)石护角;山坡(卵)石台阶</td></tr>
<tr><td>原木、竹构件</td><td>原木(带树皮)柱、梁、檩、椽;原木(带树皮)墙;树枝吊挂楣子;竹柱、梁、檩、椽;竹编墙;竹吊挂楣子</td></tr>
<tr><td>亭廊屋面</td><td>草屋面;竹屋面;树皮屋面;油毡瓦屋面;预制混凝土穹顶;彩色压型钢板(夹心板)攒尖亭屋面板;彩色压型钢板(夹心板)穹顶</td></tr>
<tr><td>花架</td><td>现浇混凝土花架柱、梁;预制混凝土花架柱、梁;木花架柱、梁;金属花架柱、梁;竹花架柱、梁</td></tr>
<tr><td>园林桌椅</td><td>预制钢筋混凝土飞来椅;竹制飞来椅;水磨石飞来椅;现浇混凝土桌凳;预制混凝土桌凳;石桌石凳;水磨石桌凳;塑树根桌凳;塑树节椅;塑料、铁艺、金属椅</td></tr>
<tr><td>喷泉安装</td><td>喷泉管道;喷泉电缆;水下艺术装饰灯具;电气控制柜;喷泉设备</td></tr>
<tr><td>杂项</td><td>石灯;石球;塑仿石音箱;塑树皮梁、柱;塑竹梁、柱;铁艺栏杆;塑料栏杆;钢筋混凝土艺术围栏;标志牌;景墙;景窗;花饰;博古架;花盆(坛、箱);摆花;花池;垃圾箱;砖石砌小摆设;其他景观小摆设;柔性水池</td></tr>
</table>

例如:某小区环境景观工程。

建设总项目:××小区。

单项工程:园林建设工程、土建工程、市政工程、水电安装工程等。

单位工程:园林工程、园林建筑工程等。

分部工程:园林绿化工程,园路、园桥工程、假山工程,园林小品工程等。

分项工程:栽植乔木(裸根、带土球)、栽植灌木(裸根、带土球)、草坪等。

除以上分部分项工程外,园林绿化工程还会涉及一些施工措施项目,详见表1-2。

表1-2　园林绿化工程施工措施项目

项目类别	项目名称
脚手架工程	砌筑脚手架;抹灰脚手架;亭脚手架;满堂脚手架;堆砌(塑)假山脚手架;桥身脚手架;斜道
模板工程	现浇混凝土垫层;现浇混凝土路面;现浇混凝土路牙;树池围牙;现浇混凝土花架柱;现浇混凝土花架梁;现浇混凝土花池;现浇混凝土桌凳;石桥拱券石、石券脸胎架
树木支撑架、草绳绕树干、搭设遮阴(防寒)棚工程	树木支撑架;草绳绕树干;搭设遮阴(防寒)棚
围堰、排水工程	围堰;排水
安全文明施工及其他措施	安全文明施工;夜间施工;非夜间施工照明;二次搬运;冬雨季施工;反季节栽植影响措施;地上地下设施的临时保护设施;已完工程及设备保护

第三节　园林工程费用的组成与计算

一、园林工程费用的组成

根据国家标准《建设工程工程量清单计价规范》(GB 50500—2013)的规定,在清单计价模式下,工程费用由分部分项工程费、措施项目费、其他项目费、规费和税金构成,如表1-3所示。

(一)分部分项工程费

分部分项工程费是完成分部分项工程量清单项目所需人工费、材料费、施工机械使用费、管理费、利润,并包括完成相应项目所需的风险费。

分部分项工程费应根据招标文件中分部分项工程量清单的项目特征描述、施工图纸、招标文件等要求以综合单价的形式计算。

综合单价有不完全费用综合单价和完全费用综合单价两种。不完全费用综合单价包括人工费、材料和工程设备费、施工机械使用费和管理费、利润以及一定范围内的风险费(人工费+材料设备费+施工机械使用费+管理费+利润);而完全费用综合单价内容包括直接工程费、间接费、利润和税金(人工费+材料设备费+施工机械使用费+管理费+利润+规费 +税金)。

其中,人工费、材料费、施工机械使用费,为完成规定计量单位清单项目直接消耗的生产工人开支的费用、直接耗用构成分部分项工程实体的各项材料的费用、直接使用机械作业发生的各项费用;管理费和利润,为完成规定计量单位工程量清单项目,由投标人根据工程特点和市场实际情况确定应计取的管理费与利润。

风险费为投标人根据招标文件约定的风险分担要求,结合自身情况和可能出现的不可预计因素,综合计算出由此产生的防范、化解和解决问题所需的费用。

表 1-3　清单计价的园林工程费用组成

工程费	分部分项工程费	1. 人工费
		2. 材料费
		3. 施工机械使用费
		4. 管理费:管理人员工资、办公费、差旅交通费、固定资产使用费、工具用具使用费、劳动保险和职业福利费、劳动保护费、检验试验费、工会经费、职工教育经费、财产保险费、财务费、税金、其他
		5. 利润
	措施项目费	1. 安全文明施工费:环境保护费、文明施工费、安全施工费、临时设施费
		2. 夜间施工增加费
		3. 非夜间施工照明费
		4. 二次搬运费
		5. 冬雨季施工增加费
		6. 地上设施、地下设施、建筑物的临时保护设施费
		7. 已完工程及设备保护费
		8. 脚手架费
		9. 混凝土、钢筋混凝土模板及支(撑)架费
		10. 垂直运输费
		11. 超高施工增加费
		12. 大型机械设备进出场及安拆费
		13. 施工排水、降水费
	其他项目费	1. 暂列金额
		2. 暂估价
		3. 计日工
		4. 总承包服务费
	规费	1. 社会保险费(养老、失业、医疗、生育、工伤保险费)
		2. 住房公积金
		3. 工程排污费
	税金	

(二)措施项目费

措施项目费指为完成工程项目施工,发生于该工程施工准备和施工过程中的技术、生活、安全、环境保护等方面的非工程实体项目所需的费用。

措施项目费由投标人根据招标文件中措施工程项目清单和投标人为投标工程拟定的施工组织设计来自主确定。对于根据投标文件可以计算所需工程量的措施项目,应按分部分项工程工程量清单的方式采用综合单价报价,其余措施项目可以以“项”为单位的方式计价。其中的安全文明施工费应按照国家或省级、行业建设主管部门的规定计价,不得作为竞争性费用。

(三)其他项目费

其他项目费应由投标人根据投标工程具体情况,按照招标人列出的暂列金额、暂估价、计日工和总承包服务费列项报价。

暂列金额是招标人在工程量清单中暂定并包括在合同价款中的一笔款项。用于施工合同签订时尚未确定或者不可预见的材料、设备、服务的采购,施工中可能发生的工程变更、合同约定调整因素出现时的工程价款调整,以及发生的索赔、现场签证确认等的费用。

暂估价包括材料暂估价、专业工程暂估价,为招标人在招标时暂时不能确定价格的材料的单价和专业工程金额。对于招标人在其他项目清单中列有暂估材料单价的,投标人应按暂估价计入综合单价。其他项目清单列有专业工程暂估价的,报价时应按所列金额填写。

所谓计日工,是指在施工过程中,完成发包人提出的施工图纸以外的零星项目或工作,按合同中约定的综合单价计价。计日工的单价或合同总额价一般作为工程量清单的附件包括在合同内,是由承包人在投标时根据计日工明细表所列的细目填报的。

总承包服务费是项目总承包人为配合、协调发包人进行的工程分包,对建设单位自行采购的设备、材料等进行管理、服务,以及施工现场管理、竣工资料汇总整理等服务所需的费用。总承包服务费应根据招标文件提出的要求和内容自主确定。

(四)规费和税金

规费是根据省级政府或省级有关权力部门规定必须缴纳的,应计入工程造价的费用。如工程排污费、社会保障费、住房公积金等。

增值税方案下的税金是指国家税法规定应计入园林工程造价的增值税销项税额。

二、园林工程费用的计算

(一)分部分项工程工程量清单综合单价的确定

投标人根据招标人提供的工程量清单按照企业定额或建设行政主管部门发布的消耗量定额确定合理的综合单价,具体可以按照以下步骤进行:

(1)按照企业定额或建设行政主管部门发布的消耗量定额对需报价的工作量清单子目分析其项目特征和工程内容,结合工程具体的施工方案确定该清单子目可组合内容和相对应定额子目。

(2)确定可组合定额项目的工程量。

(3)采集、分析市场材料价格,根据企业情况确定合理的人工、材料、机械台班价格。

(4)根据企业自身情况、工程特点、投标竞争等情况,确定该清单子目合理的管理费和利润报价策略,按照本子目施工、材料、人工等因素考虑风险费。

(二)计算汇总分部分项工程费

分部分项工程费 = 分部分项工程工程量清单数量 × 综合单价

(三)计算措施项目费

措施项目费应按照措施项目清单所列措施项目的项目名称和序号列项计算,计价时对于投标人认为不发生的措施项目,金额以“0”表示,而不应删除该项目。

(1)可计算工程量的措施费。包括施工降水排水费、混凝土与钢筋混凝土模板及支架费、脚手架费、大型机械场外运输及安拆费等。

具体应先根据具体工程、施工方案和所用的计价定额计算计价工程量,然后按计价定额计算其综合单价。

$$措施费 = 相应措施项目的计价工程量 \times 综合单价$$

(2)不宜计量工程量的措施费。包括安全文明施工费、夜间施工费、二次搬运费、已完工程及设备保护费等。

该部分措施项目费的计取由投标人根据工程所在地建设行政主管部门的相关要求和相关计价费用定额的规定计算。一般按照分部分项工程工程量清单费和可计量工程量措施费中的人工费、机械使用费之和(或仅人工费)为基数计算。

计算公式为

$$措施费 = (人工费 + 机械使用费) \times 相应组织措施费费率$$

或

$$措施费 = 人工费 \times 相应组织措施费费率$$

(四)计算其他项目费

有暂列金额、暂估价、计日工和总承包服务费等项目,具体要以招标文件的规定执行。

(五)规费

规费为施工单位按政府有关部门规定必须缴纳的费用,其计取按各地相应费用定额规定。

(六)税金

税金指按国家税法规定计取的增值税。清单计价程序如表1-4所示。

表1-4　清单计价程序

序号	费用项目		计算方法
一	分部分项工程量清单项目费		Σ(分部分项工程量清单×综合单价)
	其中	1. 人工费	
		2. 机械使用费	
二	措施项目清单费		(一)+(二)
	(一)施工技术措施项目清单费		Σ(施工技术措施项目清单×综合单价)
	其中	3. 人工费	
		4. 机械使用费	
	(二)施工组织措施项目清单费		按清单计价要求计算
三	其他项目清单费		按清单计价要求计算
四	规费		按相应取费基础和相应费率计算
五	税金		按相应取费基础和相应费率计算
六	工程造价		一+二+三+四+五

某省税费率规定下的单位工程费用计算表,如表1-5所示。

表1-5　单位工程费用计算表

工程名称:　　标段:　　单位工程名称:　　　　　　　　第　页　共　页

序号	工程内容	计费基础说明	费率(%)	金额(元)	备注
1	直接费	1.1+1.2+1.3			
1.1	人工费				
1.1.1	其中:取费人工费				
1.2	材料费				
1.3	机械使用费				
2	费用和利润	2.1+2.2+2.3+2.4			
2.1	管理费	1.1.1	19.90		
2.2	利润	1.1.1	21.70		
2.3	总价措施项目费				
2.3.1	其中:安全文明施工费	1.1.1	10.63		
2.4	规费	2.4.1+2.4.2+2.4.3+2.4.4+2.4.5			
2.4.1	工程排污费	1+2.1+2.2+2.3	0.40		
2.4.2	职工教育经费和工会经费	1.1	3.50		
2.4.3	住房公积金	1.1	6.00		
2.4.4	安全生产责任险	1+2.1+2.2+2.3	0.20		
2.4.5	社会保险费	1+2.1+2.2+2.3	2.84		
3	建安费用	1+2			
4	销项税额	3	9.00		
5	附加税费	3+4	0.36		
6	其他项目费				
7	优惠	单价优惠(直接费+管理费+利润)			
建安工程造价		3+4+5+6-7			

注:1. 采用一般计税法时,材料、机械台班单价均执行除税单价。

2. 建安费用=直接费+费用和利润。

3. 其他项目计价表列项计算汇总本项其中,材料(工程设备)暂估价进入直接费用与综合单价,此处不重复汇总。

4. 社会保险费包括养老保险费、失业保险费、医疗保险费、生育保险费和工伤保险费。

三、取费计算案例

【例 1-1】 某园林工程，工程施工需要人工费 70 万元、材料费 205 万元、机械使用费 30 万元。管理费为人工费的 19.90%，利润为人工费的 21.70%，安全文明施工费为人工费的 10.63%，工程排污费为建安造价（扣除规费）的 0.4%，职工教育经费为人工费的 1.5%，工会经费为人工费的 2%，住房公积金为人工费的 6%，社会保险费为建安造价（扣除规费）的 3.5%，销项税额为建安造价的 11%，附加税费为建安造价和销项税额的 0.3%。试计算工程预算费用。

解　根据费用计算程序，计算工程造价如表 1-6 所示。

表 1-6　工程造价计算

序号	工程内容	计费基础说明	费率（%）	金额（元）
1	直接费	1.1 +1.2 +1.3		3 050 000
1.1	人工费			700 000
1.2	材料费			2 050 000
1.3	机械使用费			300 000
2	各项费用和利润	2.2 +2.3 +2.4 +2.5 +2.6		565 318.79
2.1	取费基础			
2.1.1	人工费			700 000
2.1.2	机械使用费			2 050 000
2.2	管理费	2.1.1	19.90	139 300
2.3	利润	2.1.1	21.70	151 900
2.4	安全文明施工费	2.1.1	10.63	74 410
2.5	冬雨季施工费			
2.6	规费	2.6.1 +2.6.2 +2.6.3 +2.6.4		199 708.79
2.6.1	工程排污费	1 +2.2 +2.3 +2.4 +2.5	0.4	13 662.44
2.6.2	职工教育经费和工会经费	2.1.1	3.5	24 500
2.6.3	住房公积金	2.1.1	6	42 000
2.6.4	社会保险费	1 +2.2 +2.3 +2.4 +2.5	3.5	119 546.35
3	建安造价	1 +2		3 615 318.79
4	销项税额	3	11	397 685.067
5	附加税费	3 +4	0.3	12 039.01
工程造价		3 +4 +5		4 025 042.87

注：1. 采用一般计税法时，材料、机械台班单价均执行除税单价。

2. 直接费 = ∑工日数量 × 工日单价（市场价）+ ∑材料用量 × 材料预算价格 + ∑机械台班用量 × 机械台班单价（市场价）。

3. 建安造价（销售额）= 直接费用 + 各项费用和利润。

研讨与练习

1. 试述工程造价由哪些费用组成。
2. 试述人工费组成内容及材料费组成内容。
3. 工程造价中的规费与税金分别包括哪些内容?
4. 园林绿化工程分部分项工程划分为哪些内容?

第二章 园林工程定额

第一节 园林工程定额概述

一、定额及工程定额的概念

(一)定额的概念

所谓“定”就是规定,“额”就是额度或限度。从广度理解,定额就是规定的额度或限度,即标准或尺度,是指用于生产所消耗的数量界限。在园林工程施工中定额是施工的标准或尺度。

(二)工程定额的概念

工程定额是指在正常的施工条件下,完成一定计量单位产品所消耗的人工、材料、机具和资金的数量标准。

这些生产消耗会受到技术水平、组织管理水平及施工客观条件的影响,所以它可以反映出一定时期的生产力水平。为了统一考核其消耗水平,就需要有一个统一的消耗标准,所以定额需要由国家或地方主管部门确定。

例如:某省园林绿化工程定额堆砌湖石假山(高3 m以内)项目规定:

工作内容:放样,选石,运料。调制混凝土,砂浆,堆砌,搭、拆简单脚手架,塞垫嵌缝,清理,养护。

消耗量:每吨湖石假山所需人工消耗4.62工日;湖石1 t,现浇混凝土0.08 m^3,1:2.5水泥砂浆0.05 m^3,木脚手板0.003 m^3,二片石0.06 m^3;5 t汽车式起重机0.027台班。

质量安全要求:国家施工验收规范和安全标准。

我国的各类定额,都是由授权部门根据所在地域内的当时生产力水平而制定并颁发的,供相关单位使用。各类定额是在大量测算、综合分析研究实际生产中的数据与资料,经科学的方法,按照客观规律要求并结合群众的经验制定出来的,所以定额具有严密的科学性和广泛的群众基础。

二、工程定额的特点

(一)科学性

园林工程定额的科学性包括两重含义:一重含义是指工程定额和生产力发展水平相适应,反映出工程建设中生产消费的客观规律;另一重含义是指工程定额管理在理论、方法和手段上适应现代科学技术和信息社会发展的需要。

工程定额的科学性,首先表现在用科学的态度制定定额,尊重客观实际,力求定额水平合理;其次表现在制定定额的技术方法上,利用现代科学管理的成就,形成一套系统的、完整的、在实践中行之有效的方法;最后表现在定额制定和贯彻的一体化。制定是为了提供贯彻的依据,贯彻是为了实现管理的目标,也是对定额的信息反馈。

(二)系统性

工程定额是由多种定额结合而成的有机整体。它的结构复杂,有鲜明的层次,有明确的目标。工程定额的系统性是由工程建设的特点决定的。按照系统论的观点,工程建设就是庞大的实体系统。工程建设定额是为这个实体系统服务的。因而,工程建设本身的多种类、多层次就决定了以它为服务对象的工程建设定额的多种类、多层次。从整个国民经济来看,进行固定资产生产和再生产的工程建设,是由多项工程集合的整体。工程的建设有严格的项目划分,如建设项目、单项工程、单位工程、分部分项工程;在计划和实施过程中有严密的逻辑阶段,如规划、可行性研究、设计、施工、竣工交付使用以及投入使用后的维修。与此相适应,必然形成工程建设定额的多种类、多层次。

(三)统一性

为了使国民经济按照既定的目标发展,就需要借助于某些标准、定额、参数等,对工程建设进行规划、组织、调节、控制。而这些标准、定额、参数必须在一定范围内是一种统一的尺度,才能实现上述职能,才能利用它对项目的决策、设计方案、投标报价、成本控制进行比较和评价。

工程定额的统一性按照其影响力和执行范围来看,有全国统一定额、地区统一定额和行业统一定额等;按照定额的制定、颁布和贯彻使用来看,有统一的程序、统一的原则、统一的要求和统一的用途。

(四)指导性

定额是由国家或其授权机关组织编制和颁发的一种综合消耗指标,它是根据客观规律的要求,用科学的方法编制而成的。因此,在企业定额尚未普及的今天,工程造价的确定与控制仍是十分重要的指导性依据。另外,企业编制企业定额时,它也是重要的参考依据,同时政府投资工程的造价确定与控制仍离不开定额。

(五)稳定性和时效性

工程定额中的任何一种都是一定时期技术发展和管理水平的反映,因而在一段时间内都表现出稳定的状态。稳定的时间有长有短,一般为5~10年。保持定额的稳定性是维护定额的权威性所必需的,更是有效地贯彻定额所必需的。如果某种定额处于经常修改变动之中,那么必然造成执行中的困难和混乱,使人们感到没有必要去认真对待它,很容易导致定额权威性的丧失。工程建设定额的不稳定也会给定额的编制工作带来极大的困难。工程建设定额的稳定性是相对的。当生产力向前发展了,定额就会与已经发展了的生产力不相适应。这样,原有的作用就会逐步减弱以致消失,需要重新编制或修订。

三、工程定额的种类

工程定额是工程建设中各类定额的总称,它包括许多种类的定额。为了对工程建设定额做全面了解,可以按照不同的原则和方法对其进行科学分类。根据使用对象和组织施工的具体目的、要求不同,定额的形式、内容和种类也有所不同,见图2-1。

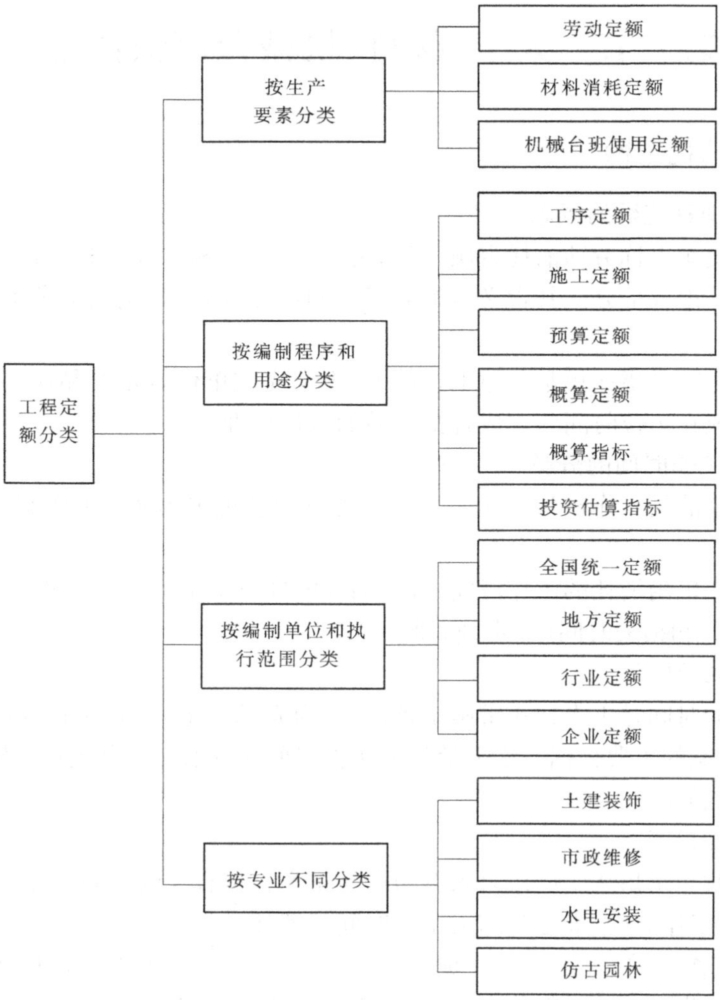

图 2-1　工程定额的分类

工程定额根据生产要素可分为劳动定额、材料消耗定额、机械台班使用定额。

工程定额根据编制程序和用途可分为工序定额、施工定额、预算定额、概算定额和概算指标、投资估算指标。

工程定额根据专业和费用性质划分，可以把工程建设定额分为建筑工程定额、设备安装工程定额、建筑安装工程费用定额、工器具定额以及工程建设其他费用定额等。

工程建设定额按照专业性质划分为全国通用定额、行业通用定额和专业专用定额三种。全国通用定额是指在部门间和地区间都可以使用的定额；行业通用定额是指具有专业特点的行业部门内可以通用的定额；专业专用定额是指特殊专业的定额，只能在指定范围内使用。如住房和城乡建设部发布的《园林绿化工程消耗量定额》（编号为 ZYA2－31—2018）就是行业通用定额。

工程定额根据编制单位和执行范围可分为全国统一定额、地方定额、行业定额、企业定额。《湖南省仿古建筑及园林景观工程消耗量标准》就是地方定额。

第二节 人工、材料、机械台班消耗定额

一、人工消耗定额

(一)人工消耗定额的概念

人工消耗定额也称劳动消耗定额、劳动定额、人工定额。在各种定额中,人工消耗定额都是很重要的组成部分。其含义是指活劳动的消耗,而不是指活动劳动和物化劳动的全部消耗。

人工消耗定额是指在正常的施工条件下,规定完成单位合格产品所必需的劳动时间消耗量的标准或在单位时间内完成合格产品的数量标准。

(二)工人工作时间的分类

工作时间指的是工作班延续时间。国家现行制度规定为8 h工作制,即日工作时间为8 h。

工人在工作班内消耗的工作时间,按其消耗的性质基本可以分为两大类:必需消耗的时间(定额时间)和损失时间(非定额时间)。

1. 必需消耗的时间

必需消耗的时间是工人在正常施工条件下,为完成一定产品(工作任务)所消耗的时间,它是制定定额的主要根据。必需消耗的工作时间包括有效工作时间、休息时间和不可避免中断所消耗的时间。

1)有效工作时间

有效工作时间是指从生产效果来看与产品生产直接有关的时间消耗。其中包括基本工作时间、辅助工作时间、准备与结束工作时间的消耗。

(1)基本工作时间,是指工人完成能生产一定产品的施工工艺过程所消耗的时间。通过这些工艺过程可以使材料改变外形,如钢筋煨弯等;可以改变材料的结构与性质,如混凝土制品的养护干燥等;可以使预制构配件安装组合成型;也可以改变产品外部及表面的性质,如粉刷、油漆等。基本工作时间所包括的内容依工作性质各不相同。基本工作时间的长短与工作量大小成正比例。

(2)辅助工作时间,是指为保证基本工作能顺利完成所消耗的时间。在辅助工作时间里,不能使产品的形状大小、性质或位置发生变化。辅助工作时间的结束,往往就是基本工作时间的开始。

(3)准备与结束工作时间,是指任务完成前或任务完成后所消耗的工作时间。如工作地点、劳动工具和劳动对象的准备工作时间,工作结束后的整理工作时间等。准备和结束工作时间的长短与所担负的工作量大小无关,但往往和工作内容有关。

2)休息时间

休息时间是指工人在工作过程中为恢复体力所必需的短暂休息和生理需要的时间消耗。这种时间是为了保证工人精力充沛地进行工作,所以在定额时间中必须进行计算。

3）不可避免中断所消耗的时间

不可避免中断所消耗的时间是指由于施工工艺特点引起的工作中断所必需的时间。与施工过程工艺特点有关的工作中断时间，应包括在定额时间内，但应尽量缩短此项时间消耗。与工艺特点无关的工作中断所占用时间，是由劳动组织不合理引起的，属于损失时间，不能计入定额时间。

2. 损失时间

损失时间是和产品生产无关，而和施工组织及技术上的缺点有关，与工人在施工过程中的个人过失或某些偶然因素有关的时间消耗。

损失时间包括多余和偶然工作、停工、违背劳动纪律造成的工时损失。

（1）多余和偶然工作，就是工人进行了任务以外的工作而又不能增加产品数量的工作。如重砌质量不合格的墙体。多余工作的工时损失，一般都是由工程技术人员和工人的差错而引起的，因此不应计入定额时间中。偶然工作也是工人在任务外进行的工作，但能够获得一定产品。如抹灰工不得不补上偶然遗留的墙洞等。从偶然工作的性质看，在定额中不应考虑它所占用的时间，但是由于偶然工作能获得一定产品，拟定定额时要适当考虑它的影响。

（2）停工时间，是工作班内停止工作造成的工时损失。停工时间按其性质可分为施工本身造成的停工时间和非施工本身造成的停工时间两种。施工本身造成的停工时间，是由施工组织不善、材料供应不及时、工作面准备工作做得不好、工作地点组织不良等情况引起的停工时间。非施工本身造成的停工时间，是由于水源、电源中断引起的停工时间。前一种情况在拟定定额时不应该计算，后一种情况在拟定定额中则应给予合理的考虑。

（3）违背劳动纪律造成的工时损失，是指工人在工作班开始和午休后的迟到、午饭前和工作班结束前的早退、擅自离开工作岗位、工作时间内聊天或办私事等造成的工时损失。由于个别工人违背劳动纪律而影响其他工人无法工作的时间损失也包括在内。此项工时损失不应允许存在，因此在定额中是不能考虑的。

（三）时间消耗的测定方法

测定时间消耗的基本方法——计时观察法。

1. 测时法

测时法主要适用于测定那些定时重复的循环工作的工时消耗，是精确度比较高的一种计时观察法。测时法有选择法和连续法两种。

采用选择法测时，应特别注意掌握定时点。记录时间时仍在进行的工作组成部分，应不予观察。

连续法测时较选择法测时准确、完善，但观察技术也较之复杂。它的特点是，在工作进行中和非循环组成部分出现之间一直不停止秒表，秒针走动过程中，观察者根据各组成部分之间的定时点，记录它的终止时间。

2. 写实记录法

写实记录法是一种研究各种性质的工作时间消耗的方法。采用这种方法，可以获得分析工作时间消耗的全部资料。

写实记录法的观察对象,可以是一个工人,也可以是一个工人小组。测时用普通表进行。写实记录法按记录时间的方法不同分为数示法、图示法和混合法三种。

数示法写实记录是三种写实记录法中精确度较高的一种,可以同时对两个工人进行观察,观察的工时消耗记录在专门的数示法写实记录表中。数示法用来对整个工作班或半个工作班进行长时间观察。因此,能反映工人或机器工作日全部情况。

图示法写实记录可同时对三个以内的工人进行观察,观察资料记入图示法写实记录表中。

3. 工作日写实法

工作日写实法是一种研究整个工作班内的各种工时消耗的方法。

运用工作日写实法主要有两个目的:一是取得编制定额的基础资料;二是检查定额的执行情况,找出缺点,改进工作。当它被用来达到第一个目的时,工作日写实的结果要获得观察对象在工作班内工时消耗的全部情况,以及产品数量和影响工时消耗的影响因素,其中工时消耗应该按工时消耗的性质分类记录。当它被用来达到第二个目的时,通过工作日写实应该做到:查明工时损失量和引起工时损失的原因,制订消除工时损失的方法,改善劳动组织和工作地点组织的实施,查明熟练工人是否能发挥自己的专长,确定合理的小组编制和合理的小组分工;确定机器在时间利用和生产率方面的情况,找出使用不当的原因,制订出改善机器使用情况的技术组织措施;计算工人或机器完成定额的实际百分比和可能百分比。

工作日写实法和测时法、写实记录法比较,具有技术简便、费力不多、应用面广和资料全面的优点。在我国,它是一种采用较广的编制定额的方法。

上述方法是计时观察的主要方法。在实际工作中,有时为了减少测时工作量,往往采用某些简化的方法。这在制定一些次要的、补充的和一次性定额时是很可取的。在查明大幅度超额和完不成定额的原因时,采用简化方法也比较经济。简化的最主要途径是合并组成部分的项目。

首先确定需要进行计时观察的施工过程,然后对施工过程进行预研究,全面地对各个施工过程及其所处的技术组织条件进行实际调查和分析,以便设计正常的(标准的)施工条件和分析研究测时数据。再选择施工的正常条件,包括采用的劳动工具、机械的类型、工作的组成、工人的组成(包括小组成员的专业、技术等级和人数)、施工方法和劳动组织等。最后对施工过程进行观察、测时,计算实物和劳务产量,记录施工过程所处的施工条件和确定影响工时消耗的因素。

(四)人工消耗量的确定

人工消耗量的确定常采用技术测定法。

1. 拟定基本工作时间

基本工作时间在必需消耗的时间中占的比例最大。在确定基本工作时间时,必须细致、精确。基本工作时间消耗一般应根据计时观察资料来确定。其做法是,首先确定工作过程每一组成部分的工时消耗,然后综合出工作过程的工时消耗。如果组成部分的产品计量单位和工作过程的产品计量单位不符,就需先求出不同计量单位的换算系数,进行产品计量单位的换算,然后相加,求得工作过程的工时消耗。

2. 拟定辅助工作和准备与结束工作时间

辅助工作和准备与结束工作时间的确定方法与基本工作时间相同。但是，如果这两项工作时间在整个工作班工作时间消耗中所占比例不超过5% ~6%，则可归纳为一项，以工作过程的计量单位表示，确定出工作过程的工时消耗。如果在计时观察时不能取得足够的资料，也可采用工时规范或经验数据来确定。如果有现行的工时规范，可以直接利用工时规范中规定的辅助工作和准备与结束工作时间的百分比来计算。

3. 拟定不可避免中断时间

在确定不可避免中断时间的定额时，必须注意由工艺特点所引起的不可避免中断才可列入工作过程的时间定额。

不可避免中断时间也需要根据测时资料通过整理分析获得，也可以根据经验数据或工时规范，以占工作日的百分比表示此项工时消耗的时间定额。

4. 拟定休息时间

休息时间应根据工作班作息制度、经验资料、计时观察资料，以及对工作的疲劳程度做全面分析来确定。同时，应考虑尽可能利用不可避免中断时间作为休息时间。

5. 拟定时间定额

确定的基本工作时间、辅助工作时间、准备与结束工作时间、不可避免中断时间和休息时间之和，就是劳动定额的时间定额。

利用工时规范计算时间定额用下列公式：

$$\text{规范时间} = \text{准备与结束工作时间} + \text{不可避免中断时间} + \text{休息时间}$$

$$\begin{aligned}\text{工序作业时间} &= \text{基本工作时间} + \text{辅助工作时间}\\ &= \text{基本工作时间}/(1 - \text{辅助作业时间}\%)\end{aligned}$$

$$\text{定额时间} = \text{工序作业时间}/(1 - \text{规范时间}\%)$$

时间定额和产量定额是人工定额的两种表现形式，两者互为倒数关系，即

$$\text{时间定额} \times \text{产量定额} = 1$$

时间定额是指某种专业、某种技术等级的工作班组或个人，在合理的劳动组织、合理的使用材料和施工机械同时配合的条件下，完成单位合格产品所必需消耗的工作时间。它包括基本工作时间、辅助工作时间、不可避免中断时间、准备与结束工作时间以及工人必需的休息时间。

【例2-1】 某工程为人工挖土方，土壤是潮湿的黏性土，按土壤分类属二类土（普通土）。测时资料表明，挖1 m^3需消耗基本工作时间60 min，辅助工作时间占工作延续时间2%，准备与结束工作时间占工作延续时间2%，不可避免中断时间占1%，休息时间占20%。试计算时间定额。

解 时间定额 $=60/(1-2\%-2\%-1\%-20\%)=80(\text{min})=0.167$ 工日

根据时间定额和产量定额互为倒数的关系，可以计算出产量定额：$1/0.167=5.99(m^3)\approx6\ m^3$。

时间定额和产量定额虽然是同一劳动定额的不同表现形式，但其用途却不同。前者以产品的单位和工日来表示，便于计算完成某一分部（项）工程所需的总工日数，核算工资，编制施工进度计划和计算工期；后者是以单位时间内完成产品的数量表示的，便于小

组分配施工任务,考核工人的劳动效率和签发施工任务单。

【例2-2】 某土方工程,挖基槽的工程量为450 m^3,每天有24名工人负责施工,时间定额为0.205工日/m^3。试计算完成该分项工程的施工天数。

解 (1)计算完成该分项工程所需的总劳动量。

$$总劳动量 = 450 \times 0.205 = 92.25(工日)$$

(2)计算施工天数。

$$施工天数 = 92.25/24 = 3.84(d) \approx 4\ d$$

即该分项工程需4 d完成。

【例2-3】 根据计时观察资料测得某工序工人工作时间有关数据如下:准备与结束工作时间12 min,基本工作时间68 min,休息时间10 min,辅助工作时间11 min,不可避免中断时间6 min,试计算规范时间。

解 该工序的规范时间 = 12 + 10 + 6 = 28(min)

二、材料消耗定额

(一)材料消耗定额的概念

材料消耗定额是指在节约与合理使用材料的条件下,生产单位合格的产品所需消耗的一定品种、一定规格的建筑材料(包括半成品、构件、配件及周转材料等)的数量标准。

材料消耗定额是编制材料需要量计划、运输计划、供应计划、签发限额领料单和经济核算的依据。

(二)材料消耗定额的组成

材料消耗定额的消耗量由材料净用量和材料损耗量组成。材料净用量是指直接用于建筑产品上的材料。材料损耗量是指在施工过程中不可避免的废料和损耗。材料损耗量通常用材料损耗率表示,材料损耗率是指材料的损耗量与材料总耗量之比。

$$材料总耗用量 = 材料净用量 + 材料损耗量$$

$$材料损耗量 = 材料净用量 \times 材料损耗率$$

材料净用量是指直接用于建筑工程的材料数量;材料损耗量是指不可避免的施工废料和材料损耗数量。

材料损耗率确定后,材料消耗定额也可用下式表示:

$$材料消耗量 = 材料净用量 \times (1 + 材料损耗率)$$

(三)材料消耗定额的制定

1. 观测法(技术测定法)

观测法指通过在施工现场对产品数量、材料净用量和材料损耗量观察与测定,然后进行分析和计算,从而确定材料消耗定额的方法。该方法主要适用于测定材料的损耗定额。

2. 试验法

试验法是指专业人员在试验室通过试验方法来确定材料消耗定额的方法。该方法主要用于研究材料强度与各种材料消耗量的数量关系,以获得多种配合比(如混凝土、砂浆等),但容易脱离现场的实际情况,无法估计到施工中的某些因素对材料消耗的影响。

3. 统计法

统计法指以现场积累的用料资料(拨、付材料数量,完成产品数量及剩余材料数量),通过分析计算确定材料消耗定额的方法。该方法简单易行,但不能区分材料消耗的性质,故材料消耗量的准确性不高。

4. 理论计算法

理论计算法指根据施工图和建筑构造要求,运用一定的计算公式确定材料消耗的净用量的方法。该方法主要用于块、板类材料净用量的确定(其特点是原材料构成工程实体后,形体不发生变化),如砖砌体、玻璃、面砖、防水卷材等。

例如:(1)1 m^3标准砖(普通黏土砖)墙的材料净用量计算公式:

$$1\ m^3\text{砌体标准砖净用量}=\text{砌体厚度的砖数}\times 2\times\frac{1\ m^3}{\text{砌体厚}\times(\text{标准砖长}+\text{灰缝厚})\times(\text{标准砖厚}+\text{灰缝})}$$

$$\text{砂浆用量}=(1-\text{砖净用量}\times\text{每块砖体积})$$

式中:标准砖尺寸及体积:长×宽×厚=0.24 m×0.115 m×0.053 m=0.001 462 8 m^3。

砌体厚:半砖墙为0.115 m;一砖墙为0.24 m;一砖半墙为0.365 m(标准砖长加宽,再加灰缝厚,即0.24 m+0.115 m+0.01 m=0.365 m)。

(2)100 m^2块料面层的材料净用量计算公式:

$$\text{块料净用量}=\frac{100\ m^2}{(\text{块料长}+\text{灰缝厚})\times(\text{块材宽}+\text{灰缝})}$$

(四)施工周转材料的计算

按多次使用、分次摊销方法,以摊销量确定。

周转性材料即施工措施项目的计算已成为定额与预算中的一个重要内容。

(1)若周转材料在每次周转中损耗量较少(如预制混凝土构件的模板)。

$$\text{摊销量}=\text{一次使用量}\div\text{周转次数}$$

①一次使用量是指周转性材料一次使用的基本量,即一次投入量。

$$\text{一次使用量}=\text{一次使用的净用量}\times(1+\text{制作损耗率})$$

②周转次数是指周转性材料从第一次使用起可重复使用的次数。

(2)周转材料在每次周转使用中需逐次补损时(如现浇构件的木模)。

$$\text{摊销量}=\text{周转使用量}-\text{周转回收量}$$

【例2-4】 求一砖半厚的砖墙的标准砖、砂浆净用量。

解 (1)标准砖净用量=

$$\frac{1}{\text{砌体厚}\times(\text{标准砖长}+\text{灰缝厚})\times(\text{标准砖厚}+\text{灰缝})}\times 2\times\text{砌体厚度的砖数}$$

$$=\frac{1}{0.365\times(0.24+0.01)\times(0.053+0.01)}\times 2\times 1.5$$

≈522(块)

(2)砂浆净用量=1-0.001 462 8×522=0.236(m^3)。

三、机械台班消耗定额

(一)机械台班消耗定额的概念

机械台班消耗定额是指在正常施工条件、合理劳动组织和合理使用机械的条件下,完成单位合格产品所必须消耗机械台班数量的标准,简称机械台班定额。

一台机械工作一个工作班(8 h)称为一个台班。

(二)机械工作时间消耗的分类

机械工作时间消耗分为必需消耗的工作时间和损失的工作时间两类。

1. 必需消耗的工作时间

在必需消耗的工作时间里,包括有效工作、不可避免无负荷工作和不可避免中断工作三项时间消耗。

1)有效工作时间

有效工作时间消耗又包括正常负荷下、有根据地降低负荷下、低负荷下工作的工时消耗。

(1)正常负荷下的工作时间,是指机械在其说明书规定的计算负荷相符的情况下进行工作的时间。

(2)有根据地降低负荷下的工作时间,是在个别情况下由于技术上的因素,机械在低于其计算负荷下工作的时间。例如,汽车运输质量轻而体积大的货物时,不能充分利用汽车的载重吨位因而不得不降低其计算负荷。

(3)低负荷下的工作时间,是由于工人或技术人员的过错而造成的施工机械在降低负荷情况下工作的时间。此项工作时间不能作为计算时间定额的基础。

2)不可避免无负荷工作时间

不可避免无负荷工作时间,是由施工过程的特点和机械结构的特点造成的机械无负荷工作时间。例如,筑路机在工作区末端调头等,都属于此项工作时间的消耗。

3)不可避免中断工作时间

不可避免中断工作时间,与工艺过程的特点、机械的使用和保养、工人休息有关,所以它又可以分为以下三种:

(1)与工艺过程的特点有关的不可避免中断工作时间,有循环的和定期的两种。循环的不可避免中断,是在机械工作的每一个循环中重复一次。如汽车装货和卸货时的停车。定期的不可避免中断,是经过一定时间重复一次。比如当把灰浆泵由一个工作地点转移到另一个工作地点时的工作中断。

(2)与机械有关的不可避免中断工作时间,是由于工人进行准备与结束工作或辅助工作时,机械停止工作而引起的中断工作时间。它是与机械的使用与保养有关的不可避免中断时间。

(3)工人休息时间,前面已经做了说明。这里要注意的是,应尽量利用与工艺过程有关的和与机械有关的不可避免中断时间进行休息,以充分利用工作时间。

2. 损失的工作时间

损失的工作时间中,包括多余工作时间、停工时间和违背劳动纪律所消耗的工作时间。

(1)机械的多余工作时间,是机械进行任务内和工艺过程内未包括的工作而延续的时间。如工人没有及时供料而使机械空运转的时间。

(2)机械的停工时间,按其性质也可分为施工本身造成的停工和非施工本身造成的停工。前者是由于施工组织得不好而引起的停工现象,如未及时供给机械燃料而引起的停工。后者是由气候条件所引起的停工现象,如暴雨时压路机的停工。上述停工中延续的时间,均为机械的停工时间。

(3)违反劳动纪律引起的机械的时间损失,是指由于工人迟到早退或擅离岗位等原因引起的机械的停工时间。

(三)机械台班定额的制定

1. 拟订机械工作正常的施工条件

拟订机械工作正常的施工条件,主要是拟订工作地点的合理组织和合理的工人编制。

拟订工作地点的合理组织,就是对施工地点机械和材料的放置位置、工人从事操作的场所,做出科学合理的平面布置和空间安排。它要求施工机械和操作机械的工人在最小范围内移动,但又不阻碍机械运转和工人操作;应使机械的开关和操作装置尽可能集中地装置在操作工人的近旁,以节省工作时间和减轻劳动强度;应最大限度地发挥机械的效能,减少工人的手工操作。

拟订合理的工人编制,就是根据施工机械的性能和设计能力、工人的专业分工和劳动工效,合理确定操纵机械的工人和直接参加机械化施工过程的工人的编制人数。

2. 确定机械纯工作 1 h 的正常生产率 N_h

(1)循环动作机械净工作 1 h 时的正常生产率。

一次循环动作的延续时间 t:

机械一次循环的正常延续时间 = ∑(循环各组成部分正常延续时间) - 交叠时间

完成产品的数量为 m。

净工作 1 h 的循环次数: $n = 60 \times 60 \div t$

工作 1 h 的正常生产率: $N_h = n \times m$

(2)连续动作机械净工作 1 h 的正常生产率。

工作 1 h 的正常生产率:

$N_h = m \div t$ (m 为工作时间内完成的产品数量,t 为工作时间)

3. 确定机械工作时间利用系数 K_B

机械工作时间利用系数 K_B 是指机械在施工作业班内对作业时间的利用率。

$$机械工作时间利用系数\ K_B = \frac{作业班净工作时间}{机械工作时间}$$

4. 确定机械台班产量定额 $N_{台班}$

机械台班产量定额等于该机械净工作 1 h 的正常生产率 N_h 乘以工作班的延续时间 T(8 h),再乘以机械工作时间利用系数 K_B,即

$$N_{台班} = N_h \times T \times K_B$$

【例 2-5】 用塔式起重机安装某混凝土构件,由 1 名吊车司机、6 名安装起重工、3 名

电焊工组成的小组共同完成。已知机械台班产量定额为50根。试计算吊装每一根构件的机械时间定额、人工时间定额和台班产量定额(人工配合)。

解 (1)吊装每一根构件的机械时间定额

=1/机械台班产量定额月

=1/50=0.02(台班)

(2)吊装每一根构件的人工时间定额

=(1+6+3)/50=0.2(工日)

(3)台班产量定额(人工配合)

=1/0.2

=5(根/工日)

第三节　人工、材料、机械台班单价

一、人工单价的组成与确定方法

(一)人工单价的定义及其组成内容

1.人工单价的定义

人工单价是指一个建筑安装工人一个工作日在预算中应计入的全部人工费用。

2.人工单价的组成内容

人工单价反映了一定技术等级的建筑安装生产工人在一个工作日中可以得到的报酬,一般组成如下:

(1)生产工人基本工资,是指发给直接从事生产的工人的基本工资,包括岗位工资、技能工资、年终工资等。

(2)生产工人工资性补贴,是指为了补偿工人额外或特殊的劳动消耗及为保证工人的工资水平不受特殊条件影响,而以补贴形式支付给工人的劳动报酬。它包括按规定标准发放的交通补贴、流动施工津贴、住房补贴、地区津贴、物价补贴和工资附加等。

(3)生产工人辅助工资,是指工人在年有效施工天数以外非作业天数的工资。包括职工学习、培训期间的工资,调动工作、探亲、休假期间的工资,因气候影响的停工工资,女工哺乳时间的工资,病假在6个月以内的工资,以及产、婚、丧假期的工资。

(4)职工福利费。

(5)劳动保护费。

(二)人工单价的确定方法

1.生产工人基本工资(G_1)

$$\text{基本工资}(G_1)=\frac{\text{生产工人平均月工资}}{\text{年平均每月法定工作日}}$$

式中:年平均每月法定工作日=(全年日历日-法定假日)÷12。

2.生产工人工资性补贴(G_2)

$$\text{工资性补贴}(G_2)=\frac{\sum\text{年发放标准}}{\text{全年日历日}-\text{法定假日}}+\frac{\sum\text{月发放标准}}{\text{年平均每月法定工作日}}+\text{每工作日发放标准}$$

式中　法定假日指双休日和法定假日。

3. 生产工人辅助工资(G_3)

$$生产工人辅助工资(G_3)=\frac{全年无效工作日\times(G_1+G_2)}{全年日历日-法定假日}$$

4. 职工福利费(G_4)

$$职工福利费(G_4)=(G_1+G_2+G_3)\times福利费计提比例(\%)$$

5. 生产工人劳动保护费(G_5)

$$生产工人劳动保护费(G_5)=\frac{生产工人年平均支出劳动保护费}{全年日历日-法定假日}$$

$$人工日工资单价(G)=G_1+G_2+G_3+G_4+G_5$$

【例 2-6】　已知某园林施工企业，初级工的基本工资(G_1)为 70 元/工日，工资性补贴(G_2)为 20 元/工日，生产工人辅助工资(G_3)为 10 元/工日，生产工人劳动保护费(G_5)为 10 元/工日，职工福利费计提比例为 2.5%。求该企业初级工的人工工资单价。

解　职工福利费 $=(G_1+G_2+G_3)\times$福利费计提比例(%)

$=(70+20+10)\times2.5\%=2.5$(元/工日)

人工日工资单价(G) $=G_1+G_2+G_3+G_4+G_5$

$=70+20+10+2.5+10=112.5$(元/日)

二、材料价格的组成与确定方法

(一)材料价格的定义及其组成内容

1. 材料价格的定义

材料的预算价格是指材料(包括构件、成品及半成品等)从其来源地(或交货地点)到达施工工地仓库后的出库价格。

2. 材料价格的组成

材料价格一般由以下四项费用组成：

(1)材料供应价，就是材料的进价，一般包括原价和供销部门手续费两部分。

(2)材料运杂费，指材料由来源地(或交货地点)至施工仓库地点运输过程中发生的全部费用。

(3)运输损耗费，指材料在装卸和运输过程中所发生的合理损耗。

(4)采购及保管费，指为组织材料采购、供应和保管过程中需要支付的各项费用。

其计算公式如下：

$$材料价格=[(材料供应价+材料运杂费)\times(1+运输损耗率)]\times(1+采购保管费费率)-包装品回收值$$

(二)材料价格的确定方法

(1)材料供应价的确定。在确定材料预算价格的原价时，当遇有同一种材料因来源地或供应单位等不同而导致有几种原价时，应按其不同的供应数量及不同的单价，通过加权平均方法计算其平均原价。

【例 2-7】 某工程需钢材 1 500 t,其中 A 地供应 1 000 t,每吨 3 900 元;B 地供应 200 t,每吨 3 700 元;C 地供应 300 t,每吨 4 100 元。计算钢材的平均原价。

解 钢材的平均原价 = (1 000 × 3 900 + 200 × 3 700 + 300 × 4 100) ÷ 1 500
= 3 913.33(元/t)

(2)材料运杂费的确定。包括车船等的运输费、调车费、驳船费、出入库费、附加工作费、装卸费、保险费及合理的材料运输损耗等。

材料运输费用应按两个阶段计算,即外地运输费和市内运输费。材料运输费的计算应按国家或地方主管部门规定的有关运价标准并结合材料来源地、运输方式、运输里程、运输工具等采用加权平均的方法计算。

【例 2-8】 某工程用水泥由甲、乙、丙三地供应,各地的供应量分别为 50 t、65 t、80 t。运费单价分别为 68 元/t、66 元/t、72 元/t。试计算其平均运输费。

解 平均运输费为

$$T = (50 \times 68 + 65 \times 66 + 80 \times 72)/(50 + 65 + 80) = 68.97(\text{元/t})$$

(3)材料运输损耗率的确定。材料运输损耗是指材料在运输过程中,不可避免的非人为过失的损失,是合理的损耗,需在材料预算价格内计入的合理补偿。

(4)材料采购保管费。包括材料采购和保管人员的工资、职工福利费、办公费、劳保费、差旅费、固定资产使用费、工具用具使用费、消防设施费、检验试验费、材料储存损耗和其他费用等。

材料采购保管费 = (材料原价 + 材料包装费 + 材料运杂费) × 采购保管费费率

【例 2-9】 某园林公司采购 1 000 m^2 花岗岩,运至施工现场。已知该花岗岩出厂价为 1 000 元/m^2,运杂费 30 元/m^2,当地供货手续费率为 1%,当地造价管理部门规定的材料采购保管费费率为 1%,单位材料量检验试验费为 3 元/m^2。求这批花岗岩的材料费。

解 材料基价 = [(材料供应价 + 材料运杂费) × (1 + 运输损耗率(%)] × [1 + 采购保管费费率(%)]
= (1 000 × 1.01 + 30) × 1.01 = 1 050.4(元/m^2)

检验试验费 = ∑(单位材料量检验试验费 × 材料消耗量) = 1 000 × 3 = 3 000(元)

材料费 = ∑(材料消耗量 × 材料基价) + 检验试验费
= 1 000 × 1 050.4 + 3 000 = 105(万元)

(三)影响材料预算价格变动的因素

(1)市场供需变化。

(2)材料生产成本的变动直接涉及材料预算价格的波动。

(3)流通环节的多少和材料供应体制也会影响材料预算价格。

(4)运输距离和运输方法的改变会影响材料运输费用的增减,从而也会影响材料预算价格。

(5)国际市场行情会对进口材料价格产生影响。

三、施工机械台班单价的组成和确定方法

（一）施工机械台班单价的定义及其组成

1. 施工机械台班单价的定义

施工机械单价以“台班”为计量单位，机械工作 8 h 称为“一个台班”。施工机械台班单价是指一个施工机械，在正常运转条件下一个台班中所支出和分摊的各种费用之和。

2. 施工机械台班单价的构成

施工机械台班单价由两类费用组成，即第一类费用和第二类费用。

（1）第一类费用（不变费用）。这一类费用不因施工地点和施工条件而发生变化，它的大小与机械工作年限直接有关，其内容包括四项，即机械折旧费、机械大修费、机械经常修理费、机械安装及场外运输费。

（2）第二类费用（可变费用）。指机械在施工运转时发生的费用，它常因施工地点和施工条件的变化而变化，它的大小与机械工作台班数直接相关，其内容包括三项，即机上人工费、燃料动力费、养路费及车船使用税。

（二）施工机械台班单价的确定方法

1. 第一类费用的计算

（1）机械台班折旧费。指机械设备按规定的使用期限，陆续收回其原值及所支付的贷款利息而分摊到每一台班的费用。

台班折旧费 = [机械预算价格 ×（1 - 残值率）+ 机械时间价值系数]/耐用总台班数

①机械预算价格。按机械出厂（或到岸完税）价格及机械以交货地点或口岸运至使用单位机械管理部门的全部运杂费计算。

②残值率。指机械报废时回收的残值占机械原值（机械预算价格）的比率，按有关文件规定。

③机械时间价值系数。指购置机械的资金在施工生产过程中随时间的推移而产生的单位增值。

$$机械时间价值系数 = 1 + (n + 1)i/2$$

式中：n 为机械折旧年限；i 为年折现率，根据编制期银行年贷款利率确定。

④耐用总台班。指机械在正常施工作业条件下，从投入使用直至报废，按规定应达到的使用总台班数。

$$耐用总台班 = 折旧年限 \times 年工作台班$$

或

$$耐用总台班 = 大修间隔台班 \times 大修周期$$

大修间隔台班是指机械自投入使用起至第一次大修或自上一次大修投入使用起至下一次大修止应达到的使用台班数。

大修周期是指机械在正常的施工作业条件下，将其寿命期按规定的大修次数划分为若干个周期。其计算公式为

$$大修周期 = 寿命期大修次数 + 1$$

（2）机械大修费。指机械设备按规定的大修理间隔台班进行必要的大修理，以恢复正常使用功能所需要的费用。其计算公式如下：

台班大修理费=(一次大修理费×大修理次数)/耐用总台班

=一次大修理费×(大修理周期-1)/耐用总台班

【例2-10】 某6 t载重汽车一次大修理费为1万元,大修理周期为3个,耐用总台班为1 650个。试求台班大修理费。

解 由上述条件:台班大修理费=1×(3-1)/1 650=0.001 212(万元/台班)

(3)机械经常修理费。指机械设备除大修理外的各级保养及临时故障排除所需费用,为保障机械正常运转所需替换设备、随机使用工具、附具摊销及维护费用;机械运转及日常保养所需润滑、擦拭材料费用和机械停置期间的维护保养费用等。

(4)安拆费及场外运费。

①机械安拆费是指机械在施工现场进行安装、拆卸所需的人工、材料、机械和试运转费用,以及机械辅助设施(包括基础、底座、固定锚桩、行走轨迹、枕木等)的折旧费及搭设、拆除费用。

②机械场外运费是指机械整体或分体自停放场地运至施工现场或由一个工地运至另一个工地的机械进出场运输及转移费用(包括机械的装卸、运输、辅助材料及架线费用等)。

2.第二类费用的计算

(1)机上人工费。指机上司机、司炉和其他操作人员的工作日工资以及上述人员在机械规定的年工作台班以外的基本工资和工资性补贴。

台班人工费=机上操作人员人工工日数×日工资单价

(2)燃料动力费。指机械设备在运转作业中所耗用的固体燃料(煤炭、木材)、液体材料(汽油、柴油)、电力、水和风力等的费用。

台班燃料动力费=∑(每台班所消耗的动力燃料数×相应单价)

(3)养路费及车船使用税。指机械按国家有关规定应缴纳的养路费及车船使用税。

第四节 园林工程预算定额

一、预算定额的概念

预算定额,是规定消耗在合格质量的单位工程基本构造要素上的人工、材料和机械台班的数量标准,是计算建筑安装产品价格的基础。

基本构造要素,即通常所说的分项工程和结构构件。预算定额按工程基本构造要素规定劳动力、材料和机械的消耗数量,以满足编制施工图预算、规划和控制工程造价的要求。

预算定额的各项指标,反映了在完成规定计量单位符合设计标准和施工质量验收规范要求的分项工程消耗的劳动和物化劳动的数量限度。这种限度最终决定着单项工程和单位工程的成本和造价。

预算定额是由国家主管部门或其授权机关组织编制、审批并颁发执行的。在现阶段,预算定额是一种法令性指标,是对基本建设实行宏观调控和有效监督的重要工具。各地区、各基本建设部门都必须严格执行，只有这样，才能保证全国的工程有一个统一的核算尺度，使国家对各地区、各部门工程设计、经济效果与施工管理水平进行统一的比较与核算。

预算定额按照表现形式可分为预算定额、单位估价表和单位估价汇总表三种。在现行预算定额中一般都列有基价，像这种既包括定额人工、材料和施工机械台班消耗量又列有人工费、材料费、施工机械使用费和基价的预算定额，称为单位估价表。这种预算定额可以满足企业管理中不同用途的需要，并可以按照基价计算工程费用，用途较广泛，是现行定额中的主要表现形式。单位估价汇总表简称为“单价”，它只表现“三费”，即人工费、材料费和施工机械使用费以及合计，因此可以大大减少定额的篇幅，为编制工程预算查阅单价带来方便。

预算定额按照综合程度可分为预算定额和综合预算定额。综合预算定额是在预算定额的基础上，对预算定额的项目进一步综合扩大，使定额项目减少，更为简便适用，可以简化编制工程预算的计算过程。

二、预算定额的作用

预算定额是确定一定计量单位的分项工程或结构构件的人工、材料和施工机械台班合理消耗的数量标准。预算定额是由国家主管机关或被授权单位组织编制并颁发的一种法令性指标，是一项重要的经济法规。定额中的各项指标，反映了国家对完成单位产品基本构造要素所规定的人工、材料、机械台班等消耗的数量限额。

由于预算定额是确定工程成本的重要基础，也是制定施工进度的主要参考依据，所以编制预算定额的目的就在于确定工程中每一单位分项工程的预算基价，力求用最少的人力、物力和资金生产出符合质量标准的园林建设产品，取得最好的经济效益。定额中主要施工定额指标，应是先进管理水平和生产力水平的平均消耗数量标准。它规定了施工企业和建设单位在完成施工（生产）任务时，所允许消耗的人工、材料和机械台班的数量额度。从而规定了国家和建设单位在工程建设中能够向施工企业提供物质和资金的限度。施工企业就在这个限度内，合理组织施工生产，按质、按量地完成施工任务。预算定额确定了国家、建设单位和施工企业之间的技术经济关系，在我国建设施工工程中占有十分重要的地位和作用。预算定额的作用主要表现在以下几个方面：

（1）编制地区单位估价表的依据；

（2）编制园林工程施工图预算，确定工程造价的依据；

（3）园林工程编制招标标底的主要依据；

（4）施工企业编制施工组织设计，确定人工、材料、机械台班需要量的主要参考标准；

（5）建设单位和银行拨付工程价款、建设资金贷款和进行工程竣工结算的依据；

（6）施工企业贯彻经济核算，进行经济活动分析的参考依据；

（7）编制概算定额和概算指标的基础资料；

（8）设计部门对设计方案进行技术经济分析的工具。

三、预算定额编制的依据与原则

(一)预算定额编制的依据

(1)现行的劳动定额和施工定额;

(2)现行的设计规范、施工验收规范、质量评定标准和安全操作规程;

(3)具有代表性的典型工程施工图及有关图集;

(4)新技术、新结构、新材料和先进的施工方案等;

(5)有关科学实验、技术测定的统计、经验资料;

(6)现行的预算定额、材料预算价格及有关文件规定等。

(二)预算定额编制的原则

(1)平均水平原则;

(2)简明适用、严谨准确原则;

(3)集中领导分级管理的原则;

(4)坚持由专业人员编审的原则。

四、预算定额的编制步骤

预算定额的编制一般要经过编前准备、编制初稿、审查定稿及审批颁布三个阶段。

(一)编前准备阶段

在此阶段,主要是根据收集到的有关资料和国家政策性文件,拟订编制方案,对编制过程中一些重大原则问题做出统一规定。

(二)编制初稿、测定预算定额水平

(1)编制预算定额初稿。根据确定的定额项目和基础资料,进行反复分析和测算,编制定额项目劳动力计算表、材料及机械台班计算表,并附注有关计算说明,然后汇总编制预算定额项目表,即预算定额初稿。

(2)测定预算定额水平。新定额编制成稿,必须与原定额进行对比测算,分析水平升降原因。一般新编定额的水平应该不低于历史上已经达到的水平,并略有提高。在定额水平测算前,必须编出同一工人工资、材料价格、机械台班费新旧两套定额的工程单价。

(三)修改定稿、整理资料阶段

(1)印发征求意见。定额编制初稿完成后,需要征求各有关方面意见和组织讨论,反馈意见。在统一意见的基础上整理分类,制订修改方案。

(2)修改整理报批。按修改方案的决定,将初稿按照定额的顺序进行修改,并经审核无误后形成报批稿,经批准后交付印刷。

(3)撰写编制说明。为顺利地贯彻执行定额,需要撰写新定额编制说明。其内容包括:项目、子目数量;人工、材料、机械单价的计算资料;施工方法、工艺的选择及材料运距的考虑;各种材料损耗率的取定资料;调整系数的使用;其他应该说明的事项与计算数据、资料。

(4)立档、成卷。定额编制资料是贯彻执行定额中需查对资料的唯一依据,也为修改定额提供历史资料数据,应作为技术档案永久保存。

五、预算定额编制主要工作

（一）定额项目的划分

因产品结构复杂、形体庞大，所以就整个产品计价是不可能的。但可根据不同部位、不同消耗或不同构件，将庞大的产品分解成各种不同的较为简单、适当的计量单位（称为分部分项工程），作为计算工程量的基本构造要素，在此基础上编制预算定额项目。确定定额项目时要求：

（1）便于确定单位估价表。

（2）便于编制施工图预算。

（3）便于进行计划、统计和成本核算。

（二）工程内容的确定

基础定额子目人工、材料消耗量和机械台班使用量是直接由工程内容确定的。因此，工程内容范围的规定是十分重要的。

（三）确定预算定额的计量单位

预算定额与施工定额计量单位往往不同。施工定额的计量单位一般按工序或施工过程确定；而预算定额的计量单位主要根据分部分项工程和结构构件的形体特征及其变化确定。由于工作内容综合，预算定额的计量单位亦具有综合性质。工程量计算规则的规定应确切反映定额项目所包含的工作内容。

预算定额的计量单位关系到预算工作的繁简和准确性。因此，要正确确定各分部分项工程的计量单位。

（四）确定施工方法

编制预算定额所取定的施工方法必须正常、合理，用以确定各专业的工程和施工机械。

（五）确定预算定额中人工、材料、机械台班消耗量

确定预算定额人工、材料、机械台班消耗量指标时，必须先按施工定额的分项逐项计算出消耗指标，然后按预算定额的项目加以综合。但是，这种综合不是简单合并和相加，而需要在综合过程中适当增加两种定额之间的水平差。预算定额的水平，首先取决于这些消耗量的合理确定。

人工、材料和机械台班消耗量指标，应根据定额编制原则和要求，采用理论与实际相结合、图纸计算与施工现场测算相结合、编制人员与现场工作人员相结合等方法进行计算和确定，使定额既能符合政策要求，又与客观情况一致，便于贯彻执行。

（六）编制定额表和拟订有关说明

定额项目表的一般格式是：横向排列为各分项工程的项目名称，竖向排列为分项工程的人工、材料和机械台班消耗量指标。有的项目表下部还有附注以说明设计有特殊要求时，怎样进行调整和换算。

预算定额的主要内容包括：目录，总说明，各章、节说明，定额表以及有关附录等。

六、单位估价法中消耗量的确定

(一)人工工日消耗量的确定

预算定额中人工工日消耗量是指在正常施工生产条件下,生产单位合格产品必需消耗的人工工日数量,是由分项工程所综合的各工序劳动定额包括的基本用工、其他用工以及人工幅度差三部分组成的。

1. 基本用工

基本用工是指完成单位合格产品所必需消耗的技术工种用工。其包括:

(1)完成定额计量单位的主要用工。按综合取定的工程量和相应的劳动定额进行计算。其计算公式为

$$基本用工 = \sum(综合取定的工程量 \times 劳动定额)$$

例如工程实际中的砖基础,有一砖厚、一砖半厚、二砖厚之分,用工各不相同,在预算定额中由于不区分厚度,需要按统计的比例,加权平均(上述公式中的综合取定)得出用工量。

(2)按劳动定额规定应增加计算的用工量。例如,砖基础埋深超过1.5 m,超过部分要增加用工。预算定额中应按一定比例给予增加。又如砖墙项目要增加附墙烟囱孔、垃圾道、壁厨等零星组合部分的加工。

(3)由于预算定额是以劳动定额子目综合扩大的,包括的工作内容较多,施工的工效视具体部位而异,需要另外增加用工,列入基本用工内。

2. 其他用工

预算定额内的其他用工,包括材料超运距用工和辅助工作用工。

(1)材料超运距用工。指预算定额取定的材料、半成品等运距,超过劳动定额规定的运距应增加的工日。其用工量以超运距(预算定额取定的运距减去劳动定额取定的运距)和劳动定额计算。其计算公式为

$$超运距用工 = \sum(超运距材料数量 \times 时间定额)$$

(2)辅助工作用工。指劳动定额中未包括的各种辅助工序用工,如材料的零星加工用工、土建工程的筛砂、淋石灰膏、洗石子等增加的用工量。辅助工作的用工量一般按加工的材料数量乘以时间定额计算。

3. 人工幅度差

人工幅度差是指预算定额对在劳动定额规定的用工范围内没有包括,而在一般正常情况下又不可避免的一些零星用工,常以百分率计算。一般在确定预算定额用工量时,按基本用工、超运距用工、辅助用工之和的10% ~15%取定。其计算公式为

$$人工幅度差(人工) = (基本用工 + 超运距用工 + 辅助用工) \times 人工幅度差百分率$$

(二)材料消耗量的确定

预算定额中的材料消耗量是在合理和节约使用材料的条件下,生产单位假定建筑安装产品(分部分项工程或结构件)必需消耗的一定品种规格的材料、半成品、构配件等的数量标准。材料消耗量计算方法主要有:

(1)凡有标准规格的材料,按规范要求计算定额计量单位的耗用量,如砖、防水卷材、

块料等。

(2)凡设计图纸标注尺寸及下料要求的按设计图纸尺寸计算材料净用量,如门窗制作用材料、木方、板料等。

(3)换算法。各种胶接、涂料等材料的配合比用料,可以根据要求条件换算,得出材料用量。

(4)测定法。包括试验室试验法和现场观察法。指各种强度等级的混凝土及砌筑砂浆配合比的耗用原材料数量的计算,需按照规范要求试配经过试压合格以后并经过必要的调整后得出的水泥、砂、石子、水的用量。对新材料、新结构且不能用其他方法计算定额消耗用量时,需用现场测定方法来确定,根据不同条件可以采用写实记录法和观察法,得出定额的消耗量。

材料损耗量,指在正常条件下不可避免的材料损耗,如现场内材料运输及施工操作过程中的损耗等。其关系式如下:

$$材料损耗率=材料损耗量/材料净用量\times 100\%$$

$$材料损耗量=材料净用量\times 材料损耗率$$

$$材料消耗量=材料净用量+材料损耗量$$

或

$$材料消耗量=材料净用量\times(1+材料损耗率)$$

其他材料的确定。一般按工艺测算并在定额项目材料计算表内列出名称、数量,并依照编制期价格以其他材料占主要材料的比例计算,列在定额材料栏之下,定额内可不列材料名称及消耗量。

【例2-11】 计算砌一立方米370厚标准砖墙的标准砖和砂浆的净用量与总耗量(标准砖的尺寸为240 mm×115 mm×53 mm,灰缝是1 cm,标准砖、砂浆的损耗率均为1.5%,计算结果标准砖取整数、砂浆保留三位小数)。

解 标准砖净用量=2×1.5(砌体厚度砖数)/[0.365(砌体厚)×(0.24+0.01)×(0.053+0.01)]=3/0.005 749=521.8(块)

标准砖总耗量=521.8/(1−1.5%)=529.7(块)≈530块

砂浆净用量=1−0.24×0.115×0.053×521.8=0.237(m^3)

(三)机械台班消耗量的计算

预算定额中的机械台班消耗量是指在正常施工条件下,生产单位合格产品(分部分项工程或结构)必需消耗的某类型号施工机械的台班数量。它由分项工程综合的有关工序劳动定额确定的机械台班消耗量以及劳动定额与预算定额的机械台班幅度差组成。

垂直运输机械依照工期定额分别测算台班量,以台班/100 m^2建筑面积表示。

确定预算定额中的机械台班消耗量指标,应根据《全国统一建筑安装工程劳动定额》中各种机械施工项目所规定的台班产生量加机械幅度差进行计算。若按实际需要计算机械台班消耗量,不应再增加机械幅度差。

机械幅度差是指在劳动定额(机械台班量)中未曾包括的,而机械在合理的施工组织条件下所必需的停歇时间,在编制预算定额时应予以考虑。其内容包括:

(1)施工机械转移工作面及配套机械互相影响损失的时间;

(2)在正常施工情况下,机械施工中不可避免的工序间歇;

(3)检查工程质量影响机械操作的时间;

(4)临时水、电线路在施工中移动位置所发生的机械停歇时间;

(5)工程结尾时,工作量不饱满所损失的时间。

机械幅度差系数一般根据测定和统计资料取定。大型机械幅度差系数为:土方机械1.25,打桩机械1.33,吊装机械1.3,其他均按统一规定的系数计算。

由于垂直运输用的塔式起重机、卷扬机及砂浆、混凝土搅拌机按小组配合,应以小组产量计算机械台班产量,不另增加机械幅度差。

综上所述,预算定额的机械台班消耗量按下式计算:

预算定额机械耗用台班=施工定额机械耗用台班×(1+机械幅度差系数)

占比例不大的零星小型机械按劳动定额小组成员计算出机械台班使用量,以"机械使用费"或"其他机械费"表示,不再列台班数量。

七、园林工程预算定额的组成

园林工程预算虽然离不开对园林工程各项工程内容和施工工艺等方面的熟悉,但很大程度上取决于定额的灵活掌握。若想很好地使用定额,就必须对其有全面的了解和掌握,下面对园林绿化工程的相关定额进行介绍。

园林工程预算定额一般由总说明、册说明、建筑面积计算规范、分部工程定额项目表和有关附录组成。

(一)总说明

总说明是对定额的使用方法和定额中共同性的问题所做的综合说明统一规定。使用定额必须熟悉和掌握总说明内容,以便对整个定额有全面的了解。总说明主要阐述预算定额的用途、编制依据、适用范围,定额中已考虑的因素和未考虑的因素,使用中应注意的事项和有关问题的说明。

总说明要点如下:

(1)预算定额的性质、编制原则和作用;

(2)定额的适用范围、编制依据和指导思想;

(3)有关定额人工的说明和规定;

(4)有关建筑材料、成品及半成品的说明和规定;

(5)有关机械台班定额的说明和规定;

(6)其他有关使用方法的统一规定等。

(二)册说明

册说明主要阐述本分部工程所包括的主要项目,编制中有关问题的说明,定额应用时的具体规定和处理方法等。

(三)建筑面积计算规范

建筑面积以"m^2"为计量单位,反映房屋建设规模的实物量指标。建筑面积计算规范由国家统一规定编制,是计算房屋建筑面积的依据。房屋面积计算应以住房和城乡建设部与国家质量监督检验检疫总局联合颁发的《建筑工程建筑面积计算规范》为依据,仿古建筑面积计算仍按建设部1999仿古建筑工程建筑面积计算规定为依据。

(四)分部工程定额项目表(定额项目表)

分部工程定额项目表是预算定额手册的核心内容,在定额项目表中列出了每一单位分项工程中人工、材料、机械台班消耗量及相应的各项费用以便预算套用。定额项目表由分项工程内容,定额计量单位,定额编号,预算单价,人工、材料消耗量及相应的费用、机械使用费、附注等组成。

如住房和城乡建设部发布的《园林绿化工程消耗量定额》(编号为 ZYA2 - 31—2018),包括绿化工程、园路园桥工程、园林景观工程、屋面工程、喷泉及喷灌工程、边坡绿化生态修复工程及措施项目共 7 章。

以《湖南省仿古建筑及园林景观工程消耗量标准》为例,该消耗量标准是湖南省编制仿古建筑和园林景观工程施工图预算和招标控制价(标底价、合理价),调解处理工程造价纠纷,鉴定工程造价的依据;是编制概算定额(指标)、估算指标的基础;也是编制企业定额、投标报价的参考。本标准适用于新建、扩建的仿古建筑和园林景观工程,不适用于修缮和临时性工程。本标准分为上、下册(共十四章),上册第一 ~ 九章,下册第十 ~ 十四章。

上册内容包括:

总说明;仿古建筑面积计算规则;第一章土石方工程;第二章砌筑工程;第三章石作工程;第四章混凝土工程;第五章木作工程;第六章楼地面工程;第七章抹灰工程;第八章瓦屋面工程;第九章油漆工程。

下册内容包括:

第十章彩画工程;第十一章钢筋工程;第十二章措施项目;第十三章绿化工程;第十四章园林小品工程。

第一分部工程均列有分部说明、工程量计算规则和定额表。

分部说明:是对本部分的编制内容、编制依据、使用方法和共同性问题所做的说明和规定。

工程量计算规则:是对本分部分项工程量计算规则和定额节所做的统一规定。

定额表:是定额的基本表现形式。

(五)附录

附录是定额应用的重要补充资料,这些资料供定额换算之用。附录列在定额手册的最后,主要内容有建筑机械台班预算价格,材料名称规格表,砂浆、混凝土配合比表,门窗五金用量表及钢筋用量参考表等。

表 2-1 是某省现行园林工程定额园路面层定额表。

八、园林工程基价构成

园林工程预算定额的定额基价由人工费、材料费和机械使用费组成。定额基价的确定方法主要就是由定额所规定的人工、材料、机械台班消耗量(所谓的“三量”)乘以相应的地区日工资单价、材料价格和机械台班价格(所谓的“三价”)所得到的定额分项工程的基价。

人工费 = ∑(某定额项目的工日数 × 地区相应的日工资单价)

材料费 = ∑(某定额项目材料消耗量 × 地区相应材料价格) + 其他材料费

机械使用费 = ∑(某定额项目机械台班消耗量 × 地区相应施工机械台班单价)

表 2-1　某省现行园林工程定额园路面层定额表

工作内容:放线,修整路槽,夯实,修平垫层,调浆,铺面层,嵌缝,清扫。　　　计量单位:10 m²

定额编号				E14 – 56	E14 – 57	E14 – 58	E14 – 59	E14 – 60
项目				满铺卵石面拼花	素色卵石面彩边素色	现浇纹形混凝土路面	现浇水刷纹形混凝土路面	现浇水刷纹形混凝土路面每增减 1 cm
						厚 12 cm		
基价(元)				1 352.12	844.85	616.18	814.75	43.04
其中	人工费(元)			1 176	672	186.2	389.2	9.8
	材料费(元)			176.12	172.85	429.98	425.55	33.24
	机械使用费(元)			—	—	—	—	—
	名称	单位	单价(元)	数量				
人工	人工	工日	70.00	16.800	9.600	2.660	5.560	0.140
材料	本色卵石	t	38.80	0.410	0.430	—	—	—
	彩色卵石	t	200	0.130	0.110	—	—	—
	水泥砂浆 1:2.5	m³	363.71	0.360	0.360	—	—	—
	锯材	m³	943.06	—	—	0.015	0.015	—
	现浇及现场混凝土 C15	m³	322.89	—	—	1.224	1.066	0.101
	水泥砂浆 1:1.5	m³	292.33	—	—		0.158	—
	水	m³	4.38	0.500	0.500	1.400	1.400	0.120
	其他材料费	元	1.00	1.08	1.04	1.38	1.78	0.1

注:卵石粒径以 4 ~ 6 cm 计算,如规格和品种不同,可进行换算,其他不变。

【例 2-12】　计算满铺卵石面拼花园路面层基价。

解　查表 2-1 定额编号 E14 – 56,计量单位:10 m²。

人工费 = 16.800 × 70 = 1 176(元)

材料费 = 38.80 × 0.410 + 200 × 0.130 + 363.71 × 0.360 + 4.38 × 0.500 + 1.00 × 1.08

= 176.11(元)

$$
\begin{aligned}
\text{机械使用费} &= 0 \\
\text{基价} &= \text{人工费} + \text{材料费} + \text{机械使用费} \\
&= 1\ 176 + 176.11 + 0 \\
&= 1\ 352.11(\text{元}/10\ \mathrm{m}^2)
\end{aligned}
$$

九、园林工程预算定额的应用

在编制园林工程施工图预算及确定工程造价等工作应用定额时，常会遇到定额的套用、换算和补充等情况。在具体操作过程中，应视实际情况灵活运用。

（一）定额编号

在编制施工图预算时，对工程项目均须填写定额编号，其目的是便于检查使用定额时项目套用是否正确合理，以期减少差错、提高管理水平。

园林工程预算定额编号有两种表现形式，即"二代号"编号法和"三代号"编号法。

1."二代号"编号法

"二代号"编号法是以园林预算定额中的分部工程序号－分项工程序号两个号码，进行定额编号的。其表达形式如下：

X － XX

分部工程序号 分项工程序号

其中：分部工程序号，用阿拉伯数字1、2、3、4…

分项工程序号，用阿拉伯数字1、2、3、4…

目录中都注明各分项工程的所在页数。项目表中的项目号按分部工程各自独立顺序编排，用阿拉伯字码书写。在编制工程预算书套用定额时，应注明所属分部工程的编号和项目编号。

以"二代号"编号法进行项目定额编号较为常见。

2."三代号"编号法

"三代号"编号法是以园林预算定额中的分部工程序号－分定额序号（或工程项目所在定额页数）－分项工程序号等三个号码，进行定额编号。其表达形式如下：

X － X － XX

分部工程序号 分定额节序号 分项工程序号

（或工程项目所在定额页数）

（二）预算定额套用的基本要求

园林工程预算定额是编制园林工程图预算、招标标底、考核工程成本、签订承包合同、工程结算、拨款的主要依据。所以，正确使用预算定额，减少并杜绝由于技术性因素造成的错用，对提高工作质量和做好园林工程的经济管理工作有着十分重要的现实意义。

掌握定额的查阅方法、正确套用定额项目和工程量计算、严格按照预算定额编制预算是使用预算定额的基本要求。正确套用定额项目和工程量计算的具体要求如下：

（1）认真学习预算定额的总说明、分册说明及分部工程说明和附录的规定，掌握定额的编制原则、适用范围、编制依据及分部工程的内容范围。

(2)深入学习定额项目表中的各栏目所包括的内容和计量单位,各定额项目表的某一结构或构造的具体做法以及允许调整换算的范围及方法。

(3)正确理解和熟记各分项工程的计算规则。

另外,在园林工程预算中还要掌握园林植物材料的品种及栽植技术,园路、园桥、亭、假山等工程的施工技术和工艺等知识,才能计算工程量,正确套用定额。若工程项目的设计要求与定额项目的内容和条件不完全一致,不能直接套用,应根据定额的规定进行换算。定额总说明和分项部分说明中规定的换算范围和方法是换算的依据,需要严格执行。

(三)定额套用的方法

预算定额套用时,通常会遇到直接套用、换算、补充这三种情况。

1. 直接套用

在编制单位工程施工图预算的过程中,大多数项目可以直接套用预算定额。预算定额直接套用的前提是设计要求与定额项目相一致,即可直接套用定额的预算基价及工料消耗量计算该分项工程的直接费及人工、材料需用量。之后就可以进行工料分析,以便控制工程成本。

【例 2-13】 某绿地栽植桂花(胸径 10 cm)、栽植国槐(裸根、胸径 10 cm),套用预算定额。相关定额见表 2-2、表 2-3。

表 2-2 某省苗木栽植定额表[栽植乔木(带土球)]

工作内容:挖坑,栽植(落坑,扶正,回土,捣实,筑水围),施基肥,浇水,覆土,保墒,整形,清理。

计量单位:10 株

定额编号				E13-62	E13-63	E13-64	E13-65	E13-66	E13-67	E13-68
项目				栽植乔木(带土球)土球直径(cm)						
				20	30	40	50	60	70	80
基价(元)				20.7	40.3	81.29	156.59	284.38	431.45	656.27
其中	人工费(元)			19.6	39.2	79.1	153.3	280	301	462
	材料费(元)			1.1	1.1	2.19	3.29	4.38	5.48	6.57
	机械使用费(元)			—	—	—	—	—	124.97	187.7
名称		单位	单价(元)	数量						
人工	人工	工日	70.00	0.28	0.56	1.13	2.19	4.00	4.30	6.60
材料	水	m^3	4.38	0.25	0.25	0.50	0.75	1.00	1.25	1.50
机械	汽车起重机 5 t	台班	475.19	—	—	—	—	—	0.263	0.395

表 2-3　某省苗木栽植定额表[栽植乔木(裸根)]

工作内容:挖坑,栽植(落坑,扶正,回土,捣实,筑水围),施基肥,浇水,覆土,保墒,整形,清理。

计量单位:10 株

定额编号				E13-75	E13-76	E13-77	E13-78	E13-79	E13-80	E13-81
项目				栽植乔木(裸根)(乔木胸径 cm 以内)						
				4	6	8	10	12	14	16
基价(元)				27.7	52.59	104.09	184.28	335.57	540.76	587.14
其中	人工费(元)			26.6	50.4	100.8	179.9	329	532	574
	材料费(元)			1.1	2.19	3.29	4.38	6.57	8.76	13.14
	机械使用费(元)			—	—	—	—	—	—	—
名称		单位	单价(元)	数量						
人工	人工	工日	70.00	0.38	0.72	1.44	2.57	4.70	7.60	8.20
材料	水	m^3	4.38	0.25	0.50	0.75	1.00	1.50	2.00	3.00

解　套用步骤如下:

(1)确定定额编号(见表 2-4)。

绿化工程定额规定:起挖、栽植带土球的乔灌木,按土球直径的大小确定定额编号;起挖、栽植裸根乔木,按树木胸径大小确定定额编号;起挖、栽植裸根灌木,按灌丛高确定定额编号;栽植绿篱按篱高确定定额编号。

表 2-4　定额编号确定

序号	项目名称	定额编号的确定原则	定额编号	说明
1	栽植桂花 胸径 8 cm	定额规定:栽植带土球的树木时,定额编号根据土球的直径确定	E13-67	栽植桂花需带土球
2	栽植国槐 胸径 10 cm	定额规定:栽植裸根乔木时定额编号根据胸径确定	E13-78	栽植国槐裸根

(2)查消耗量定额,得到人工、材料的数量,进行工程工料分析(见表 2-5)。

表 2-5　工程工料分析

定额编号	项目名称	单位	人工	材料	机械
			工日	浇水	汽车起重机 5 t
E13-67	栽植桂花 胸径 10 cm	10 株	4.30	1.25 m^3	0.263
E13-78	栽植国槐 胸径 10 cm	10 株	2.57	1.00 m^3	—

(3)查消耗量定额参考价目表得到基价、人工费单价、材料费单价、机械费单价，进行工程预算书的填写(见表2-6)。

表2-6 工程各价目表

定额编号	项目名称	单位	基价	人工费	材料费	机械使用费(元)
E13-67	栽植桂花 胸径10 cm	10株	431.45	301	5.48	124.97
E13-78	栽植国槐 胸径10 cm	10株	184.28	179.9	4.38	—

2. 预算定额的换算

1)预算定额的换算

设计要求与定额项目的内容不完全相同时，必须进行系数换算。预算定额的系数换算是按定额说明中规定的系数乘以定额的基价后得到一个新单价。

定额换算的实质就是按定额规定的换算范围、内容和方法，对某些分项工程预算单位的换算。通常只有当设计选用的材料品种和规格同定额规定有出入，并规定允许换算时，才能换算。在换算过程中，定额单位产品材料消耗量一般不变，仅调整与定额规定的品种或规格不同材料的预算价格。经过换算的定额编号在下端应写个“换”字或“H”。

园林工程预算定额的换算类型常见的有以下六种：

(1)材料价格换算：设计材料价格与定额材料价格不同的换算。

(2)砂浆配合比换算：设计砂浆的配合比或种类与定额不同的换算。

(3)混凝土配合比换算：设计混凝土的配合或强度等级与定额不同的换算。

(4)系数增减换算：设计项目内容与定额部分不同，采用增减系数的换算。

(5)材料种类换算：设计材料种类与定额不同的换算。

(6)其他换算：除上述五种情况外的换算。

2)预算定额换算方法实例

(1)材料价格换算法。当园林工程中设计采用的材料价格与相应定额采用的材料价格不同而引起定额基价变化时，必须进行换算。其换算公式如下：

换算后基价＝原定额基价＋(设计材料价格 － 定额材料价格)× 定额材料消耗量

【例2-14】 某公园假山采用3.5 m高的黄石假山，定额表见表2-7，设计采用黄石，其市场价格为150元/t。求该假山定额基价。

解 从定额表2-7查阅得到：

该项目定额编号：E14-8　　　计量单位：t

定额基价：548.45元/t　　　定额黄石价格：100元/t

$$(E14-8)_H = 548.45 + (150-100) \times 1 = 598.45(元/t)$$

(2)砂浆、混凝土配合比换算法。当园林工程设计采用的砂浆、混凝土配合比与定额规定不同而引起定额基价变化时，必须进行换算。其换算公式如下：

换算后基价＝换算前定额基价＋[设计砂浆(或混凝土)单价－定额砂浆(或混凝土)单价)]×定额砂浆(或混凝土)用量

表 2-7　黄石假山堆砌定额表

工作内容:放样,选石,运料,调制混凝土,砂浆,堆砌,搭、拆简单脚手架,塞垫嵌缝,清理,养护。

计量单位:t

定额编号				E14 - 5	E14 - 6	E14 - 7	E14 - 8
项目				黄石假山高度(m)			
				1 以内	2 以内	3 以内	4 以内
基价(元)				301.76	370.36	481.17	548.45
其中	人工费(元)			166.6	211.4	291.2	333.2
	材料费(元)			135.16	151.71	179.98	203.82
	机械使用费(元)			—	7.25	9.99	11.43
名称		单位	单价(元)	数量			
人工	人工	工日	70.00	2.38	3.02	4.16	4.76
材料	黄石	t	100.00	1.00	1.00	1.00	1.00
	现浇混凝土 C15	m^3	322.89	0.06	0.08	0.08	0.10
	水泥砂浆 1:2.5	m^3	363.71	0.04	0.05	0.05	0.05
	水	m^3	4.38	0.17	0.17	0.17	0.25
	毛竹	根	15.00	—	0.13	0.18	0.26
	木脚手板	m^3	2 100.00	—	0.002	0.003	0.004
	铁件	kg	4.69	—	—	5.00	7.50
	木撑费	元	5.24	—	—	0.30	0.60
	其他材料	元	1.00	0.50	0.80	1.20	1.62
机械	其他机械费	元	1.00	—	7.25	9.99	11.43

【例 2-15】　某游园园路采用纹形混凝土路面,设计采用现浇混凝土 C15(16),厚度为 150 mm,单价为 376.48 元/m^3。试求该园路面层基价。

解　厚度为 150 mm,则比 E14 - 58 定额多了 3 cm,再套用 E14 - 60 定额。

从表 2-1 的定额表中查阅得到:

该项目定额编号:(E14 - 58) + (E14 - 60) × 3　　计量单位:10 m^2

定额基价:616.18 + 43.04 × 3 = 745.3(元/10 m^2)

定额混凝土:C15(16)　　单价:322.89 元/m^3

定额混凝土用量:1.224 + 0.101 × 3 = 1.527(m^3/10 m^2)

$(E14-58 + E14-60\times3)_H = 745.3 + (376.48-322.89)\times1.527$

$=827.13$(元/10 m^2)

(3)系数增减换算法。当园林工程图纸设计的工程项目内容与定额规定的相应内容不完全符合时,定额规定在允许范围内,定额的部分或全部采用增减系数调整。其换算公式如下:

换算后基价 = 换算前定额基价 ± 定额部分或全部 × 相应调整系数

【例2-16】 某工程栽植乔木(带土球),土球直径为550 mm,三类土,定额表详见表2-2。试求该项目定额基价。

解 从表2-2的定额表中查阅得到:

该项目定额编号:E13-66　　　计量单位:10株

定额基价:284.38元　　　其中人工费:280元

按定额分部说明规定,起挖或栽植树木均以一、二类土为准。如为三类土,人工乘系数1.15;如为四类土,人工乘系数1.34。本工程为三类土,应按定额规定用系数增减换算法换算定额基价。

$(E13-66)_H = 284.38 + 280\times(1.15-1)$

$= 326.38$(元/10株)

3. 预算定额的补充

当分项工程的设计要求与定额完全不相符或者由于设计采用新结构、新材料及新工艺施工方法,在预算定额中没有这类项目,属于定额缺项时,可编制补充预算定额。

编制补充预算定额的方法通常有两种:一种方法是有补充项目参考的人工、材料、机械台班消耗量,可先确定人工、材料、机械台班的单价,量乘以价组合成预算定额的基价;另一种方法是补充项目既测定人工、材料、机械台班消耗量,又确定人工、材料、机械台班的单价,再组合成预算定额的基价。

第五节 园林工程概算定额与概算指标

一、概算定额

(一)概算定额的概念

确定完成合格的单位扩大分项工程或单位扩大结构构件所需消耗的人工、材料和机械台班的数量限额,叫概算定额。概算定额又称作"扩大结构定额"或"综合预算定额"。

概算定额是设计单位在初步设计阶段或扩大初步设计阶段确定工程造价、编制设计概算的依据。概算定额是预算定额的合并与扩大。它将预算定额中有联系的若干个分项工程项目综合为一个概算定额项目。

例如,砖基础概算定额项目,就是以砖基础为主,综合了平整场地、挖地槽(坑)、铺设垫层、砌砖基础、铺设防潮层、回填土及运土等预算定额中分项工程项目。

（二）概算定额的作用

概算定额对合理使用资金、确定工程造价、推行投资包干制和招标承包制等，都具有极其重要的意义。

概算定额与预算定额一样，随着科学技术的进步，人工、材料、机械台班价格的调整及其他因素的变化，需要加以修订。概算定额的主要作用表现在以下几个方面：

（1）概算定额是编制投资规划、可行性研究和编制设计概算的主要依据。

（2）概算定额是控制基本建设投资、对设计方案进行经济分析的依据。

（3）概算定额是编制概算指标和估算指标的依据。

（4）概算定额是编制建筑工程、安装工程主要材料和设备申请计划的依据。

（5）概算定额是建筑安装企业施工准备期间，在编制施工组织设计大纲或总设计中，拟订施工总进度和主要资源需要计划的依据。

（6）概算定额是确定基本建设项目贷款、拨款和施工图预算，进行竣工决算的依据。

（三）概算定额编制的原则

（1）概算定额的编制，应遵循扩大、综合、简化计算的原则。

这主要是相对预算定额而言的，概算定额在以主体结构部分为主，综合有关项目的同时，对综合的内容、工程量计算和不同项目换算等问题力求简化。

（2）概算定额的编制，应符合简明、适用、准确的原则。

概算定额的项目划分、排列、定额内容、表现形式、编制深度，需要简明、适用和准确，力求计算简单，项目齐全，达到规定精度的控制幅度内，保证定额质量和概算质量，满足编制概算指标的要求。在确定定额编号时，要考虑运用统筹法和计算机编制概算定额的要求，以简化概算的编制工作，提高工作效率。

（3）概算定额的编制，应坚持不留或少留活口的原则。

为了稳定统一概算的水平，考核和简化工程量计算，概算定额的编制，要尽量不留或少留活口。如对砂浆、混凝土强度等级、钢筋和铁件用量等，可根据工程结构不同部位，先经过测算、统计，然后综合确定较为合理的值。

（四）概算定额的编制依据

概算定额是国家主管机关或授权机关编制的。编制概算定额的主要依据如下：

（1）现行国家和地区标准图，定型图集及常用工程计算图纸。

（2）现行设计规范、施工技术验收规范、建筑安装工程操作规程和安全规程等。

（3）现行全国统一预算定额和地区预算定额 。

（4）本地区《市政工程预算定额》和材料预算价格。

（5）有代表性的施工图预算和竣工决算资料。

（6）国家和地区的有关文件、文献和规定等。

（五）概算定额的编制步骤

概算定额的编制一般分三个阶段进行，即准备阶段、编制初稿阶段和审查定稿阶段。

1. 准备阶段

准备阶段主要是确定编制机构和人员组成，进行调查研究，了解现行概算定额执行情况和存在的问题,明确编制的目的,制订概算定额的编制方案和确定要编制概算定额的项目。

2. 编制初稿阶段

编制初稿阶段是根据已确定的编制方案和概算定额项目,收集和整理各种编制依据,对各种资料进行深入细致的测算和分析,确定人工、材料和机械台班的消耗量指标,最后编制出概算定额初稿。

3. 审查定稿阶段

审查定稿阶段的主要工作是测算概算定额水平,即测算新编概算定额与原概算定额及现行预算定额之间的水平。测算的方法是既要分项进行测算,又要通过编制单位工程概算以单位工程为对象进行综合测算。概算定额水平与预算定额水平之间应有一定的幅度差,幅度差一般在5%以内。

概算定额经测算比较后,可报送国家授权机关审批。

(六)概算定额手册的内容

现行的概算定额手册包括文字说明部分和定额项目表两部分。

1. 文字说明部分

文字说明部分有总说明和分章说明。在总说明中,主要阐述概算定额的编制依据、原则、适用范围、目的、编算形式、应注意的事项等。分章说明主要阐述本章包括的综合工作内容及工程量计算规则等。

2. 定额项目表

一是定额项目的划分。概算定额项目一般按以下两种方法划分,其一是按工程结构划分:一般是按土石方、基础、墙、梁柱、门窗、楼地面、屋面、装饰、构筑物等工程结构划分。其二是按工程部位(分部)划分:一般是按基础、墙体、梁柱、楼地面、屋盖、其他工程部位等划分,如基础工程中包括了砖、石、混凝土基础等项目。

二是定额项目表。定额项目表是概算定额手册的主要内容,由若干分布定额组成。各节定额由工程内容、定额表及附注说明组成。定额表中列有定额编号、计量单位、概算价格及人工、材料、机械台班消耗量指标,综合了预算定额的若干项目与数量。

二、概算指标

(一)概算指标的概念

概算指标是比概算定额综合性更强的一种指标,是以每100 m^2建筑物面积或每1 000 m^3建筑物体积(如是构筑物,则以座为单位)为计算单位,规定其所需消耗的活劳动与物化劳动的数量限额。

(二)概算指标的作用

概算指标主要在初步设计中使用,其作用如下:

(1)在建设项目规划阶段,概算指标是建设单位编制投资估算、计算投资量、申请投资额和主要材料需要量的依据。

(2)概算指标是编制设计概算、确定工程概算造价的依据。

(3)概算指标是设计单位对设计方案进行技术经济分析、衡量设计水平、考核基本建设投资效果的重要标准。

(三)概算指标的表现形式

概算指标的表现形式分为综合概算指标和单项概算指标两种。

1. 综合概算指标

综合概算指标是指按工业或民用建筑及其结构类型而制定的概算指标。综合概算指标的概括性较大,其准确性、针对性不如单项概算指标。

2. 单项概算指标

单项概算指标是指为某种建筑物或构筑物而编制的概算指标。单项概算指标的针对性较强,故指标中对工程结构形式要做介绍。只要工程项目的结构形式及工程内容与单项概算指标中的工程概况相吻合,编制出的设计概算就比较准确。

(四)概算指标的内容

(1)总说明。说明指标的作用、编制依据、适用范围和使用方法。

(2)示意图。说明工程的结构形式等。

(3)结构特征。进一步说明结构形式,层高、层数和建筑面积等。

(4)经济指标。说明该工程每100 m^2造价及其中土建、水暖和电照材料等单位工程相应造价。

(5)内容及工程量指标。说明构造内容及100 m^2建筑面积的扩大分项工程指标及其人工和主要材料消耗指标。

(五)概算指标编制的原则和编制依据

(1)现行设计标准,各类型的典型工程设计和具有代表性的标准设计图纸。

(2)国家颁发的建筑标准、设计规范、施工验收规范和有关规定。

(3)现行预算定额和概算定额。

(4)地区工资标准、材料预算价格、机械台班预算价格及取费标准。

(5)典型工程结算资料和有代表性的概预算资料。

(6)现行的基本建设政策、法令和规章等。

第六节　园林工程工程量计算

在工程预算造价工作中,工程量计算是编制预算造价的原始数据,繁杂且量大。工程量计算的精度和快慢,都直接影响着预算造价的编制质量与速度。

工程量计算依据是:设计说明及施工图,工程量计算规则和方法,现行的标准图集,施工组织设计及施工现场情况。

一、园林工程工程量计算的原则与方法

(一)园林工程工程量计算的原则

园林工程工程量的计算,一般要遵循以下原则:

(1)熟悉基础资料。

(2)列项要正确。计算工程量时,按施工图列出的分项工程必须与预算定额中相应分项工程一致。例如:水磨石地面分项工程,预算定额中含水泥白石子浆面层、素水泥浆及分带嵌条与不带嵌条,但不含水泥砂浆结合层,计算分项工程量时就应列面层及结合层两项。

因此,在计算工程量时,除熟悉施工图纸及工程量计算规则外,还应掌握预算定额中每个分项工程的工作内容和范围,避免重复列项及漏项。

(3)工程量计算规则要一致,避免错算。计算工程量采用的计算规则,必须与本地区现行预算定额计算规则相一致。例如:砌砖工程中,一砖半砖墙的厚度,无论施工图中标注的尺寸是"360"或"370",都应以预算定额计算规划规定的"365"进行计算。

(4)计量单位要一致。计算工程量时,所列出的各分项工程的计量单位,必须与所使用的预算定额中相应项目的计量单位相一致。例如:预算定额中,栽植绿篱分项工程的计量单位是10延长米,而不是株数,则工程量单位也是10延长米。

(5)按顺序进行计算。计算工程量时要按着一定的顺序(自定)逐一进行计算,避免重算和漏算。

(6)工程量计算精度要统一。工程量的计算结果,除钢材、木材取三位小数外,其余一般取小数点后四位和三位,汇总时取小数点后三位和二位。

(二)园林工程工程量计算的方法

工程量的计算通常采用按施工先后顺序、按定额项目顺序和统筹法等进行。

(1)按施工先后顺序计算。按施工先后顺序依次计算工程量。计算时,先地下后地上,先底层后上层,先主要后次要。大型和复杂工程应先划分区域,编成区号,区分计算。

(2)按定额项目顺序计算。按当地定额中的分部分项编排顺序计算工程量,即从定额的第一分部第一项开始,对照施工图纸,凡遇定额所列项目,在施工图中有的,就按该分部工程量计算规则计算出工程量。凡遇定额所列项目,在施工图中没有,就忽略,继续看下一个项目,若遇到有的项目,其计算数据与其他分部的项目数据有关,则先将项目列出,其工程量待有关项目工程量计算完成后,再进行计算。例如:计算墙体砌筑,该项目在定额的第三分部,而墙体砌筑工程量为:(墙身长度×高度-门窗洞口面积)×墙厚-嵌入墙内混凝土及钢筋混凝土构件所占体积+垛、附墙烟道等体积。这时可先将墙体砌筑项目列出,工程量计算可暂放缓一步,待第四分部混凝土及钢筋混凝土工程与第六分部门窗工程等工程量计算完毕后,再利用该计算数据补算出墙体砌筑工程量。

(3)按图纸拟订一个有规律的顺序依次计算。

(4)按统筹法计算。是分析工程量计算中各分项工程量计算之间的固有规律和相互之间的依赖关系,运用统筹法原理和统筹图图解来合理安排工程量的计算程序,以达到节约时间、简化计算、提高工效、及时准确地编制工程预算提供科学数据的目的。根据统筹法原理,对工程量计算过程进行分析,可以看出各分项工程量之间既有各自的特点,也存在着内在联系。例如在计算工程量时,挖地槽体积为墙长乘以地槽横断面面积、基础垫层是按墙长乘垫层断面面积、基础砌筑是按墙长乘基础断面面积、墙基防潮层是用墙长乘基础宽度、混凝土地圈梁是用墙长乘圈梁断面面积。在这几个分项工程中,都要用到墙体长度。外墙计算外墙中心线,内墙计算净长线。运用统筹法的原理进行仔细分析,统筹安排计算程序和方法,省略重复计算过程,从而快速、准确地完成工程量计算工作。

有关工程量计算,下面结合某地方定额来说明园林工程工程量计算的一般规则。

二、园林绿化工程工程量计算

(一)园林绿化工程工程量计算说明

(1)绿化栽植包括绿化种植前的准备、种植时用工用料和机械使用费,绿化地周围 2 m 内的清理工作以及完工验收(合格)前的养护(施工期养护)。完工验收(合格)后的养护费按施工措施费计取。

(2)整理绿化地是指平均厚度在 30 cm 以内的就地挖填找平;当厚度超过 30 cm 时,按微地形处理;厚度超过 1.4 m 的按填土子目计算;计算了整理绿化地,就不再计算微地形处理项目。

(3)栽植指外购苗木现场种植,移栽指场内已有苗木的移位栽植。栽植和移栽均以一、二类土计算;如为三类土,人工乘以系数 1.15;如为四类土,人工乘以系数 1.34;攀缘植物、草坪、花卉灌木模纹地被植物不分土壤类别。

(4)苗木、花卉的主材数量,应按设计或实际用量计算,其运输、栽植等操作损耗率如下:①带土球种植的乔木、竹类、灌木类 1.0%;不带土球种植的乔木、竹类、灌木类 1.5%;②攀缘植物、水生植物为 1.5%;③草根、草皮、草块为 8%;④反季节种植,则上述损耗率再增加 50%。

(5)反季节是指每年 6 月下旬至 8 月下旬反季节栽植,其施工用水量乘以系数 2.2。

(6)移栽乔木(裸根)是以截杆计算的。如需保留 1/2 树尾,人工乘以系数 1.2;全形态保留者,按实际发生计算。

(7)栽植珍贵树木和超过最大规格的特大树木,所需增加的措施费用另行计算。草皮播种不管是否采用机械喷播均不再另计取机械费用。苗木根部加生根粉剂的,根据不同苗木品种按实际计算,其他不变。

(8)用水按自来水考虑,如为甲方供水,标准中的水量扣除。施工现场内无水源时,按栽植相应子目中的水量另加洒水车台班费。

(9)绿化工程均包括 150 m 场内材料搬运,超过运距时,另行计算。

(10)苗木规格说明。

①苗木高度:苗木由地面至最高生长点的垂直距离。

②胸径:苗木分枝距地面高度≥1.3 m 时,以苗木自地面 1.3 m 处树干的直径为准;分枝距地面高度<1.3 m 时,以苗木分枝点处的直径为准。

③土球直径:起挖苗木时根部所带的泥球的直径。

④苗木冠径:苗木平均冠径。

⑤地径:苗木地面处的直径。

⑥生长年限:苗木从种植至起苗时的生长时间,无性繁殖的苗木以繁殖开始为时间起

点,有性繁殖的苗木以播种种植开始为时间起点。

(11)苗木栽植定额不少子目是按土球直径、胸径、苗木高度、冠幅、根盘直径等来划分的。其中的土球直径大小不易界定,定额规定乔木土球直径按胸径的8倍或按地径的7倍计算;灌木或亚乔木的土球直径按其蓬径的1/3计算。

(12)乔木和珍贵树木栽植后必须用树棍、毛竹或其他材料做支撑;胸径在5 cm以上的乔木或珍贵树木栽植后,在主杆部分应用草绳等卷绕包扎,以保护主杆和抑制水分蒸发。

(二)工程量计算规则

(1)栽植和移植乔木、灌木以"株"计算。灌木栽植,当株距大于40 cm时,按单株灌木子目以10株计算;当株距小于40 cm时,按花卉灌木模纹子目以"10 m^2"计算。

(2)散生竹按不同胸径规格以"10株"计算,丛生竹按盘径规格以"10丛"计算。

(3)种植花卉、挖铺草皮以"10 m^2"计算,绿篱不论单、双排均以"10延长米"计算。如设计无规定,则单排栽4.5株/m,双排9株/m。

(4)水生植物按不同品种以"10株"计算;攀缘植物行列栽植按年生期以"10株"计算,成片栽植以面积"10 m^2"计算。

(5)砍伐乔木以"10株"计算、灌木以"10丛"计算,清除草坪、整理绿化地以"10 m^2"计算。

(6)场内运输乔木、灌木按"10株"计算,草皮按"10 m^2"计算。

(7)反季节施工中所植苗木,除计算栽植或移栽的子目外,应另以苗木高度和苗木冠径按"株"计取反季节施工技术措施费用。

三、园林小品工程工程量计算

(一)假山工程

1.有关说明

(1)包括湖石假山、黄石假山、挡墙式假山、斧劈石假山、清片石假山、吸水石假山、塑料石假山等。除注明者外,假山和自然式驳岸均未包括基础,另行计算。

(2)塑砖骨架假石山,如设计要求做部分钢筋混凝土骨架,应进行换算。

(3)堆砌假山、砌塑假山均包括脚手架,不得另计。

(4)假山与基础的划分:地面以下按基础计算,地面以上按假山计算。

(5)平均厚度超过80 cm的室外附壁式假山按墙式假山计算。

(6)堆砌假山如需配置塔吊者,按施工组织设计另行计算。

2.工程量计算规则

(1)堆砌假山工程量按实际堆砌的石料以"t"计算。

堆砌假山工程量(t)=进料验收数-进料剩余数,如无石料进场验收量,可按叠成后的假山计算体积和比重换算,参考计算公式如下:

①假山计算体积($V_{计}$)的计算公式为

$$V_{计}=K_n \times A \times H \quad (m^3)$$

式中:K_n 的取值,H 在 1 m 内时为 0.77,H 在 1～2 m 内时为 0.72,H 在 2～3 m 内时为 0.653,H 在 3～4 m 内时为 0.60;A 为假山不规则平面轮廓的水平投影面积的外切矩形面积,m^2;H 为假山石着地点至最高顶的垂直距离,m。

②计算体积换算质量的计算公式为

$$W_{重} = 2.6V_{计}$$

式中:$W_{重}$为假山石质量,t; 2.6 为石料比重。

(2)各种单体孤峰及散景石,按其单体石料体积(取单体长、宽、高各自的平均值体积)乘以石料比重(取 2.6)计算。

(3)砌塑假山体积计算公式同堆砌假山,以"m^3"计算。

(4)塑砖骨架和钢筋架假山按其外围表面积以"m^2"计算。

(二)园路工程

1. 有关说明

(1)各种园路垫层按设计尺寸,两边各放宽 5 cm 乘以厚度以"m^3"计算。

(2)园路面层按设计图示尺寸,以"m^2"计算。

(3)园桥毛石基础、桥台、桥墩、拱圈、护坡按设计图示尺寸以"m^3"计算,石桥面积按"m^2"计算。拱圈、支架按桥面宽度每侧加 1 m 的空间体积以"m^3"计算。

2. 工程量计算规则

(1)园路垫层缺项可按楼地面工程相应项目执行,人工乘以系数 1.10。

(2)园桥基础、桥台、桥墩、护坡、石桥面等项目,如遇缺项可分别按其他章相应项目执行,人工乘以系数 1.25,其他不变。

(三)小品工程

1. 有关说明

(1)园林小品是指园林建设中的工艺点缀品,艺术性较强。它包括堆塑装饰、塑各种动物、雕塑和小型预制钢筋混凝土、金属构件等小型设施。雕塑指适应于民间传统工艺装饰的园林小品雕塑,不适应于城市雕塑。

(2)园林小摆设是指各种仿匾额、花瓶、花盆、石鼓、坐凳及小型水盆、花坛池、花架预制件。

2. 工程量计算规则

(1)堆塑装饰分别按展开面积以"m^2"计算,塑松棍(柱)、竹分不同直径按"延长米"计算。

(2)小型设施:预制或现捣水磨石景窗、平凳、花檐、角花、博古架、飞来椅等的工程量,按图示尺寸以"延长米"计算,木纹板工程量以"m^2"计算。

(3)塑树蔸式桌椅以一桌四凳为一套,小套桌面 Φ600 mm,中套 Φ800 mm,大套 Φ1 000 mm。

(4)鱼长从鱼口沿始,经眼、腹至尾之全长,以"条"计算。

(5)仙鹤身高为头、颈、身、腿长之和;嘴和爪不计算长度。

(6)塑龙按龙身最粗处的周长以“条”计算。

(7)雕塑以图案的外切矩形面积以“m^2”计算。简单是指构图内容较单调、层叠不多的装饰物构成的画面,如几何图案构图、层次和束数不多的花草、山石,吉祥物飘带,笙笛、果子、书卷、蝙蝠等。复杂是指构图内容丰富、层次较多的装饰物构成的画面,如风景、山水树木、建筑物、龙凤呈祥、故事人物、戏幅等。其中,阴阳线雕指在一个平面上以凸、凹线型表现的图案,一般突出底板1～4 cm;平浮雕指以厚度不同的平面图案构成,一般凸出底板3～6 cm;浅浮雕指以不同高度的立体图案构成,被雕物有1/2以上凸出画面呈现立体感,一般凸出底板5～10 cm,高浮雕指比浅浮雕更具有立体感,主要雕塑对象有3/4以上突出画面,一般凸出底板10～20 cm。

(8)塑散景石以不规则水平投影面积的外切矩形面积乘以平均高度以体积计算。

(9)琉璃花窗、瓦片漏窗按实际面积以“m^2”计算。窗框未包括在内,按相应项目另行计算。

(10)琉璃竹节按实际长度以“m”计算。

(11)石桌石椅、水磨石桌凳均以一桌四凳为一套。

(12)杉树皮屋面、杉树皮贴墙面均按饰面积计算,爪角和室顶以“个”计算。

四、土方工程工程量计算

(一)相关说明

1. 人工、机械土石方

(1)土壤岩石按普通土、坚土、松石、坚石分类,其具体分类见“土壤及岩石(普氏)分类表”。

(2)挖土方地槽(坑)以及运土方,不分干土、湿土。

(3)土石方体积均按天然密实体积计算。

(4)土石方工程中,施工期间工作面内发生的雨水积水排水费用,包括在冬雨季施工增加费中;其他排水费用按实际计算。

2. 人工土石方

(1)在有挡土板支撑下挖土方时,按实挖体积,人工乘以系数1.35,先挖后支不增加系数。

(2)挖桩间土方时,人工乘以系数1.25。其中,人工挖孔桩间挖土,人工乘以系数1.10;桩径大于600 mm的桩体积应予扣除。

(3)场地竖向布置挖填土方时,不再计算平整场地工程量。

(4)石方爆破是按炮眼法松动爆破编制的,不分明炮、闷炮,但闷炮的覆盖材料应另行计算。

(5)石方爆破是按电雷管、导线导电起爆编制的,如采用火雷管爆破,雷管应换算,数量不变。扣除标准中的塑胶质导线,换为导火索,导火索的长度按每个雷管2.12 m计算。

3. 机械土石方

(1)推土机推土、石渣,铲运机铲运土,上坡时,如果坡度大于5%,其运距按坡度区段斜长乘以表2-8中的系数计算。

表2-8　坡度区段斜长系数

坡度(%)	5~10	15以内	20以内	25以内
系数	1.75	2.00	2.25	2.50

(2)汽车、人力车,重车上坡降效因素,已综合在相应的运输标准项目中,不再另行计算。

(3)机械挖土方工程量按机械土方90%、人工挖土方10%计算,人工挖土方部分按相应标准项目人工乘以系数1.35。人工部分为石方时,工程量按实际计算,套用相应石方开挖定额,不另乘系数。

(4)推土机推土或铲运机铲土,土层平均厚度小于300 mm时,推土机台班用量乘以系数1.20,铲运机台班用量乘以系数1.15。

(5)推土机(铲运机)推(铲)未经压实的堆积土时,按一、二类土相应项目乘以系数0.87。

(6)本消耗标准中的爆破材料是按炮孔中无地下水、积水编制的,炮孔中若出现地下渗水、积水,处理渗水或积水发生的费用另行计算。另外,未计爆破时所需覆盖的安全网、草袋及架设安全屏障等设施,发生时另行计算。

(7)机械上下行驶坡道土石方,合并在土石方工程量内计算。

(8)汽车运土、石,运输道路是按一、二、三类道路综合确定的,已考虑了运输过程中道路清理的人工,如需要铺筑材料,另行计算。

(9)建筑物地下室基础土石方,自然地面以下超过6.0 m深,采用机械挖土、装土、装渣、自卸汽车运输,按相应项目(仅指挖土且运距在1 km以内项目)乘以系数1.20,工程量按超深部分计算;计算运距时,以挖土区重心至卸土区重心的水平距离计算。

(10)桩基土石方外运,按相应项目计算,工程量按实际计算。

(二)工程量计算规则

1. 土方体积

土方体积均以挖掘前的天然密实体积计算(另有注明者除外)。如为松散土方者,按以下规定处理:一、二类土折松方乘以系数1.2,三类土折松方乘以系数1.25,四类土折松方乘以系数1.30。

土方回填,按回填后的竣工体积,以“m^3”计算。不同状态的土方体积,按表2-9换算。

2. 平整场地及碾压工程量

平整场地及碾压工程量,按下列规定计算:

(1)人工平整场地是指建筑场地挖、填土方厚度在±30 cm以内及找平。厚度超过±30 cm时,其全部土方工程量按挖土方相应定额计算。

表 2-9 土石方体积折算系数

天然密实度体积	虚方体积	夯实后体积	松填体积
1.30	1.30	0.87	1.08
0.77	1.00	0.67	0.83
1.15	1.49	1.00	1.24
0.93	1.20	0.81	1.00

(2)平整场地工程量按建筑物外墙外边线每边各加2 m,以"m^2"计算。

(3)建筑场地原土碾压以"m^2"计算,填土碾压按图示填土厚度以"m^3"计算。

3. 挖掘沟槽、基坑土方工程量

挖掘沟槽、基坑土方工程量,按下列规定执行:

(1)沟槽、基坑划分。

凡图示沟槽底宽度在3 m以内,且沟槽长大于槽宽3倍以上的为沟槽;沟槽长小于槽宽3倍,且图示基坑底面面积在20 m^2以内的为基坑。

凡图示沟槽底宽度3 m以外,坑底面积在20 m^2以外的,均按挖土方计算。

平整场地、挖土方、挖槽(沟)、挖柱坑(基)的关系可用表2-10表示。

表 2-10 平整场地、挖土方、挖槽(沟)、挖柱坑(基)的划分

项目	区别条件	
	坑底面积(m^2)	槽底宽度(m)
挖柱坑(基)	≤20	
挖槽(沟)		≤3
挖土方	>20	>3
平整场地	凡土层厚度在±0.3 m以上填、挖、找平	

(2)计算挖沟槽、基坑、土方工程量,需要放坡时,编制施工图预算,应按施工组织设计计算;施工组织设计无规定者,可参照表2-11的规定计算。办理工程结算时,应按甲、乙双方签证的隐蔽工程记录计算。

表 2-11 放坡系数

土壤类别	放坡起点(m)	人工挖土	机械挖土	
			在坑内作业	在坑上作业
一、二类土	1.20	1:0.5	1:0.33	1:0.75
三类土	1.50	1:0.33	1:0.25	1:0.67
四类土	2.00	1:0.25	1:0.10	1:0.33

注:沟槽、基坑中土壤类别不同时,按不同类别土方厚度加权平均计算;计算放坡时,在交接处的重复工程量不予扣除,原槽坑做基础垫层时,放坡自垫层上表面开始计算。

（3）挖沟槽、基坑需支挡土板时，其宽度按图示沟槽、基坑底宽单面加10 cm、双面加20 cm计算；挡土板面积按槽、坑垂直支撑面积计算。支挡土板后，不得再计算放坡。

（4）基础施工所需工作面宽度按表2-12的规定计算。

表2-12　基础施工所需工作面宽度计算

基础材料	每边各增加工作面宽度（mm）
砖基础	200
浆砌毛石、条石基础	150
混凝土基础垫层支模板	300
混凝土基础支模板	300
基础垂直面做防水层	800（防水层面）

（5）挖沟槽长度，外墙按图示中心线长度计算，内墙按图示基础底面之间净长线长度计算，内外突出部分（垛、附墙烟囱等）体积并入沟槽土方工程量内计算。

（6）人工挖土方、槽坑凿石方深度超过消耗量标准子目规定深度的部分工程量，按每米折合水平运距7 m计算人工运输，按运距每增加20 m的项目增加人工。

（7）沟槽、基坑深度按图示槽、坑底面至外地坪深度计算；地沟按图示沟底至室外地坪深度计算。

4. *岩石开凿及爆破工程量*

岩石开凿及爆破工程量，区别石质按下列规定计算：

（1）人工凿岩石按图示尺寸以“m^3”计算。

（2）爆破岩石按图示尺寸以“m^3”计算，其沟槽、基坑宽允许超挖量（基底不计）：次坚石为200 mm，普坚石、特坚石为150 mm，超挖部分岩石并入岩石挖方量内计算。

5. *回填土区工程量*

回填土区分夯填、松填按图示回填体积并依下列规定，以“m^3”计算：

（1）沟槽、基坑回填：沟槽、基坑回填体积以挖方体积减去设计室外地坪以下埋设构件（包括基础垫层、基础等）体积计算。

（2）房心回填土，按主墙之间的面积乘以回填土厚度计算。

（3）余土或取土工程量可按下式计算：

$$余土外运体积 = 挖土总体积 - 回填土总体积$$

式中，计算结果为正值时为余土外运体积，负值时为需取土体积。

6. *土方运距*

土方运距按下列规定计算：

（1）推土机推土运距：按挖方区重心至回填区重心之间的最短距离计算。

（2）铲运机运土运距：按挖方区重心至卸土区重心加转向距离45 m计算。

（3）自卸汽车运土运距：按挖方区重心至填土区（堆放地点）重心的最短距离计算。

【例2-17】 某园林建筑小品毛石基础如图2-2所示，$a=780$ mm，$c=150$ mm，$H=1.2$ m，$K=0.5$，人工挖土。试计算其土方工程量。

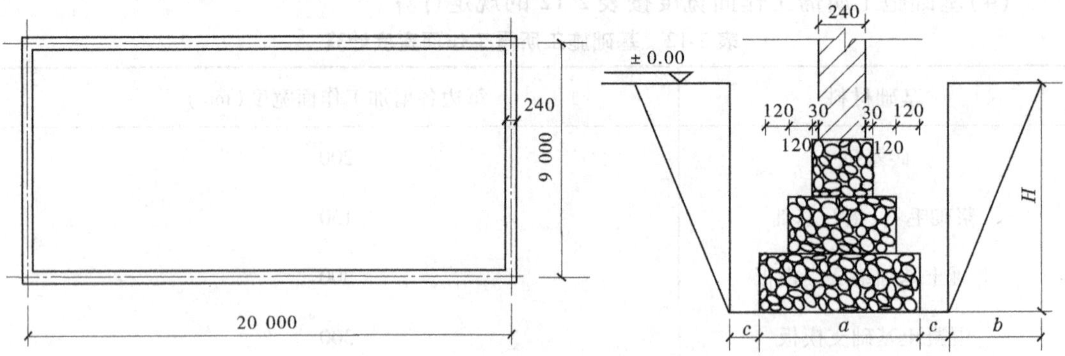

图2-2　毛石基础结构图　(单位:mm)

解　根据土方工程量计算规则及相关规定分析如下。

由表2-11可知:三类土放坡起点为1.5 m，基础深为1.2 m，故沟槽可不放坡。

一、二类土放坡起点为1.2 m，基础深为1.2 m，故沟槽需放坡。坡度系数为0.5。

由表2-12可知:毛石基础的工作面为50 cm。

外墙沟槽(地槽)长度按其中心线长度计算，可知沟槽长度为

$$L=(20+9)\times 2-0.24\times 4=57.04(\text{m})$$

注意:0.24×4为1/2砖墙四个墙角重叠尺寸。

土壤为三类土时不放坡，有工作面时挖沟槽的工作量为V_1:

$$V_1=(a+2c)\times H\times L$$

$$=(0.78+2\times 0.15)\times 1.2\times 57.04=73.92(\text{m}^3)$$

土壤为一、二类土时放坡，有工作面时挖沟槽的工作量为V_2:

$$V_2=(a+2c+KH)\times H\times L=(0.78+2\times 0.15+0.5\times 1.2)\times 1.2\times 57.04$$

$$=114.99(\text{m}^3)$$

【例2-18】 图2-3所示为某单柱花架混凝土基础矩形，已知:$a=1\ 000$ mm，$c=300$ mm，$H=2\ 000$ mm，$b=1\ 000$ mm，$K=0.5$。试计算其土方工程量。

解　(1)放坡的矩形基坑工程量计算:

$$V=(a+2c+KH)\times(b+2c+KH)\times H+1/3K^2H^3$$

式中:$1/3K^2H^3$值为基坑四角的锥体体积，其透视图如图2-4所示。

四角的角锥体积可按预算手册中的角锥体积表计算。

$$V=(1.0+2\times 0.3+0.5\times 2.0)\times(1.0+2\times 0.3+0.5\times 2.0)\times 2.0+1/3\times 0.5^2\times 2^3=14.19(\text{m}^3)$$

(2)放坡的圆形基坑土方工程量如图2-5所示。

已知:$H=3\ 000$ mm，$R_1=1\ 500$ mm，$R_2=KH+R_1$。

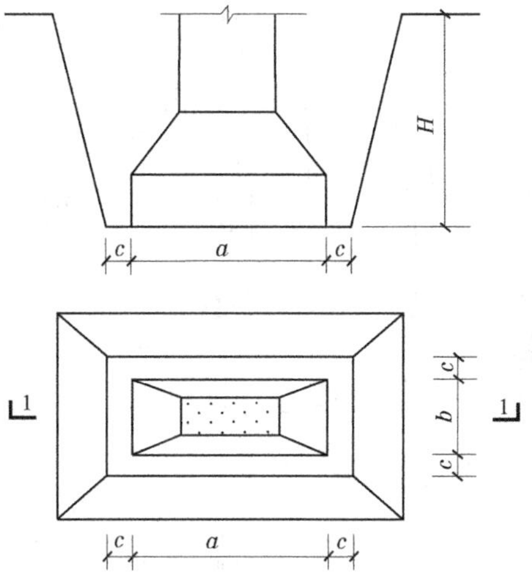

图 2-3　混凝土基础结构图

由图 2-5 可知：

$$
\begin{aligned}
R_2 &= KH + R_1 \\
&= 0.25 \times 3\,000 + 1\,500 \\
&= 2\,250(\text{mm})(\text{四类土})
\end{aligned}
$$

故可求得基坑的土方工程量：

$$
\begin{aligned}
V &= 1/3 \times \pi \times H \times (R_1^2 + R_2^2 + R_1R_2) \\
&= 1/3 \times 3.141\,6 \times 3.0 \times (1.5^2 + 2.25^2 + 1.5 \times 2.25) \\
&= 33.58(\text{m}^3)
\end{aligned}
$$

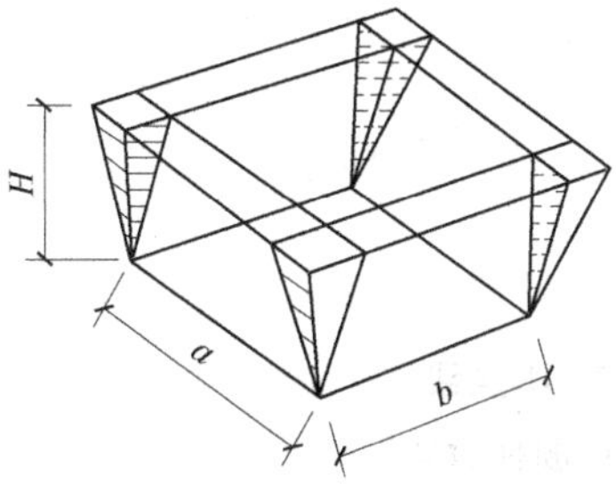

图 2-4　基坑四角的锥体

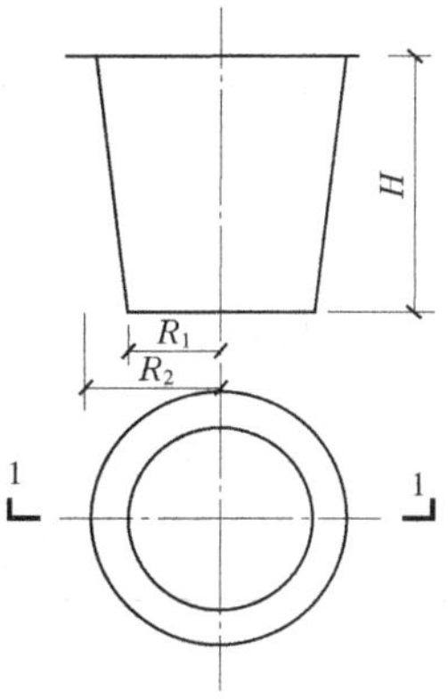

图 2-5　圆形基坑放坡

【例 2-19】　某公园场地土方平衡，设置 20 m×20 m 方格网，方格网及测量标高如图 2-6 所示（坐标数据中，上面的为设计标高，下面的为地面标高）。试计算挖、填土方工程量。

解　计算各角点施工高度，确定零点线位置，标注如图 2-7 所示。

计算土方量，如表 2-13 所示。

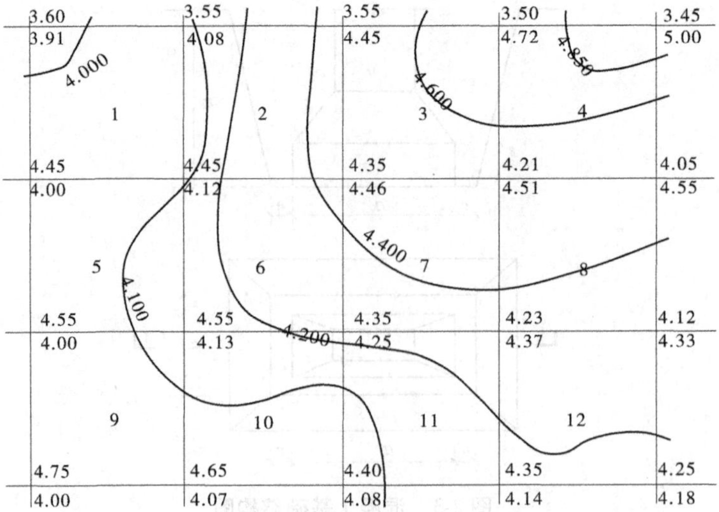

图 2-6　方格网角点标高及方格编号

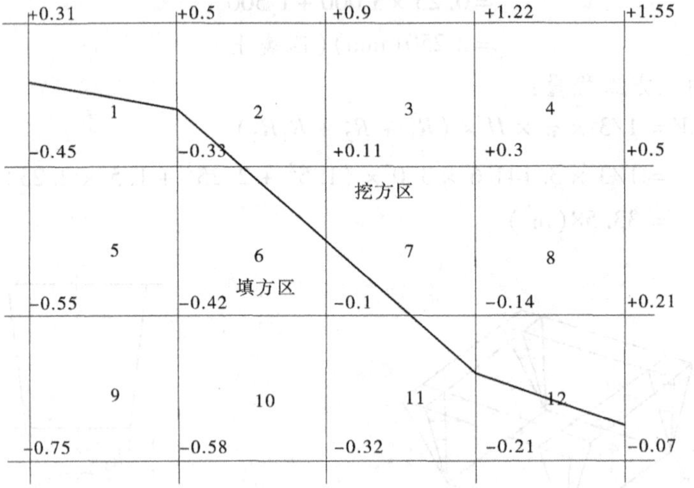

图 2-7　角点施工高度、零点线

表 2-13　土方计算(方格网计算法)

序号	图形编号	土方量计算		说明
		挖方(m^3)	填方(m^3)	
1	三角形 2、7	(20×20－7.95×8.63/2)×1.51/5＝110.44	7.95×8.65×0.33/6＝3.78	2
		(20×20－10.86×9.52/2)×0.55/5＝38.31	10.86×9.53×0.1/6＝1.73	7
2	三角形 6、11	11.37×10.47×0.11/6＝2.18	(20×20－11.37×10.47/2)×0.85/5＝57.88	6
		9.13×8×0.14/6＝1.70	(20×20－9.13×8/2)×0.63/5＝45.8	11

续表 2-13

序号	图形编号	土方量计算		说明
		挖方(m^3)	填方(m^3)	
3	三角形 3、4、8	20×20/4×(0.9+1.22+0.11+0.3)=253		3
		20×20/4×(0.3+0.5+1.22+1.55)=357		4
		20×20/4×(0.3+0.5+0.14+0.21)=115		8
4	正方形 5、9、10		20×20/4×(0.45+0.33+0.55+0.42)=175	5
			20×20/4×(0.55+0.42+0.75+0.58)=230	9
			20×20/4×(0.42+0.1+0.58+0.32)=142	10
5	梯形 1	(8.16+12.05)/2×20×(0.31+0.5)/4=40.93	(11.84+7.95)/2×20×(0.45+0.33)/4=38.59	1
	梯形 12	(8+15)/2×20×(0.14+0.21)/4=20.13	(12+5)/2×20×(0.07+0.21)/4=11.9	12
小计		938.69	706.67	

五、砌筑工程工程量计算

(一)相关说明

(1)砖墙砌筑是以内墙、外墙划分的,艺术形式复杂程度的因素已综合考虑在项目内。

(2)砖旋、砖过梁、腰线、砖垛、砖挑檐等砌体,除注明者外,均并入墙身内计算;砖圈梁使用砂浆强度等级不同时,另列项计算。砖过梁、砖圈梁等砌体内的钢筋应根据设计图纸另行计算。

(3)砌体中砂浆强度等级,如与设计规定不同,应根据设计规定的强度等级计算,但人工和砂浆数量不变。除砖圈梁外钢筋砖过梁及砖旋,比墙身提高砂浆强度等级因素,已综合考虑在内,不另增加。

(二)工程量计算规则

(1)基础垫层长度:外墙按外墙中心线长度计算,内墙按内墙净长计算。

(2)砖结构以标准砖为准,计算砖墙体积时,其厚度规定如表 2-14 所示。

表 2-14　标准砖墙体厚度

砖规格	单位	1/4 砖	1/2 砖	3/4 砖	1 砖	1.25	1.50	2 砖	说明
240×115×53	mm	53	115	180	240	300	365	490	标准砖

使用地方砖时,其人工、材料按实调整。1砖以内的砖墙厚度,按砖的尺寸计算;1砖以上的砖墙厚度,按砖的尺寸每个灰缝加1 cm计算。

(3)檐高按设计室外地坪至檐口滴水高度计算。

(4)通过墙基、墙身的孔洞或其他空洞的面积,每个在0.3 m^2以内者不予扣除;超过0.3 m^2者,应予以扣除。

(5)基础与墙身的划分:有台明的以室内地坪为界,无台明的以室外地坪为界。以上者为墙身,以下者为墙基。台明墙按墙身计算。

(6)砖基础体积的计算规定如下:

①外墙墙基的长度按外墙中心线长度计算。

②内墙墙基的长度按内墙净长计算。

③地龙墙、地楞砖墩按墙基执行。

(7)砖墙身体积的计算规定如下:

①计算墙身体积时,应扣除门窗洞口(门、窗框外围面积,下同)、过人洞、空圈、嵌入墙身的钢筋混凝土梁、圈梁及板头等所占体积;但嵌入墙身的钢筋、铁件和钢筋混凝土梁头、梁垫、木屋架头、桁条垫木、木棱头、出沿椽、木砖、门窗走头、半砖墙的木筋及伸入墙内的暖气片、壁龛等体积均不扣除;突出墙身的门、窗套、窗台虎头砖、压顶线、山墙泛水槽和腰线(在三皮砖以下者)等体积也不增加。

②外墙墙身和女儿墙按外墙中心线长度计算,高度按图示尺寸计算。女儿墙工程量并入外墙计算。

③内墙墙身的长度按内墙净长计算,高度按图示尺寸计算。

④檐口外墙高度的计算规定:檐口外墙高度算至其中心线的屋面板或椽子顶面,但如内外有天棚(天花、轩)及檐口桁条起承重作用,檐墙高度算至天棚以上20 cm。

⑤山墙部分的工程量,无台明的由设计室外地坪起算至山尖1/2的高度,有台明的由室内地坪起算至山尖1/2的高度。

(8)空斗墙按外形体积以"m^3"计算。计算规则与实砌墙相同。墙角、门、窗洞口立边,内外墙节点、钢筋砖过梁、砖旋、混凝土楼板下、楼地面踢脚线处、山尖和屋檐处的实砌砖,已包括在子目内,不另计算;但钢筋砖统圈梁及附墙垛(柱)实砌部分应按相应项目另行计算;围墙的砖垛、压顶(屋顶墙脊另算)和腰线应并入墙身内计算。

(9)砖柱基合并在柱身内计算。毛石柱基合并在墙基内计算。

(10)空花墙按面积计算,其透空部分面积包括在内。

(11)墙基防潮层按墙基顶面积以"m^2"计算。

六、石作工程量计算

(一)相关说明

(1)石料以花岗岩石料为准,如使用其他石料,人工可以调整,但材料用量不变。

(2)石料表面加工等级类别划分。

(3)加工等级及加工方法与要求如表2-15所示,石浮雕的加工类别及加工要求如表2-16所示。

表 2-15 石料表面加工等级及加工方法与要求

加工等级	加工方法与要求
打荒	对石料进行"打剥"加工，也就是用铁锤及铁凿将石料表面凸起部分凿掉
錾凿	用铁锤及铁凿对石料表面进行密布凿痕的加工，并令其表面凹凸逐渐变浅
一遍剁斧	用铁锤、铁凿和铁斧使石料表面趋于平正，用铁斧剁打后，令其表面无凹凸，达到表面平正，斧口痕迹的间隙应小于 3 mm
二遍剁斧	在一遍剁斧的基础上加工得更为精密一些，斧口痕迹的间隙应小于 1 mm
三遍剁斧	在二遍剁斧的基础上要求平面具有更严格的平整度，斧口痕迹的间隙应小于 0.5 mm
扁光	凡完成三遍剁斧的石料，用砂石加水磨去表面的剁纹，使其表面达到光滑与平正

表 2-16 石浮雕的加工类别及加工要求

加工类别	加工要求
素平（又名阴线刻）	常见于人物像与山水风景，其雕成凹线的深度为 0.2～0.3 cm。其表面要求达到"扁光"
减地平钑（又名平浮雕）	一般是被雕的物体凸出平面 3 cm 以内，而被雕物体表面成平面。其表平面要求达到"扁光"
压地隐起（又名浅浮雕）	凸出平面有深有浅，凸出平面 3～10 cm 以内，形成被雕物体表面有起伏。其表面要求达到"二遍剁斧"
剔地起突（又名高浮雕）	被雕物体不仅表面有起伏，而且明显隆起，凸出平面大于 10 cm 以上。其表面要求达到"一遍剁斧"

（4）石料加工人工均是累计数量，錾凿包括打荒，剁斧包括打荒錾凿。

（二）工程量计算规则

（1）踏步石、阶沿石、锁口石、垂带石均以顶面投影面积计算，以"10 m^2"为计量单位。

（2）侧塘石按正面的垂直投影面积，以"10 m^2"为计量单位。

（3）线脚加工不分阴线与阳线。凡线脚深度小于 5 mm 乘系数 0.5 计算。

（4）斜坡加工按其坡势子目计算。当坡势高度小于 6 cm 而大于 1.5 cm 时，按坡势子目乘系数 0.75 计算。

（5）梁、柱、枋、石屋面、拱形屋面板等构件按其竣工石料体积计算，以"m^3"为计量单位。

（6）石浮雕按其雕刻种类的实际雕刻物的底板外框面积计算，以"m^2"为计量单位。

（7）碑上刻拼音字母和英文字母，2 个字母算一个汉字。

七、混凝土工程工程量计算

（一）相关说明

（1）设计的混凝土和砂浆强度等级与实际不符时，可以换算。

(2)毛石混凝土中的毛石掺量,独立基础20%,条形基础15%,设计使用量不同时,其毛石和混凝土用量可按比例调整。

(3)混凝土构件未考虑早强剂的费用,如需提高早期强度,早强剂费用另行计算。

(4)构件汽车运输不分构件名称和类别。

(5)构件吊装包括场内运距150 m以内的运输费,如超过,按1 km以内项目执行,同时扣去其中的场内运费。

(二)工程量计算规则

(1)混凝土构件(除注明按水平、垂直投影或延长米计算外)均按图示尺寸,按实体积以“m^3”计算,不扣除钢筋、铁件、螺栓所占体积。

(2)板类构件均不扣除面积在0.3 m^2以内孔洞的混凝土体积;面积超过0.3 m^2的孔洞,其混凝土体积应予扣除,但留洞所需工料不另增加。

(3)基础。

①带形基础(或称条形基础):其外墙基的长度按外墙中心线计算,内墙基的长度按内墙基净长计算。

②柱基、柱墩的高度按设计规定计算,图纸无明确表示时,可以算至基础扩大顶面。

③整板基础:带梁(包括反梁)者,按有梁式计算;仅带有边肋者,按无梁式计算。

④杯形基础:按图示尺寸以实体积计算。

(4)柱:分矩形、圆形,使用时应分别按各种规格套用项目。

①柱高按柱基上表面至柱顶面的高度计算。

②有梁板的柱高应按柱基上表面至楼板下表面的高度计算。

③有楼隔层的柱高按柱基上表面或楼板表面至楼板上表面或上一层楼板上表面的高度计算。

④依附于柱上的云头、梁垫、蒲鞋头的体积另列项目计算。

⑤多边形柱按圆柱执行,其规格按断面对角线长套用。

(5)梁应分别按矩形、圆形的各种相应规格套用相应项目,矩形梁高为梁底算至梁顶面的高度。梁长的计算规则如下:

①梁与柱连接时,梁长应按柱与柱间的净距计算。

②次梁与柱或次梁与主梁交接时,次梁长度算至柱侧面或主梁侧面的净距。

③梁与墙交接时,伸入墙内的梁头,应包括在梁的长度内计算。

④圈梁与过梁连接时,分别套用圈梁、过梁,其过梁长度按图示尺寸,图纸无规定时,按门、窗口外围宽度两端共加50 cm计算。

⑤老嫩戗(戗梁)按设计图示尺寸,按实体积以“m^3”计算。

(6)板:

①有梁板是指梁(包括主梁、次梁)与板构成一体,其工程量应按梁、板体积总和计算。

②平板是指无柱、梁,直接由墙承重的板。

③有多种板连接时,以墙的中心线为界,伸入墙内的板头并入板内计算。

④戗翼板是指古典建筑中在翘角部位,并连有摔网椽的翼角板。其工程量(包括摔

网椽和板体积之和)按图示尺寸,以实体积“m^3”计算。

椽望板是指古典建筑中在飞檐部位,并连有飞椽和出檐重叠之板。其工程量(包括飞椽、檐椽和板体积之和)按设计图示尺寸,按实体积以“m^3”计算。

⑤亭屋面板(曲形)是指古典建筑中亭面板,为曲形状,其工程量按设计图示尺寸,按实体积以“m^3”计算。

(7)中式屋架是指古典建筑中立贴式屋架。其工程量(包括立柱、童柱、大梁、双步体积之和)按设计图示尺寸,按实体积以“m^3”计算。

(8)枋、桁:

①枋子(看枋)、桁条、梓桁、连机、梁垫、蒲鞋头、云头、斗拱、椽子等构件,均按设计图示尺寸,按实体积以“m^3”计算。

②枋与柱交接时,枋的长度应按柱与柱间的净距计算。

(9)其他:

①整体楼梯包括楼梯中间休息平台、平台梁、斜梁及楼梯与楼板相连接的梁(不包括与楼层过道连接的楼板),按水平投影面积计算,不扣除宽度小于20 cm的楼梯井,伸入墙内部分不另增加。

②伸出墙外的阳台按设计图示尺寸以“m^3”计算,伸出墙外的牛腿、边梁已包括在内,但嵌入墙内的梁按圈梁执行,柱式雨篷按相应的板和柱计算。

③吴王靠、挂落、栏板、栏杆按延长米计算;楼梯的栏板、栏杆长度,如图纸无规定,按水平投影长度乘系数1.15计算。

④小型构件是指单件体积小于0.1 m^3以内未列入项目的构件。

⑤古式零件是指梁垫、蒲鞋头、云头、水浪机、插角、宝顶、莲花头子、花饰块等以及单件体积小于0.05 m^3未列的古式小构件。

(10)装配式构件制作:

①装配式构件一律按施工图示尺寸以实体积计算,空腹构件应扣除空腹体积。

②预制混凝土板间或补现浇板缝时,按平板执行。

③预制水磨石窗台板类及隔断已包括磨光打蜡,其安装铁件按图示计算。

④预留部位浇捣是指装配式柱、枋、云头交叉部位需电焊后浇制作混凝土的部分,其工程量按实体积以“m^3”计算。

⑤预制混凝土花漏窗按其外围面积以“m^2”计算,边框线抹灰按抹灰工程规定另行计算。

(11)预制混凝土构件运输和安装工程量的计算方法,与构件制作的工程量计算方法相同。

【例2-20】 某小区一现浇混凝土亭子如图2-8所示,柱、梁、基础采用混凝土现浇,屋盖为钢结构。计算柱、梁、基础的混凝土浇捣和模板工程量。

解 (1)混凝土浇捣。

①柱: $V=0.36\times0.36\times2.89\times4=1.5(m^3)$

②梁WL: $V=0.2\times0.84\times[(4+0.18\times2-0.05\times2)\times2+(4+0.18\times2-0.05\times2-0.2\times2)\times2]$

$=0.2\times0.84\times16.24=2.73(m^3)$

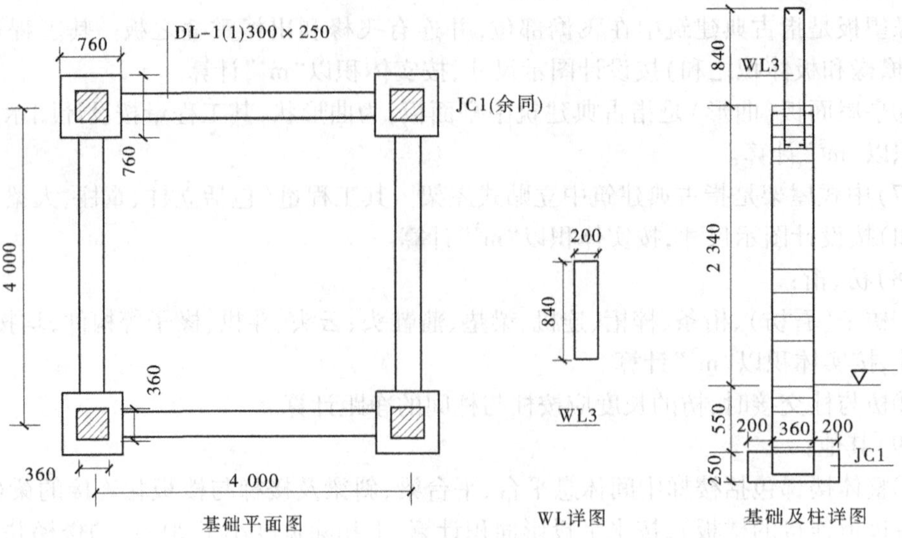

图 2-8　现浇混凝土亭子　(单位:mm)

③地梁 DL:　$V=0.3\times0.25\times(4-0.38\times2)\times4=0.97(m^3)$

④独立基础 JC:　$V=0.76\times0.76\times0.25\times4=0.58(m^3)$

(2)模板。

①柱:　$S=0.36\times4\times2.89\times4=16.65(m^2)$

②梁 WL:　$S=0.84\times2\times(16.24-0.2\times4)=25.94(m^2)$

③地梁 DL:　$S=0.25\times2\times(4-0.38\times2)\times4=6.48(m^2)$

④独立基础 JC:　$S=0.2\times0.76\times4\times4-0.3\times0.25\times2\times4=1.83(m^2)$

八、木结构工程工程量计算

(一)相关说明

(1)本部分木作构件,除注明者外,均以刨光为准,刨光损耗已包括在内。木材数量均为毛料。

(2)古式门窗、栏杆、挂落、隔断、罩、天花等木构件装修木材,扁作梁、枋、椽制作木材,立贴式屋架、兜肚木门、圆角木窗、框扇制作均以一、二类木种为准。一、二类木种包括红松、白松、杨柳木、椴木、云杉、洋松、杉木。其他木种均为三、四类。以上木装修和木构件如使用三、四类木种的,其制作工乘以系数 1.27,安装工乘以系数 1.15。

(3)木材以自然干燥为准,如需烘干,其费用另行计算。

(4)古式木门窗小五金费按附表的小五金用量计算,如设计用的小五金品种、数量不同,品种数量均可调整,其他不变。

(5)玻璃厚度不同时,可按设计规定换算。

(6)古式木门窗五金数量见附表,五金附件未包括的部分应另行计算和调整。

(二)工程量计算规则

(1)立贴式屋架、柱、梁、枋子(垫板)、斗盘枋、桁条、椽子、戗角等均按设计几何尺寸,以“m^3”竣工木料计算，斗拱以“座”计算，里口木、瓦口板等以“m”计算，填拱板（拱垫板）、山花板等均以“m^2”计算。

（2）古式木门窗按窗扇面积以“m^2”计算；屏门框档，木门抱坎、下坎按“延长米”计算。

（3）圆形玻璃窗、百叶窗制作和安装按窗框外围面积以“m^2”计算。

（4）古式栏杆按“m^2”计算，如图纸未注明窗台板长度，可按窗框的外围宽度增加10 cm计算。窗台突出墙面的宽度，按抹灰面另加3 cm计算。

（5）窗台板按“m^2”计算，如窗台板未注明长度，可按窗框的外宽度增加10 cm计算，窗台突出墙面的宽度按抹灰面增加3 cm计算。

（6）筒子板（门、窗口套子、大头板）的面积按图示尺寸以“m^2”计算。

（7）挂镜线按设计长度以“延长米”计算；门、窗贴脸的长度，按门、窗外围以“延长米”计算。

（8）木楼地棱按“m^2”竣工木料计算；棱间剪刀撑、檐椽木（棱垫子）的材料用量已计，不另行计算。

（9）木楼地板按主墙间净面积（不包括伸入主墙内的面积）以“m^2”计算，不扣除间壁墙及穿过楼地面层的柱、垛和附墙烟囱所占面积，但门和洞的开口部分亦不增加。

（10）木楼地板，木踢脚板含量不同时，不可以调整，如设计不用，应扣除其数量，但人工不变。

（11）木楼梯（包括休息平台和靠墙踢脚板）按水平投影面积（不计伸入墙内部分的面积）以“m^2”计算。

（12）楼梯底钉天棚的工程量均以楼梯水平投影面积乘系数1.10，按天棚面层计算。

（13）木栏杆、木扶手均以“延长米”计算（不计算伸入墙内部分的长度）；在楼梯踏步部分的木栏杆与木扶手，其工程量按水平投影长度乘系数1.15计算。

（14）天棚分“棱木”和“钉天棚面层”两部分，其工程量应相等；天棚棱木的垫木已包括在内，不另行计算。

（15）天棚面积以主墙间实钉的面积计算，斜天棚以主墙间面积乘屋面的坡度系数计算，均不扣除间壁墙、检查洞、通风口及穿过天棚的柱、垛和附墙烟囱等所占的面积。

（16）檐口天棚按挑檐宽度乘檐口的长度计算，不扣除洞口及墙、垛所占的面积。

（17）间壁墙工程量计算时，应扣除门、窗洞口的面积，但不扣除面积在0.3 m^2以内的开口部分，如通风洞和递物口等的面积。

（18）间壁墙长度按净长计算，高度按图示计算。

九、楼地面工程工程量计算

（一）相关说明

（1）本部分防潮层所用的材料，以石油沥青、石油沥青玛瑞脂为准；如设计规定使用煤沥青、煤沥青玛瑞脂，可以换算，其他不变。

（2）卷材防潮层已包括刷冷底子油一遍和附加层工料在内。

（3）整体面层、块料面层的混凝土、砂浆强度等级和面层抹灰砂浆的配合比、厚度不同,可以换算。

(4)楼梯抹面包括踏步、踢脚线、平台、楼梯帮及底面的抹灰,但水泥砂浆楼梯面层未包括防滑条,如设计有防滑条,可按附注增加工料。

(5)散水坡、斜坡、台阶均已包括了土方、垫层、面层;如垫层、面层的材料品种、含量与设计不同,可以换算。

(二)工程量计算规则

(1)楼地面层:水泥砂浆面层按主墙间的净空面积计算,应扣除地沟盖板、花池、假山等所占的面积,不扣除柱梁,间壁墙以及0.3 m^2以内孔洞所占的面积。但门洞、空圈的开口部分也不增加。水磨石面层及块料面层按图示尺寸的净面积计算。

(2)垫层:与水泥砂浆面层计算方法相同,计量单位以"m^3"计算。

(3)防潮层:地面面积计算方法与水泥砂浆面层计算方法相同。地面与墙连接处高在50 cm以内按展开面积合并在平面内计算;超过50 cm,按立面防潮层执行;立面防潮层外墙以外墙外围长度,内墙按净长度乘高计算(扣除0.3 m^2以上孔洞所占面积)。

(4)伸缩缝:以"延长米"计算。如内外双面填缝者,工程量按双面计算。伸缩缝项目适用于屋面、墙面及地面部分。

(5)踢脚线:以"延长米"计算。计算长度时,不扣除门洞及空圈处的长度,但洞口、空圈和垛的侧壁亦不增加。预制水磨石踢脚线按净长计算。

(6)楼梯抹面以水平投影面积计算。楼梯井宽在20 cm以内不扣除,超过20 cm,应扣除其面积。楼梯防滑条以"延长米"计算。

(7)散水坡以"m^2"计算。台阶、斜坡按水平投影面积计算。台阶与平台的划分以最上层踏步的平台外口减一个踏步宽度为准。最上层踏步宽度以外部分,并入相应地面工程量内计算。散水应扣除踏步、斜坡、花台等的长度。

十、抹灰工程工程量计算

(一)相关说明

(1)本部分抹灰不分等级,水平已根据园林建筑质量要求较高的情况综合考虑。

(2)本部分规定的抹灰厚度及砂浆种类,一般不得换算。如设计图纸对厚度与配合比有明确要求,可以换算。

(3)本部分抹灰均按手工操作。

(4)室内净高(山墙部分地坪至山尖1/2高度)在3.6 m内的墙面及天棚抹灰脚手架费用,已包括在其他材料费内;超过3.6 m时,可另行计算抹灰脚手架。

(5)水泥白石子浆,如设计采用白水泥、色石子,可按配合比的数量换算;如用颜料,颜料用量按石子浆水泥用量的8%计算。

(二)工程量计算规则

1. 天棚抹灰

(1)天棚抹灰面积,以主墙间的净空面积计算,不扣除间壁墙、垛、柱所占的面积。带有钢筋混凝土梁的天棚,其梁的两侧面积,并入天棚抹灰工程量内计算。

(2)密肋梁和井字梁天棚抹灰面积,以展开面积计算(井字梁天棚指井内面积在5 m^2

以内者)。

(3)天棚抹灰包括小圆角工料在内。如带有装饰线脚者,分别按三道线以内或五道线以内,以“延长米”计算。线脚的道数以每一个突出棱角为一道线。

(4)檐口天棚的抹灰,并入相同的天棚抹灰工程量内计算。

2. 内墙面抹灰

(1)内墙面抹灰面积,应扣除门窗洞口(门窗框外围面积,下同)和空圈所占的面积,不扣除踢脚板、挂镜线、0.3 m^2以内的孔洞和墙与构件交接处的面积,洞口侧壁和顶面亦不增加,但垛的侧面抹灰应与内墙面抹灰工程量合并计算。内墙面抹灰的长度,以主墙间的图示净尺寸计算,其高度确定如下:

①无墙裙的,其高度按室内地坪面或楼面至天棚底面。

②有墙裙时,其高度按墙裙顶点至天棚底面。

(2)内墙裙抹灰面积以长度乘高度计算,应扣除门窗洞口和空圈所占的面积,但门窗洞口和空圈的侧壁和顶面的面积、垛的侧壁面积,并入墙裙内计算。

(3)砖墙中的钢筋混凝土梁、柱等的抹灰按墙面抹灰子目计算。

(4)柱和单梁的抹灰按展开面积计算,柱与梁或梁接头的面积不予扣除。

(5)护角线已包括在内,不另计算。

3. 外墙面抹灰

(1)外墙面抹灰面积,应扣除门窗洞口和空圈所占的面积,不扣除0.3 m^2以内的孔洞面积。门窗洞口及空圈的侧壁、顶面和垛的侧面抹灰,并入相应的墙面抹灰中计算。

(2)独立柱和单梁的抹灰,应另列项目计算。

(3)外墙裙抹灰,按展开面积计算,门口和空圈所占面积应予扣除,侧壁并入相应项目内计算。

(4)阳台、雨篷抹灰,可按水平投影面积计算,子目中包括底面、上面、侧面及牛腿的全部抹灰面积。但阳台的栏杆、栏板抹灰应另列项目按相应项目计算。

(5)挑檐、天沟、腰线、栏杆、扶手、门窗套、窗台线、压顶等均按展开面积,以“m^2”计算,套用相应项目,窗台线与腰线连接时,并入腰线内计算。

(6)外窗台抹灰长度如设计无规定,可按窗框外围宽度另加20 cm计算,1砖墙厚窗台展开宽度按36 cm计算,每增加$\frac{1}{2}$砖厚,其宽度增加12 cm。

(7)栏板、遮阳板抹灰,以展开面积计算。

(8)墙面勾缝按垂直投影面积计算,应扣除墙裙及局部较大的抹灰面积,不扣除窗洞口及腰线、窗套等的零星抹灰面积。但垛的侧面、门窗洞口侧壁和顶面的面积,亦不增加。

(9)各种块料面层,均按设计图纸以展开面积计算。

十一、瓦屋面工程工程量计算

(一)相关说明

(1)本部分包括盖瓦、筑脊、围墙瓦顶、排山、勾头、花边、滴水、泛水、斜沟、屋脊头,均以平房檐高在3.6 m以内为准;檐高超过时,其人工乘系数1.05,二层楼房人工乘系数

1.09,三层楼房人工乘系数1.13,四层楼房人工乘系数1.16,五层以上楼房(含五层)人工乘系数1.18;宝塔按五层楼房系数执行。

(2)各种屋脊如设计图纸规定需要钢筋加固者,按钢筋铁件增减调整表计算。如需要做各种泥塑花卉、人物等另行计算。

(3)屋面铺瓦用的软梯脚手架费用已包括在内,不得另行计算。屋脊高度在1 m以内的脚手架费用已包括在内,屋脊高度在1 m以上的砌筑脚手架套相应脚手架项目另行计算。戗(翼)安装,套用满堂脚手架。

(4)琉璃瓦件以铜官产的琉璃件规格尺寸取定,如实际使用的瓦件规格和实际不符,按底瓦的宽度就近套用,瓦件数量可调整,其他不变。底瓦长度调整系数按瓦的长度比例计算;底瓦搭接调整系数为:搭五露五1.25,搭四露六1.00,搭三露七0.856。盖瓦按盖瓦长度比例调整。

(5)蝴蝶瓦以常用规格19 cm×12 cm计算,如实际使用规格不同,瓦的数量可以调整,其他不变。

(6)筒瓦屋面按琉璃瓦屋面执行。

(二)工程量计算规则

(1)屋面按图示尺寸以"m^2"计算,重檐面积的工程量,应分别计算。正脊、垂脊、戗脊、围(博)脊、斜沟、勾头、滴水、屋脊头等所占的面积均不扣除。

(2)屋脊按图示尺寸扣除屋脊头水平长度,以"延长米"计算。云祥屋脊按弧形长度,以"延长米"计算。戗脊按屋面坡度,以"延长米"计算。

(3)戗脊长度按戗头至摔钢椽根部(上廊桁或步桁中心)弧形长度。戗脊根部以上工程量按垂脊执行。

(4)围墙瓦顶、檐口勾头,花边、滴水按图示尺寸,以"延长米"计算。

(5)排山、泛水、斜沟按图示尺寸,以"延长米"计算。

(6)各种屋脊头、宝顶以"只"计算。

十二、措施项目工程量计算

(一)相关说明

1.脚手架工程

(1)脚手架分别按木制、竹制、钢制考虑列入子目,可按不同情况分别采用。

(2)屋面软梯脚手架费用已综合考虑在铺屋面内,不另行计算。

(3)屋脊高度在1 m以内,不计算筑脊脚手架,超过1 m,计算一次双排(高12 m以内)砌墙脚手架,另一面因抹灰已包括3.6 m以内脚手架费用,故不得计算抹灰脚手架费用。

(4)外脚手架中已综合了斜道、上料平台。斜道子目只适用单独搭设的斜道。

(5)脚手架高度编至20 m以内,如超过20 m,按相关规定计算。

2.模板工程

(1)本部分模板分别按工具钢模板、定型钢模板、木模板,混凝土地(胎)模和砖地(胎)模,分别包括在相应子目内。

(2)本部分现浇钢筋混凝土柱、梁、板、枋、桁、机的工具式钢模板,是按单层建筑檐高、多层建筑层高3.6 m以内编制的。超过3.6 m，在8 m以内时，每10 m^2模板的钢支撑、零星卡具乘系数1.15，人工乘系数1.10；在12 m内钢支撑、零星卡具乘系数1.25，合计工乘系数1.12；在16 m内钢支撑、零星卡具乘系数1.50，人工乘系数1.15。

（二）工程量计算规则

1. 脚手架工程

（1）外脚手架、里脚手架均按墙面垂直投影面积以“m^2”计算，门窗洞口及空洞面积均不扣除。凡砌筑高度，除注明者外，在1.5 m以上的各种砖石砌体均需计算脚手架。

（2）外墙脚手架的垂直投影面积以外墙的长度乘室外地面至墙中心线的顶面高度计算。内墙脚手架的垂直投影面积以内墙净长乘内墙净高计算，有山墙者以山尖1/2高度为准。

（3）建筑物外墙檐高、内墙净高和围墙高度在3.6 m以内的砖墙按里脚手架计算。建筑物外墙檐高、内墙净高和围墙高度在3.6 m以上的砌体，按外墙脚手架计算。山墙部分从室外地面（内墙以室内地面或楼层面层）至山尖的1/2处的高度超过3.6 m时，其整个山墙部分按外脚手架计算；云墙高度从地面至云墙突出部的1/2高度超过3.6 m者，整个云墙按外脚手架计算。

（4）独立砖石柱高度在3.6 m以内者，其脚手架以柱的外围长度乘实砌高度按里脚手架计算；高度在3.6 m以上者，其脚手架以柱的外围周长加3.6 m乘柱高，按单排外脚手架计算。

（5）现浇钢筋混凝土单梁，底层檐高、楼层层高超过3.6 m，按梁的净长乘地面或楼面至梁顶面的高度计算面积，套抹灰脚手架。现浇钢筋混凝土独立柱高度超过3.6 m，按柱的外围周长加3.6 m乘柱高，按抹灰脚手架计算。

（6）内墙脚手架，室内高度在3.6 m以内者已包括在相应项目内，超过3.6 m时计算一次抹灰脚手架费用，另一方面的抹灰利用砌墙脚手架。钉天棚和天棚抹灰，室内净高在3.6 m以内脚手费已包括在其他材料费内，超过3.6 m时按满堂脚手架计算。钉天棚和天棚抹灰只能计算一次，计算了满堂脚手架后，不应再计算超过3.6 m的抹灰脚手架。

（7）满堂脚手架及悬空脚手架，其面积按需搭脚手架的水平投影面积计算，不扣除垛、柱等所占的面积，满堂脚手架的高度以室内地坪至天棚面或屋面的底面为准（斜天棚或坡屋面的底部按平均高度计算）。挑脚手架以“延长米”计算。

（8）天棚高度在5.2 m时，计算一个满堂脚手架的基本层；超过5.2 m时，应计算增加层；增加层的高度在0.6 m以内时，不计增加层；超过0.6 m时，按一个增加层计算。

（9）檐口高度超过3.6 m时，安装古建筑的立柱、架、梁、木基层、挑檐，按屋面投影面积计算满堂脚手架一次；檐口高度在3.6 m以内时不计脚手架。但檐口高度在3.6 m以内的戗（翼）角安装，按戗（翼）角部分可计算一次满堂脚手架。

2. 模板工程

（1）模板工程量按模板与混凝土的接触面积以“m^2”计算，不扣除0.3 m^2内孔洞所占面积。

（2）古式栏板、古式栏杆、吴王靠、挂落按“延长米”计算。

（3）花窗按外围投影面积计算。

研讨与练习

1. 什么是定额？什么是园林工程定额？

2. 园林工程定额的特点主要表现在哪些方面？

3. 园林工程定额的作用有哪些？

4. 什么是人工消耗定额？它的基本表现形式有哪些？它们之间的关系如何？

5. 工人工作时间如何分类？它们的大小各与哪些因素有关？

6. 试述园林工程人工消耗定额的编制方法。

7. 什么是材料消耗定额？它由哪几部分组成？其制定方法有哪些？

8. 什么是机械台班消耗定额？它有哪几种形式？试述机械台班消耗定额的编制方法。

9. 什么是人工单价？它由哪些内容组成？如何确定？

10. 影响人工单价的主要因素有哪些？

11. 什么是材料价格？它由哪些内容组成？如何确定？

12. 什么叫机械台班使用单价？它由哪些内容组成？如何确定？

13. 什么叫园林工程预算定额？其主要作用有哪些？它的编制原则有哪些？

14. 试述园林工程预算定额的编制方法。

15. 园林工程预算定额一般由哪些部分组成？根据本地区园林工程定额简述组成内容。

16. 怎样计算材料的加权平均原价和运杂费、采购及保管费？

17. 已知砌砖基础基本工作时间为390 min,准备与结束时间为19.5 min,休息时间为11.7 min,不可避免的中断时间为7.8 min,损失时间为78 min,共砌砖1 000块,并已知520块/m^3。试确定砌砖的劳动定额和产量定额。

18. 某地区园林企业生产工人基本工资88元/工日,工资性补贴10元/工日,生产工人辅助工资5元/工日,生产工人劳动保护费2元/工日,职工福利按2%比例计提。求该地区人工日工资单价。

19. 定额中规定M2.5砂浆,用量为2.5 m^3,单价为86元/m^3,相应的定额预算单价为830元/10 m^3,根据图纸要求,换用M5砂浆,单价为108元/m^3,则相应的预算单价应为多少？

20. 定额规定毛石灌浆基础垫层中的水泥砂浆为M2.5,用量为0.27 m^3,单价为258.88元/m^3,相应的定额基价为271.88元/m^3,根据图纸要求,换用M10水泥砂浆,单价为278.77元/m^3。试换算其基价。

21. 利用本地区园林工程预算定额查阅表2-17所示项目的定额编号、单位、基价。

表 2-17　某园林工程项目名称

定额编号	分项工程名称	单位	基价
	带土球苗木运输　土球直径在 100 cm 以内		
	栽植竹类(一、二类土)散生竹　胸径在 2 cm 以内		
	栽植绿篱(一、二类土)(单排)　高在 60 cm 以内		
	草皮铺种　散铺		
	整理绿化地		
	草绳绕树干　胸径在 25 cm 以内		
	树木支撑　毛竹桩 四脚桩		
	湖石假山 高度在 2 m 以内		
	仿黄石假山		
	园路基础垫层　碎石		
	乱铺冰片石面层		
	护坡　毛石		
	池底铺卵石　坐浆		
	自然式溪流驳岸　卵石		
	白色水磨石景窗框 断面面积 30 cm×3 cm 现场抹灰		
	预制混凝土花色栏杆(制作、安装)高在 100 cm 以内		
	杉树皮屋面　二层杉树皮		
	白色水磨石飞来椅(制作、安装)		
	长条形石凳安装		

第三章 工程量清单计价及报价编制

第一节 工程量清单计价基础知识

工程量清单招标是建设工程招标投标活动中按照国家有关部门统一的工程量清单计价规定,由招标人提供工程量清单,投标人根据市场行情和本企业实际情况自主报价,经评审低价中标的工程造价计价模式。其特点是“量变价不变”。我国2013年发布实施了《建设工程工程量清单计价规范》(GB 50500—2013)(简称《计价规范》),这是目前正在执行的标准。

一、工程量清单的概念

工程量清单是建设工程的分部分项工程项目、措施项目、其他项目、规费项目和税金项目的名称和相应数量等的明细清单。

工程量清单计价是指投标人完成由招标人提供的工程量清单所需的全部费用,包括分部分项工程费、措施项目费、其他项目费和规费、税金。

工程量清单计价方法,是在建设工程招标投标中,招标人或委托具有资质的中介机构编制反映工程实体消耗和措施性消耗的工程量清单,并作为招标文件的一部分提供给投标人,由投标人依据工程量清单自主报价的计价方式。工程量清单计价办法的主旨就是在全国范围内,统一项目编码、统一项目名称、统一计量单位、统一工程量计算规则。

二、工程量清单计价的基本原理

工程量清单计价的基本过程可以描述为:在统一的工程量计算规则的基础上,制定工程量清单项目设置规则,根据具体工程的施工图纸计算出各个清单项目的工程量,再根据各种渠道所获得的工程造价信息和经验数据计算得到工程造价。

工程计价的顺序是:分部分项工程单价—单位工程造价—单项工程造价—建设项目总造价。影响工程造价的主要因素是两个,即基本构造要素的单位价格和基本构造要素的实物工程数量。

其编制过程可以分为两个阶段:工程量清单格式的编制和利用工程量清单来编制投标报价。投标报价是在业主提供的工程量计算结果的基础上,根据企业自身所掌握的各种信息、资料,结合企业定额编制得出的,如图3-1、图3-2所示。

工程量清单计价的造价是由分部分项工程量清单费用、措施项目清单费用、其他项目费用、规费、税金五部分构成的,这种划分将工程实体性消耗和施工措施性消耗分离开。对于工程实体性消耗费用,投标人根据招标文件中的工程量清单数量报出每个清单项目的综合单价;对于施工措施性项目消耗费用,招标人只给出工程项目名称,投标人根据招

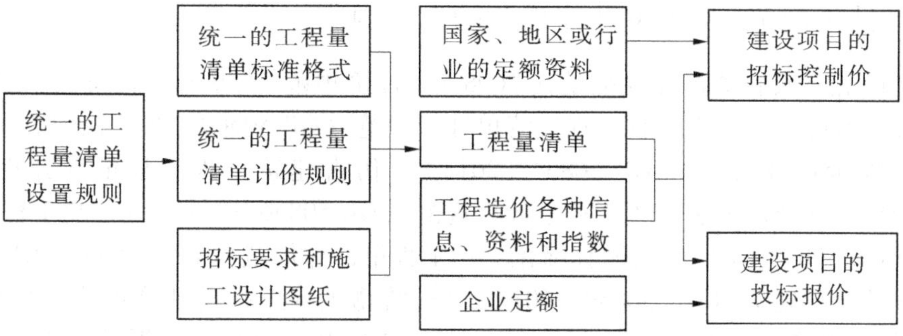

图 3-1　工程造价工程量清单计价过程示意图

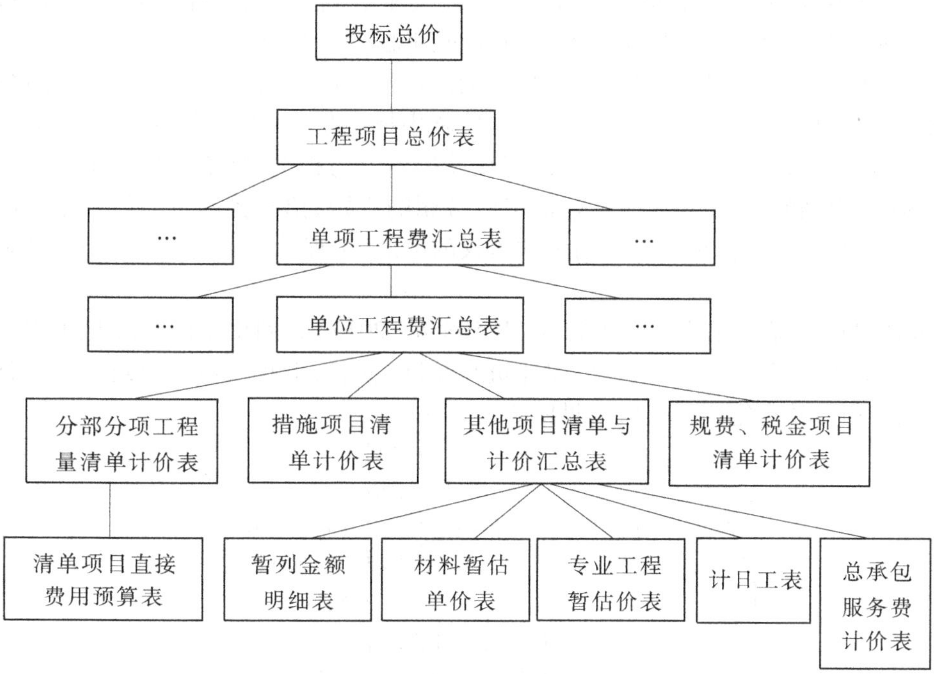

图 3-2　工程量清单计价方式下价格的形成过程

标文件要求和施工现场情况、施工方案，再结合自身队伍的技术、管理水平自行确定，以体现出以施工方案为基础的造价竞争。

第二节　工程量清单计价规范

《建设工程工程量清单计价规范》(GB 50500—2013)及相关计算规范自 2013 年 7 月 1 日起实施。按照规范，全部使用国有资金投资或以国有资金投资为主的建设工程施工发承包，必须采用工程量清单计价；非国有资金投资的建设工程，宜采用工程量清单计价。建设工程工程量清单计价活动应遵循客观、公正、公平的原则。形成了由政府制定规则、业主提供清单、企业自主报价、市场形成价格的计价形式。

一、《计价规范》及相关计算规范的主要内容

《计价规范》及相关计算规范是在2008年《计价规范》的基础上修订的,将原六个专业修订为十本规范:《建设工程工程量清单计价规范》(GB 50500—2013)、《房屋建筑与装饰工程工程量计算规范》(GB 50854—2013)、《仿古建筑工程工程量计算规范》(GB 50855—2013)、《通用安装工程工程量计算规范》(GB 50856—2013)、《市政工程工程量计算规范》(GB 50857—2013)、《园林绿化工程工程量计算规范》(GB 50858—2013)、《矿山工程工程量计算规范》(GB 50859—2013)、《构筑物工程工程量计算规范》(GB 50860—2013)、《城市轨道交通工程工程量计算规范》(GB 50861—2013)、《爆破工程工程量计算规范》(GB 50862—2013),共九个专业。

《计价规范》将建筑与装饰专业合并为一个专业;将仿古从园林专业中分开,拆解为一个新专业;新增了构筑物、城市轨道交通、爆破工程三个专业。

《计价规范》包括总则、术语、一般规定、招标工程量清单、招标控制价、投标报价、合同价款约定、工程计量、合同价款调整、合同价款中期支付、竣工结算与支付、合同解除的价款结算与支付、合同价款争议的解决、工程计价资料与档案、计价表格共15章,分别就其适用范围、遵循的原则、编制工程量清单应遵循的规则、招标控制价与投标报价编制规则、合同价款约定与支付规则及合同价款争议的解决、工程计价资料及其计价格式做了明确规定,见图3-3。

《园林绿化工程工程量计算规范》(GB 50858—2013)只列出了园林绿化工程的专业清单项目,其他工程清单项目可按房屋建筑与装饰、安装、市政及仿古建筑等相关计算规范附录相应项目及规定列项、计价,见图3-3。

- 建设工程工程量清单计价规范
  - 总则
  - 术语
  - 工程量清单编制
  - 工程量清单计价
  - 工程量清单计价表格
- 房屋建筑与装饰工程工程量计算规范
- 仿古建筑工程工程量计算规范
- 市政工程工程量计算规范
- 通用安装工程工程量计算规范
- 园林绿化工程工程量计算规范
  - 附录A 绿化工程
  - 附录B 园路、园桥工程
  - 附录C 园林景观工程
  - 附录D 措施项目
- 矿山工程工程量计算规范
- 构筑物工程工程量计算规范
- 城市轨道交通工程工程量计算规范
- 爆破工程工程量计算规范

图3-3　计价规范、园林绿化工程清单计算规范与其他计算规范的关系

其相关计算规范包括总则、术语、一般规定、分部分项工程、措施项目和相关专业若干附录，对相关专业的适用范围、遵循的原则及各专业项目编码、项目名称、项目特征、计量单位、工程量计算规则和工程内容做了明确规定，其中项目编码、项目名称、计量单位、工程量计算规则作为“四统一”的内容，要求招标人在编制工程量清单是必须执行的。

《园林绿化工程工程量计算规范》（GB 50858—2013）的清单项目中未列项的清单项目，如：亭、台、楼、阁，长廊的柱、梁、墙，喷泉的水池等可按《仿古建筑工程工程量计算规范》（GB 50855—2013）相关项目编码列项，混凝土花架、桌凳等的饰面可按《房屋建筑与装饰工程工程量计算规范》（GB 50854—2013）相关项目编码列项。《园林绿化工程工程量计算规范》（GB 50858—2013）中未列钢筋制作、安装清单项目，发生时按《房屋建筑与装饰工程工程量计算规范》（GB 50854—2013）相关项目编码列项。《园林绿化工程工程量计算规范》（GB 50858—2013）未单独列项的平整场地、挖土、凿石和基础等清单项目，发生时按《房屋建筑与装饰工程工程量计算规范》（GB 50858—2013）相关项目编码列项，清单项目中已包括挖土、凿石和基础的，不再单独列项。

《房屋建筑与装饰工程工程量计算规范》（GB 50854—2013）、《市政工程工程量计算规范》（GB 50857—2013）、《仿古建筑工程工程量计算规范》（GB 50855—2013）的清单项目也适用于《园林绿化工程工程量计算规范》（GB 50858—2013）中未列项的清单项目。

二、《计价规范》及相关计算规范的特点

（一）强制性

主要表现在：一是由建设主管部门按照强制性国家标准的要求批准颁布，规定全部使用国有资金或以国有资金投资为主的大中型建设工程应按《计价规范》及相关计算规范规定执行。二是明确工程量清单是招标文件的组成部分，并规定了招标人在编制工程量清单时必须遵守的规则，做到“四统一”，即统一项目编码、统一项目名称、统一计量单位、统一工程量计算规则。

（二）实用性

新修订的《房屋建筑与装饰工程工程量计算规范》（GB 50854—2013）、《仿古建筑工程工程量计算规范》（GB 50855—2013）、《通用安装工程工程量计算规范》（GB 50856—2013）、《市政工程工程量计算规范》（GB 50857—2013）、《园林绿化工程工程量计算规范》（GB 50858—2013）、《矿山工程工程量计算规范》（GB 50859—2013）、《构筑物工程工程量计算规范》（GB 50860—2013）、《城市轨道交通工程工程量计算规范》（GB 50861—2013）、《爆破工程工程量计算规范》（GB 50862—2013）的项目定义为实体项目，其涵盖了建设工程中通用的常见的所有工程项目，子目划分清楚，内容明确，与实际工程内容相符，同时与项目对应的工程量计算规则说明通俗易懂，简明扼要，符合实际工程的需要，以及工程量清单的编制，以及实际工程的经济运作。

（三）竞争性

一是《计价规范》及相关计算规范中的措施项目，在工程量清单中只列“措施项目”一栏，具体采取什么措施，如模板、脚手架、临时设施、施工排水等详细内容由投标人根据企业的施工组织设计，视具体情况报价，因为这些项目在各个企业间各有不同，是企业竞争

项目,是留给企业竞争的空间。二是《计价规范》及相关计算规范中人工、材料和施工机械没有具体的消耗量,投标企业可以依据企业的定额和市场价格信息,也可以参照建设行政主管部门发布的社会平均消耗量定额进行报价,《计价规范》及相关计算规范将报价权交给了企业。

(四)通用性

工程量清单计价将与国际惯例接轨,符合工程量计算方法标准化、工程量计算规则统一化、工程造价确定市场化的要求。

第三节 工程量清单的编制

工程量清单是招标文件的组成部分,应由具有编制能力的招标人或受其委托具有相应资质的工程造价咨询人编制。

工程量清单应由分部分项工程量清单、措施项目清单、其他项目清单、规费项目清单、税金项目清单组成。其编制程序如图3-4所示。

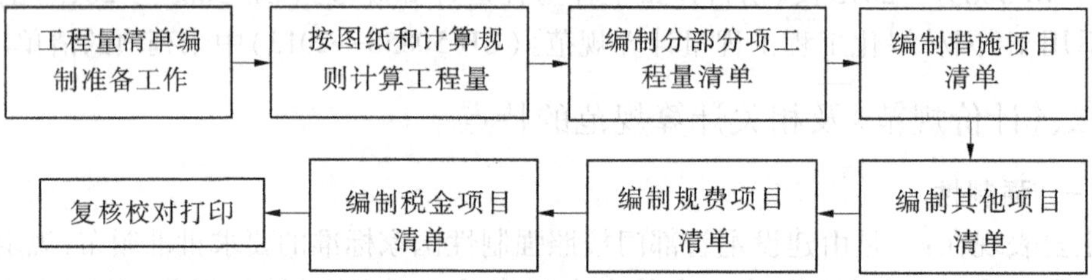

图3-4 工程量清单编制程序

编制工程量清单的依据是:①《建设工程工程量清单计价规范》(GB 50500—2013)及相关计算规范、《园林绿化工程工程量计算规范》(GB 50858—2013);②国家或省级、行业建设主管部门颁发的计价依据和办法;③建设工程设计文件;④与建设工程项目有关的标准、规范、技术资料;⑤招标文件及其补充通知、答疑纪要;⑥施工现场情况、工程特点及常规施工方案;⑦其他相关资料。

一、分部分项工程量清单的编制

(一)工程量清单的项目设置

工程量清单的项目设置规则是为了统一工程量清单项目名称、项目编码、计量单位、项目特征和工程量计算而制定的,是编制工程量清单的依据。

1. 项目编码

项目编码是分部分项工程量清单项目名称的数字标识。分部分项工程量清单的项目编码应采用十二位阿拉伯数字表示。一至九位应按附录的规定设置,十至十二位应根据拟建工程的工程量清单项目名称设置,同一招标工程的项目编码不得有重码。

各级编码代表的含义如下:

(1)第一级表示分类码(第一、二位),即专业顺序码。

01……《房屋建筑与装饰工程工程量计算规范》　房屋建筑与装饰工程编码
02……《仿古建筑工程工程量计算规范》　仿古建筑工程编码
03……《通用安装工程工程量计算规范》　通用安装工程编码
04……《市政工程工程量计算规范》　市政工程编码
05……《园林绿化工程工程量计算规范》　园林绿化工程编码
06……《矿山工程工程量计算规范》　矿山工程编码
07……《构筑物工程工程量计算规范》　构筑物工程编码
08……《城市轨道交通工程工程量计算规范》　城市轨道交通工程编码
09……《爆破工程工程量计算规范》　爆破工程编码

(2)第二级表示附录(专业工程)顺序码(分两位)。如0101为《房屋建筑与装饰工程工程量计算规范》的附录A"土石方工程";0408为《市政工程工程量计算规范》的附录H"路灯工程";园林工程共分为四项专业工程,相当于四章。

附录A　绿化工程 ………………………………………………　编码0501
附录B　园路、园桥 ……………………………………………　编码0502
附录C　园林景观工程 …………………………………………　编码0503
附录D　措施项目 ………………………………………………　编码0504

(3)第三级表示节(分部工程)顺序码(分两位)。如010101为土方工程的第一节"土方工程"。

①绿化工程,共分为三个分部。

A.1　绿地整理 ……………………………………………　编码050101
A.2　栽植花木 ……………………………………………　编码050102
A.3　绿地喷灌 ……………………………………………　编码050103

②园路、园桥,其分为两个分部。

B.1　园路桥工程 …………………………………………　编码050201
B.2　驳岸、护岸 …………………………………………　编码050202

③园林景观工程,共分为七个分部。

C.1　堆塑假山 ……………………………………………　编码050301
C.2　原木、竹物件 …………………………………………　编码050302
C.3　亭廊屋面 ……………………………………………　编码050303
C.4　花架 …………………………………………………　编码050304
C.5　园林桌椅 ……………………………………………　编码050305
C.6　喷泉安装 ……………………………………………　编码050306
C.7　杂项 …………………………………………………　编码050307

(4)第四级表示清单项目(分项工程)名称码(分三位)。如010101001为土方工程中的"平整场地"。

以A.1绿化工程分部为例:

砍伐乔木 ……………………………………………　编码050101001
挖树根(蔸) …………………………………………　编码050101002

砍挖灌木丛及根 …………………………………………………………… 编码 050101003
挖竹根及根 ………………………………………………………………… 编码 050101004
砍挖芦苇及根 ……………………………………………………………… 编码 050101005
清除草皮 …………………………………………………………………… 编码 050101006
清除地被植物 ……………………………………………………………… 编码 050101007
屋面清理 …………………………………………………………………… 编码 050101008
种植土回(换)填 …………………………………………………………… 编码 050101009
整理绿化用地 ……………………………………………………………… 编码 050101010
绿地起坡造型 ……………………………………………………………… 编码 050101011
屋顶花园基底处理 ………………………………………………………… 编码 050101012

(5)第五级表示拟建工程量清单项目顺序码(第十、十一、十二位)。由编制人依据项目特征的区别,从001开始,一共999个码可供使用。

例如,一个标段的工程量清单含有三个单位工程,每一个单位工程中都有项目特征相同的平整场地,此时第一个单位工程的平整场地项目编码应为010101001001,第二个应为010101001002,第三个应为010101001003,并分别列出各单位工程平整场地的工程量。

例如,栽植木本花卉全国统一编码为050102008九位,按冠幅大小分15 cm以内、25 cm以内、35 cm以内、35 cm以上可从十、十一、十二位分别编码,15 cm以内可由编制人设001,25 cm以内可设002,依此类推。

注意:当同一标段(合同段)一份工程量清单中含有多个单项工程或单位工程且工程量清单是以单位工程为编制对象时,在编制工程量清单时应特别注意对项目编码十到十二位的设置不得有重码的规定。例如,一个标段的工程量清单中含有两个单位工程,每一个单位工程都有特征相同的方整石板路面,垫层为150厚的C10混凝土工程,此时应以单位工程为编制对象,则第一个单位工程的方整石板路面的项目编码应为050201001001,则第二个单位工程同样的项目编码不能相同,可编为050201001002。有些计价软件可自动实现项目编码的顺序编排。

2. 项目名称

分部分项工程量清单的项目名称应按《计价规范》附录的项目名称结合拟建工程的实际确定。其设置应考虑三个因素:一是附录中的项目名称;二是附录中的项目特征;三是拟建工程的实际情况。

具体清单项目名称均以工程实体命名,项目必须包括完成或形成实体部分的全部内容。在工程量清单编制时,以附录中的项目名称为主体,考虑该项目的规格、型号、材质等特征要求,结合拟建工程的实际情况,使其工程量清单项目名称具体化、细化,能够反映影响工程造价的主要因素。

项目名称如有缺项,招标人可按相应的原则,在工程量清单编制时进行补充。补充项目应填写在工程量清单相应分部项目之后,并在"项目编码"栏中以"补"字示之。

3. 计量单位

分部分项工程量清单的计量单位应按《计价规范》附录中规定的计量单位确定。附录中有两个或两个以上计量单位的,应结合拟建项目的实际选择其中一个最适宜、最方便的确定。

计量单位应采用基本单位，除各专业另有特殊规定外，均按以下单位计量：

(1)以质量计算的项目——t 或 kg；

(2)以体积计算的项目——m^3；

(3)以面积计算的项目——m^2；

(4)以长度计算的项目——m；

(5)以自然计量单位计算的项目——个、套、株、丛、组、台、支、座等；

(6)没有具体数量的项目——系统、项等。

4. 项目特征

项目特征是构成分部分项工程量清单项目、措施项目自身价值的本质特征。分部分项工程量清单项目特征应按《计价规范》附录中规定的项目特征，结合拟建工程项目的实际予以描述。

1)项目特征描述的意义

项目特征是区分清单项目的依据，没有项目特征的准确描述，对于相同或相似的清单项目名称，就无从区分；项目特征是确定综合单价的前提，由于工程量清单项目的特征决定了工程实体的实质内容，清单项目特征描述得准确与否，必然关系到综合单价的准确确定；项目特征是履行合同义务的基础，如果项目特征描述不清甚至漏项、错误，从而引起在施工过程中的更改，都会引起分歧，导致纠纷、索赔。

提示：项目特征必须描述，因为它讲的是工程项目的实质，直接决定工程的价值；工程内容无须描述，因为它主要讲的是操作程序。

例如，绿化工程中栽植乔木，按照《计价规范》"项目特征"栏的规定，就必须描述：①乔木种类：是带土球或是裸根乔木；②乔木胸径：可根据实际图纸要求结合计价规范来描述；③养护期。由此可见，这些描述均不可少，因为其中任何一项都会影响栽植乔木项目的综合单价的确定。

2)项目特征描述的要求

项目特征描述的内容按《计价规范》附录规定的内容，项目特征的表述按拟建工程时实际要求，以能满足确定综合单价的需要为前提。对采用标准图集或施工图纸能够全部或部分满足项目特征描述要求的，项目特征描述可直接采用详见× ×图集或× ×图号的方式，但对不能满足项目特征描述要求的部分，仍应用文字描述进行补充。

项目特征举例见表3-1。

此例中①砖的品种、规格、强度等级：须描述是页岩砖还是煤灰砖等；是标准砖还是非标准砖，是非标砖应注明规格尺寸；是 MU10、MU15 还是 MU20 等内容；因为砖的品种、规格、强度等级直接关系到砖的价格。②墙体类型：是混水墙还是清水墙，清水墙是双面墙还是单面，或是一斗一卧、围墙等。③砂浆强度等级、配合比：必须描述砂浆的种类，是混合砂浆还是水泥砂浆；强度等级是 M5、M7.5 还是 M10 等。

表 3-1　项目特征举例

项目编码	项目名称	项目特征	计量单位	工程量计算规则	工程内容
010401003 ×××	实心砖墙	1. 砖品种、规格、强度等级 2. 墙体类型 3. 砂浆强度等级、配合比	m^3	(略)	1. 砂浆制作、运输 2. 砌砖 3. 刮缝 4. 砖压顶砌筑 5. 材料运输

3)项目特征描述的内容

必须描述的内容如下:

(1)涉及正确计量的内容必须描述。例如:栽植绿篱,由于 2008《计价规范》对其项目特征描述:绿篱种类、篱高、行数和养护期,其计量单位为“m”,但在设计中也往往以栽植绿篱面积和单位面积株数表示,故 2013《计价规范》对其特征“行数”修改为“行数、蓬径或单位面积株数”,增加了按“m^2”计量。应用中可根据实际情况采用,如采用“m”或“m^2”计量。

(2)涉及结构要求的内容必须描述。例如:混凝土构件的混凝土强度等级,是使用 C20 还是 C30 或 C40 等,因混凝土强度等级不同,其价格也不同,必须描述。

(3)涉及材质要求的内容必须描述。例如:油漆的品种:是调和漆还是硝基清漆等;管材的材质:是碳钢管还是塑料管、不锈钢管等;还需要对管材的规格、型号进行描述。

(4)涉及安装方式的内容必须描述。例如:管道工程中的钢管的连接方式是螺纹连接还是焊接;塑料管是黏接连接还是热熔连接等就必须描述。

可不描述的内容如下:

(1)对计量计价没有实质影响的内容可不描述。例如:对现浇混凝土柱的高度、断面大小等的特征规定可以不描述,因为混凝土构件是按“m^3”计量的,对此的描述实质意义不大。

(2)应由投标人根据施工方案确定的可以不描述。例如:对石方的预裂爆破的单孔深度及装药量的特征规定,如由清单编制人来描述是困难的,而应由投标人根据施工要求,在施工方案中确定,自主报价。

(3)应由投标人根据当地材料和施工要求确定的可以不描述。例如:对混凝土构件中的混凝土拌和料使用的石子种类及粒径、砂的种类的特征规定可以不描述。因为混凝土拌和料是使用砾石还是碎石,是使用粗砂还是中砂、细砂或特细砂,主要取决于工程所在地砂、石子材料的供应情况,石子粒径大小主要取决于钢筋配筋的密度。

(4)应由施工措施解决的可以不描述。例如:对现浇混凝土板、梁的标高的特征规定可以不描述。因为同样的板或梁都可以将其归并在同一个清单项目,不同标高的差异可以由投标人在报价中考虑或在施工措施中解决。

可不详细描述的内容如下:

(1)无法准确描述的可不详细描述。例如:土壤类别,表层土与表层土以下的土壤,其类别可能不同，可考虑将土壤类别描述为综合，注明由投标人根据地勘资料自行确定土壤类别，决定报价。

（2）施工图纸、标准图集标注明确的，可不再详细描述。对这些项目可描述为见××图集××页号及节点大样等。

（3）其他可不详细描述的，应注明由投标人自定。例如：土方工程中的“取土运距”“弃土运距”等，因为由清单编制人决定在多远取土或取、弃土运往多远是困难的；其次，由投标人根据在建工程施工情况自主决定取、弃土方的运距可以充分体现竞争的要求。

（二）工程数量的计算

分部分项工程量清单中所列工程量应按相关计算规范附录中规定的工程量计算规则计算。除另有说明外，所有清单项目的工程量应以实体工程量为准，并以图示的净值计算；投标人投标报价时，需要在单价中考虑施工中的各种损耗和需要增加的工程量。

工程数量的有效位数，一般要符合以下规定：以“t”为单位，保留三位小数，第四位四舍五入；以“m^2”“m^3”“m”“kg”为单位，保留小数点后两位数字，第三位四舍五入；以“个”“项”等自然单位为单位，取整数。

（三）分部分项工程量清单的编制程序

分部分项工程量清单编制程序见图3-5。

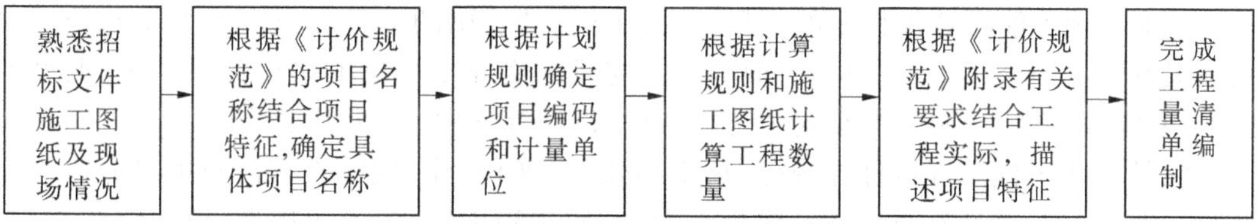

图3-5　分部分项工程量清单编制程序

（四）分部分项工程量清单描述的内容及顺序

（1）分部分项工程量清单应表明拟建工程的全部实体工程和相应数量，编制时应避免错项、漏项。按照相关计算规范的规定，工程量清单分部分项工程项目的分项必须描述：项目编码、项目名称、项目特征、计价单位和工程量。

（2）分部分项工程量清单应根据相关计算规范附录规定的项目编码、项目名称、项目特征、计量单位和工程量计算规则进行编制。

（3）编制工程量清单出现相关计算规范附录中未包括的项目，编制人应做补充，并报省级或行业工程造价管理机构备案，省级或行业工程造价管理机构应汇总报往住房和城乡建设部标准定额研究所。补充项目的编码由附录的顺序码与B和三位阿拉伯数字组成，并应从×B001起顺序编制，同一招标工程的项目不得重码。工程量清单中需附有补充项目的名称、项目特征、计量单位、工程量计算规则、工程内容。

（4）编制园林绿化工程工程量清单，具体分项一般按园林工程计算规范中所列的基本项分列。对于该计算规范项目没有包括的内容，采用其他专业所适用计算规范的相应项目。例如，园林绿化工程中“绿地喷灌”050103001喷灌管线安装，其工作内容不包括土石方开挖与填筑，挖填土石方应按《房屋建筑与装饰工程计算规范》（GB 50854—2013）附录A相关项目编码列项。

(5)分部分项工程分解要遵循一定的顺序。项目分解顺序有:按施工图前后顺序进行分解、按《计价规范》或地方基价前后顺序进行分解、按施工先后顺序进行分解。一般而言,对于实践经验较少的人员,选择按《计价规范》或地方基价前后顺序进行分解比较保险,不容易出现漏项、重项。

二、措施项目清单的编制

为完成工程项目施工,发生于该工程施工准备和施工过程中的技术、生活、安全等方面的非工程实体项目。

(一)措施项目清单的列项

措施项目清单应根据拟建工程的实际情况列项,编制时要力求全面,参照清单计价及相关计算规范列出,若出现本规范未列的项目,可根据工程实际情况补充。措施项目清单的编制,应考虑多种因素,除工程本身的因素外,还涉及水文、气象、环境、安全等和施工企业的实际情况。为此,《计价规范》正文提供的通用措施项目可作为列项的参考,专业工程的措施项目可按附录中规定的项目选择列项。

措施项目中可以计算工程量的项目清单宜采用分部分项工程清单的方式编制,列出项目编码、项目名称、项目特征、计量单位和工程量计算规则,典型的混凝土浇筑的模板工程;措施项目中不能计算工程量的项目,一般来说,其费用的发生和金额的大小与使用时间、施工方法或两个以上工序相关,但与实际完成的实体工程量的多少关系不大,典型的是大中型施工机械、文明施工和安全防护、临时设施等,以"项"为计量单位。

《园林绿化工程工程量计算规范》(GB 50858—2013)中,园林工程措施项目分为5个类别:脚手架工程(编码:050401),模板工程(编码:050402),树木支撑架、草绳绕树干、搭设遮阴(防寒)棚工程(编码:050403),围堰、排水工程(编码:050404),安全文明施工及其他措施项目(编码:050405)。其中,安全文明施工及其他措施项目清单见表3-2。

表3-2 安全文明施工及其他措施项目清单(编码:050405)

序号	项目编码	项目名称	计量单位
1	050405001	安全文明施工	项
2	050405002	夜间施工	项
3	050405003	非夜间施工照明	项
4	050405004	二次搬运	项
5	050405005	冬雨季施工	项
6	050405006	反季节栽植影响措施	项
7	050405007	地上、地下设施的临时保护设施	项
8	050405008	已完工程及设备保护	项

(二)措施项目清单的编制依据

(1)拟建工程的施工组织设计。

(2)拟建工程的施工技术方案。

(3)与拟建工程相关的工程施工规范与工程验收规范。

(4)招标文件。

(5)设计文件。

(三)措施项目清单设置的问题

(1)参考施工组织设计,以确定安全文明施工、材料的二次搬运等项目。

(2)参阅施工技术方案,以确定夜间施工、大型机具进出场地及安拆、混凝土模板与支架、脚手架、施工排水降水等项目。

(3)参阅相关的施工规范与工程施工验收规范,以确定施工技术方案没有表述的,但是为了实现施工规范与工程施工验收规范要求而必须发生的技术措施。

(4)确定招标文件中提出的某些必须通过一定的技术措施才能实现的要求。

(5)确定设计文件中一些不足以写进技术方案的,但是要通过一定的技术措施才能实现的内容。

三、其他项目清单的编制

其他项目清单包括的项目主要有:暂列金额、暂估价(包括材料暂估价、专业工程暂估价)、计日工、总承包服务费等。出现本规范未列的项目,编制人可根据工程实际情况补充。

(一)招标人部分

其他项目清单属于招标人的部分包括暂列金额、暂估价等。

暂列金额是招标人在工程量清单中暂定并包括在合同价款中的一笔款项。用于施工合同签订时尚未确定或者不可预见材料、设备、服务的采购,施工中可能发生的工程变更、合同约定调整因素出现时的工程价款调整,以及发生的索赔、现场签证确认等的费用。暂列金额因不可避免的价格调整而设立,但并不是列入合同价格的暂列金额都属于中标人所有。只有按合同约定程序实际发生后,才能成为中标人的应得金额,纳入合同结算价款,剩余余额仍属于招标人所有。

暂估价是招标人在工程量清单中提供的用于支付必然发生但暂时不能确定价格的材料、工程设备的单价以及专业工程的金额。暂估价是在招标阶段预见肯定要发生,只是因为标准不明确或者需要由专业承包人完成,暂时无法确定其价格或金额。材料暂估价纳入分部分项工程量清单项目综合单价中,专业工程暂估价以"项"为计量单位,一般为综合暂估价,包括除规费及税金外的管理费、利润等。

(二)投标人部分

其他项目清单中属于投标人的部分包括计日工、总承包服务费等。

所谓计日工是在施工过程中,完成发包人提出的施工图纸以外的零星项目或工作,按合同中约定的综合单价计价的一种计价方式。计日工以完成零星工作所消耗的人工工时、材料数量、机械台班进行计量,并按照计日工表中填报的适用项目的单价进行计价支付。计日工适用的所谓零星工作一般是指合同约定之外的或因变更而产生的、工程量清单中没有相应项目的额外工作。计日工表中一定要给出暂定数量,并且需要根据经验尽可能估算一个比较贴近实际的数量。

总承包服务费指总承包人为配合协调发包人进行的专业工程分包,发包人自行采购的设备、材料等进行保管以及施工现场管理、竣工资料汇总整理等服务所需的费用。

四、规费、税金项目清单的编制

规费项目清单应按照下列内容列项:工程排污费、社会保障费、住房公积金等。出现《计价规范》中未列的项目,应根据省级政府或省级有关权力部门的规定列项。

税金项目清单应包括下列内容:销项税额、附加税费。出现《计价规范》未列的项目,应根据税务部门的规定列项。

五、工程量清单的标准表格

按照《计价规范》的要求,工程量清单与计价宜采用统一格式。除封面等格式外,《计价规范》把工程量清单和工程量清单计价用表合二为一。

《财政部 国家税务总局关于全面推开营业税改征增值税试点的通知》(财税〔2016〕36号)执行后,计价表格中的部分内容应进行修改以符合文件要求。各省、自治区、直辖市建设行政主管部门和行业建设主管部门根据本地区、本行业的实际情况,在规范计价表格的基础上进行了补充完善、修订,将文件的要求纳入相关计价表格中。本书表格为"一般计税方法"适用,如采用"简易计税法"可参考相关主管部门发布的表格。

工程量清单用表一般由下列内容组成。

(一)封面

封面(见图3-6)应按规定的内容填写、签字、盖章,造价员编制的工程量清单应由负责审核的造价工程师签字、盖章。

______工程

工 程 量 清 单

招　标　人:______	工程造价咨询人______
(单位盖章)	(单位资质专用章)
法定代表人 或其授权人:______	法定代表人 或其授权人:______
(签字或盖章)	(签字或盖章)
编　制　人:______	复　核　人:______
(造价人员签字盖专用章)	(造价工程师签字盖专用章)
编 制 时 间:　年　月　日	复 核 时 间:　年　月　日

注:此为招标人自行编制工程量清单的封面。

图3-6　封面样式

(二)总说明

总说明(见图3-7)应按下列内容填写:

<table>
<tr><td colspan="2">总 说 明</td></tr>
<tr><td>工程名称:</td><td>第 页 共 页</td></tr>
<tr><td colspan="2"></td></tr>
</table>

图3-7 总说明样式

(1)工程概况:建设规模、工程特性、计划工期、施工现场实际情况、自然地理条件、环境保护要求等。

(2)工程招标和分包范围。

(3)工程量清单编制依据。

(4)工程质量、材料、施工等特殊要求。

(5)其他需要说明的问题。

(三)分部分项工程量清单与计价表

分部分项工程量清单与计价表格式见表3-3。为计取规费等的使用,可在表中增设“其中:直接费”、“其中:人工费”或“其中:人工费+机械费”。

表3-3 分部分项工程量清单与计价表(□招标控制价□投标报价□竣工结算)

工程名称: 标段: 第 页 共 页

<table>
<tr><td rowspan="3">序号</td><td rowspan="3">项目编码</td><td rowspan="3">项目名称</td><td rowspan="3">项目特征描述</td><td rowspan="3">计量单位</td><td rowspan="3">工程量</td><td colspan="5">金额(元)</td></tr>
<tr><td rowspan="2">综合单价</td><td rowspan="2">合价</td><td colspan="3">其中</td></tr>
<tr><td>建安费用</td><td>销项税额</td><td>附加税费</td></tr>
<tr><td></td><td></td><td colspan="2">A.1 土(石)方工程</td><td></td><td></td><td></td><td></td><td></td><td></td><td></td></tr>
<tr><td></td><td></td><td></td><td></td><td></td><td></td><td></td><td></td><td></td><td></td><td></td></tr>
<tr><td></td><td></td><td></td><td></td><td></td><td></td><td></td><td></td><td></td><td></td><td></td></tr>
<tr><td></td><td></td><td colspan="2">(其他略)</td><td></td><td></td><td></td><td></td><td></td><td></td><td></td></tr>
<tr><td></td><td></td><td colspan="2">分部小计</td><td></td><td></td><td></td><td></td><td></td><td></td><td></td></tr>
<tr><td></td><td></td><td colspan="2">A.2 桩与地基基础工程</td><td></td><td></td><td></td><td></td><td></td><td></td><td></td></tr>
<tr><td></td><td></td><td></td><td></td><td></td><td></td><td></td><td></td><td></td><td></td><td></td></tr>
<tr><td></td><td></td><td></td><td></td><td></td><td></td><td></td><td></td><td></td><td></td><td></td></tr>
<tr><td></td><td></td><td colspan="2">(其他略)</td><td></td><td></td><td></td><td></td><td></td><td></td><td></td></tr>
<tr><td></td><td></td><td colspan="2">分部小计</td><td></td><td></td><td></td><td></td><td></td><td></td><td></td></tr>
<tr><td colspan="7">本页小计</td><td></td><td></td><td></td><td></td></tr>
<tr><td colspan="7">合计</td><td></td><td></td><td></td><td></td></tr>
</table>

(四)措施项目清单与计价表

用于以“项”计价的措施项目清单与计价表见表3-4。“计算基础”可为“直接费”、“人工费”或“人工费+机械费”。

表3-4　措施项目清单与计价表(一)

工程名称：　　　　标段：　　　　第　页　共　页

序号	项目名称	计算基础	费率(%)	金额(元)
1	安全文明施工			
2	夜间施工			
3	非夜间施工照明			
4	二次搬运			
5	冬雨季施工			
6	反季节栽植影响措施			
7	地上、地下设施的临时保护设施			
8	已完工程及设备保护			
9				
合计				

用于以综合单价形式计价的措施项目清单与计价表见表3-5。

表3-5　措施项目清单与计价表(二)

工程名称：　　　　标段：　　　　第　页　共　页

<table>
<tr><th rowspan="3">序号</th><th rowspan="3">项目编码</th><th rowspan="3">项目名称</th><th rowspan="3">项目特征描述</th><th rowspan="3">计量单位</th><th rowspan="3">工程量</th><th colspan="5">金额(元)</th></tr>
<tr><th rowspan="2">综合单价</th><th rowspan="2">合价</th><th colspan="3">其中</th></tr>
<tr><th>建安费用</th><th>销项税额</th><th>附加税费</th></tr>
<tr><td></td><td></td><td></td><td></td><td></td><td></td><td></td><td></td><td></td><td></td><td></td></tr>
<tr><td></td><td></td><td></td><td></td><td></td><td></td><td></td><td></td><td></td><td></td><td></td></tr>
<tr><td></td><td></td><td></td><td></td><td></td><td></td><td></td><td></td><td></td><td></td><td></td></tr>
<tr><td colspan="7">本页小计</td><td></td><td></td><td></td><td></td></tr>
<tr><td colspan="7">合计</td><td></td><td></td><td></td><td></td></tr>
</table>

(五)其他项目清单与计价汇总表

其他项目清单与计价汇总表见表3-6。

暂列金额明细表见表3-7。此表由招标人填写，如不能详列，也可只列暂定金额总额，投标人应将上述暂列金额计入投标总价中。

表 3-6　其他项目清单与计价汇总表

工程名称：　　　　　　　　　　　标段：　　　　　　　　　　　第　页　共　页

序号	项目名称	金额(元)	说明
1	暂列金额		明细详见暂列金额明细表
2	暂估价		材料暂估单价进入清单项目综合单价，此处不汇总
2.1	材料(工程设备)暂估价/结算价		明细详见材料暂估价表
2.2	专业工程暂估价/结算价		明细详见专业工程暂估价表
3	计日工		明细详见计日工表
4	总承包服务费		明细详见总承包服务费计价表
5	索赔与现场签证		明细详见索赔计价表
6	1+2.2+3+4+5		
7	销项税额		6×销项税率
8	附加税费		(6+7)×费率
6+7+8			

注：材料(工程设备)暂估单价及调价表在填报时按除税价填报。

表 3-7　暂列金额明细表

工程名称：　　　　　　　　　　　标段：　　　　　　　　　　　第　页　共　页

序号	项 目 名 称	计量单位	暂定金额(元)	说明
1	工程量清单中工程量偏差和设计变更	项		
2	政策性调整和材料价格风险	项		
⋮		⋮		
合计				—

材料暂估单价表见表 3-8。此表由招标人填写，并在“说明”栏说明暂估价的材料拟用在哪些清单项目上，投标人应将上述材料暂估单价计入工程量清单综合单价报价中。材料包括原材料、燃料、构配件以及按规定应计入建筑安装工程造价的设备。

表 3-8　材料暂估单价表

工程名称：　　　　　　　　　　　标段：　　　　　　　　　　　第　页　共　页

序号	材料名称、规格、型号	计量单位	单价(元)	说明

专业工程暂估价表见表3-9。此表由招标人填写,投标人应将上述专业工程暂估价计入投标总价中。

表3-9　专业工程暂估价表

工程名称:　　　　　　　　　　　　　标段:　　　　　　　　　　　　　第　页　共　页

序号	工程名称	工程内容	金额(元)	说明
合计				

计日工表见表3-10。此表"项目名称""暂定数量"由招标人填写,编制招标控制价时,单价由招标人按有关计价规定确定;投标时,单价由投标人自主报价,计入投标总价中。

表3-10　计日工表

工程名称:　　　　　　　　　　　　　标段:　　　　　　　　　　　　　第　页　共　页

编号	项目名称	单位	暂定数量	综合单价	合价
一	人工				
1					
⋮					
人工小计					
二	材料				
1					
⋮					
材料小计					
三	施工机械				
1					
⋮					
施工机械小计					
总计					

总承包服务费计价表见表3-11。

表 3-11　总承包服务费计价表

工程名称：　　　　　　　　　　　　　标段：　　　　　　　　　　　第　页　共　页

序号	项目名称	项目价值(元)	服务内容	费率(%)	金额(元)
1	发包人发包专业工程				
2	发包人供应材料				
合计					

(六)规费、税金项目清单与计价表

规费、税金项目清单与计价表见表 3-12。其中，费率、税率以当地主管部门的规定为准。

表 3-12　规费、税金项目清单与计价表

工程名称：　　　　　　　　　　　　　标段：　　　　　　　　　　　第　页　共　页

序号	项目名称	计算基础	费率(%)	金额(元)
1	规费	1.1+1.2+1.3+1.4+1.5+1.6		
1.1	工程排污费	直接费+管理费+利润+总价措施项目费	0.4	
1.2	职工教育经费	人工费	1.5	
1.3	工会经费	人工费	2	
1.4	住房公积金	人工费	6	
1.5	安全生产责任险	直接费+管理费+利润+总价措施项目费	0.2	
1.6	社会保险费	直接费+管理费+利润+总价措施项目费	2.84	
2	税金	2.1+2.2		
2.1	销项税额	建安造价(直接费+费用和利润)	9	
2.2	附加税费	建安造价+销项税额	0.36	
合计				

第四节　工程量清单报价

一、工程量清单报价的概念

工程量清单报价是在建设工程招标投标工作中，以招标人提供的工程量清单为平台，投标人根据自身的技术、财务、营业能力进行投标报价，招标人根据具体的评标细则进行优选的工程造价计价模式。

二、工程量清单计价的格式

(一)工程量清单计价表格的使用要求

招标控制价、投标报价和竣工结算分别使用不同的表格。

投标报价工程量清单计价表格随招标文件发至投标人,由投标人填写。投标人应按招标人提供的工程量清单填报价格。填写的项目编码、项目名称、项目特征、计量单位、工程量必须与招标人提供的一致。

投标人应按招标文件的要求,附工程量清单综合单价分析表。

工程量清单与计价表中列明的所有需要填写的单价和合价,投标人均应填写,未填写的单价和合价,视为此项费用已包含在工程量清单的其他单价和合价中。

封面应按规定的内容填写、签字、盖章,除承包人自行编制的投标报价和竣工结算外,受委托编制的招标控制价、投标报价、竣工结算若为造价员编制的,应附有负责审核的造价工程师签字、盖章以及工程造价咨询人盖章。

(二)投标报价使用的表格

编制投标报价使用的表格包括:封面(见图3-8),总说明(见图3-7),工程项目招标控制价/投标报价汇总表(见表3-13),单项工程招标控制价/投标报价汇总表(见表3-14),单位工程费用计算表(招标控制价/投标报价/竣工结算)(见表3-15),分部分项工程量清单与计价表(见表3-3),工程量清单综合单价分析表(见表3-16),措施项目清单与计价表(见表3-4、表3-5),其他项目清单与计价用表(见表3-6~表3-11),规费、税金项目清单与计价表(见表3-12)。

投标总价

招　标　人:____________________

工 程 名 称:____________________

投标总价(小写):____________________

(大写):____________________

投　标　人:____________________

(单位盖章)

法 定 代 表 人

或 其 授 权 人:____________________

(签字或盖章)

编　制　人:____________________

(造价人员签字盖专用章)

编 制 时 间:　　年　月　日

图3-8　编制投标报价封面

表 3-13　工程项目招标控制价/投标报价汇总表

工程名称：　　　　　　　　　　　　　　　　　　　　　　　第　页　共　页

序号	单项工程名称	建安工程造价（元）	直接费（元）	费用和利润（元）						销项税额（元）	附加税费（元）	其他项目费（元）
				管理费	利润	总价措施项目费	其中：安全文明施工费	规费	其中：社会保险费			
本页合计												
累计												

表 3-14　单项工程招标控制价/投标报价汇总表

工程名称：　　　　　　　　　　　　　　　　　　　　　　　第　页　共　页

序号	单位工程名称	建安工程造价（元）	直接费（元）	费用和利润（元）						销项税额（元）	附加税费（元）	其他项目费（元）
				管理费	利润	总价措施项目费	其中：安全文明施工费	规费	其中：社会保险费			
本页合计												
累计												

表 3-15　单位工程费用计算表（□招标控制价□投标报价□竣工结算）

工程名称：　　　　标段：　　　　单位工程名称：　　　　　　　　第　页　共　页

序号	工程内容	计费基础说明	费率（%）	金额（元）	说明
1	直接费	1.1+1.2+1.3			包括分部分项工程费和能计量的措施项目费
1.1	人工费				
1.1.1	其中：取费人工费				
1.2	材料费				
1.3	机械费				
1.3.1	其中：取费机械费				
2	费用和利润	2.1+2.2+2.3+2.4			

续表 3-15

序号	工程内容	计费基础说明	费率(%)	金额(元)	说明
2.1	管理费	1.1.1 或 1.1.1+1.3.1			
2.2	利润	1.1.1 或 1.1.1+1.3.1			
2.3	总价措施项目费				按总价措施项目清单计费表列项计算汇总本项
2.3.1	其中:安全文明施工费	1.1.1	10.63		
2.4	规费	2.4.1+2.4.2+2.4.3+2.4.4+2.4.5			
2.4.1	工程排污费	1+2.1+2.2+2.3	0.4		
2.4.2	职工教育和工会经费	1.1	3.5		
2.4.3	住房公积金	1.1	6.0		
2.4.4	安全生产责任险	1+2.1+2.2+2.3	0.2		
2.4.5	社会保险费	1+2.1+2.2+2.3	2.84		
3	建安费用	1+2			
4	销项税额	3	9		
5	附加税费	3+4			
6	其他项目费				详注3说明
建安工程造价		3+4+5+6			

注:1. 采用一般计税法时,材料、机械台班单价均执行除税单价;
2. 建安费用=直接费+费用和利润;
3. 按其他项目计价表列项计算汇总本项,其中,材料(工程设备)暂估价进入直接费与综合单价,此处不重复汇总;
4. 社会保险费包括养老保险费、失业保险费、医疗保险费、生育保险费和工伤保险费。

(三)招标控制价使用表格

编制招标控制价使用的表格包括:封面(见图3-9),总说明(见图3-7),工程项目招标控制价/投标报价汇总表(见表3-13),单项工程招标控制价/投标报价汇总表(见表3-14),单位工程费用计算表(招标控制价/投标报价/竣工结算)(见表3-15),分部分项工程量清单与计价表(见表3-3),工程量清单综合单价分析表(见表3-16),措施项目清单与计价表(见表3-4、表3-5),其他项目清单与计价用表(见表3-6～表3-11),规费、税金项目清单与计价表(见表3-12)。

________________工程

招标控制价

招标控制价(小写):________________

(大写):________________

招　标　人:________________　工程造价咨询人:________________

(单位盖章)　　　　(单位资质专用章)

法定代表人　　　　法定代表人

或其授权人:________________　或其授权人:________________

(签字或盖章)　　　　(签字或盖章)

编　制　人:________________　复　核　人:________________

(造价人员签字盖专用章)　　　　(造价工程师签字盖专用章)

编制时间:　年　月　日　　　　复核时间:　年　月　日

图 3-9　编制招标控制价封面

表 3-16　工程量清单综合单价分析表

工程名称:　　　　标段:　　　　第　页　共　页

<table>
<tr><td>清单编码</td><td></td><td>名称</td><td colspan="5"></td><td colspan="2">计量单位</td><td colspan="2"></td><td>数量</td><td></td><td>综合单价</td><td colspan="2"></td></tr>
<tr><td rowspan="2">消耗量标准编号</td><td rowspan="2">项目名称</td><td rowspan="2">单位</td><td rowspan="2">数量</td><td colspan="4">单价(基价表)</td><td colspan="4">单价(市场价)</td><td rowspan="2">企业管理费</td><td rowspan="2">利润</td><td rowspan="2">规费</td><td rowspan="2">税金</td><td rowspan="2">合价(元)</td></tr>
<tr><td>合计</td><td>人工费</td><td>材料费</td><td>机械费</td><td>合计</td><td>人工费</td><td>材料费</td><td>机械费</td></tr>
<tr><td></td><td></td><td></td><td></td><td></td><td></td><td></td><td></td><td></td><td></td><td></td><td></td><td></td><td></td><td></td><td></td><td></td></tr>
<tr><td></td><td></td><td></td><td></td><td></td><td></td><td></td><td></td><td></td><td></td><td></td><td></td><td></td><td></td><td></td><td></td><td></td></tr>
<tr><td colspan="4">人工单价:元/工日</td><td colspan="4">累计(元)</td><td colspan="4"></td><td></td><td></td><td></td><td></td><td></td></tr>
<tr><td rowspan="3">材料费明细表</td><td colspan="10">主要材料名称、规格、型号</td><td>单位</td><td>数量</td><td>单价</td><td>合价</td><td>暂估单价</td><td>暂估合价</td></tr>
<tr><td colspan="10"></td><td></td><td></td><td></td><td></td><td></td><td></td></tr>
<tr><td colspan="10">材料费小计</td><td>元</td><td>—</td><td></td><td></td><td></td><td></td></tr>
</table>

注:招标文件提供了暂估单价的材料,按暂估的单价填入表内“暂估单价”栏及“暂估合价”栏。

(四)索赔与签证、工程款支付申请表等有关表格

索赔与现场签证计价汇总表(见表 3-17),费用索赔申请(核准)表(见表 3-18),现场签证表(见表 3-19),工程款支付申请(核准)表(见表 3-20)。

表3-17　索赔与现场签证计价汇总表

工程名称：　　　　　　　　　　　　标段：　　　　　　　　　　第　页　共　页

序号	签证及索赔项目名称	计量单位	数量	单价(元)	合价(元)	索赔及签证依据
本页小计						—
合计						—

注：签证及索赔依据是指经双方认可的签证单和索赔依据的编号。

表3-18　费用索赔申请(核准)表

工程名称：　　　　　　　　　　　　标段：　　　　　　　　　　编号：

致：________________________________(发包人全称)

根据施工合同条款第______条的约定，由于______________原因，我方要求索赔金额(大写)__________元，(小写)__________元，请予核准。

附：1. 费用索赔的详细理由和依据：

2. 索赔金额的计算：

3. 证明材料：

承包人(章)
承包人代表________
日　　期________

复核意见： 根据施工合同条款第______条的约定，你方提出的费用索赔申请经复核： □不同意此项索赔，具体意见见附件。 □同意此项索赔，索赔金额的计算，由造价工程师复核。 监理工程师__________ 日　　期__________	复核意见： 根据施工合同条款第______条的约定，你方提出的费用索赔申请经复核，索赔金额为(大写)____________元，(小写)____________元。 造价工程师________ 日　　期________

审核意见：

□不同意此项索赔。

□同意此项索赔，与本期进度款同期支付。

发包人(章)
发包人代表________
日　　期________

注：1. 在选择栏中的"□"内做标识"√"；

2. 本表一式四份，由承包人填报，发包人、监理人、造价咨询人、承包人各存一份。

表 3-19　现场签证表

工程名称：　　　　　　　　　　　　标段：　　　　　　　　　　　　编号：

<table>
<tr><td>施工单位</td><td></td><td>日期</td><td></td></tr>
<tr><td colspan="4">致：________________________________（发包人全称）
根据________（指令人姓名）　年　月　日的口头指令或你方________（或监理人）　年　月　日的书面通知，我方要求完成此项工作应支付价款金额为（大写）__________元，（小写）________元，请予核准。
附：1. 签证事由及原因：
2. 附图及计算式：
承包人（章）
承包人代表__________
日　　期__________</td></tr>
<tr><td colspan="2">复核意见：
你方提出的此项签证申请经复核：
□不同意此项签证，具体意见见附件。
□同意此项签证，签证金额的计算，由造价工程师复核。
监理工程师__________
日　　期__________</td><td colspan="2">复核意见：
□此项签证按承包人中标的计日工单价计算，金额为（大写）__________元，（小写）________元。
□此项签证因无计日工单价，金额为（大写）__________元，（小写）__________元。
造价工程师__________
日　　期__________</td></tr>
<tr><td colspan="4">审核意见：
□不同意此项签证。
□同意此项签证，价款与本期进度款同期支付。
发包人（章）
发包人代表__________
日　　期__________</td></tr>
</table>

注：1. 在选择栏中的“□”内做标识“√”。
2. 本表一式四份，由承包人在收到发包人（监理人）的口头或书面通知后填写，发包人、监理人、造价咨询人、承包人各存一份。

表3-20　工程款支付申请(核准)表

工程名称：　　　　　　　　　　　　标段：　　　　　　　　　　　　编号：

致______________________________(发包人全称)

我方于________至________期间已完成了____________工作,根据施工合同的约定,现申请支付本期的工程价款为(大写)________元,(小写)________元,请予核准。

序号	名称	金额(元)	备注
1	累计已完成的工程价款		
2	累计已实际支付的工程价款		
3	本周期已完成的工程价款		
4	本周期完成的计日工金额		
5	本周期应增加和扣减的变更金额		
6	本周期应增加和扣减的索赔金额		
7	本周期应抵扣的预付款		
8	本周期应扣减的质保金		
9	本周期应增加或扣减的其他金额		
10	本周期实际应支付的工程价款		

承包人(章)
承包人代表________
日　　期________

复核意见：

□与实际施工情况不相符,修改意见见附件。

□与实际施工情况相符,具体金额由造价工程师复核。

监理工程师________
日　　期________

复核意见：

你方提出的支付申请经复核,本周期已完成工程价款为(大写)________元,(小写)________元,本期间应支付金额为(大写)________元,(小写)________元。

造价工程师________
日　　期________

审核意见：

□不同意。

□同意,支付时间为本表签发后的15天内。

发包人(章)
发包人代表________
日　　期________

注:1. 在选择栏中的"□"内做标识"√"。

2. 本表一式四份,由承包人填报,发包人、监理人、造价咨询人、承包人各存一份。

三、工程量清单报价编制

工程量清单计价的工程造价由分部分项工程费、措施项目费、其他项目费、规费和税金组成，即

工程造价=分部分项工程量清单计价表合计+措施项目清单计价表合计+其他项目清单计价表合计+规费+税金

（一）分部分项工程量清单计价

分部分项工程费是指完成分部分项工程量清单所需的费用。

分部分项工程量清单的计价一般采用定额组价法。定额组价法可表述为：依据招标文件、工程量清单及其他计量与计价依据，确定施工方案，计算每个分部分项工程工程量清单所对应计价项（组价项）的施工方案工程量（预算工程量），按照定额估价法原理计算每一个计价项的价格，求和，然后得到各个清单项的价格。用公式可表示为

$$分部分项工程费=\sum 每个清单分部分项工程费$$

$$每个清单分部分项工程费=\sum(对应施工项的计价工程量\times 综合单价)$$

由于国内目前还没与工程量清单计算规则相一致的配套消耗量定额（基价），因此工程量清单计价一般情况下仍要利用预算定额才能实现。同时，清单工程量与预算工程量在计算规则和项目设置上有一定的差异，利用预算定额完成工程量清单计价，组价有如下几种情况。

1. 分项一样规则一致

当清单项目的工程内容、计量单位及工程量计算规则与定额项目一致，只与一个定额项目对应时，组价项的量与清单一样，直接引入定额项即可，如现浇混凝土亭柱。其计算公式为

$$清单项目综合单价=定额项目综合单价$$

2. 规则一样内容不一样

当清单项目的计量单位及工程量计算规则与定额项目一致，工程内容不一致，需几个定额项目组成时，参与组价的各定额项目工程量需要按预算规则重新计算，各对应定额项分别列于对应清单项后，如天棚抹混合砂浆[项目特征描述：板底刷107胶水泥浆，面抹混合砂浆（细砂），刮滑石粉混和胶水腻子二遍]，而定额对应项为混合砂浆天棚面和满刮腻子二遍两项（混合砂浆天棚面定额的工作内容不包括满刮腻子）。其计算公式为

$$清单项目综合单价=\sum(定额项目综合单价)$$

3. 内容、规则均不一致

当清单项目的工程内容、计量单位及工程量计算规则与定额项目不一致时，参与组价的各定额项目工程量需要按预算规则重新计算，各对应定额项分别列于对应清单项后。如现浇混凝土花架柱，其工程内容包括：土（石）方挖运与混凝土两项。其计算公式为

$$清单项目综合单价=(\sum 该清单项目所包含的各定额项目工程量\times 定额综合单价)\div 该清单项目工程量$$

清单子目是综合子目，一个清单相当于目前的全国统一基础定额（预算定额、工程消

耗量定额)一个或多个定额子目,另外清单工程量计算规则也不完全与基础定额相同,一部分完全相同,一部分有较细微的差异,还有一部分有较大的差异。这就要求综合单价确定要组量组价综合确定。

【例3-1】 某单位楼前绿化工程中,经对项目的分析,该清单子项综合了"人工整理绿化地"120 m^2、"回填土松填"30 m^3、购买种植土(需自己补充)30 m^3等项消耗量定额内容(注:不同项目同一清单名所包含的工作内容有可能不一样)。确定其综合单价。

工程排污费为直接工程费(人、材、机)的0.4%,安全生产责任险率为直接工程费(人、材、机)的0.2%,社会保险费为直接工程费(人、材、机)的2.84%,职工教育经费和工会经费按人工费的3.5%计取,住房公积金按人工费的6%计取,销项税额税率为建安造价的9%,附加税费税率为0.36%(计价基础为建安造价与销项税额之和)。

查某省消耗量定额,E13-1(人工整理绿化地)10 m^2人工消耗量为0.5日;E1-56(回填土 地面 松填)1 m^3人工消耗量为0.09日。该省规定当时人工取费基价为60元/日,市场人工工资单价为110元/日。已知当时种植土价格60元/m^3。管理费费率自行确定为19.9%(计费基础为取费人工费),利润率计取为21.7%(计费基础为取费人工费)。

解 在人、材、机单价与定额基价中的人、材、机单价无太大差异的情况下,可以直接引用被综合定额的人工费基价、材料费基价、机械费基价来计算清单项所需的人工费、材料费、机械费,根据企业自定的管理费、利润率计取管理费和利润,求得该清单项所需的五项合计,再去除以清单工程量,得该清单的综合单价。因相差大,这里应使用人工工资单价。计算如下:

(1)E13-1 人工整理绿化地:

$$人工费=(120\div10)\times0.5\times110=660(元)$$

$$取费人工费=(120\div10)\times0.5\times60=360(元)$$

$$材料费=0,机械费=0$$

$$直接费=人工费+材料费+机械费=660(元)$$

(2)E1-56 回填土 地面 松填:

$$人工费=30\times0.09\times110=297(元)$$

$$取费人工费=30\times0.09\times60=162(元)$$

$$材料费=0,机械费=0$$

(3)补充(购买种植土):

$$人工费=0元$$

$$材料费=30\times60=1\ 800(元),机械费=0$$

综合以上:

$$人工费=660+297=957(元)$$

$$取费人工费=360+162=522(元)$$

$$材料费=1\ 800元$$

$$直接费=人工费+材料费+机械费=957+1\ 800=2\ 757(元)$$

将以上数值填入表3-21中,并计算其他项。

$$管理费=取费人工费\times费率=522\times19.9\%=103.88(元)$$

表 3-21　分部分项工程量综合单价计算表

清单编号:050101010001　　单位:m^2

清单名称:整理绿化地　　数量:120.00　　综合单价:28.87 元

序号	工程内容	计费基础说明	费率(%)	金额(元)	说明
1	直接费	1.1+1.2+1.3		2 757	
1.1	人工费			957	
1.1.1	取费人工费			522	
1.2	材料费			1 800	
1.3	机械费				
1.3.1	其中:取费机械费				
2	费用和利润	2.1+2.2+2.3		410.39	
2.1	管理费	1.1.1 或 1.1.1+1.3.1	19.9	103.88	
2.2	利润	1.1.1 或 1.1.1+1.3.1	21.7	113.27	
2.3	规费	2.3.1+2.3.2+2.3.3+2.3.4+2.3.5		193.24	
2.3.1	工程排污费	1+2.1+2.2	0.4	11.90	
2.3.2	职工教育经费和工会经费	1.1	3.5	33.50	
2.3.3	住房公积金	1.1	6	57.42	
2.3.4	安全生产责任险	1+2.1+2.2	0.2	5.95	
2.3.5	社会保险费	1+2.1+2.2	2.84	84.47	
3	建安造价	1+2		3 167.39	
4	销项税额	3	9	285.07	
5	附加税费	3+4	0.36	12.43	
6	优惠				
合计		3+4+5-6		3 464.89	

利润 = 取费人工费 × 费率 = 522 × 21.7% = 113.27(元)

工程排污费 = (直接费 + 管理费 + 利润) × 工程排污费费率

= (2 757 + 103.88 + 113.27) × 0.4% = 11.90(元)

职工教育经费和工会经费 = 人工费 × 3.5% = 957 × 3.5% = 33.50(元)

住房公积金 = 人工费 × 6% = 957 × 6% = 57.42(元)

安全生产责任险 = (直接费 + 管理费 + 利润) × 安全生产责任险率
= (2 757 + 103.88 + 113.27) × 0.2% = 5.95(元)

社会保险费 = (直接费 + 管理费 + 利润) × 社会保险费费率
= (2 757 + 103.88 + 113.27) × 2.84% = 84.47(元)

规费 = 工程排污费 + 职工教育经费和工会经费 + 住房公积金 +
安全生产责任险 + 社会保险费
= 11.90 + 33.50 + 57.42 + 5.95 + 84.47 = 193.24(元)

税金包括销项税额和附加税费。销项税额的计算基础为建安造价(直接费 + 费用和利润),费用和利润 = 管理费 + 利润 + 规费。

建安造价 = 直接费 + 管理费 + 利润 + 规费
= 2 757 + 103.88 + 113.27 + 193.24 = 3 167.39(元)

销项税额 = 建安造价 × 销项税额税率 = 3 167.39 × 9% = 285.07(元)

附加税费 = (建安造价 + 销项税额) × 附加税费税率
= (3 167.39 + 285.07) × 0.36% = 12.43(元)

税金 = 销项税额 + 附加税费 = 285.07 + 12.43 = 297.5(元)

直接费 + 管理费 + 利润 + 规费 + 税金
= 2 757 + 103.88 + 113.27 + 193.24 + 297.5
= 3 464.89(元)

则该清单的综合单价 = 3 464.89 ÷ 120 = 28.87(元/m^2)。

为了对综合单价进行分析,可以将清单的每个定额子目的费用列出,以便于分析。这里以 E13 - 1(人工整理绿化地)为例来说明。

人工费 = (120 ÷ 10) × 0.5 × 110 = 660(元)

取费人工费 = (120 ÷ 10) × 0.5 × 60 = 360(元)

材料费 = 0,机械费 = 0

直接费 = 人工费 + 材料费 + 机械费 = 660(元)

管理费 = 取费人工费 × 管理费费率 = 360 × 19.9% = 71.64(元)

利润 = 取费人工费 × 利润率 = 360 × 21.7% = 78.12(元)

规费包括工程排污费、职工教育经费和工会经费、住房公积金、安全生产责任险、社会保险费。

工程排污费 = (直接费 + 管理费 + 利润) × 工程排污费率
= (660 + 71.64 + 78.12) × 0.4% = 3.24(元)

职工教育经费和工会经费 = 人工费 × 3.5% = 660 × 3.5% = 23.1(元)

住房公积金 = 人工费 × 6% = 660 × 6% = 39.6(元)

安全生产责任险 = (直接费 + 管理费 + 利润) × 安全生产责任险率
= (660 + 71.64 + 78.12) × 0.2% = 1.62(元)

社会保险费 = (直接费 + 管理费 + 利润) × 社会保险费费率
= (660 + 71.64 + 78.12) × 2.84% = 23.00(元)

规费 = 工程排污费 + 职工教育经费和工会经费 + 住房公积金 + 安全生产责任险 + 社会保险费
= 3.24 + 23.1 + 39.6 + 1.62 + 23.00
= 90.56(元)

税金包括销项税额和附加税费。销项税额的计算基础为建安造价(直接费 + 费用和利润),费用和利润 = 管理费 + 利润 + 规费。

建安造价 = 直接费 + 管理费 + 利润 + 规费
= 660 + 71.64 + 78.12 + 90.56 = 900.32(元)

销项税额 = 建安造价 × 销项税额税率 = 900.32 × 9% = 81.03(元)

附加税费 = (建安造价 + 销项税额) × 附加税费税率
= (900.32 + 81.03) × 0.36% = 3.53(元)

税金 = 销项税额 + 附加税费 = 81.03 + 3.53 = 84.56(元)

直接费 + 管理费 + 利润 + 规费 + 税金
= 660 + 71.64 + 78.12 + 90.56 + 84.56
= 984.88(元)

将上面数据填入表3-22的E13－1(整理绿化地)部分。同理,计算出E1－56(回填土 地面 松填)、补充1(购买种植土)两个子目相应的数值,然后汇总。

另外,可以应用软件功能,将企业的人、材、机价格信息动态地进入到计价软件中,生成新单价(基价),再用上述方法套用、组价求取综合单价;也可以套用定额确定一个计算单位的清单项所需的人、材、机需用量,然后与企业的人工工资单价、材料预算价格、机械台班使用费组合,得到人工费单价、材料费单价、机械费单价,再计算管理费、利润,最后合计得该清单项目的综合单价。

(二)措施项目清单计价

措施项目清单计价应根据招标文件中的措施项目清单及拟订的施工组织设计或施工方案,可以计算工程量的措施项目,应按分部分项工程量清单的方式采用综合单价计价;其余的措施项目可以“项”为单位的方式计价,应包括除规费、税金外的全部费用。

措施项目清单中所列的措施项目是以“一项”提出的,计价时,首先应详细分析其所含工程内容,然后确定其综合单价。

招标人提出的措施项目清单是根据一般情况确定的,没有考虑不同投标人的“人性”,因此投标人在报价时,可以根据本企业的实际情况,增加措施项目内容并报价。

措施项目清单中的安全文明施工费应按照国家或省级、行业建设主管部门的规定计价,不得作为竞争性费用。

措施项目费的计价方法有按定额计价、按费率系数计价、按实物量法计价和分包法计价多种。有的措施费按定额计算,如各类技术组织措施费等;有的措施费按费率计算,如临时设施费夜间施工、二次搬运费等;有的措施费也可按施工经验法估价,如脚手架费和模板费等;有的措施费则按分包费用计价,如大型机械设备进出场及安拆、室内空气污染测试等。

表 3-22　分部分项工程量清单综合单价分析表

<table>
<tr><td>清单编码</td><td>050101010001</td><td>名称</td><td colspan="7">整理绿化地</td><td>计量单位</td><td>m^2</td><td>数量</td><td>120</td><td>综合单价</td><td colspan="2">28.875</td></tr>
<tr><td rowspan="2">消耗量标准编号</td><td rowspan="2">项目名称</td><td rowspan="2">单位</td><td rowspan="2">数量</td><td colspan="4">单价(基价表)</td><td colspan="4">单价(市场价)</td><td>管理费</td><td>利润</td><td>规费</td><td>税金</td><td rowspan="2">合价(元)</td></tr>
<tr><td>合计</td><td>人工费</td><td>材料费</td><td>机械费</td><td>合计</td><td>人工费</td><td>材料费</td><td>机械费</td><td>19.90%</td><td>21.7%</td><td>12.94%</td><td>9.36%</td></tr>
<tr><td>E13－1</td><td>整理绿化地</td><td>10 m^2</td><td>12.00</td><td>35.00</td><td>35.00</td><td></td><td></td><td>55.00</td><td>55.00</td><td></td><td></td><td>71.64</td><td>78.12</td><td>90.56</td><td>84.56</td><td>984.88</td></tr>
<tr><td>E1－56</td><td>回填土地面松填</td><td>m^3</td><td>30.00</td><td>6.30</td><td>6.30</td><td></td><td></td><td>9.90</td><td>9.90</td><td></td><td></td><td>32.25</td><td>35.16</td><td>40.77</td><td>38.07</td><td>443.25</td></tr>
<tr><td>补充 1</td><td>购买种植土</td><td>m^3</td><td>30.00</td><td>60.00</td><td></td><td>60.00</td><td></td><td>60.00</td><td></td><td>60.00</td><td></td><td></td><td></td><td>61.92</td><td>174.90</td><td>2 036.82</td></tr>
<tr><td colspan="4">人工单价:园林人工单价:110 元/日</td><td colspan="4">累计(元)</td><td>124.90</td><td>64.90</td><td>60.00</td><td></td><td>103.89</td><td>113.28</td><td>193.25</td><td>297.53</td><td>3 464.95</td></tr>
<tr><td rowspan="2">材料费明细表</td><td colspan="10">主要材料名称、规格、型号</td><td>单位</td><td>数量</td><td>单价</td><td>合价</td><td>暂估单价</td><td>暂估合价</td></tr>
<tr><td colspan="10">材料费小计</td><td>元</td><td>—</td><td></td><td>15.00</td><td></td><td></td></tr>
</table>

1. 按定额计价

在措施项目中，如模板、脚手架、垂直运输等项目，可以计算工程量，在原有基础定额中有它们的消耗量定额；按定额计算是指按照所使用的当地的消耗量定额与单位估价表，先计算出各种工料消耗，再根据相应的工料单价计算出人工费、材料费、机械费，再在此基础上计算管理费和利润；或者直接根据当地的单位估价表中的基价，按一定的费率计算管理费与利润，求取综合单价，再乘以工程量得到该措施项目金额。

将这类可以用定额确定的措施费叫技术性措施费；把不能用定额计算的措施费叫组织性措施费。在通用的措施费项目中大型机械进出场及安拆、混凝土模板、脚手架、施工排水降水均为技术性措施费。

【例 3-2】 某园林建筑工程，建筑面积为 200 m^2，试计算措施项目中的脚手架（高 12 m 内外脚手架 单排脚手架 竹制）费用。

解 根据某地区定额，费用如下。

根据定额规定，建筑工程的脚手架费为按建筑面积综合计算。本工程的建筑面积是 200 m^2，套用该地区消耗量定额及单位估价表“脚手架搭拆费”定额子目 E12－1 得知：

每 10 m^2 砌筑脚手架人材机用量为：综合人工（园林）为 0.45（工日）；竹篾为 0.87（百根）；圆钉为 0.09（kg）；安全网为 0.13（m^2）；毛竹（综合价）为 1.25（根）；一等厚板（平行整边）为 0.01（m^3）；竹脚手板（侧编）为 0.18（m^2）；镀锌铁丝 8# 为 0.03（kg）；其他材料费为 0.52（元）；场外运输费（机械费）为 0.50（元）。根据基期价与市场价，200 m^2 砌筑脚手架的人材机用量与单价如表 3-23 所示。

表 3-23　砌筑脚手架的人材机用量与单价（200 m^2）

序号	编码	名称（材料、机械规格型号）	单位	数量	基期价（元）	市场价（元）		合价（元）	说明
						含税	除税		
1	00006	综合人工（园林）	工日	9.000	70.00	110.00	110.00	990.00	
2	050218	竹篾	百根	17.400	9.00	9.00	7.97	138.68	
3	410986	圆钉	kg	1.800	6.00	6.00	5.31	9.56	
4	410002	安全网	m^2	2.600	10.05	10.05	8.90	23.14	
5	050089	毛竹（综合价）	根	25.000	15.00	15.00	13.28	332.00	
6	050166	一等厚板（平行整边）	m^3	0.140	1 980.00	1 980.00	1 752.98	245.42	
7	050212	竹脚手板（侧编）	m^2	3.600	21.00	21.00	18.59	66.92	
8	010391	镀锌铁丝 8#	kg	0.600	5.75	5.75	5.09	3.05	
9	410522	其他材料费	元	10.400	1.00	1.00	0.89	9.26	
10	410116	场外运输费（机械费）	元	10.000	14.56	14.56	13.83	138.32	
累计								1 956.35	

从表 3-23 可以计算出人工费为 990.00 元,材料费为 828.04 元,机械费为 138.32 元,将其代入表 3-24 中,并进行后续计算。

表 3-24　措施项目费用计算表(综合单价表)

清单编号:050401001001　　单位:m^2

清单名称:砌筑脚手架　　数量:200.00　　综合单价:12.85 元/m^2

序号	工程内容	计费基础说明	费率(%)	金额(元)	备注
1	直接费	1.1+1.2+1.3		1 956.36	
1.1	人工费			990.00	
1.1.1	其中:取费人工费			540.00	
1.2	材料费			828.04	
1.3	机械费			138.32	
1.3.1	其中:取费机械费				
2	费用和利润	2.1+2.2+2.3		393.72	
2.1	管理费	1.1.1 或 1.1.1+1.3.1	19.90	107.46	
2.2	利润	1.1.1 或 1.1.1+1.3.1	21.70	117.18	
2.3	规费	2.3.1+2.3.2+2.3.3+2.3.4+2.3.5		169.08	
2.3.1	工程排污费	1+2.1+2.2	0.40	8.72	
2.3.2	职工教育经费和工会经费	1.1	3.50	34.66	
2.3.3	住房公积金	1.1	6.00	59.40	
2.3.4	安全生产责任险	1+2.1+2.2	0.20	4.36	
2.3.5	社会保险费	1+2.1+2.2	2.84	61.94	
3	建安造价	1+2		2 350.08	
4	销项税额	3	9.00	211.51	
5	附加税费	3+4	0.36	9.22	
合计		3+4+5		2 570.81	

2. 按费率系数计价

一些措施项目在定额计价中,出现在其他直接费和特殊直接费中,以直接工程费为基数或以人工费为基数计算出来。也可以说,这些费用有成熟的认可区间,可以据此找到措施费与分部分项工程费之间的关系。

措施项目费按照定额计价的规律,费率系数计价可有如下几种情形:

(1)某园林工程措施费=分部分项工程费×措施费费率。

(2)某园林工程措施费=分部分项工程人工费×相应措施费费率。

这里的措施费费率与定额计价的相应费率不一致,因为基数的内容不一致。

需要强调的是,《计价规范》以强制性条文规定了安全文明施工费(含环境保护、文明施工、安全施工、临时设施)应按照国家或省级、行业建设主管部门的规定计价,不得作为竞争性费用。

例如,某地区规定的安全文明施工费取费标准见表3-25。

表3-25 安全文明施工费取费标准

<table>
<tr><th rowspan="2">序号</th><th rowspan="2" colspan="2">项目名称</th><th rowspan="2">计费基础</th><th colspan="2">费率标准(%)</th></tr>
<tr><th>一般计税法</th><th>简易计税法</th></tr>
<tr><td>1</td><td colspan="2">建筑工程</td><td>人工费+机械费</td><td>13.18</td><td>12.99</td></tr>
<tr><td>2</td><td colspan="2">装饰装修工程</td><td>人工费</td><td>14.27</td><td>14.27</td></tr>
<tr><td>3</td><td colspan="2">安装工程</td><td>人工费</td><td>13.76</td><td>13.76</td></tr>
<tr><td>4</td><td colspan="2">园林景观绿化</td><td>人工费</td><td>10.63</td><td>10.63</td></tr>
<tr><td>5</td><td colspan="2">仿古建筑</td><td>人工费+机械费</td><td>12.67</td><td>12.67</td></tr>
<tr><td>6</td><td rowspan="2">市政</td><td>给水排水、燃气工程</td><td>人工费</td><td>10.63</td><td>10.63</td></tr>
<tr><td>7</td><td>道路、桥涵、隧道工程</td><td>人工费+机械费</td><td>10.83</td><td>10.81</td></tr>
<tr><td>8</td><td colspan="2">机械土石方</td><td>人工费+机械费</td><td>5.92</td><td>5.46</td></tr>
<tr><td>9</td><td colspan="2">机械打桩、地基处理(不包括强夯地基)、基坑支护</td><td>人工费+机械费</td><td>7.02</td><td>6.54</td></tr>
<tr><td>10</td><td colspan="2">装配式混凝土—现浇剪力墙</td><td>人工费+机械费</td><td>15.89</td><td>15.66</td></tr>
</table>

3.按施工经验计价

施工经验法是施工企业在多项目施工中总结出某措施项目费与建筑面积或绿化面积之间的规律,得出平方米费用,并考虑一定的涨幅因素及其他社会环境影响因素,然后根据企业的施工经验推算项目措施费。

例如,混凝土及钢筋混凝土模板费,有的企业根据建筑面积分不同的结构类型推算。如全框架结构按每平方米建筑面积105~120元计算,砖混结构按每平方米建筑面积35~50元计算。

某项措施费具体怎么计算,应在实际工作中不断积累经验,形成自己的经验数据,在工程招标投标中报出正确的措施项目费。

4. 按分包法计价

按分包法计价是在分包价格的基础上加上投标人的管理费及风险进行计价的方法。这种方法适合可以分包的独立措施项目费,如大型机械设备进出场及安拆费等。

在用上述办法组价时要注意以下几点:

(1)工程量清单计价规范规定,在确定措施项目综合单价时,规范规定的综合单价组成仅供参考,也就是措施项目内的人工费、材料费、机械费、管理费、利润等不一定全部发生,不要求每个措施项目内人工费、材料费、机械费、管理费、利润都必须有。

(2)在报价时,有时措施项目招标人要求分析明细,这时用公式参数法组价、分包法组价都是先知道总数,这就要人为用系数或比例的办法分摊人工费、材料费、机械费,管理费及利润。

(3)招标人提出的措施项目清单是根据一般情况确定的,没有考虑不同投标人的"个性",因此投标人在报价时可以根据本企业的实际情况增加措施项目内容报价。

(三)其他项目清单计价

其他项目费由招标人部分与投标人部分两大项组成。其他项目清单的金额应按下列规定确定:

(1)招标人部分的内容包括暂列金额和暂估价。

招标控制价(标底)中的暂列金额应根据工程特点,按有关计价规定,一般可以按分部分项工程量清单费的10% ~15%估算;暂估价中的材料单价应根据工程造价信息或参照市场价格估算;暂估价中的专业工程金额应分不同专业,按有关计价规定估算。投标价中暂列金额应按投标人在其他项目清单列出的金额填定;材料暂估价应按招标人在其他项目清单中列出的单价计入综合单价;专业工程暂估价应按招标人在其他项目清单中列出的金额填定。投标人不得修改。

(2)投标人部分的内容包括计日工和总承包服务费。

计日工应按照其他项目清单中列出的项目和数量,根据工程特点和有关计价依据计算;总承包服务费应根据招标文件列出的内容和要求估算。招标人可参照下列标准计算总承包服务费:招标人仅要求对分包的专业工程进行总承包管理和协调时,按分包工程的专业工程估算造价的1.5%计算;招标人要求对分包的专业工程进行总承包管理和协调,并同时要求提供配合服务时,根据招标文件中列出的配合服务内容和提出的要求,按分包工程的专业工程估算造价的3% ~5%计算;招标人自行供应材料的,按招标人供应材料价值的1%计算。

其他项目清单中的暂列金额、暂估价和计日工,均为估算、预测数量,虽在投标时计入投标人的报价中,不应视为投标人所有。竣工结算时,应按承包人实际完成的工作内容结算,剩余部分仍归招标人所有。

(四)规费与税金的确定

1. 规费的计算

投标人在投标报价时,规费的计算一般按国家或省级、行业建设主管部门的规定计算。例如,某地区规定的规费取费标准见表3-26。

表 3-26　工程量清单计价模式下规费取费标准

序号	项目名称	一般计税法		简易计税法	
		计费基础	费率(%)	计费基础	费率(%)
1	工程排污费	直接费+管理费+利润+总价措施项目费	0.4	直接费+管理费+利润+总价措施项目费	0.4
2	职工教育经费	人工费	1.5	人工费	1.5
3	工会经费		2		2
4	住房公积金		6		6
5	社会保险费	直接费+管理费+利润+总价措施项目费	3.18	直接费+管理费+利润+总价措施项目费	3.18
6	安全生产责任险		0.2		

2. 税金的计算

无论是清单计价还是定额计价，计税性质都是一样的，所以两种计价的综合税率也完全相同。某地区税金计算见表 3-27、表 3-28。

表 3-27　销项税额(应纳税额)计算

项目名称	计费基础	费率(%)
销项税额(一般计税法)	建安费用	11
应纳税额(简易计税法)	税前造价	3

表 3-28　附加征收税费

项目名称	一般计税法		简易计税法	
	计费基础	费率(%)	计费基础	费率(%)
纳税地点在市区的企业	建安费用+销项税额	0.36	应纳税额	12
纳税地点在县城镇的企业		0.3		10
纳税地点不在市区县城镇的企业		0.18		6

注：附加征收税费包括城市维护建设税、教育费附加和地方教育附加。

研讨与练习

1. 工程量清单的定义是什么？什么叫工程量清单计价？

2. 工程量清单计价与定额计价相比,其特点和优势主要体现在哪些方面？

3. 试述工程量清单计价与定额计价的区别与联系。

4. 工程量清单由哪些部分组成？其编制程序如何？

5. 分部分项工程量清单规定由哪五个要件组成？

6. 分部分项工程量清单中的项目设置应考虑哪些因素？

7. 分部分项工程量清单计量单位如何取定？

8. 什么叫项目特征？工程量清单项目特征的准确描述有哪些重要意义？

9. 什么叫措施项目清单？措施项目清单在编制时一般分几类？它如何进行编制？

10. 规费项目清单应按照哪些内容列项目？

11. 工程量清单计价的工程造价由哪些部分组成？简述各组成部分计价方法。

12. 发包人提供的工程量清单项目漏项,或设计变更引起新的工程量清单项目,其相应综合单价怎样确定？

第四章　园林工程计量与计价

第一节　园林绿化工程计量与计价

一、园林绿化工程工程量清单编制

绿化工程的清单项目包括三个子分部工程,分别是绿地整理、栽植花木、绿地喷灌,每个子分部工程又包括若干分项工程,如图4-1所示。

- 绿化工程
  - 绿地整理
    - 砍伐乔木
    - 挖树根(蔸)
    - 砍挖灌木丛及根
    - 挖竹及根
    - 砍挖芦苇(含水生植物)及根
    - 清除草皮
    - 清除地被植物
    - 屋面清理
    - 种植土回(换)填
    - 整理绿化用地
    - 绿地起坡造型
    - 屋顶花园基底处理
  - 栽植花木
    - 栽植乔木
    - 栽植竹类
    - 栽植棕榈类
    - 栽植灌木
    - 栽植绿篱
    - 栽植攀缘植物
    - 栽植色带
    - 栽植花卉
    - 栽植水生植物
    - 垂直墙体绿化种植
    - 花卉立体布置
    - 铺种草皮
    - 喷播植草(灌木)籽
    - 植草砖内植草(籽)
    - 挂网
    - 箱/钵栽植
  - 绿地喷灌
    - 喷灌管线安装
    - 喷灌配件安装

图4-1　绿化工程清单项目的分解结构

(一)清单项目设置与工程量计算规则的规定

1. 绿地整理(《园林绿化工程工程量计算规范》(GB 50858—2013)附录 A.1)

绿地整理工程量清单项目设置及工程量计算规则,应按表4-1的规定执行。

表4-1　绿地整理(编码:050101)

项目编码	项目名称	项目特征	计量单位	工程量计算规则	工程内容
050101001	砍伐乔木	树干胸径	株	按数量计算	1. 伐树 2. 废弃物运输 3. 场地清理
050101002	挖树根(蔸)	地径			1. 灌木砍挖 2. 废弃物运输 3. 清理场地
050101003	砍挖灌木丛及根	丛高或蓬径	1. 株 2. m^2	1. 以"株"计量,按数量计算 2. 以"m^3"计量,按面积计算	1. 灌木及根砍挖 2. 废弃物运输 3. 场地清理
050101004	挖竹及根	根盘直径	1. 株 2. 丛	按数量计算	1. 竹及根砍挖 2. 废弃物运输 3. 场地清理
050101005	砍挖芦苇(含水生植物)及根	根盘丛径	m^2	按面积计算	1. 芦苇及根砍挖 2. 废弃物运输 3. 场地清理
050101006	清除草皮	草皮种类			1. 除草 2. 废弃物运输 3. 场地清理
050101007	清除地被植物	植物种类			1. 清除植物 2. 废弃物运输 3. 场地清理
050101008	屋面清理	1. 屋面做法 2. 屋面高度 3. 垂直运输方式		按设计图示尺寸以面积计算	1. 原屋面清扫 2. 废弃物运输 3. 场地清理
050101009	种植土回(换)填	1. 回填土质要求 2. 取土运距 3. 回填厚度	1. m^3 2. 株	1. 以"m^3"计量,按设计图示回填面积乘以回填厚度以体积计算 2. 以"株"计量,按设计图示数量计算	1. 土方挖、运 2. 回填 3. 找平、找坡 4. 废弃物运输

续表 4-1

项目编码	项目名称	项目特征	计量单位	工程量计算规则	工程内容
050101010	整理绿化用地	1. 回填土质要求 2. 取土运距 3. 回填厚度 4. 找平找坡要求 5. 弃渣运距	m^2	按设计图示尺寸以面积计算	1. 排地表水 2. 土方挖、运 3. 耙细、过筛 4. 回填 5. 找平、找坡 6. 拍实 7. 废弃物运输
050101011	绿地起坡造型	1. 回填土质要求 2. 回填厚度 3. 取土运距 4. 起坡高度	m^2	按设计图示尺寸以面积计算	1. 排地表水 2. 土方挖、运 3. 耙细、过筛 4. 回填 5. 找平、找坡 6. 废弃物运输
050101012	屋顶花园基底处理	1. 找平层厚度、砂浆种类、强度等级 2. 防水层种类、做法 3. 排水层厚度、材质 4. 过滤层厚度、材质 5. 回填轻质土厚度、种类 6. 屋面高度 7. 垂直运输方式 8. 阻根层厚度、材质、做法			1. 抹找平层 2. 防水层铺设 3. 排水层铺设 4. 过滤层铺设 5. 填轻质土壤 6. 阻根层铺设 7. 运输

注:1. 整理绿化用地项目包含 300 mm 以内回填土,厚度 300 mm 以上回填土,应按《房屋建筑与装饰工程工程量计算规范》(GB 50854—2013)相应项目编码列项。
2. 绿地起坡造型,适用于松(抛)填。

2. 栽植花木(《园林绿化工程工程量计算规范》(GB 50858—2013)附录 A.2)

栽植花木工程量清单项目设置及工程量计算规则,应按表 4-2 的规定执行。

表 4-2　栽植花木(编码:050102)

项目编码	项目名称	项目特征	计量单位	工程量计算规则	工程内容
050102001	栽植乔木	1. 乔木种类 2. 乔木胸径 3. 养护期	株	按设计图示数量计算	1. 起挖 2. 运输 3. 栽植 4. 养护
050102002	栽植竹类	1. 竹种类 2. 竹胸径或盘丛径 3. 养护期	1. 株 2. 丛		
050102003	栽植棕榈类	1. 棕榈种类 2. 株高或地径 3. 养护期	株		
050102004	栽植灌木	1. 灌木种类 2. 冠丛高或蓬径 3. 起挖方法 4. 养护期	1. 株 2. m^2	1. 以“株”计量,按设计图示数量计算 2. 以“m^2”计量,按设计图示尺寸以绿化水平投影面积计算	
050102005	栽植绿篱	1. 绿篱种类 2. 篱高 3. 行数、蓬径或单位面积株数 4. 养护期	1. m 2. m^2	1. 以“m”计量,按设计图示长度以延长米计算 2. 以“m^2”计量,按设计图示尺寸以绿化水平投影面积计算	1. 起挖 2. 运输 3. 栽植 4. 养护
050102006	栽植攀缘植物	1. 植物种类 2. 地径 3. 养护期	1. 株 2. m	1. 以“株”计量,按设计图示数量计算 2. 以“m”计量,按设计图示种植长度以延长米计算	
050102007	栽植色带	1. 苗木、花卉种类 2. 株高或蓬径 3. 单位面积株数 4. 养护期	m^2	按设计图示尺寸以绿化水平投影面积计算	
050102008	栽植花卉	1. 花卉种类 2. 株高或蓬径 3. 单位面积株数 4. 养护期	1. 株(丛、缸) 2. m^2	1. 以“株、丛、缸”计量,按设计图示数量计算 2. 以“m^2”计量,按设计图示尺寸以水平投影面积计算	
050102009	栽植水生植物	1. 植物种类 2. 株高或蓬径或芽数/株 3. 单位面积株数 4. 养护期	1. 丛 2. 缸 3. m^2		

续表 4-2

项目编码	项目名称	项目特征	计量单位	工程量计算规则	工程内容
050102010	垂直墙体绿化种植	1. 植物种类 2. 生长年数或地(干)径 3. 养护期	1. m^2 2. m	1. 以“m^2”计量,按设计图示尺寸以绿化水平投影面积计算 2. 以“m”计量,按设计图示种植长度以延长米计算	1. 起挖 2. 运输 3. 栽植 4. 养护
050102011	花卉立体布置	1. 草本花卉种类 2. 高度或蓬径 3. 单位面积株数 4. 种植形式 5. 养护期	1. 单体 2. 处 3. m^2	1. 以“单体(处)”计量,按设计图示数量计算 2. 以“m^2”计量,按设计图示尺寸以面积计算	1. 起挖 2. 运输 3. 栽植 4. 养护
050102012	铺种草皮	1. 草皮种类 2. 铺种方式 3. 养护期	m^2	按设计图示尺寸以绿化投影面积计算	1. 起挖 2. 运输 3. 栽植 4. 养护
050102013	喷播植草(灌木)籽	1. 基层材料种类规格 2. 草籽种类 3. 养护期			1. 基层处理 2. 坡地细整 3. 阴坡 4. 草籽喷播 5. 覆盖 6. 养护
050102014	植草砖内植草(籽)	1. 草(籽)种类 2. 养护期			1. 起挖 2. 运输 3. 栽植 4. 养护
050102015	挂网	1. 种类 2. 规格	m^2	按设计图示尺寸以挂网投影面积计算	1. 制作 2. 运输 3. 安装
050102016	箱/钵栽植	1. 木材品种 2. 木箱外形尺寸 3. 防护材料种类	个	按设计图示数量计算	1. 制作 2. 运输 3. 安放

注:1. 挖土外运、借土回填、挖(凿)土(石)方应包括在相关项目内。

2. 苗木计算应符合下列规定:①胸径应为地表面向上 1.2 m 高处树干直径或以工程所在地规定为准;②冠径又称冠幅,应为苗木冠丛垂直投影面的最大直径和最小直径之间的平均值;③蓬径应为灌木、灌丛垂直投影面的直径;④地径应为地表面向上 0.1 m 高处树干直径;⑤干径应为地表面向上 0.3 m 高处树干直径;⑥株高应为地表面至树顶端的高度;⑦冠丛高应为地表面至乔(灌)木顶端的高度;⑧篱高应为地表面至绿篱顶端的高度;⑨生长期应为苗木种植至起苗的时间;⑩养护期应为招标文件中要求苗木种植结束,竣工验收通过后承包人负责养护的时间。

3. 苗木移(假)植应按花木栽植相关项目单独编码列项。

4. 土球包裹材料、打吊针及喷洒生根剂等费用应包含在相应项目内。

3. 绿地喷灌(《园林绿化工程工程量计算规范》(GB 50858—2013)附录 A.3)

绿地喷灌工程量清单项目设置及工程量计算规则,应按表4-3的规定执行。

表4-3　绿地喷灌(编码:050103)

项目编码	项目名称	项目特征	计量单位	工程量计算规则	工程内容
050103001	喷灌管线安装	1. 管道品种、规格 2. 管件品种、规格 3. 管道固定方式 4. 防护材料种类 5. 油漆品种、刷漆遍数	m	按设计图示尺寸以长度计算	1. 管道铺设 2. 管道固筑 3. 水压试验 4. 刷防护材料、油漆
050103002	喷灌配件安装	1. 管道附件、阀门、喷头品种、规格 2. 管道附件、阀门、喷头固定方式 3. 防护材料种类 4. 油漆品种、刷漆遍数	个	按设计图示数量计算	1. 管道附件、阀门、喷头安装 2. 水压试验 3. 刷防护材料、油漆

注:1. 挖填土石方应按《房屋建筑与装饰工程工程量计算规范》(GB 580854—2013)附录 A 相关项目编码列项。

2. 阀门井应按《市政工程工程量计算规范》(GB 50857—2013)相关项目编码列项。

(二)清单项目设置及工程量计算规则的原则与说明

1. 有关项目的说明

(1)"整理绿化用地"是指土石方的挖方、凿石、回填、运输、找平、找坡、耙细。

(2)"砍伐乔木""挖树根(兜)""砍挖灌木林""挖竹根""砍挖芦苇(含水生植物)及根""清除草皮"项目包括:砍、锯、挖、剔枝、截断、废弃物装、运、卸、集中堆放、清理现场等全部工序。

(3)"屋顶花园基底处理"项目包括:铺设找平层、粘贴防水层、闭水试验、透水管、排水口埋设、填排水材料、过滤材料剪切、黏结,填轻质土,材料水平、垂直运输等全部工序。

(4)"喷播植草(灌木)籽"项目包括:人工细整坡地、阴坡、草籽配制、洒黏结剂(丙烯酰胺、丙烯酸钾交链共聚物等)、保水剂(无毒高分子聚合物)、喷播草籽、铺覆盖物、钉固定钉、施肥浇水、养护及材料运输等全部工序。

(5)"喷灌管线及配件安装"项目包括:阀门井砌筑或浇筑、井盖安装、管道检查、清扫、切割、焊接(黏结)、套丝、调直和阀门、管件、喷头安装,感应电控装置安装,管道固筑,管道水压试验调试、管沟回填等全部工序。

2. 有关项目特征的说明

(1)屋顶高度指室外地面至屋顶顶面的高度。

(2)"屋顶花园基底处理"的垂直运输方式,包括人工、电梯或采用井字架等垂直运输。

(3)苗木种类应根据设计具体描述苗木的名称。

(4)"喷灌管线及配件安装"项目防护材料种类,包括阀门井需要的防护材料(如防潮、防水材料),管道、管材、阀门的防护材料。

3. 有关工程量计算规则的说明

(1)"砍伐乔木""挖树根(蔸)"项目应根据树干的胸径或区分不同胸径范围(如胸径 150~250 mm 等),以实际树木的株数计算。

(2)"砍挖灌木丛"项目应根据灌木丛高或区分不同丛高范围(如丛高 800~1 200 mm 等),以实际灌木丛数计算。

(3)栽植乔木等项目应根据胸径、株高、丛高,或区分不同胸径、株高、丛高范围,以设计数量计算。

(4)喷灌管线安装项目工程量应分不同管径从供水主管接口处算至喷头各支管(不扣除阀门所占长度,喷头长度不算)的总长度计算。

4. 有关工程内容的说明

(1)屋顶花园基底处理项目的材料运输,包括水平运输和垂直运输。

(2)苗木栽植项目,如苗木由市场购入,投标人则不计起挖苗木、临时假植、苗木包装、装卸押运、回土填塘等的价值,以苗木购入价及相关费用进行报价。

(三)绿化工程工程量清单编制实例

【例 4-1】 某住宅楼前一区块如图 4-2 所示,绿地面积为 75 m²,土质为二类土,苗木养护期为一年,苗木统计表如表 4-4 所示,编制该项目绿化工程分部分项工程量清单。

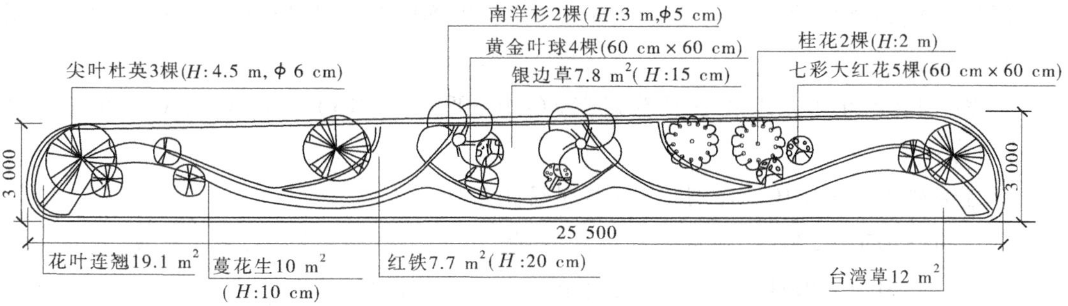

图 4-2 某住宅楼前一区块绿化大样图 (单位:mm)

表 4-4 植物名称及数量统计

序号	植物名称	规格(cm)			单位	数量	备注
		胸径	冠幅	高度			
1	南洋杉	5		300	株	2	
2	尖叶杜英	6		450	株	3	
3	桂花		170	200	株	2	
4	黄金叶球		60		株	4	
5	七彩大红花		60		株	5	

续表4-4

序号	植物名称	规格(cm)			单位	数量	备注
		胸径	冠幅	高度			
6	花叶连翘			30	m^2	19.1	20株/m^2
7	红铁			20	m^2	7.7	30株/m^2
8	银边草			15	m^2	7.8	60株/m^2
9	蔓花生			10	m^2	10.0	50株/m^2
10	台湾草				m^2	12.0	满铺

解　1.确定绿化植物的清单项目

(1)以工程图纸为依据确定项目内容。

根据植物平面图及植物数量统计表,可以确定绿化植物的项目有:整理绿化用地、栽植乔木、栽植灌木、栽植色带、栽植花卉、铺设草皮等。

这里需要提出的是,树木的起挖不需设计项目内容,绿化种植工程中,如工程苗木均为工地外采购苗木,其苗木挖掘费用已包括在苗木价格内,不另行计算其起挖费用。

(2)根据《园林绿化工程工程量计算规范》(GB 50858—2013)附录A确定项目编码和项目名称。

根据《园林绿化工程工程量计算规范》(GB 50858—2013)附录A.1、A.2,依上述项目,选列为:

项目编码:050101010。项目名称:整理绿化用地。

项目编码:050102001。项目名称:栽植乔木。项目特征:南洋杉、尖叶杜英、桂花。

项目编码:050102004。项目名称:栽植灌木。项目特征:黄金叶球、七彩大红花、花叶连翘、红铁。

项目编码:050102008。项目名称:栽植花卉。项目特征:银边草、蔓花生。

项目编码:050102012。项目名称:铺种草皮。项目特征:台湾草。

2.绿化植物项目的工程量计算

(1)树木的工程量计算。

在园林绿化工程中,一般设计图纸列有绿化植物种类统计表,其工程量可以按表进行统计。如果没有统计表,应直接在设计平面图上,进行逐类统计。

(2)草皮的工程量计算。

草皮按铺种面积以"m^2"计算,如没有列出,应根据图示比例尺进行计算。

3.填写绿化工程"分部分项工程量清单"表

根据上述选定的项目编码、项目名称及《计价规范》规定的"分部分项工程量清单"的格式进行填定,具体如表4-5所示。

表4-5　分部分项工程量清单

工程名称:园林(景观)绿化工程1　　　标段:　　　　第1页　共1页

序号	项目编码	项目名称及特征描述	计量单位	工程量
1	050101006010	整理绿化用地　土壤类别:二类土	m^2	75.0
2	050102001001	栽植乔木　1.乔木种类:南洋杉;2.乔木胸径:5~6 cm	株	2
3	050102001002	栽植乔木　1.乔木种类:尖叶杜英;2.乔木胸径:6~7 cm	株	3
4	050102001003	栽植乔木　1.乔木种类:桂花;2.养护期:1年	株	2
5	050102004001	栽植灌木　1.灌木种类:黄金叶球;2.冠丛高:1.2~1.5 m	株	4
6	050102004002	栽植灌木　1.灌木种类:七彩大红花;2.冠丛高:0.6 m	株	5
7	050102004003	栽植灌木　1.灌木种类:花叶连翘;2.冠丛高:0.3 m	株	382
8	050102004004	栽植灌木　1.灌木种类:红铁;2.冠丛高:0.2 m	株	231
9	050102008001	栽植花卉　1.花卉种类:银边草	株	468
10	050102008002	栽植花卉　1.花卉种类:蔓花生	株	500
11	050102012001	铺种草皮　1.草皮种类:台湾草;2.铺种方式:满铺	m^2	12.0

二、园林绿化工程工程量清单计价

(一)与计价相关说明

(1)注意区分整理绿化用地与平整场地。整理绿化用地指绿化种植工程中绿地整理,而平整场地指园林建筑工程施工场地的平整,二者不得重复计取。

(2)整理绿化用地不包括建筑垃圾及其他障碍物清除,发生应另行计算。

(3)栽植乔木是指挖掘植树土塘、扶正回土、浇水保墒、整形清理等工作内容,根据土球的大小(带土球乔木)或胸径的大小(裸根乔木)选用相应定额子目。土球超过160 cm或胸径超过26 cm的,应另行按实计算。

(4)栽植灌木、藤本类,根据土球的大小(带土球)或冠丛高度(裸根)选用相应定额子目。土球超过180 cm或高度超过250 cm的,应另行按实计算。

(5)起挖或栽植树木均以一、二类土为计算标准,如为三类土,人工乘以系数1.34,四类土人工乘以系数1.76,冻土人工乘以系数2.20。

(6)关于苗木非适宜季节种植,其费用的增加按实结算,也可按绿化种植工程定额费用或按苗木材料为基础,增加一定量的百分比方法计取。

（二）绿化工程工程量清单计价编制实例

【例4-2】 根据例4-1某住宅楼前一区块园林绿化工程的分部分项工程量清单,计算该单位工程费用,编制相关计价表格。植物的价格如表4-6所示,乔木支撑均按毛竹三脚桩。

表4-6　植物价格(市场价)

序号	植物名称	规格(cm)			单位	价格(元)
		胸径	冠幅	高度		
1	南洋杉	5		300	株	320
2	尖叶杜英	6		450	株	480
3	桂花		170	200	株	450
4	黄金叶球		60		株	260
5	七彩大红花		60		株	230
6	花叶连翘			30	株	8
7	红铁			20	株	12
8	银边草			15	株	3
9	蔓花生			10	株	2
10	台湾草				m^2	15

工程排污费为直接工程费(人、材、机)的0.4%,安全生产责任险率为直接工程费(人、材、机)的0.2%,社会保险费为直接工程费(人、材、机)的2.84%,职工教育经费和工会经费按人工费的3.5%计取,住房公积金按人工费的6%计取,销项税额税率为建安造价的9%,附加税费税率为0.36%(计价基础为建安造价与销项税额之和)。管理费费率自行确定为19.9%(计费基础为取费人工费),利润率计取为21.7%(计费基础为取费人工费)。风险费不考虑,其余单价均按定额价取定。

解　(1)“整理绿化用地”的综合单价计算。

查某省消耗量定额,E13-1(人工整理绿化地)10 m^2人工消耗量为0.5日;该省规定当时人工取费基价为60元/日,市场人工工资单价为110元/日,除税市场价为110元/工日。

人工数量:　$(75\div10)\times0.5=3.75$(日)　单价为110元/日

人工费=数量×单价=$(75\div10)\times0.5\times110=412.5$(元)

取费人工费=$(75\div10)\times0.5\times60=225$(元)

材料费=0,机械费=0

直接费=人工费+材料费+机械费=412.5(元)

将以上数值填入表4-7分部分项工程量综合单价计算表中,并进行计算其他项。

管理费=取费人工费×费率=$225\times19.9\%=44.78$(元)

利润=取费人工费×费率=$225\times21.7\%=48.83$(元)

工程排污费 = (直接费 + 管理费 + 利润) × 工程排污费率

= (412.5 + 44.78 + 48.83) × 0.4% = 2.02(元)

职工教育经费和工会经费 = 人工费 × 3.5% = 412.5 × 3.5% = 14.44(元)

住房公积金 = 人工费 × 6% = 412.5 × 6% = 24.75(元)

安全生产责任险 = (直接费 + 管理费 + 利润) × 安全生产责任险率

= (412.5 + 44.78 + 48.83) × 0.2% = 1.01(元)

社会保险费 = (直接费 + 管理费 + 利润) × 社会保险费率

= (412.5 + 44.78 + 48.83) × 2.84% = 14.37(元)

规费 = 工程排污费 + 职工教育经费和工会经费 + 住房公积金 + 安全生产责任险 + 社会保险费

= 2.02 + 14.44 + 24.75 + 1.01 + 14.37 = 56.59(元)

税金包括销项税额和附加税费。销项税额的计算基础为建安造价(直接费 + 费用和利润),费用和利润 = 管理费 + 利润 + 规费。

建安造价 = 直接费 + 管理费 + 利润 + 规费

= 412.5 + 44.78 + 48.83 + 56.59 = 562.7(元)

销项税额 = 建安造价 × 销项税额税率 = 562.7 × 9% = 50.64(元)

附加税费 = (建安造价 + 销项税额) × 附加税费税率

= (562.7 + 50.64) × 0.36% = 2.21(元)

税金 = 销项税额 + 附加税费 = 50.64 + 2.21 = 52.85(元)

直接费 + 管理费 + 利润 + 规费 + 税金

= 412.5 + 44.78 + 48.83 + 56.59 + 52.85

= 615.55(元)

则该清单的综合单价 = 615.55 ÷ 75 = 8.21(元/m^2)。

表 4-7　整理绿化用地清单项目费用计算(综合单价表)

清单编号:050101010001　　单位:m^2

清单名称:整理绿化用地　　数量:75.00　　综合单价:8.21

序号	工程内容	计费基础说明	费率(%)	金额(元)	备注
1	直接费	1.1 + 1.2 + 1.3		412.50	
1.1	人工费			412.50	
1.1.1	其中:取费人工费			225.00	
1.2	材料费				
1.3	机械费				
1.3.1	其中:取费机械费				
2	费用和利润	2.1 + 2.2 + 2.3		150.20	
2.1	管理费	1.1.1 或 1.1.1 + 1.3.1	19.90	44.78	
2.2	利润	1.1.1 或 1.1.1 + 1.3.1	21.70	48.83	

续表 4-7

序号	工程内容	计费基础说明	费率(%)	金额(元)	备注
2.3	规费	2.3.1+2.3.2+2.3.3+2.3.4+2.3.5		56.59	
2.3.1	工程排污费	1+2.1+2.2	0.40	2.02	
2.3.2	职工教育经费和工会经费	1.1	3.50	14.44	
2.3.3	住房公积金	1.1	6.00	24.75	
2.3.4	安全生产责任险	1+2.1+2.2	0.20	1.01	
2.3.5	社会保险费	1+2.1+2.2	2.84	14.37	
3	建安造价	1+2		562.7	
4	销项税额	3	9.00	50.64	
5	附加税费	3+4	0.36	2.21	
合计		3+4+5		615.55	

(2)栽植"南洋杉"的综合单价计算。

栽植南洋杉包括:栽植、支撑、草绳绕树干、养护等工作内容(苗木价指的是到工地价,所以不考虑起挖和运输)。

①栽植:

计算土球直径:南洋杉胸径为5 cm,土球为南洋杉胸径的6~8倍,即土球为40 cm。

套定额E13-64(见第二章表2-2),但在该定额内未包括树木本身的价格,应在材料费中加入树木单价,根据植物价格表,南洋杉320元/株。该省规定当时人工取费基价为60元/日,该定额中,每10株消耗量为:水(0.5 m^3)、人工(1.13工日)、南洋杉(10株)。当时价格情况是:水(市场价4.38元/m^3,进项税税率为9%,除税市场价为4.02元/m^3)、人工(市场价110元/工日,除税市场价为110元/工日)、南洋杉(市场价320元/株,进项税税率为9%,除税市场价为293.58元/株)。栽植数量为2株。

人工数量: $(2\div10)\times1.13=0.226$(日) 单价为110元/日

$$人工费=(2\div10)\times1.13\times110=24.86(元)$$

$$材料费(水)=(2\div10)\times0.5\times4.02=0.402(元)$$

$$材料费(南洋杉)=2\times293.58=587.16(元)$$

$$机械费=0$$

②支撑:

毛竹桩、三脚桩,直接套定额E13-249。该定额中,每10株消耗量为:扎绑绳(5 kg)、竹梢(长1.2 m)(30根)、人工(0.6工日)。当时的价格情况是:扎绑绳(市场价7元/kg,进项税税率为12.95%,除税市场价为6.2元/kg)、竹梢(长1.2 m)(市场价1.1元/根,进项税税率为12.95%,除税市场价为0.97元/根)、人工(市场价110元/工日,除税市场价为110元/工日)。

$$人工费=(2\div10)\times0.6\times110=13.2(元)$$

$$材料费(扎绑绳)=(2\div10)\times5\times6.2=6.2(元)$$

$$材料费(竹梢)=(2\div10)\times30\times0.97=5.82(元)$$
$$机械费=0$$

③草绳绕树干：

根据南洋杉胸径为5 cm，直接套定额E13－223(胸径10 cm以下)。草绳长度按实际以"m"计，估计为2 m/株。在该定额中，每米草绳消耗量为：草绳(2 kg)、人工(0.04 工日)。当时价格情况是：草绳(市场价0.8元/kg，进项税税率为12.95%，除税市场价为0.71元/kg)、人工(市场价110元/工日，除税市场价为110元/工日)。

$$人工费=2\times0.04\times110=8.8(元)$$
$$材料费(草绳)=2\times2\times0.71=2.84(元)$$
$$机械费=0$$

综上3个定额之和，则：

$\sum$ 人工费 $=24.86+13.2+8.8=46.86$(元)

$\sum$ 取费人工费 $=[(2\div10)\times1.13+(2\div10)\times0.6+2\times0.04]\times60=25.56$(元)

$\sum$ 材料费 = 材料费(水) + 材料费(南洋杉) + 材料费(扎绑绳) + 材料费(竹梢) + 材料费(草绳) $=0.402+587.16+6.2+5.82+2.84=602.42$(元)

$\sum$ 机械费 $=0$

将上面的人工费、取费人工费、材料费、机械费填入表4-8中，并依表中的计费基础与费率进行计算，合计为751.61元，数量为2株，则综合单价为375.81元(751.61÷2)。

表4-8　栽植"南洋杉"清单项目费用计算表(综合单价表)

清单编号:050102001001　　　　单位:株

清单名称:栽植乔木南洋杉　　　　数量:2.00　　　　综合单价:375.81

序号	工程内容	计费基础说明	费率(%)	金额(元)	备注
1	直接费	1.1+1.2+1.3		649.28	
1.1	人工费			46.86	
1.1.1	其中:取费人工费			25.56	
1.2	材料费			602.42	
1.3	机械费				
1.3.1	其中:取费机械费				
2	费用和利润	2.1+2.2+2.3		37.79	
2.1	管理费	1.1.1或1.1.1+1.3.1	19.90	5.09	
2.2	利润	1.1.1或1.1.1+1.3.1	21.70	5.55	
2.3	规费	2.3.1+2.3.2+2.3.3+2.3.4+2.3.5		27.15	
2.3.1	工程排污费	1+2.1+2.2	0.40	2.64	

续表 4-8

序号	工程内容	计费基础说明	费率(%)	金额(元)	备注
2.3.2	职工教育经费和工会经费	1.1	3.50	1.64	
2.3.3	住房公积金	1.1	6.00	2.81	
2.3.4	安全生产责任险	1+2.1+2.2	0.20	1.32	
2.3.5	社会保险费	1+2.1+2.2	2.84	18.74	
3	建安造价	1+2		687.07	
4	销项税额	3	9.00	61.84	
5	附加税费	3+4	0.36	2.70	
6	优惠				
合计		3+4+5-6		751.61	

(3)栽植其他苗木的人工费、材料费及综合单价计算方法同上。消耗量和市场价格可按表4-9、表4-10(一般计税法)进行。需要注意的是,在材料费计算时,要使用除税市场价(非表中的合价)。

表 4-9 清单项目人材机用量与单价表(一般计税法)

清单编号:050101010001　　清单名称:整理绿化用地　　单位:m^2　　数量:75

序号	编码	名称(材料、机械规格型号)	单位	数量	基期价(元)	市场价(元)		合价(元)	备注
						含税	除税		
1	00006	综合人工(园林)	工日	3.75	70.00	110.00	110.00	412.50	
累计								412.50	

清单编号:050102001001　　清单名称:栽植乔木南洋杉　　单位:株　　数量:2

序号	编码	名称(材料、机械规格型号)	单位	数量	基期价(元)	市场价(元)		合价(元)	备注
						含税	除税		
1	00006	综合人工(园林)	工日	0.426	70.00	110.00	110.00	46.86	
2	410649	水	m^3	0.10	4.38	4.38	4.02	0.40	
3	ZC1000016~1	乔木南洋杉	株	2.00	320.00	320.00	293.58	587.16	
4	410843	扎绑绳	kg	1.00	7.00	7.00	6.20	6.20	
5	410891	竹梢(长1.2 m)	根	6.00	1.10	1.10	0.97	5.82	
6	410113	草绳	kg	4.00	0.80	0.80	0.71	2.84	
累计								649.28	

续表 4-9

清单编号:050102001002　　清单名称:栽植乔木尖叶杜英　　单位:株　　数量:3

序号	编码	名称(材料、机械规格型号)	单位	数量	基期价(元)	市场价(元)		合价(元)	备注
						含税	除税		
1	00006	综合人工(园林)	工日	0.957	70.00	110.00	110.00	105.27	
2	410649	水	m^3	0.225	4.38	4.38	4.02	0.90	
3	ZC1000016~2	乔木尖叶杜英	株	3.00	480.00	480.00	440.37	1 321.11	
4	410843	扎绑绳	kg	1.50	7.00	7.00	6.20	9.30	
5	410891	竹梢(长 1.2 m)	根	9.00	1.10	1.10	0.97	8.73	
6	410113	草绳	kg	6.00	0.80	0.80	0.71	4.26	
累计								1 449.57	

清单编号:050102001003　　清单名称:栽植乔木桂花　　单位:株　　数量:2

序号	编码	名称(材料、机械规格型号)	单位	数量	基期价(元)	市场价(元)		合价(元)	备注
						含税	除税		
1	00006	综合人工(园林)	工日	0.386	70.00	110.00	110.00	42.46	
2	410649	水	m^3	0.10	4.38	4.38	4.02	0.40	
3	ZC1000016~3	乔木桂花	株	2.00	450.00	450.00	412.84	825.68	
4	410843	扎绑绳	kg	1.00	7.00	7.00	6.20	6.20	
5	410891	竹梢(长 1.2 m)	根	6.00	1.10	1.10	0.97	5.82	
6	410113	草绳	kg	2.00	0.80	0.80	0.71	1.42	
累计								881.98	

清单编号:050102002001　　清单名称:栽植灌木黄金叶球　　单位:株　　数量:4

序号	编码	名称(材料、机械规格型号)	单位	数量	基期价(元)	市场价(元)		合价(元)	备注
						含税	除税		
1	00006	综合人工(园林)	工日	0.284	70.00	110.00	110.00	31.24	
2	410649	水	m^3	0.10	4.38	4.38	4.02	0.40	
3	ZC1000017~1	灌木黄金叶球	株	4.00	260.00	260.00	238.53	954.12	
累计								985.76	

续表 4-9

清单编号:050102002002　清单名称: 栽植灌木七彩大红花　单位:株　数量:5

序号	编码	名称(材料、机械规格型号)	单位	数量	基期价(元)	市场价(元)		合价(元)	备注
						含税	除税		
1	00006	综合人工(园林)	工日	0.355	70.00	110.00	110.00	39.05	
2	410649	水	m^3	0.125	4.38	4.38	4.02	0.50	
3	ZC1000017~2	灌木七彩大红花	株	5.00	230.00	230.00	211.01	1 055.05	
累计								1 094.60	

清单编号:050102002003　清单名称:栽植灌木花叶连翘　单位:株　数量:382

序号	编码	名称(材料、机械规格型号)	单位	数量	基期价(元)	市场价(元)		合价(元)	备注
						含税	除税		
1	00006	综合人工(园林)	工日	6.876	70.00	110.00	110.00	756.36	
2	410649	水	m^3	7.64	4.38	4.38	4.02	30.71	
3	ZC1000017~3	灌木花叶连翘	株	382.00	8.00	8.00	7.34	2 803.88	
累计								3 590.95	

清单编号: 050102002004　清单名称:栽植灌木红铁　单位:株　数量:231

序号	编码	名称(材料、机械规格型号)	单位	数量	基期价(元)	市场价(元)		合价(元)	备注
						含税	除税		
1	00006	综合人工(园林)	工日	4.158	70.00	110.00	110.00	457.38	
2	410649	水	m^3	4.62	4.38	4.38	4.02	18.57	
3	ZC1000017~4	灌木红铁	株	231.00	12.00	12.00	11.01	2 543.31	
累计								3 019.26	

清单编号:050102008001　清单名称:栽植花卉银边草　单位:m^2　数量:7.8

序号	编码	名称(材料、机械规格型号)	单位	数量	基期价(元)	市场价(元)		合价(元)	备注
						含税	除税		
1	00006	综合人工(园林)	工日	2.082 6	70.00	110.00	110.00	229.09	
2	410649	水	m^3	0.195	4.38	4.38	4.02	0.78	
3	Z89061~6	灌木花草银边草	m^2	7.80	180.00	180.00	165.14	1 288.09	
累计								1 517.96	

续表 4-9

清单编号:050102008002 清单名称:栽植花卉蔓花生 单位:m^2 数量:10

序号	编码	名称(材料、机械规格型号)	单位	数量	基期价(元)	市场价(元)		合价(元)	备注
						含税	除税		
1	00006	综合人工(园林)	工日	2.44	70.00	110.00	110.00	268.40	
2	410649	水	m^3	0.25	4.38	4.38	4.02	1.01	
3	Z89061~7	灌木花草蔓花生	m^2	10.00	100.00	100.00	91.74	917.40	
累计								1 186.81	

清单编号:050102012001 清单名称:铺种草皮 单位:m^2 数量:12

序号	编码	名称(材料、机械规格型号)	单位	数量	基期价(元)	市场价(元)		合价(元)	备注
						含税	除税		
1	00006	综合人工(园林)	工日	1.116	70.00	110.00	110.00	122.76	
2	290001	草皮	m^2	12.96	8.00	15.00	13.76	178.33	
3	410649	水	m^3	0.60	4.38	4.38	4.02	2.41	
累计								303.50	

表 4-10 人工、主要材料、机械用量汇总与单价(一般计税法)

序号	编码	名称(材料、机械规格型号)	单位	数量	基期价(元)	市场价(元)		含税合价(元)	进项税率(%)
						含税	除税		
1	00006	综合人工(园林)	工日	22.830 6	70.00	110.00	110.00	2 511.37	
2	290001	草皮	m^2	12.96	8.00	15.00	13.76	194.40	9.00
3	410113	草绳	kg	12.00	0.80	0.80	0.71	9.60	12.95
4	410649	水	m^3	13.955	4.38	4.38	4.02	61.12	9.00
5	410843	扎绑绳	kg	3.50	7.00	7.00	6.20	24.50	12.95
6	410891	竹梢(长 1.2 m)	根	21.00	1.10	1.10	0.97	23.10	12.95
7	Z89061~6	灌木花草银边草	m^2	7.80	180.00	180.00	165.14	1 404.00	9.00
8	Z89061~7	灌木花草蔓花生	m^2	10.00	100.00	100.00	91.74	1 000.00	9.00
9	ZC1000016~1	乔木南洋杉	株	2.00	320.00	320.00	293.58	640.00	9.00
10	ZC1000016~2	乔木尖叶杜英	株	3.00	480.00	480.00	440.37	1 440.00	9.00
11	ZC1000016~3	乔木桂花	株	2.00	450.00	450.00	412.84	900.00	9.00
12	ZC1000017~1	灌木黄金叶球	株	4.00	260.00	260.00	238.53	1 040.00	9.00
13	ZC1000017~2	灌木七彩大红花	株	5.00	230.00	230.00	211.01	1 150.00	9.00
14	ZC1000017~3	灌木花叶连翘	株	382.00	8.00	8.00	7.34	3 056.00	9.00
15	ZC1000017~4	灌木红铁	株	231.00	12.00	12.00	11.01	2 772.00	9.00
合计								16 226.09	

(4)计算单位工程费用。

对于单位工程某住宅楼前绿化,其工程费用可按表4-11依次填入。表4-10中的人工、材料数据,是由表4-9中各清单的人工、材料汇总而成,可以依此表进行计算,如人工共22.830 6工日,除税市场价为110元/工日,则人工费为22.830 6×110=2 511.37(元)。而材料费,可依次将各种材料的数量与相应材料的除税市场价相乘,再求和得到。要注意,是除税市场价,不是含税市场价,即材料费并非表4-10中的16 226.09元。

该项目的总价措施项目费包括安全文明施工费与冬雨季施工增加费,其中安全文明施工费是不可竞争费用,其计算基础为取费人工费,某省的计取标准为10.63%。冬雨季施工增加费可取人、材、机之和的0.16%(或企业自主确定)。

(5)按照当地政策要求,完成其他计价表格的计算与填写。如表4-12单位工程工程量清单与造价表(一般计税法)、表4-13清单项目直接费用预算表(一般计税法)、表4-14分部分项工程量清单综合单价分析表等(这里没有全部罗列)。

表4-11　单位工程费用计算表(一般计税法)

工程名称:某住宅楼前绿化　　　　第1页　共1页

序号	工程内容	计费基础说明	费率(%)	金额(元)	备注
1	直接费	1.1+1.2+1.3		15 092.19	
1.1	人工费			2 511.37	
1.1.1	其中:取费人工费			1 369.84	
1.2	材料费			12 580.82	
1.3	机械费				
2	费用和利润	2.1+2.2+2.3+2.4		1 523.77	
2.1	管理费	1.1.1	19.90	272.59	
2.2	利润	1.1.1	21.70	297.28	
2.3	总价措施项目费			170.67	
2.3.1	其中:安全文明施工费	1.1.1	10.63	145.61	
2.4	规费	2.4.1+2.4.2+2.4.3+2.4.4+2.4.5		783.23	
2.4.1	工程排污费	1+2.1+2.2+2.3	0.40	63.34	
2.4.2	职工教育经费和工会经费	1.1	3.50	87.90	
2.4.3	住房公积金	1.1	6.00	150.68	
2.4.4	安全生产责任险	1+2.1+2.2+2.3	0.20	31.66	
2.4.5	社会保险费	1+2.1+2.2+2.3	2.84	449.65	
3	建安费用	1+2		16 615.96	
4	销项税额	3	9.00	1 495.44	
5	附加税费	3+4	0.36	65.20	
6	其他项目费				
	建安工程造价	3+4+5+6		18 176.60	

注:1.采用一般计税法时,材料、机械台班单价均执行除税单价。

2.建安费用等于直接费+费用和利润。

3.材料(工程设备)暂估价进入直接费与综合单价,此处不重复汇总。

4.社会保险费包括养老保险费、失业保险费、医疗保险费、生育保险费和工伤保险费。

表 4-12　单位工程工程量清单与造价表（一般计税法）

工程名称:楼前绿化　　标段:　　用途:　　第 1 页　共 1 页

序号	项目编码	项目名称	项目特征描述	计量单位	工程量	金额(元)				
						综合单价	合价	其中		
								建安费用	销项税额	附加税费
1	050101010001	整理绿化用地		m^2	75.00	8.207	615.53	562.68	50.64	2.21
2	050102001001	栽植乔木南洋杉	1. 种类:南洋杉 2. 胸径或干径:5 ~6 cm	株	2.00	375.80	751.60	687.07	61.84	2.70
3	050102001002	栽植乔木尖叶杜英	1. 种类:尖叶杜英 2. 胸径或干径:6 ~7 cm	株	3.00	559.415	1 678.25	1 534.15	138.07	6.02
4	050102001003	栽植乔木桂花	1. 种类:桂花 2. 株高、冠径:冠幅 170 cm	株	2.00	506.664	1 013.33	926.32	83.37	3.63
5	050102002001	栽植灌木黄金叶球	1. 种类:黄金叶球 2. 冠丛高:1.2 ~1.5 m	株	4.00	281.678	1 126.71	1 029.97	92.70	4.04
6	050102002002	栽植灌木七彩大红花	1. 种类:七彩大红花 2. 冠丛高:0.6 m	株	5.00	250.538	1 252.69	1 145.13	103.06	4.49
7	050102002003	栽植灌木花叶连翘	1. 种类:花叶连翘 2. 冠丛高:0.3 m	株	382.00	11.351	4 336.08	3 963.78	356.75	15.55
8	050102002004	栽植灌木红铁	1. 种类:红铁 2. 冠丛高:0.2 m	株	231.00	15.504	3 581.42	3 273.92	294.66	12.84
9	050102008001	栽植花卉银边草	1. 花卉种类:银边草	m^2	7.80	230.806	1 800.29	1 645.72	148.11	6.46
10	050102008002	栽植花卉蔓花生	1. 花卉种类:蔓花生	m^2	10.00	143.974	1 439.74	1 316.13	118.45	5.16
11	050102012001	铺种草皮	1. 草皮种类:台湾草 2. 铺种方式:满铺	m^2	12.00	32.309	387.71	354.42	31.90	1.39
累计							17 983.34	16 439.30	1 479.55	64.49

表 4-13　清单项目直接费用预算表(一般计税法)

清单编码	050101010001	名称	整理绿化用地		计量单位	m^2	数量	75.00	直接费用指标	5.50
消耗量标准编号	项目名称	单位	数量	基期价(元)		市场价(元)				
								其中		
				单价	小计	单价	小计	人工费	材料费	机械费
E13－1	整理绿化地	10 m^2	7.50	35.00	262.50	55.00	412.50	412.50		
累计(元)							412.50	412.50		
清单编码	050102001001	名称	栽植乔木南洋杉		计量单位	株	数量	2.00	直接费用指标	324.64
消耗量标准编号	项目名称	单位	数量	基期价(元)		市场价(元)				
								其中		
				单价	小计	单价	小计	人工费	材料费	机械费
E13－64	栽植乔木(带土球)土球直径 40 cm 以内	10 株	0.20	3 281.29	656.26	3 062.11	612.42	24.86	587.56	
E13－249	树木支撑毛竹桩三脚桩	10 株	0.20	110.00	22.00	126.10	25.22	13.20	12.02	
E13－223	草绳绕树干胸径 10 cm 内	m	2.00	4.40	8.80	5.82	11.64	8.80	2.84	
累计(元)							649.28	46.86	602.42	
清单编码	050102001002	名称	栽植乔木尖叶杜英		计量单位	株	数量	3.00	直接费用指标	483.19
消耗量标准编号	项目名称	单位	数量	基期价(元)		市场价(元)				
								其中		
				单价	小计	单价	小计	人工费	材料费	机械费
E13－65	栽植乔木(带土球)土球直径 50 cm 以内	10 株	0.30	4 956.59	1 486.98	4 647.62	1 394.28	72.27	1 322.01	
E13－249	树木支撑毛竹桩三脚桩	10 株	0.30	110.00	33.00	126.10	37.83	19.80	18.03	
E13－223	草绳绕树干胸径 10 cm 内	m	3.00	4.40	13.20	5.82	17.46	13.20	4.26	
累计(元)							1 449.57	105.27	1 344.30	

续表4-13

清单编码	050102001003	名称	栽植乔木桂花		计量单位	株	数量	2.00	直接费用指标	440.99
消耗量标准编号	项目名称	单位	数量	基期价(元)		市场价(元)				
				单价	小计	单价	小计	其中		
								人工费	材料费	机械费
E13－64	栽植乔木(带土球)土球直径40 cm以内	10株	0.20	4 581.29	916.26	4 254.71	850.94	24.86	826.08	
E13－249	树木支撑毛竹桩三脚桩	10株	0.20	110.00	22.00	126.10	25.22	13.20	12.02	
E13－223	草绳绕树干胸径10 cm内	m	1.00	4.40	4.40	5.82	5.82	4.40	1.42	
累计(元)							881.98	42.46	839.52	
清单编码	050102002001	名称	栽植灌木黄金叶球		计量单位	株	数量	4.00	直接费用指标	246.44
消耗量标准编号	项目名称	单位	数量	基期价(元)		市场价(元)				
				单价	小计	单价	小计	其中		
								人工费	材料费	机械费
E13－87	栽植灌木(带土球) 土球直径30 cm以内	10株	0.40	2 650.80	1 060.32	2 464.41	985.76	31.24	954.52	
累计(元)							985.76	31.24	954.52	
清单编码	050102002002	名称	栽植灌木七彩大红花		计量单位	株	数量	5.00	直接费用指标	218.92
消耗量标准编号	项目名称	单位	数量	基期价(元)		市场价(元)				
				单价	小计	单价	小计	其中		
								人工费	材料费	机械费
E13－87	栽植灌木(带土球)土球直径30 cm以内	10株	0.50	2 350.80	1 175.40	2 189.21	1 094.60	39.05	1 055.55	
累计(元)							1 094.60	39.05	1 055.55	

续表 4-13

清单编码	050102002003	名称	栽植灌木花叶连翘		计量单位	株	数量	382.00	直接费用指标	9.40
消耗量标准编号	项目名称	单位	数量	基期价(元)		市场价(元)				
				单价	小计	单价	小计	其中		
								人工费	材料费	机械费
E13-85	栽植灌木(带土球)土球直径10 cm以内	10株	38.20	93.48	3 570.78	94.00	3 590.95	756.36	2 834.59	
累计(元)							3 590.95	756.36	2 834.59	
清单编码	050102002004	名称	栽植灌木红铁		计量单位	株	数量	231.00	直接费用指标	13.07
消耗量标准编号	项目名称	单位	数量	基期价(元)		市场价(元)				
				单价	小计	单价	小计	其中		
								人工费	材料费	机械费
E13-85	栽植灌木(带土球)土球直径10 cm以内	10株	23.10	133.48	3 083.30	130.70	3 019.26	457.38	2 561.88	
累计(元)							3 019.26	457.38	2 561.88	
清单编码	050102008001	名称	栽植花卉银边草		计量单位	m^2	数量	7.80	直接费用指标	194.61
消耗量标准编号	项目名称	单位	数量	基期价(元)		市场价(元)				
				单价	小计	单价	小计	其中		
								人工费	材料费	机械费
E13-138	灌木(花、草)成片栽植每平方米株数以内60	10 m^2	0.78	1 988.00	1 550.64	1 946.11	1 517.96	229.09	1 288.88	
累计(元)							1 517.96	229.09	1 288.88	

续表 4-13

<table>
<tr><td>清单编码</td><td>050102008002</td><td>名称</td><td colspan="2">栽植花卉
蔓花生</td><td>计量单位</td><td>m^2</td><td>数量</td><td>10.00</td><td>直接费用指标</td><td>118.68</td></tr>
<tr><td rowspan="3">消耗量标准编号</td><td rowspan="3">项目名称</td><td rowspan="3">单位</td><td rowspan="3">数量</td><td colspan="2">基期价(元)</td><td colspan="5">市场价(元)</td></tr>
<tr><td rowspan="2">单价</td><td rowspan="2">小计</td><td rowspan="2">单价</td><td rowspan="2">小计</td><td colspan="3">其中</td></tr>
<tr><td>人工费</td><td>材料费</td><td>机械费</td></tr>
<tr><td>E13－137</td><td>灌木(花、草)成片栽植每平方米株数以内50</td><td>10 m^2</td><td>1.00</td><td>1 171.90</td><td>1 171.90</td><td>1 186.81</td><td>1 186.81</td><td>268.40</td><td>918.41</td><td></td></tr>
<tr><td colspan="7">累计(元)</td><td>1 186.81</td><td>268.40</td><td>918.41</td><td></td></tr>
</table>

<table>
<tr><td>清单编码</td><td>050102012001</td><td>名称</td><td colspan="2">铺种草皮</td><td>计量单位</td><td>m^2</td><td>数量</td><td>12.00</td><td>直接费用指标</td><td>25.29</td></tr>
<tr><td rowspan="3">消耗量标准编号</td><td rowspan="3">项目名称</td><td rowspan="3">单位</td><td rowspan="3">数量</td><td colspan="2">基期价(元)</td><td colspan="5">市场价(元)</td></tr>
<tr><td rowspan="2">单价</td><td rowspan="2">小计</td><td rowspan="2">单价</td><td rowspan="2">小计</td><td colspan="3">其中</td></tr>
<tr><td>人工费</td><td>材料费</td><td>机械费</td></tr>
<tr><td>E13－148</td><td>草皮铺种满铺</td><td>10 m^2</td><td>1.20</td><td>153.69</td><td>184.43</td><td>252.92</td><td>303.50</td><td>122.76</td><td>180.74</td><td></td></tr>
<tr><td colspan="7">累计(元)</td><td>303.50</td><td>122.76</td><td>180.74</td><td></td></tr>
</table>

表 4-14　分部分项工程量清单综合单价分析表

清单编码	050102001001	名称	栽植乔木南洋杉							计量单位	株	数量	2	综合单价	375.801	
消耗量标准编号	项目名称	单位	数量	单价(基价表)				单价(市场价)				管理费	利润	规费	税金	合价(元)
				合计	人工费	材料费	机械费	合计	人工费	材料费	机械费	19.90%	21.70%	12.940%	9.360%	
E13－64	栽植乔木(带土球)土球直径 40 cm 以内	10 株	0.20	3 281.29	79.10	2.19		3 062.11	124.30	2 937.81		2.70	2.94	23.62	60.27	701.96
E13－249	树木支撑 毛竹桩 三脚桩	10 株	0.20	110.00	42.00	68.00		126.10	66.00	60.10		1.43	1.56	2.22	2.86	33.30
E13－223	草绳绕树干胸径 10 cm 内	m	2.00	4.40	2.80	1.60		5.82	4.40	1.42		0.96	1.04	1.31	1.40	16.35
人工单价:园林人工单价:110 元/日				累计(元)				3 194.03	194.70	2 999.33		5.09	5.55	27.15	64.53	751.60
材料费明细表	主要材料名称、规格、型号										单位	数量	单价	合价	暂估单价	暂估合价
	乔木南洋杉										株	2	293.58	587.16		
	材料费小计										元	—		301.21		

续表 4-14

清单编码	050101010001	名称	整理绿化用地							计量单位	m²	数量	75	综合单价	8.207	
消耗量标准编号	项目名称	单位	数量	单价(基价表)				单价(市场价)				管理费	利润	规费	税金	合价(元)
				合计	人工费	材料费	机械费	合计	人工费	材料费	机械费	19.90%	21.70%	12.940%	9.360%	
E13－1	整理绿化地	10 m²	7.50	35.00	35.00			55.00	55.00			44.78	48.83	56.60	52.85	615.54
人工单价:园林人工单价:110 元/日				累计(元)				55.00	55.00			44.78	48.83	56.60	52.85	615.54
清单编码	050102002003	名称	栽植灌木花叶连翘							计量单位	株	数量	382	综合单价	11.351	
消耗量标准编号	项目名称	单位	数量	单价(基价表)				单价(市场价)				管理费	利润	规费	税金	合价(元)
				合计	人工费	材料费	机械费	合计	人工费	材料费	机械费	19.90%	21.70%	12.940%	9.360%	
E13－85	栽植灌木(带土球)土球直径 10 cm 以内	10 株	38.20	93.476	12.60	0.876		94.004	19.80	74.204		82.09	89.54	201.28	372.30	4 336.16
人工单价:园林人工单价:110 元/日				累计(元)				94.00	19.80	74.20		82.09	89.54	201.28	372.30	4 336.16
材料费明细表	主要材料名称、规格、型号										单位	数量	单价	合价	暂估单价	暂估合价
	灌木花叶连翘										株	382	7.34	2 803.88		
	材料费小计										元	—		7.42		

第二节　园路、园桥工程计量与计价

园路、园桥工程的清单项目包括两个子分部工程,分别是园路园桥工程、驳岸护岸,每个子分部工程又包括若干分项工程,如图4-3所示。

- 园路、园桥工程
  - 园路园桥工程
    - 园路
    - 踏(蹬)道
    - 路牙铺设
    - 树池围牙、盖板(箅子)
    - 嵌草砖铺装
    - 桥基础
    - 石桥墩、石桥台
    - 拱券石制作、安装
    - 石券脸制作、安装
    - 金刚墙砌筑
    - 石桥面铺筑
    - 石桥面檐板
    - 石汀步(步石、飞石)
    - 木制步桥
    - 栈道
  - 驳岸护岸
    - 石(卵石)砌驳岸
    - 原木桩驳岸
    - 满(散)铺砂卵石护岸(自然护岸)
    - 框格花木护坡

图4-3　园路、园桥、假山工程清单项目的分解结构

一、园路、园桥工程工程量清单编制

(一)园路

1. 有关清单项目名称释义

(1)路牙。指用凿打成长条形的石材、混凝土预制的长条形砌块或砖,铺装在道路边缘,起保护路面的作用。机制标准砖铺装路牙,有立栽和侧栽两种形式。

(2)树池。当在有铺装的地面上栽种树木时,应在树木的周围保留一块没有铺装的土地,通常把它叫树池或树穴。

(3)树池围牙。将预制的混凝土块埋置于树池的边缘,对树池起围护作用,防止人、畜和其他可能的外界因素对花草树木造成伤害的保护性设施。

(4)盖板(箅子)。也称树池透气护栅,指在树池之上装设的防护性覆盖物,其作用是覆盖在树池之上,以保护池内的土壤不被践踏,而保持树穴通气、地面水可以通过其上的贯通的气孔或缝隙流入树池。常用的有铸铁箅子、钢筋混凝土带气孔盖板或木条木板盖板。

(5)嵌草砖。嵌草路面属于透水透气性铺地的一种。有两种类型,一种为在块料路面铺装时,在块料与块料之间,留有空隙,在其间种草,如冰裂纹嵌草路、空心砖纹嵌草路、人字纹嵌草路等;另一种是制作成可以种草的各种纹样的混凝土路面砖。

2. 与园路相关项目工程量计算规则(参考某省规定)

(1)整理路床。按设计图示尺寸计算。

(2)基础垫层。按设计图示尺寸计算。园路垫层缺项可按楼地面工程相应项目执行,人工乘系数1.10。

(3)园路面层。按设计图示尺寸,以"m^2"计算,不包括路牙。

(4)路牙。按设计图示尺寸,以"m"计算。

(5)园路如有坡度,工程量以斜面计算。

(6)路牙铺设如有坡度,工程量按斜长计算。

(7)嵌草砖铺设工程量不扣除漏空部分的面积,如在斜坡上铺设,按斜面积计算。

3. 有关项目特征的说明

(1)"园路"项目路面材料种类有混凝土路面、沥青路面、石材路面、砖砌路面、卵石路面、片石路面、块石路面、碎石路面、瓷片路面等;石材应分块石、石板,砖砌应分平砌、侧砌,卵石应分选石、选色、拼花、不拼花,瓷片应分拼花、不拼花等,这些分类应在工程量清单中进行描述。

(2)树池围牙铺设方式指围牙的平铺、侧铺。

4. 其他相关问题的处理

(1)园路、园桥、驳岸工程等的挖土方、开凿石方、回填等应按《房屋建筑与装饰工程工程量计算规范》(GB 50854—2013)附录A相关项目编码列项。

(2)如遇某些构配件使用钢筋混凝土或金属构件时,应按《房屋建筑与装饰工程工程量计算规范》(GB 50854—2013)或《市政工程工程量计算规范》(GB 50857—2013)相关项目编码列项。

5. 园路工程量清单项目设置(《园林绿化工程工程量计算规范》(GB 50858—2013)附录B.1)

园路工程清单项目及相关内容应按表4-15的规定执行。

表4-15　园路工程清单项目及相关内容(编码:050201)

<table>
<tr><th>项目编码</th><th>项目名称</th><th>项目特征</th><th>计量单位</th><th>工程量计算规则</th><th>工程内容</th></tr>
<tr><td>050201001</td><td>园路</td><td rowspan="2">1. 路床土石类别
2. 垫层厚度、宽度、材料种类
3. 路面厚度、宽度、材料种类
4. 砂浆强度等级</td><td rowspan="2">m^2</td><td>按设计图示尺寸以面积计算,不包括路牙</td><td rowspan="2">1. 园路路基、路床整理
2. 垫层铺筑
3. 路面铺筑
4. 路面养护</td></tr>
<tr><td>050201002</td><td>踏(蹬)道</td><td>按设计图示尺寸以水平投影面积计算,不包括路牙</td></tr>
</table>

续表 4-15

项目编码	项目名称	项目特征	计量单位	工程量计算规则	工程内容
050201003	路牙铺设	1. 垫层厚度、材料种类 2. 路牙材料种类、规格 3. 砂浆强度等级	m	按设计图示尺寸以长度计算	1. 基层清理 2. 垫层铺设 3. 路牙铺设
050201004	树池围牙、盖板(箅子)	1. 围牙材料种类、规格 2. 铺设方式 3. 盖板材料种类、规格	1. m 2. 套	1. 以"m"计量,按设计图示尺寸以长度计算 2. 以"套"计量,按设计图示数量计算	1. 清理基层 2. 围牙、盖板运输 3. 围牙、盖板铺设
050201005	嵌草砖铺装	1. 垫层厚度 2. 铺设方式 3. 嵌草砖品种、规格、颜色 4. 漏空部分填土要求	m^2	按设计图示尺寸以面积计算	1. 原土夯实 2. 垫层铺设 3. 铺砖 4. 填土

6. 园路工程量清单编制实例

【例 4-3】 某休息平台,长 6 000 mm,宽 3 600 mm,具体做法如图 4-4 所示,依《园林绿化工程工程量计算规范》(GB 50858—2013)附录 B(本题可参考表 4-15 园路清单项目及相关内容)计算其项目工程量清单。

解 (1)计算平台工程量如下:

$$铺装面积\ S = 长 \times 宽 = 6 \times 3.6 = 21.6(m^2)$$

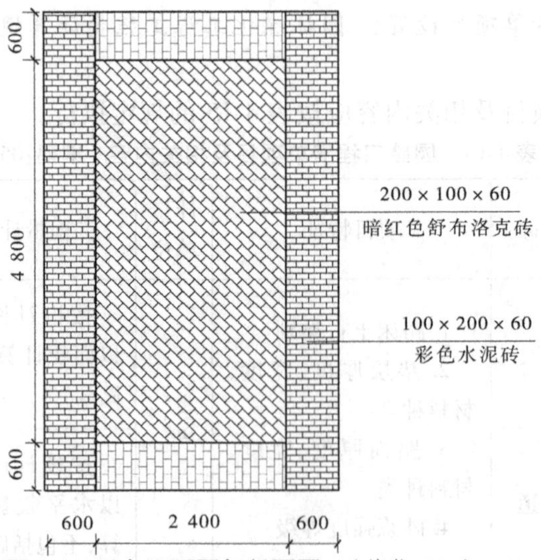

图 4-4 平台平面图与剖面图 (单位:mm)

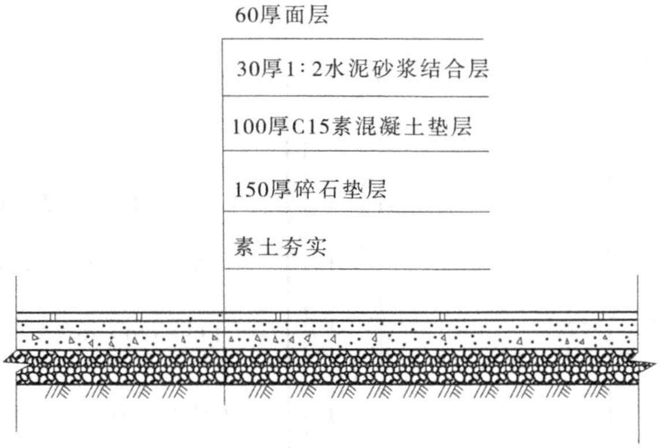

续图 4-4

(2)依《园林绿化工程工程量计算规范》(GB 50858—2013)附录 B.1,项目编码为 050201001,列表 4-16。

表 4-16　分部分项工程量清单

工程名称:某休息平台

序号	项目编码	项目名称	项目特征描述	计量单位	工程量
1	050201001001	平台铺装	200×100×60 厚暗红色舒布洛克砖、100×200×60 厚彩色水泥砖镶边面层;30 厚1∶2水泥砂浆结合层;100 厚 C15 素混凝土垫层;150 厚碎石垫层;素土夯实	m^2	21.6

【例 4-4】　某 2 m 宽的园路,总长为 60 m,具体做法如图 4-5 所示,计算各分项工程量并依《园林绿化工程工程量计算规范》(GB 50858—2013)附录 B 编制其项目清单。

解　(1)计算园路项目工程量清单。

园路面层:　　$S = 60 \times 1.84 = 110.4(m^2)$

路牙铺设:　　$L = 60 \times 2 = 120(m)$

根据以上计算内容,得分部分项工程量清单如表 4-17 所示。

表 4-17　分部分项工程量清单

工程名称:某园路

序号	项目编码	项目名称	项目特征描述	计量单位	工程量
1	050201001001	园路	面层材料为 400×1 100×30 厚青石板,150×250×30、150×120×30 厚浅灰色蘑菇石面料石,30 厚 1∶3水泥砂浆黏结层;100 厚 C15 素混凝土垫层;150 厚碎石垫层;素土夯实	m^2	110.4
2	050201003001	路牙铺设	60 厚 80 宽青石平侧石	m	120

注:路牙铺设垫层利用园路垫层,工程量计入园路中,路牙项目内不计。

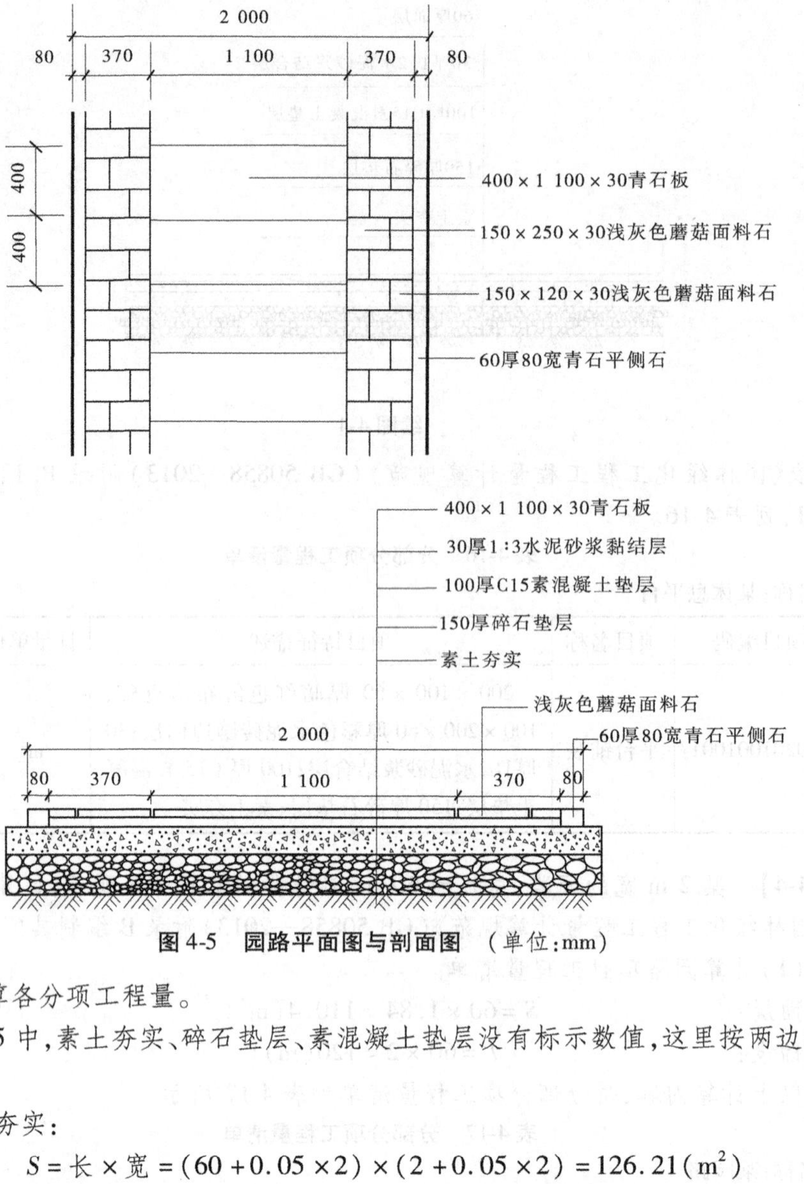

图4-5　园路平面图与剖面图　(单位:mm)

(2)计算各分项工程量。

在图4-5中,素土夯实、碎石垫层、素混凝土垫层没有标示数值,这里按两边各放5 cm进行计算。

①素土夯实:

$$S=长\times宽=(60+0.05\times2)\times(2+0.05\times2)=126.21(m^2)$$

②150厚碎石垫层:

$$V=长\times宽\times厚度=(60+0.05\times2)\times(2+0.05\times2)\times0.15=18.93(m^3)$$

③100厚C15素混凝土垫层:

$$V=长\times宽\times厚度=(60+0.05\times2)\times(2+0.05\times2)\times0.1=12.62(m^3)$$

④400×1 100×30厚青石板面层,30厚1:3水泥砂浆黏结层。

$$S=长\times宽=60\times1.1=66.0(m^2)$$

⑤150×250×30厚浅灰色蘑菇面料石,30厚1:3水泥砂浆黏结层。

$$S=长\times宽=60\times0.25\times2=30(m^2)$$

⑥150×120×30厚浅灰色蘑菇面料石,30厚1:3水泥砂浆黏结层。

$$S = 长 \times 宽 = 60 \times 0.12 \times 2 = 14.4(m^2)$$

⑦60 厚宽青石平侧石：

$$L = 60 \times 2 = 120(m)$$

（二）园桥

1. 有关清单项目名称释义

(1)桥基础。把桥梁自重及作用于桥梁上的各种荷载传至地基的构件。

(2)石桥墩。位于两桥台之间，桥梁的中间部位，支承相邻两跨上部结构的构件。其作用是将上部结构传来的荷载可靠而有效地传给基础。

(3)石桥台。位于桥梁两端，支承桥梁上部结构并和路堤相衔接的构筑物，其功能除传递桥梁上部结构的荷载到基础外，还具有抵挡台后的填土压力、稳定桥头路基、使桥头线路和桥上线路可靠而平稳地连接的作用。

(4)拱券石。即碹石，古代多称券石。石券最外端的一圈旋石叫"旋脸石"，券洞内的叫"内旋石"。主要是加工面的多少不同，旋脸石可雕刻花纹，也可加工成光面。石券正中的一块旋脸石常称为"龙口石"，也有叫"龙门石"；龙口石上若雕凿有兽面者叫"兽面石"。

(5)石券脸。石券最外端的一圈旋石的外面。

(6)金刚墙。指券脚下的垂直承重墙，又称"平水墙"，是一种加固性质的墙。古建筑对凡是看不见的加固墙都称为金刚墙。梢孔(边孔)内侧以内的金刚墙一般做成分水尖形，故称为"分水金刚墙"，梢孔外侧的叫"两边金刚墙"。

(7)石桥面檐板。指钉在石桥面檐口处起封闭作用的板。

(8)木制步桥。指建筑在庭园内、由木材加工制作、主桥孔洞 5 m 以内、供游人通行兼有观赏价值的桥梁。

2. 与园桥相关项目工程量计算规则

(1)桥基础。按设计图示尺寸以"m^3"计算。

(2)桥台、桥墩。按设计图示尺寸以"m^3"计算。

(3)桥面。按设计图示尺寸以"m^2"计算。

(4)护岸。按设计图示尺寸以"m^3"计算。

(5)木制步桥、木栈道。按"m^2"计算。

(6)土石方工程、柱梁板等钢筋混凝土工程、打桩工程等与桥相关的项目可根据其他章节相应计算规则进行计算。

(7)石券脸工程量以面积计算。

3. 有关项目的说明

(1)园桥分为石桥、木桥项目。石桥由石基础、石桥台、石桥墩、石桥面及石栏杆等组成；木桥由木桩基础、木梁、木桥面及木栏杆等组成，如遇某些构配件使用钢筋混凝土或金属构件，按《房屋建筑与装饰工程工程量计算规范》(GB 50854—2013)的有关项目编码列项。

(2)石桥基础类型指矩形、圆形等石砌基础。如采用混凝土基础应按相关项目编码列项。

(3)石桥项目中的勾缝要求同土建工程石墙勾缝(见《房屋建筑与装饰工程工程量计

算规范》(GB 50854—2013))。

(4)石桥项目中构件的雕饰要求,以园林景观工程石浮雕种类划分。

(5)石桥面铺筑,设计规定需做混凝土垫层或回填土时,可按土建工程相关项目编码列项(见《房屋建筑与装饰工程工程量计算规范》(GB 50854—2013))。

(6)“木制步桥”项目中的桥宽度、桥长度均以桥板的铺设宽度与长度为准。

(7)“木制步桥”项目的部件,可分为木桩、木梁、木桥板、木栏杆、木扶手,各部件的规格应在工程量清单中进行描述。

4. 园桥工程量清单项目设置(《园林绿化工程工程量计算规范》(GB 50858—2013)附录 B.1)

园桥工程应按表4-18的规定执行。

表4-18　园桥工程(编码:050201)

项目编码	项目名称	项目特征	计量单位	工程量计算规则	工程内容
050201006	桥基础	1. 基础类型 2. 垫层及基础材料种类、规格 3. 砂浆强度等级	m^3	按设计图示尺寸以体积计算	1. 垫层铺筑 2. 基础砖筑 3. 砌石
050201007	石桥墩、石桥台	1. 石料种类、规格 2. 勾缝要求 3. 混凝土强度等级、配合比			1. 石料加工 2. 起重架搭、拆 3. 墩、台、旋石、旋脸砌筑 4. 勾缝
050201008	拱券石制作、安装	1. 石料种类、规格 2. 旋脸雕刻要求 3. 勾缝要求 4. 混凝土强度等级、配合比			
050201009	石券脸制作、安装		m^2	按设计图示尺寸以面积计算	
			m^2	按设计图示尺寸以面积计算	1. 石料加工 2. 起重架搭、拆 3. 墩、台、旋石、旋脸砌筑 4. 勾缝
050201010	金刚墙砌筑		m^3	按设计图示尺寸以体积计算	1. 石料加工 2. 起重架搭、拆 3. 砌石 4. 填土夯实

续表 4-18

项目编码	项目名称	项目特征	计量单位	工程量计算规则	工程内容
050201011	石桥面铺筑	1. 石料种类、规格 2. 找平层厚度、材料种类 3. 勾缝要求 4. 混凝土强度等级 5. 砂浆强度等级	m^2	按设计图示尺寸以面积计算	1. 石材加工 2. 抹找平层 3. 起重架搭、拆 4. 桥面、桥面踏步铺设 5. 勾缝
050201012	石桥面檐板	1. 石料种类、规格 2. 勾缝要求 3. 混凝土强度等级、配合比			1. 石材加工 2. 檐板铺设 3. 铁锔、银锭安装 4. 勾缝
050201013	石汀步(步石、飞石)	1. 石料种类、规格 2. 混凝土强度等级、配合比	m^3	按设计图示尺寸以体积计算	1. 基层整理 2. 石材加工 3. 砂浆调运 4. 砌石
050201014	木制步桥	1. 桥宽度 2. 桥长度 3. 木材种类 4. 各部件截面长度 5. 防护材料种类	m^2	按设计图示尺寸以桥面板长乘桥面板宽，以面积计算	1. 木桩加工 2. 打木桩基础 3. 木梁、木桥板、木桥栏杆、木扶手制作、安装 4. 连接铁件、螺栓安装 5. 刷防护材料
050201015	栈道	1. 栈道宽度 2. 支架材料种类 3. 面层木材种类 4. 防护材料种类			1. 凿洞 2. 安装支架 3. 铺设面板 4. 刷防护材料

注:1. 园路、园桥工程的挖土方、开凿石方、回填等应按《市政工程工程量计算规范》(GB 50857—2013)相关项目编码列项。

2. 如遇某些构配件使用钢筋混凝土或金属构件,应按《房屋建筑与装饰工程工程量计算规范》(GB 50854—2013)或《市政工程工程量计算规范》(GB 50857—2013)相关项目编码列项。

3. 地伏石、石望柱、石栏杆、石栏板、扶手、撑鼓等应按《仿古建筑工程工程量计算规范》(GB 50855—2013)相关项目编码列项。

4. 亲水(小)码头各分部分项项目按照园桥相应项目编码列项。

5. 台阶项目按《房屋建筑与装饰工程工程量计算规范》(GB 50854—2013)相关项目编码列项。

6. 混合类构件园桥按《房屋建筑与装饰工程工程量计算规范》(GB 50854—2013)或《通用安装工程工程量计算规范》(GB 50856—2013)相关项目编码列项。

5. 园桥工程量清单编制实例

【例 4-5】 某石桥基础的局部示意图如图4-6所示,尺寸在图上已标注,计算其工程量,并按清单计价及相关计算规范要求编制分部分项工程量清单。

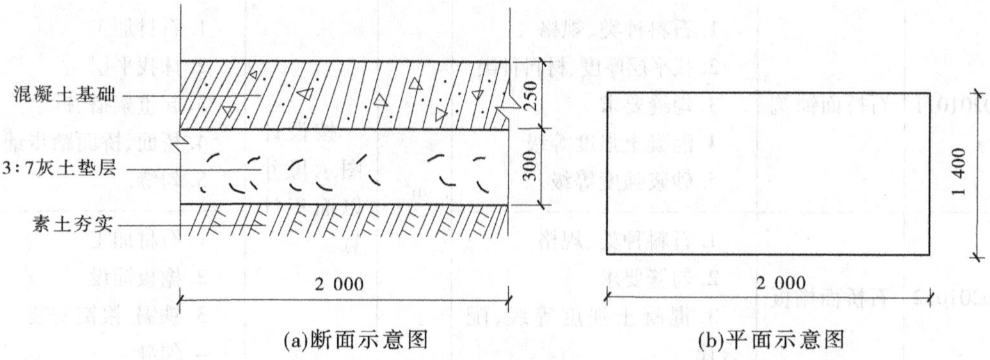

图4-6　石桥基础局部示意图　(单位:mm)

解　工程量计算如下:

(1)整理场地(清单借用建筑装饰工程)。

$$S=2\times1.4=2.8(\mathrm{m}^2)$$

(2)挖土方(清单借用建筑装饰工程)。

$$V=2\times1.4\times(0.3+0.25)=1.54(\mathrm{m}^3)$$

(3)素土夯实。

$$S=长\times宽=2\times1.4=2.8(\mathrm{m}^2)$$

(4)3:7灰土垫层。

$$V=S\times h=2\times1.4\times0.3=0.84(\mathrm{m}^3)$$

(5)混凝土基础。

$$V=S\times h=2\times1.4\times0.25=0.7(\mathrm{m}^3)$$

清单工程量计算见表4-19。

表4-19　分部分项工程量清单

序号	项目编码	项目名称	项目特征	计量单位	工程量
1	010101001001	平整场地	三类土	m^2	2.8
2	010101002001	挖土方	挖土深0.55 m	m^3	1.54
3	050201006001	石桥基础	1. 矩形基础 2. 混凝土25 cm 3. 3:7灰土垫层厚30 cm	m^3	1.54

【例 4-6】 如图4-7所示为一个桥的示意图,各尺寸见图示,求其工程量。

解　清单工程量计算见表4-20。

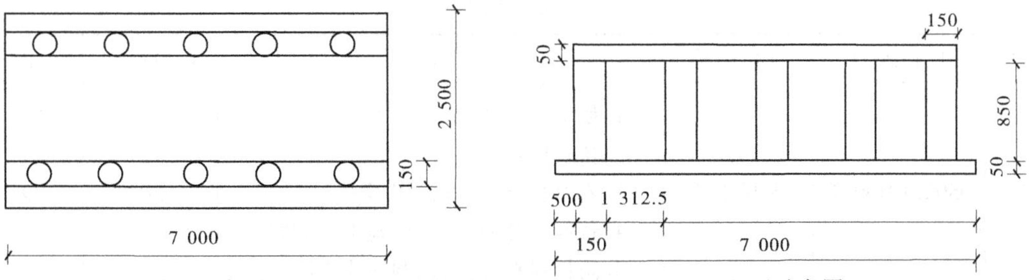

(a)平面示意图　(b)立面示意图

图 4-7　某桥示意图

表 4-20　分部分项工程量清单

序号	项目编码	项目名称	项目特征	计量单位	工程量
1	050201013001	石望柱	柱高 850 mm，截面 *d* 为 150 mm 的圆形	根	10
2	050201014001	栏杆、扶手	栏杆、扶手截面 150 mm × 50 mm	m	14.00

【例 4-7】 某公园施工图显示如下内容，试按清单计价及相关计算规范要求和本地建设工程计价办法的规定编制分部分项工程量清单。

绿地喷灌设施：从供水主管接出分管长度为 43 m、管外径为 32 mm，从分管至喷头支管长度为 54 m、管外径 20 mm，总长共 97 m。喷头采用美国鱼鸟牌旋转喷头 2″共 6 个，低压塑料丝扣阀门 1 个，水表 1 个。分管、支管均采用 PPR 塑料管。挖土深度 0.5 m，土壤类别一类土。

步行木桥：桥面长 6 m、桥面宽 1.5 m、桥板厚 25 mm，满铺平口对缝。采用木桩基础，原木梢径 80 mm、长 5 m，共 16 根。横梁原木梢径 80 mm、长 1.8 m，共 9 根。纵梁原木梢径 100 mm、长 5.6 m，共 5 根。栏杆、栏杆柱、扶手、扫地杆、斜撑 80 mm × 80 mm 采用枋木（刨光），栏杆高 90 mm。全部采用杉木，刷调和漆 3 遍。

解　按规范要求，某公园（部分）分部分项工程量清单见表 4-21。

表 4-21　某公园（部分）分部分项工程量清单

序号	项目编码	项目名称	项目特征	计量单位	工程量
1	050103001001	喷灌管线安装	1. 土壤类别：一类土 2. 管道品种、规格、长度：PPR 塑料管，分管 ϕ 32、43 m；支管 ϕ 20、54 m	m	97
2	050103002001	喷灌配件安装	2″旋转喷头，水表 1 个，低压塑料丝扣阀门 1 个	个	6

续表 4-21

序号	项目编码	项目名称	项目特征	计量单位	工程量
3	050201014001	木制步桥	1. 桥宽度:1.5 m 2. 桥长度:6 m 3. 木材种类:全部采用杉木 4. 各部位截面长度:按施工图的要求 5. 防护材料种类:刷调和漆3遍	m^2	9

(三)驳岸护岸

1. 有关清单项目名称释义

(1)砌石驳岸。指用石块对园林水景岸坡的处理。砌石驳岸是园林工程中最为主要的护岸形式。它主要依靠墙身自重来保证岸壁的稳定,抵抗墙后土壤的压力。驳岸结构由基础、墙身和压顶三部分组成。

(2)原木桩驳岸。指公园、小区、街边绿地等的溪流河边造境驳岸,一般做法是取伐倒木的树干或适用的粗枝,横向截断成规定长度的木桩打成的驳岸。

(3)满(散)铺砂卵石护岸(自然护岸)。是将大量的卵石、砂石等按一定级配与层次堆积散铺于斜坡式岸边,使坡面土壤的密实度增大,抗坍塌的能力也随之增强。在水体岸坡上采用这种护岸方式,在固定坡土上能起一定的作用,还能够使坡面得到很好的绿化和美化。

2. 有关项目特征的说明

(1)"木桩驳岸"项目的桩直径,可以标注梢径,也可用梢径范围(如100~140 mm)描述。

(2)自然护岸如有水泥砂浆黏结卵石要求的,应在工程量清单中进行描述。

3. 驳岸、护岸(《园林绿化工程工程量计算规范》(GB 50858—2013)附录B.2)

驳岸、护岸工程量清单项目设置及工程量计算规则,应按表4-22的规定执行。

表 4-22 驳岸(编码:050202)

项目编码	项目名称	项目特征	计量单位	工程量计算规则	工程内容
050202001	石(卵石)砌驳岸	1. 石料种类、规格 2. 驳岸截面、长度 3. 勾缝要求 4. 砂浆强度等级、配合比	1. m^3 2. t	1. 以"m^3"计量,按设计图示尺寸以体积计算 2. 以"t"计量,按质量计算	1. 石料加工 2. 砌石 3. 勾缝
050202002	原木桩驳岸	1. 木材种类 2. 桩直径 3. 桩单根长度 4. 防护材料种类	1. m 2. 根	1. 以"m"计量,按设计图示桩长(包括桩尖)计算 2. 以"根"计量,按设计图示数量计算	1. 木桩加工 2. 打木桩 3. 刷防护材料

续表 4-22

项目编码	项目名称	项目特征	计量单位	工程量计算规则	工程内容
050202003	满(散)铺砂卵石护岸(自然护岸)	1. 护岸平均宽度 2. 粗细砂比例 3. 卵石粒径	1. m^2 2. t	1. 以"m^2"计量,按设计图示平均护岸宽度乘以护岸长度以面积计算 2. 以"t"计量,按卵石使用质量计算	1. 修边坡 2. 铺卵石、点布大卵石
050202004	点(散)布大卵石	1. 大卵石粒径 2. 数量	1. 块(个) 2. t	1. 以"块(个)"计量,按设计图示面积计算 2. 以"t"计量,按卵石使用质量计算	1. 布石 2. 安砌 3. 成型
050202005	框格花木护坡	1. 护岸平均宽度 2. 护坡材质 3. 框格种类与规格	1. m^2	按设计图示平均护岸宽度乘以护岸长度以面积计算	1. 修边坡 2. 安放框格

注:1. 驳岸工程的挖土方、开凿石方、回填等应按《房屋建筑与装饰工程工程量计算规范》(GB 50854—2013)附录 A 相关项目编码列项。
2. 木桩钎(梅花桩)按原木桩驳岸项目单独编码列项。
3. 钢筋混凝土仿木桩驳岸,其钢筋混凝土及表面装饰按《房屋建筑与装饰工程工程量计算规范》(GB 50854—2013)相关项目编码列项,如表面"塑松皮"按附录 C 园林景观工程相关项目编码列项。
4. 框格花木护坡的铺草皮、撒草籽等应按附录 A 绿化工程相关项目编码列项。

4. 工程量清单编制实例

【例 4-8】 某水体驳岸的局部剖面图如图 4-8 所示,该部分驳岸长 8 m、宽 2 m,求该部分驳岸的工程量。

解 (1)清单工程量。

工程量 = 长 × 宽 × 高 = 8 × 2 × (1.25 + 2.5) = 60.00(m^3)(按设计图示尺寸以体积计算)

清单工程量计算见表 4-23。

表 4-23　某驳岸分部分项工程量清单

序号	项目编码	项目名称	项目特征	计量单位	工程量
1	050202001001	石砌驳岸	驳岸截面 2 m×2.5 m,长 8 m	m^3	60.00

(2)定额工程量。

①平整场地　　S = 长 × 宽 = 8 × 2 = 16.0(m^2)

②挖地坑　　V = 长 × 宽 × 高 = 8 × 2 × (1.25 + 2.5) = 60.00(m^3)

③块石混凝土　　V = 长 × 宽 × 高 = 2 × 8 × 1.25 = 20.00(m^3)

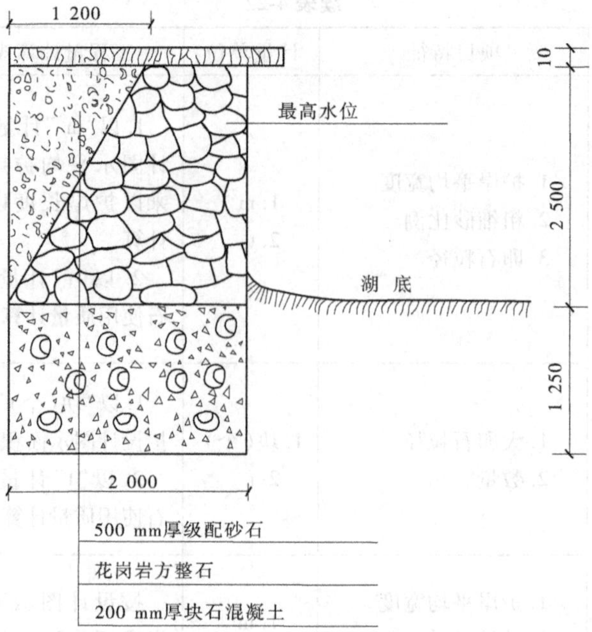

图4-8　某水体驳岸的局部剖面图　(单位:mm)

④花岗岩方整石　从图上可看出,花岗岩方整石构成的表面,呈梯形,所以其体积为:

$$V = S_{梯} \times 长 = 1/2 \times (上底 + 下底) \times 高 \times 长$$
$$= 1/2 \times (2 - 1.2 + 2) \times 2.5 \times 8$$
$$= 31.36(m^3)$$

⑤级配砂石,级配砂石构成的图形是一个三棱柱。

$$V = 底面积 \times 高 = S \times 长 = 1/2 \times 1.2 \times 2.5 \times 8$$
$$= 12(m^3)$$

二、园路、园桥工程工程量清单计价

(一)与计价相关的说明

(1)工程量清单综合单价应包括该清单项目的各项可组合的主要工程内容,例如园路,包括路床整理、垫层铺筑、面层铺装等相应的人工、材料、机械、管理费、利润、风险费、税金等。

(2)在铺砌园路块料面料时,如采用块料面层同样材料做路牙的,其路牙的工程量并入块料面层工程量内计算,不另行套用路牙基价子目。

(3)园路路床整理项目包括厚度在±30 cm以内的挖土、填土、找平、夯实、整理、整修、弃土2 m以外;若场地统一平整已计算,不能重复路床整理项目。

(4)园路项目定额缺项的,可套用其他章相应定额子目,其合计工日乘以系数1.1。

(5)园桥项目定额缺项的,可套用其他章相应定额子目,其合计工日乘以系数1.25。

(6)木园桥中的木桥面板、木柱、木梁、木栏杆均以刨光为准,刨光损耗已包括在基价子目内。基价中的锯材是以自然干燥为准,如要求烘干,其烘干费另行计算。

(7)混凝土园路设置伸缩缝时,预留或切割伸缩缝及嵌缝材料应包括在报价内。

(8)围牙、盖板的制作或购置费应包括在报价内。

(9)嵌草砖的制作或购置费应包括在报价内,嵌草砖漏空部分填土有施肥要求时,也应包括在报价内。

(10)石桥基础在施工时,根据施工方案规定需筑围堰时,筑拆围堰的费用应列在工程量清单措施项目费内。

(11)石桥面铺筑,设计规定需回填土或做垫层时,可将回填土或垫层包括在石桥面铺筑报价内,相关的回填土或混凝土垫层项目不再报价。

(12)凡石构件发生铁扒锔、银锭制作安装时,应包括在报价内。

(二)园路、园桥工程计价编制实例

1.子目换算

在预算定额中由于定额子目的划分,设计标准要求的不同,以及受到定额篇幅的限制,采用预算定额时,有的需要按规定换算。如设计的材料品种规格与定额不同,或是混凝土及砂浆的设计强度等级与定额规定不同,在套用定额时,都需要进行换算。定额项目的换算,就是把定额中规定的内容与设计要求的内容调整到一致的换算过程。

主要有运距的换算、断面的换算、强度等级的换算、厚度的换算等。

子目的换算或定额子目的补充,原则上按"定额三要素"精神执行,不改变其基本工作内容。其价格的取定和计算,必须符合定额管理部门的有关规定。

现针对园路、园桥、假山工程中常用的子目换算做如下说明。

1)强度等级换算

在预算定额中,对混凝土及钢筋混凝土工程的混凝土强度等级,砖石工程的砌筑砂浆强度等级,以及抹灰、楼地面工程的抹灰砂浆强度等级等均列一种强度等级,当与设计强度等级不同时,按定额基价进行换算。

【例4-9】 某省基础垫层铺筑定额见表4-24。求C15(40)园路混凝土垫层基价。

表4-24　某省基础垫层铺筑定额

工作内容:筛土,浇水,拌和,铺设,找平,灌浆,振实,养护　　计量单位:m^3

定额编号		E14-50	E14-51	E14-52	E14-53	E14-54	E14-55
项目		基础垫层 砂	基础垫层 灰土3:7	基础垫层 灰土2:8	基础垫层 煤渣	基础垫层 碎石	基础垫层 混凝土
基价(元)		128.31	197.24	157.35	123.84	172.81	431.76
其中	人工费(元)	35.0	70.0	66.5	25.2	51.1	127.4
	材料费(元)	91.778	124.36	88.1	97.6	119.60	299.26
	机械费(元)	1.53	2.88	2.75	1.04	2.11	5.1

续表4-24

名称		单位	单价(元)	数量					
人工	人工	工日	70.00	0.5	1.0	0.95	0.36	0.73	1.82
材料	水	m^3	4.38	0.3	0.2	0.2	—	—	0.5
	现浇及现场混凝土:砾石最大粒径40 mm C10 水泥32.5	m^3	291.24	—	—	—	—	—	1.02
	碎(砾)石	m^3	108.73	—	—	—	—	1.1	—
	煤渣	m^3	80.0	—	—	—	1.22	—	—
	灰土2:8	m^3	86.36	—	—	1.01	—	—	—
	灰土3:7	m^3	122.26	—	1.01	—	—	—	—
	黄砂	m^3	77.32	1.17	—	—	—	—	—
机械	其他机械	元	1	1.53	2.88	2.75	1.04	2.11	5.1

某地每立方米混凝土(部分)单价:

现浇及现场混凝土:砾石最大粒径40 mm C10 水泥32.5:291.24 元/m^3;

现浇及现场混凝土:砾石最大粒径40 mm C10 水泥42.5:298.34 元/m^3;

现浇及现场混凝土:砾石最大粒径40 mm C15 水泥32.5:308.19 元/m^3;

现浇及现场混凝土:砾石最大粒径40 mm C15 水泥42.5:305.65 元/m^3;

现浇及现场混凝土:砾石最大粒径40 mm C20 水泥32.5:319.11 元/m^3;

现浇及现场混凝土:砾石最大粒径40 mm C20 水泥42.5:319.60 元/m^3。

解 计算如下:

(1)套定额E14-55(见表4-24),基础垫层混凝土的基价为431.76 元/m^3(定额E14-55基础垫层混凝土采用的是:现浇及现场混凝土、砾石最大粒径40 mm C10 水泥32.5)。

(2)混凝土强度等级由原来的C10(40)换算为C15(40),现浇及现场混凝土、砾石最大粒径40 mm C10 水泥32.5 改为:现浇及现场混凝土、砾石最大粒径40 mm C15 水泥32.5。其每立方米混凝土单价增加308.19-291.24=16.95(元)。

(3)每立方米混凝土定额用量为1.02 m^3。

(4)换算后的定额基价为:431.76+16.95×1.02=449.05(元/m^3)。

【例4-10】 求1:3水泥砂浆黏结满铺卵石拼花面基价。

某地水泥砂浆(部分)定额单价:

水泥砂浆 1∶1:406.37 元/m^3;水泥砂浆 1∶1.5:387.26 元/m^3;

水泥砂浆 1∶2:374.40 元/m^3;水泥砂浆 1∶2.5:363.71 元/m^3;

水泥砂浆 1∶3:331.73 元/m^3;水泥砂浆 1∶4:291.95 元/m^3。

解　计算如下:

(1)套定额 E14－56(见第二章表 2-1),基价为 1 352.12 元/10 m^2。

(2)砂浆等级由原来的水泥砂浆 1∶2.5(363.71 元/m^3)换算为水泥砂浆 1∶3(331.73 元/m^3),其每立方米砂浆单价减少 363.71－331.73＝31.98(元)。

(3)每 10 m^2 铺装面层水泥砂浆定额用量为 0.36 m^3。

(4)换算后的定额基价为:1 352.12－31.98×0.36＝1 340.61(元/m^2)。

2)厚度换算

在预算定额中的砂浆结合层、抹灰面层等厚度,是按设计规范中一般常用厚度取定的,为了考虑不同设计厚度,有的定额划分了基本厚度和增加厚度两个子目。

【例 4-11】　30 mm 水泥砂浆 1∶3黏结 30 mm 厚花岗岩板地面,求其定额基价。

解　计算如下:

(1)套定额 BE4－2(见表 4-25),基价为 1 217.44 元/10 m^2(注:该定额包含了 1∶3水泥砂浆消耗量 0.216 m^3)。

(2)30 mm 厚 1∶3水泥砂浆定额消耗量为 0.03×1.02(砂浆损耗率为 2%)×10 m^2＝0.306 m^3/10 m^2。

(3)换算后的定额基价＝原基价＋1∶3水泥砂浆单价×(30 mm 厚的消耗量－定额包含的消耗量)＝1 217.44＋331.73×(0.306－0.216)＝1 247.296 元/10 m^2。

表 4-25　某省块料面层(部分)定额

工作内容:清理底层,调制砂浆。刷素水泥浆,砂浆找平。铺贴结合层及贴块料面层、填缝、养护。

计量单位:10 m^2

定额编号		BE4－2	BE4－3	BE4－4	BE4－5	BE4－6
项目		花岗岩板地面 30 mm	花岗岩板地面 50 mm	石板冰裂纹铺装 密封板厚 40 mm 以内	石板冰裂纹铺装 离缝(10 mm 内)板厚 20 mm 以内	石板冰裂纹铺装 离缝(10 mm 内)板厚 40 mm 以内
基价(元)		1 217.44	1 669.54	2 483.33	1 589.60	2 118.09
其中	人工费(元)	245.7	289.8	1 100.96	635.04	825.72
	材料费(元)	966.65	1 374.65	1 377.28	949.47	1 287.28
	机械费(元)	5.09	5.09	5.09	5.09	5.09

续表 4-25

名称		单位	单价(元)	数量				
人工	人工	工日	70	3.51	4.14	15.728	9.07	11.796
材料	水	m^3	4.38	—	—	0.6	0.3	0.6
	花岗岩整板 20 mm 厚	m^2	65	—	—	—	12.5	—
	花岗岩板 30 mm 厚	m^2	85	10.2	—	—	—	—
	花岗岩整板 40 mm 厚	m^2	90	—	—	13.5	—	12.5
	花岗岩整板 50 mm 厚	m^2	125	—	10.2	—	—	—
	水泥砂浆 1:1	m^3	406.37	0.054	0.054	0.054	0.054	0.054
	水泥砂浆 1:3	m^3	331.73	0.216	0.216	0.216	0.216	0.216
	素水泥浆 1:0.42	m^3	593.91	0.004	0.004	0.004	0.004	0.004
	石料切割锯片	片	12	—	—	5	3	5
	其他材料费	元	1	3.68	3.68	3.68	3.68	0.66
机械	其他机械	元	1	5.09	5.09	5.09	5.09	1.35

园路、园桥、假山项目在设计形式上较多,具体做法也多,在定额套用时,涉及换算的子目也较多。在熟悉定额的基础上,结合工程的实际情况,掌握定额的换算方法,对合理定价、准确计算工程造价会有很大的帮助。

2. 工程量清单计价实例

【例 4-12】 根据例 4-4 的工程量清单(见表 4-17),参照定额,计算该项工程费用,编制相关计价表格。

假定主要材料的价格如表 4-26 所示。人工工资市场价为 110 元/工日,工程排污费为直接费(人、材、机)的 0.4%,安全生产责任险率为直接费(人、材、机)的 0.2%,社会保险费为直接费(人、材、机)的 2.84%,职工教育经费和工会经费按人工费的 3.5% 计取,住房公积金按人工费的 6% 计取,销项税额税率为建安造价的 9%,附加税费税率为 0.36%(计价基础为建安造价与销项税额之和)。管理费率自行确定为 19.9%(计费基础为取费人工费),利润率计取为 21.7%(计费基础为取费人工费)。该项目的总价措施项目费包括安全文明施工费与冬雨季施工增加费,其中安全文明施工费是不可竞争费用,其计算基础为取费人工费,某省的计取标准为 10.63%。冬雨季施工增加费可取人、材、机之和的 0.16%(或企业自主确定)。风险费不考虑,其余单价均按定额价取定。

表 4-26　主要材料价格

序号	材料名称	单位	单价(元)
1	400×1 100×30 厚青石板	m^2	140
2	150×250×30 厚浅灰色蘑菇石面料石	m^2	120
3	150×120×30 厚浅灰色蘑菇石面料石	m^2	120
4	60 厚 80 宽青石平侧石	m	30

解　(1)清单项目与定额匹配、工程量计算。

在例 4-4 中已完成清单列项,之后就需要按照当地政府主管部门发布的消耗量定额规范,来进行清单项目与定额项目的匹配列项,也就是要确定出完成一个清单项需要哪些定额项目才能完成。列项的原则是要结合清单项目中的特征描述,以及施工图纸中的内容来进行。

在清单项目与定额匹配完成后,要根据国家现行规划《园林绿化工程工程量计算规范》(GB 50858—2013)以及其他相关专业工程的计算规范,进行清单工程量计算,并针对套用的当地定额项目的计量规则,计算出相应的定额的工程量。具体如表 4-27 所示。

表 4-27　工程清单与定额项匹配表

序号	项目编码	项目名称	计量单位	工程量	计算式
1	050201001001	园路	m^2	110.40	$60\times1.84=110.4(m^2)$
定额	E14－49	园路土基 整理路床	10 m^2	12.62	$(60+0.05\times2)\times(2+0.05\times2)=126.21(m^2)$
定额	E14－54	基础垫层 碎石	m^3	18.93	$(60+0.05\times2)\times(2+0.05\times2)\times0.15=18.93(m^3)$
定额	E14－55 换	基础垫层 混凝土 C15～ 换:现浇及现场混凝土:砾石最大粒径 40 mm C15 水泥 32.5	m^3	12.62	$(60+0.05\times2)\times(2+0.05\times2)\times0.1=12.62(m^3)$
定额	BE4－2 换	花岗岩地面 厚 30 mm～换:400×1 100×30 厚青石板	10 m^2	6.60	$60\times1.1=66.0(m^2)$
定额	BE4－2 换	花岗岩地面 厚 30 mm～换:150×250×30 厚浅灰色蘑菇石	10 m^2	3.00	$60\times0.25\times2=30(m^2)$
定额	BE4－2 换	花岗岩地面 厚 30 mm～换:150×120×30 厚浅灰色蘑菇石	10 m^2	1.44	$60\times0.12\times2=14.4(m^2)$
2	050201003001	路牙铺设	m	120.00	$L=60\times2=120(m)$
定额	E14－72 换	路牙 立砌机砖 宽 53 mm～ 换:60 厚 80 宽青石路牙	10 m	12.00	同清单工程量

(2)工程量清单文件。

工程量计算之后即可形成相应的工程量清单文件，根据国家规范《计价规范》以及省市计价规则规定的表格形式，填写封面和说明，以及该工程工程量清单文件(此略，可参考本章第三节相关表格)。

(3)投标报价及招标控制价文件。

招标控制价是招标方进行编制的，投标报价是投标方根据该工程的工程量清单，结合企业实际而编制的。

其计算可以依消耗量定额进行，也可以将以上数据录入计价软件进行计算生成相关表格，见表4-28～表4-33(部分表格略)。

表4-28　单位工程费用计算表(投标报价)(一般计税法)

序号	工程内容	计费基础说明	费率(%)	金额(元)	说明
1	直接费	1.1+1.2+1.3		33 532.23	
1.1	人工费			10 029.44	
1.1.1	其中:取费人工费			5 470.60	
1.2	材料费			23 347.79	
1.3	机械费			155.00	
2	费用和利润	2.1+2.2+2.3+2.4		5 121.16	
2.1	管理费	1.1.1	19.90	1 088.65	
2.2	利润	1.1.1	21.70	1 187.12	
2.3	总价措施项目费			638.81	
2.3.1	其中:安全文明施工费	1.1.1	10.63	581.52	
2.4	规费	2.4.1+2.4.2+2.4.3+2.4.4+2.4.5		2 206.58	
2.4.1	工程排污费	1+2.1+2.2+2.3	0.40	145.80	
2.4.2	职工教育经费和工会经费	1.1	3.50	351.03	
2.4.3	住房公积金	1.1	6.00	601.77	
2.4.4	安全生产责任险	1+2.1+2.2+2.3	0.20	72.89	
2.4.5	社会保险费	1+2.1+2.2+2.3	2.84	1 035.09	
3	建安费用	1+2		38 653.439	
4	销项税额	3	9.00	3 478.81	
5	附加税费	3+4	0.36	151.68	
6	其他项目费				
建安工程造价		3+4+5+6		42 283.88	

注:1.采用一般计税法时，材料、机械台班单价均执行除税单价。

2.建安费用等于直接费+费用和利润。

3.材料(工程设备)暂估价进入直接费与综合单价，此处不重复汇总。

4.社会保险费包括养老保险费、失业保险费、医疗保险费、生育保险费和工伤保险费。

表4-29　单位工程工程量清单与造价表(投标报价)(一般计税法)

序号	项目编码	项目名称	项目特征描述	计量单位	工程量	金额(元)				
						综合单价	合价	其中		
								建安费用	销项税额	附加税费
1	050201001001	园路	见表4-17	m^2	110.40	328.579	36 275.12	33 160.53	2 984.46	130.14
	E14－49	园路土基整理路床		10 m^2	12.62	73.866	932.19	852.15	76.69	3.34
	E14－54	基础垫层碎石		m^3	18.93	252.73	4 784.18	4 373.40	393.61	17.17
	E14－55换	基础垫层混凝土 C15～换:现浇及现场混凝土:砾石最大粒径40 mm C15 水泥32.5		m^3	12.62	641.679	8 097.99	7 402.69	666.25	29.05
	BE4－2换	花岗岩地面厚30 mm～换:400 × 1 100 × 30厚青石板		10 m^2	6.60	2 116.698	13 970.21	12 770.73	1 149.36	50.11
	BE4－2换	花岗岩地面厚30 mm～换:150 × 250 × 30厚浅灰色蘑菇石		10 m^2	3.00	1 912.293	5 736.88	5 244.31	471.99	20.58
	BE4－2换	花岗岩地面厚30 mm～换:150 × 120 × 30厚浅灰色蘑菇石		10 m^2	1.44	1 912.29	2 753.70	2 517.27	226.55	9.88
2	050201003001	路牙铺设	见表4-17	m	120.00	44.049	5 285.88	4 832.03	434.89	18.96
	E14－72换	路牙立砌机砖宽53 mm～换:60厚80宽青石路牙		10 m	12.00	440.494	5 285.93	4 832.08	434.89	18.96
累计							41 561.00	37 992.56	3 419.35	149.10

表4-30 清单项目人、材、机用量与单价表(投标报价)(一般计税法)

清单编号:050201001001　　单位:m^2

清单名称:园路　　数量:110.4

序号	编码	名称(材料、机械规格型号)	单位	数量	基期价(元)	市场价(元)		合价(元)	备注
						含税	除税		
1	00006	综合人工(园林)	工日	76.162 3	70.00	110.00	110.00	8 377.85	
2	00006～1	150×120×30厚浅灰色蘑菇石	工日	5.054 4	70.00	110.00	110.00	555.98	
3	040150	碎(砾)石	m^3	20.823	108.73	108.73	104.95	2 185.37	
4	410649	水	m^3	6.31	4.38	4.38	4.02	25.37	
5	P2－43	现浇及现场混凝土:砾石最大粒径40 mm C15水泥32.5	m^3	12.872 4	308.19	308.19	290.40	3 738.14	
6	290127～1	400×1 100×30厚青石板	m^2	67.32	85.00	140.00	123.95	8 344.31	
7	P10－1	水泥砂浆1:1	m^3	0.596 16	406.37	406.37	371.96	221.75	
8	P10－5	水泥砂浆1:3	m^3	2.384 64	331.73	331.73	309.36	737.71	
9	P10－8	素水泥浆1:0.42	m^3	0.044	593.91	593.91	533.04	23.54	
10	410522	其他材料费	元	40.627	1.00	1.00	0.89	36.16	
11	290127～2	150×250×30厚浅灰色蘑菇石	m^2	30.60	85.00	120.00	106.24	3 250.94	
12	290127	花岗岩板30 mm厚	m^2	14.688	85.00	120.00	106.24	1 560.45	
13	411020	机械费	元	160.498	1.00	1.00	0.95	152.47	
		累计						29 210.06	

清单编号:050201003001　　单位:m

清单名称:路牙铺设　　数量:120

序号	编码	名称(材料、机械规格型号)	单位	数量	基期价(元)	市场价(元)		合价(元)	备注
						含税	除税		
1	00006	综合人工(园林)	工日	9.96	70.00	110.00	110.00	1 095.60	
2	410592	石灰	kg	11.832	0.38	0.38	0.34	4.02	
3	040018～2	60厚80宽青石路牙	m	120.00	41.00	30.00	26.56	3 187.20	
4	410649	水	m^3	0.168	4.38	4.38	4.02	0.68	
5	P9－12	水泥砂浆(水泥32.5级)强度等级M5	m^3	0.132	258.88	258.88	243.59	32.15	
6	411020	机械费	元	2.64	1.00	1.00	0.95	2.51	
		累计						4 322.16	

表 4-31　"园路"清单项目费用计算表(综合单价表)(一般计税法)

清单编号:050201001001　　单位:m^2

清单名称:园路　　数量:110.40　　综合单价:328.58 元

序号	工程内容	计费基础说明	费率(%)	金额(元)	备注
1	直接费	1.1+1.2+1.3		29 210.08	
1.1	人工费			8 933.84	
1.1.1	其中:取费人工费			4 873.00	
1.2	材料费			20 123.75	
1.3	机械费			152.49	
1.3.1	其中:取费机械费				
2	费用和利润	2.1+2.2+2.3		3 950.44	
2.1	管理费	1.1.1 或 1.1.1+1.3.1	19.90	969.73	
2.2	利润	1.1.1 或 1.1.1+1.3.1	21.70	1 057.44	
2.3	规费	2.3.1+2.3.2+2.3.3+2.3.4+2.3.5		1 923.27	
2.3.1	工程排污费	1+2.1+2.2	0.40	124.95	
2.3.2	职工教育经费和工会经费	1.1	3.50	312.71	
2.3.3	住房公积金	1.1	6.00	536.03	
2.3.4	安全生产责任险	1+2.1+2.2	0.20	62.47	
2.3.5	社会保险费	1+2.1+2.2	2.84	887.14	
3	建安造价	1+2		33 160.52	
4	销项税额	3	9.00	2 984.45	
5	附加税费	3+4	0.36	130.12	
合计		3+4+5		36 275.09	

注:1. 材料费,可依次将各种材料的数量与相应材料的除税市场价相乘,再求和得到。要注意,是除税市场价,不是含税市场价。

2. 其他清单项目的综合单价计算表略。

表4-32 人工、主要材料(工程设备)、机械用量汇总与单价表(一般计税法)

序号	编码	名称(材料、机械规格型号)	单位	数量	基期价(元)	市场价(元)		含税合价(元)	备注
						含税	除税		
1	00006	综合人工(园林)	工日	86.122 3	70.00	110.00	110.00	9 473.45	
2	00006~1	150×120×30厚浅灰色蘑菇石	工日	5.054 4	70.00	110.00	110.00	555.98	
3	040018~2	60厚80宽青石路牙	m	120.00	41.00	30.00	26.56	3 600.00	
4	040031	粗净砂	m^3	3.362	140.41	140.41	135.53	472.11	
5	040086	砾石 40 mm	m^3	11.07	148.75	148.75	143.58	1 646.70	
6	040139	水泥32.5级	kg	4 951.065	0.39	0.39	0.35	1 930.92	
7	040150	碎(砾)石	m^3	20.823	108.73	108.73	104.95	2 264.08	
8	040204	中净砂	m^3	7.765	128.51	128.51	124.04	997.88	
9	290127	花岗岩板30 mm厚	m^2	14.688	85.00	120.00	106.24	1 762.56	
10	290127~1	400×1 100×30厚青石板	m^2	67.32	85.00	140.00	123.95	9 424.80	
11	290127~2	150×250×30厚浅灰色蘑菇石	m^2	30.60	85.00	120.00	106.24	3 672.00	
12	410522	其他材料费	元	40.627	1.00	1.00	0.89	40.63	
13	410592	石灰	kg	11.832	0.38	0.38	0.34	4.50	
14	410649	水	m^3	9.498	4.38	4.38	4.02	41.60	
		合计						35 887.21	

注:1. 招标控制价、投标报价、竣工结算通用表。
2. 单位工程、单项工程、建设项目通用表。
3. 采用一般计税法时,市场价含税、除税栏均需填写;采用简易计税法时,市场价填写含税栏。
4. 本表合价栏按市场含税价填报;合价等于市场价(含税)×数量。
5. 发包人提供材料和工程设备及承包人提供材料和工程设备均按含税单价填报。

表4-33 总价措施项目清单计费表

序号	项目编码	项目名称	计算基础	费率(%)	金额(元)	备注
1		安全文明施工费	取费人工费	10.63	581.52	
2		冬雨季施工增加费	人、材、机或自定	0.16	57.29	
					638.81	

【例4-13】 根据表4-34所示工程量清单,假定主要材料价格按表4-35所示,其他按

定额取定，取费参考例4-12。请编制其工程量清单与计价表。

表4-34　分部分项工程量清单

工程名称：×××小游园

序号	项目编码	项目名称	项目特征描述	计量单位	工程量
1	050201001001	花岗石铺装	600×300×30虾红花岗石面层，30厚1∶3水泥砂浆黏结层，100厚C15素混凝土垫层，150厚碎石垫层，素土夯实	m^2	580
2	050201005001	嵌草砖铺装	250×250×40黄色嵌草砖面层，50厚黄砂层，150厚碎石垫层，素土夯实	m^2	150
3	050201003001	路牙铺设	100×300×800芝麻白花岗石，水泥砂浆1∶2黏结	m	220
4	050301005001	景石点置	黄石，长度为1 000～1 500 mm，宽300～800 mm，高为800～1 000 mm	块	3

表4-35　主要材料价格表

序号	材料名称	计量单位	价格(元)
1	600×300×30虾红花岗石	m^2	130
2	250×250×40黄色嵌草砖	m^2	55
3	100×300×800芝麻白花岗石路牙	m	105
4	黄石景石	t	500
5	32.5水泥	t	420

解　(1)清单项目与定额匹配、工程量计算。

工程量清单与定额项匹配具体见表4-36。

表4-36　工程量清单与定额项匹配

序号	项目编码	项目名称	计量单位	工程量	计算式
1	050201001001	园路－花岗石铺装	m^2	580.00	已知
定额	E14－49	园路土基 整理路床	10 m^2	58.00	同清单一致
	E14－54	基础垫层 碎石	m^3	87.00	$580\times0.15=87(m^3)$
	E14－55换	基础垫层 混凝土 C15～换：现浇及现场混凝土：砾石最大粒径40 mm C15 水泥32.5	m^3	58.00	$580\times0.1=58(m^3)$
	BE4－2	花岗岩地面 厚30 mm	10 m^2	58.00	同清单一致

续表 4-36

序号	项目编码	项目名称	计量单位	工程量	计算式
2	050201005001	嵌草砖(格)铺装	m^2	150.00	已知
定额	E1-60	原土打夯 地面	10 m^2	15.00	同清单一致
	E14-54	基础垫层 碎石	m^3	22.50	$150\times0.15=22.5(m^3)$
	E14-64	预制 混凝土草坪砖 厚6 cm以内	10 m^2	15.00	同清单一致
3	050201003001	路牙铺设	m	220.00	已知
定额	E14-55	基础垫层 混凝土 C15	m^3	2.20	$220\times0.1\times0.1=2.2(m^3)$
	E14-72	路牙 立砌机砖 宽53 mm 换 100×300×800芝麻白花岗石	10 m	22.00	同清单一致
4	050301005001	点风景石	块	3.00	已知
定额	E14-17 换	布置景石 1~5 t~ 换:景石-黄石	t	4.83	$1.25\times0.55\times0.9\times2.6=1.61$(t/块) $1.61\times3=4.83$ (t)

注:景石质量取中间尺寸计算,黄石密度以2.6 t/m^3计。

(2)工程量清单文件。(略)

(3)定额换算(价格换算)。

①花岗岩面层部分。

在表4-25所示定额BE4-2中用到的水泥砂浆有水泥砂浆1:1、水泥砂浆1:3、素水泥浆1:0.42三种,本例提供32.5水泥的市场价格是0.42元/kg,而定额中是0.39元/kg,则单价相应变化(其余按定额价,粗净砂140.41元/m^3、水4.38元/m^3),根据其砂浆配合比(见表4-37)计算如下:

表4-37　砂浆配合比

项目	水泥砂浆1:1	水泥砂浆1:3	素水泥浆1:0.42
粗净砂(m^3)	0.76	1.22	—
水(m^3)	0.3	0.3	0.52
32.5水泥(kg)	765	408	1 517

水泥砂浆1:1单价:

765×0.42(水泥)$+0.76\times140.41$(砂)$+0.3\times4.38$(水)$=429.326$(元/m^3)

水泥砂浆1:3单价:

408×0.42(水泥)$+1.22\times140.41$(砂)$+0.3\times4.38$(水)$=343.974$(元/m^3)

素水泥浆1:0.42单价:

$1\,517\times0.42$(水泥)$+0.52\times4.38$(水)$=639.42$(元/m^3)

查定额,某地水泥砂浆(部分)定额单价分别为:水泥砂浆1:1为406.374元/m^3、水泥砂浆 1:3 为 331.73 元/m^3、素水泥浆 1:0.42 为 593.91 元/m^3。

②100 厚 C15 素混凝土垫层部分。

套定额 E14 -55 定额子目基础垫层混凝土(见表 4-24)。此定额为 C10 素混凝土垫层,故要进行换算。本例提供 32.5 水泥的市场价格(0.42 元/kg),则单价相应变化(其余按定额价,砾石 40 mm 148.75 元/m^3、中净砂 128.51 元/m^3、水 4.38 元/m^3),见表 4-38。

表 4-38 砂浆配合比

项目	现浇及现场混凝土:砾石最大粒径 40 mm C10 水泥 32.5	现浇及现场混凝土:砾石最大粒径 40 mm C15 水泥 32.5
32.5 水泥(kg)	217	266
砾石 40 mm(m^3)	0.84	0.86
中净砂(m^3)	0.63	0.59
水(m^3)	0.16	0.16

现浇及现场混凝土:砾石最大粒径 40 mm C10 水泥 32.5 单价计算为

217 ×0.42(水泥) +0.84 ×148.75(砾石) +0.63 ×128.51(中净砂) +0.16 ×4.38(水) =297.75(元/m^3)

现浇及现场混凝土:砾石最大粒径 40 mm C15 水泥 32.5 单价计算为

266 ×0.42(水泥) +0.86 ×148.75(砾石) +0.59 ×128.51(中净砂) +0.16 ×4.38(水) =316.167(元/m^3)

查定额,某地现浇及现场混凝土(部分)定额单价分别为:现浇及现场混凝土:砾石最大粒径 40 mm C10 水泥 32.5 为 291.24 元/m^3;现浇及现场混凝土:砾石最大粒径 40 mm C15 水泥 32.5 为 308.19 元/m^3。

(4)投标报价及招标控制价文件。

上述定额换算结果是计算子目价格的依据,其余的按定额中的消耗量与价格计算各子目价格,再依次计算清单造价,汇总计算出单位工程造价,也可将数据填入计价软件进行计算。

相应计价表格见表 4-39 ~ 表 4-43(部分表格略)。

表 4-39 单位工程费用计算表(投标报价)(一般计税法)

工程名称:某小游园　　标段:　　单位工程名称:小游园项目工程　　第 1 页　共 1 页

序号	工程内容	计费基础说明	费率(%)	金额(元)	说明
1	直接费	1.1 +1.2 +1.3		191 107.25	
1.1	人工费			54 038.82	
1.1.1	其中:取费人工费			29 475.72	
1.2	材料费			135 455.13	
1.3	机械费			1 613.30	
2	费用和利润	2.1 +2.2 +2.3 +2.4		27 969.26	
2.1	管理费	1.1.1	19.90	5 865.67	
2.2	利润	1.1.1	21.70	6 396.23	

续表 4-39

序号	工程内容	计费基础说明	费率(%)	金额(元)	说明
2.3	总价措施项目费			3 458.66	
2.3.1	其中:安全文明施工费	1.1.1	10.63	3 133.27	
2.4	规费	2.4.1 +2.4.2 +2.4.3 +2.4.4 +2.4.5		122 48.70	
2.4.1	工程排污费	1 +2.1 +2.2 +2.3	0.40	827.31	
2.4.2	职工教育经费和工会经费	1.1	3.50	1 891.49	
2.4.3	住房公积金	1.1	6.00	3 242.33	
2.4.4	安全生产责任险	1 +2.1 +2.2 +2.3	0.20	413.66	
2.4.5	社会保险费	1 +2.1 +2.2 +2.3	2.84	5 873.91	
3	建安费用	1 +2		219 076.51	
4	销项税额	3	9.00	19 716.89	
5	附加税费	3 +4	0.36	859.66	
6	其他项目费				
建安工程造价		3 +4 +5 +6		239 653.06	

注:1. 采用一般计税法时,材料、机械台班单价均执行除税单价。

2. 建安费用等于直接费 + 费用和利润。

3. 材料(工程设备)暂估价进入直接费用与综合单价,此处不重复汇总。

4. 社会保险费包括养老保险费、失业保险费、医疗保险费、生育保险费和工伤保险费。

表 4-40 清单项目人材机用量与单价表(投标报价)(一般计税法)

清单编号:050201001001　　单位:m^2

清单名称:园路 – 花岗石铺装　　数量:580

序号	编码	名称(材料、机械规格型号)	单位	数量	基期价(元)	市场价(元)		合价(元)	说明
						含税	除税		
1	00006	综合人工(园林)	工日	398.75	70.00	110.00	110.00	43 862.50	
2	040150	碎(砾)石	m^3	95.70	108.73	108.73	104.95	10 043.72	
3	410649	水	m^3	29.00	4.38	4.38	4.02	116.58	
4	P2 – 43	现浇及现场混凝土:砾石最大粒径 40 mm C15 水泥 32.5	m^3	59.16	308.19	316.17	295.72	17 494.80	
5	290127	花岗岩板 30 mm 厚	m^2	591.60	85.00	130.00	115.10	68 093.16	
6	P10 – 1	水泥砂浆 1:1	m^3	3.132	406.37	429.32	387.26	1 212.90	

续表 4-40

序号	编码	名称(材料、机械规格型号)	单位	数量	基期价(元)	市场价(元)		合价(元)	说明
						含税	除税		
7	P10－5	水泥砂浆 1:3	m^3	12.528	331.73	343.97	317.52	3 977.89	
8	P10－8	素水泥浆 1:0.42	m^3	0.232	593.91	639.42	563.38	130.70	
9	410522	其他材料费	元	213.44	1.00	1.00	0.89	189.96	
10	411020	机械费	元	774.59	1.00	1.00	0.95	735.86	
		累计						145 858.07	

清单编号:050201005001　　单位:m^2

清单名称:嵌草砖(格)铺装　　数量:150

序号	编码	名称(材料、机械规格型号)	单位	数量	基期价(元)	市场价(元)		合价(元)	说明
						含税	除税		
1	00006	综合人工(园林)	工日	55.275	70.00	110.00	110.00	6 080.25	
2	040150	碎(砾)石	m^3	24.75	108.73	108.73	104.95	2 597.51	
3	040069	黄砂	m^3	8.655	77.32	77.32	74.63	645.92	
4	410833	预制草坪砖	m^2	153.00	30.00	55.00	48.69	7 449.57	
5	410649	水	m^3	1.05	4.38	4.38	4.02	4.22	
6	410522	其他材料费	元	27.00	1.00	1.00	0.89	24.03	
7	411020	机械费	元	56.325	1.00	1.00	0.95	53.51	
		累计						16 855.01	

清单编号:050201003001　　单位:m

清单名称:路牙铺设　　数量:220

序号	编码	名称(材料、机械规格型号)	单位	数量	基期价(元)	市场价(元)		合价(元)	说明
						含税	除税		
1	00006	综合人工(园林)	工日	22.264	70.00	110.00	110.00	2 449.04	
2	410649	水	m^3	1.408	4.38	4.38	4.02	5.66	
3	P2－41	现浇及现场混凝土:砾石最大粒径 40 mm C10 水泥 32.5	m^3	2.244	291.24	297.75	279.69	627.62	
4	410592	石灰	kg	21.692	0.38	0.38	0.34	7.38	
5	040018～2	100×300×800 芝麻白花岗石	m	220.00	41.00	105.00	92.96	20 451.20	

续表 4-40

序号	编码	名称(材料、机械规格型号)	单位	数量	基期价(元)	市场价(元)		合价(元)	说明
						含税	除税		
6	P9－12	水泥砂浆(水泥32.5级)强度等级M5	m^3	0.242	258.88	265.93	248.29	60.09	
7	411020	机械费	元	16.06	1.00	1.00	0.95	15.26	
本页合计								23 616.24	
累计								23 616.24	

清单编号:050301005001　　单位:块

清单名称:点风景石　　数量:3

序号	编码	名称(材料、机械规格型号)	单位	数量	基期价(元)	市场价(元)		合价(元)	说明
						含税	除税		
1	00006	综合人工(园林)	工日	14.973	70.00	110.00	110.00	1 647.03	
2	290007～1	景石－黄石	t	4.83	300.00	500.00	442.67	2 138.10	
3	410714	铁件(套筒)	kg	12.075	8.15	8.15	7.22	87.18	
4	410522	其他材料费	元	14.587	1.00	1.00	0.89	12.98	
5	P10－4	水泥砂浆1:2.5	m^3	0.242	363.71	378.41	347.86	84.01	
6	411020	机械费	元	851.143	1.00	1.00	0.95	808.59	
本页合计								4 777.88	
累计								4 777.88	

表4-41 "园路－花岗石铺装"清单项目费用计算表(综合单价表)(一般计税法)

清单编号:050201001001　　单位:m^2

清单名称:园路－花岗石铺装　　数量:580.00　　综合单价:311.84元

序号	工程内容	计费基础说明	费率(%)	金额(元)	说明
1	直接费	1.1+1.2+1.3		145 858.11	
1.1	人工费			43 862.50	
1.1.1	其中:取费人工费			23 925.00	
1.2	材料费			101 259.68	
1.3	机械费			735.93	
1.3.1	其中:取费机械费				
2	费用和利润	2.1+2.2+2.3		19 479.64	
2.1	管理费	1.1.1或1.1.1+1.3.1	19.90	4 761.08	

续表 4-41

序号	工程内容	计费基础说明	费率(%)	金额(元)	说明
2.2	利润	1.1.1 或 1.1.1 + 1.3.1	21.70	5 191.73	
2.3	规费	2.3.1 + 2.3.2 + 2.3.3 + 2.3.4 + 2.3.5		9 526.83	
2.3.1	工程排污费	1 + 2.1 + 2.2	0.40	623.24	
2.3.2	职工教育经费和工会经费	1.1	3.50	1 535.19	
2.3.3	住房公积金	1.1	6.00	2 631.75	
2.3.4	安全生产责任险	1 + 2.1 + 2.2	0.20	311.62	
2.3.5	社会保险费	1 + 2.1 + 2.2	2.84	4 425.03	
3	建安造价	1 + 2		165 337.75	
4	销项税额	3	9.00	14 880.40	
5	附加税费	3 + 4	0.36	648.79	
合计		3 + 4 + 5		180 866.94	

注:其他清单的综合单价计算略。

表 4-42　人工、主要材料(工程设备)、机械用量汇总与单价表(一般计税法)

序号	编码	名称(材料、机械规格型号)	单位	数量	基期价(元)	市场价(元)		含税合价(元)	说明
						含税	除税		
1	00006	综合人工(园林)	工日	491.262	70.00	110.00	110.00	54 038.82	
2	040018 ~ 2	100 × 300 × 800 芝麻白花岗石	m	220.00	41.00	105.00	92.96	23 100.00	
3	040031	粗净砂	m^3	17.959	140.41	140.41	135.53	2 521.64	
4	040069	黄砂	m^3	8.655	77.32	77.32	74.63	669.20	
5	040086	砾石 40 mm	m^3	52.763	148.75	148.75	143.58	7 848.43	
6	040139	水泥 32.5 级	kg	24 258.06	0.39	0.42	0.37	10 188.39	
7	040150	碎(砾)石	m^3	120.45	108.73	108.73	104.95	13 096.53	
8	040204	中净砂	m^3	36.63	128.51	128.51	124.04	4 707.36	
9	290007 ~ 1	景石 - 黄石	t	4.83	300.00	500.00	442.67	2 415.00	
10	290127	花岗岩板 30 mm 厚	m^2	591.60	85.00	130.00	115.10	76 908.00	
11	410522	其他材料费	元	255.027	1.00	1.00	0.89	255.03	
12	410592	石灰	kg	21.692	0.38	0.38	0.34	8.24	
13	410649	水	m^3	46.254	4.38	4.38	4.02	202.59	
14	410714	铁件(套筒)	kg	12.075	8.15	8.15	7.22	98.41	
15	410833	预制草坪砖	m^2	153.00	30.00	55.00	48.69	8 415.00	
本页小计								204 472.64	
合计								204 472.64	

表 4-43　单位工程工程量清单与造价表(投标报价)(一般计税法)

工程名称:小游园项目　　　　标段:　　　　第1页　共1页

序号	项目编码	项目名称	项目特征描述	计量单位	工程量	金额(元)				
						综合单价	合价	其中		
								建安费用	销项税额	附加税费
1	050201001001	园路-花岗石铺装	见表 4-34	m^2	580.00	311.84	180 867.20	165 337.93	14 880.45	648.82
	E14-49	园路土基 整理路床		10 m^2	58.00	73.866	4 284.23	3 916.39	352.47	15.37
	E14-54	基础垫层 碎石		m^3	87.00	252.73	21 987.51	20 099.61	1 808.99	78.91
	E14-55 换	基础垫层混凝土 C15～ 换:现浇及现场混凝土:砾石最大粒径 40 mm C15 水泥 32.5		m^3	58.00	647.818	37 573.44	34 347.37	3 091.28	134.79
	BE4-2	花岗岩地面 厚 30 mm		10 m^2	58.00	2 017.619	117 021.90	106 974.45	9 627.71	419.75
2	050201005001	嵌草砖(格)铺装	见表 4-34	m^2	150.00	141.77	21 265.50	19 439.64	1 749.58	76.28
	E1-60	原土打夯 地面		10 m^2	15.00	15.409	231.14	211.29	19.02	0.83
	E14-54	基础垫层 碎石		m^3	22.50	252.73	5 686.43	5 198.18	467.84	20.41
	E14-64	预制混凝土草坪砖 厚 6 cm 以内		10 m^2	15.00	1 023.196	15 347.94	14 030.18	1 262.72	55.05
3	050201003001	路牙铺设	见表 4-34	m	220.00	125.484	27 606.48	25 236.22	2 271.25	99.02
	E14-55	基础垫层混凝土 C15		m^3	2.20	629.32	1 384.50	1 265.63	113.91	4.97
	E14-72	路牙 立砌机砖 宽 53 mm		10 m	22.00	1 191.905	26 221.91	23 970.52	2 157.34	94.05
4	050301005001	点风景石	见表 4-34	块	3.00	2 000.163	6 000.49	5 485.29	493.67	21.52
	E14-17 换	布置景石 1～5 t～ 换:景石-黄石		t	4.83	1 242.337	6 000.49	5 485.29	493.67	21.52
累计							235 739.67	215 499.08	19 394.95	845.64

第三节　园林景观工程计量与计价

园林景观工程的清单项目包括七个子分部工程，分别是堆塑假山、原木竹构件、亭廊屋面、花架、园林桌椅、喷泉安装、杂项，每个子分部工程又包括若干分项工程，如图4-9所示。

- 园林景观工程
  - 堆塑假山
    - 堆筑土山丘
    - 堆砌石假山
    - 塑假山
    - 石笋
    - 点风景石
    - 池、盆景置石
    - 山（卵）石护角
    - 山坡（卵）石台阶
  - 原木竹构件
    - 原木（带树皮）柱、梁、檩、椽
    - 原木（带树皮）墙
    - 树枝吊挂楣子
    - 竹柱、梁、檩、椽
    - 竹编墙
    - 竹吊挂楣子
  - 亭廊屋面
    - 草屋面
    - 竹屋面
    - 树皮屋面
    - 油毡瓦屋面
    - 预制混凝土穹顶
    - 彩色压型钢板（夹芯板）攒尖亭屋面板
    - 彩色压型钢板（夹芯板）穹顶
  - 花架
    - 现浇混凝土花架柱、梁
    - 预制混凝土花架柱、梁
    - 木花架柱、梁
    - 金属花架柱、梁
    - 竹花架柱、梁
  - 园林桌椅
    - 预制钢筋混凝土飞来椅
    - 水磨石飞来椅
    - 竹制飞来椅
    - 现浇混凝土桌凳
    - 预制混凝土桌凳
    - 石桌石凳
    - 水磨石桌凳
    - 塑树根桌凳
    - 塑树节椅
    - 塑料、铁艺、金属椅
  - 喷泉安装
    - 喷泉管道
    - 喷泉电缆
    - 水下艺术装饰灯具
    - 电气控制柜
    - 喷泉设备
  - 杂项
    - 石灯
    - 石球
    - 塑仿石音箱
    - 塑树皮梁、柱
    - 塑竹梁、柱
    - 铁艺栏杆
    - 塑料栏杆
    - 钢筋混凝土艺术围栏
    - 标志牌
    - 景墙
    - 景窗
    - 花饰
    - 博古架
    - 花盆（坛、箱）
    - 摆花
    - 花池
    - 垃圾箱
    - 砖石砌小摆设
    - 其他景观小摆设
    - 柔性水池

图4-9　园林景观工程清单项目的分解结构

一、园林景观工程工程量清单编制

(一)堆塑假山

1. 有关清单项目名称释义

(1)堆筑土山丘。以泥土作为基本堆山材料,在陡坎、陡坡处可有块石作护坡、挡土墙或作磴道,但不用自然山石在山上造景。这种类型的假山往往占地面积很大,是构成园林基本地形和基本景观背景的重要构造因素。

(2)堆砌石假山。堆山材料主要是自然山石,只在石间空隙处填土配植植物。这种假山一般规模都比较小,主要用在庭院、水池等空间比较闭合的环境中,或者作为瀑布、滴泉的山体应用。

(3)塑假山。采用水泥材料以人工塑造的方式来制作假山或石景。做人造山石,一般以铁条或钢筋为骨架做成山石模胚与骨架,然后用小块的英德石贴面。

(4)石笋。因石形修长呈条柱状,立地似竹笋而得名。常见的石笋产于浙江与江西交界的常山、玉山一带。其石质类似青石者称为"慧剑",对含有白色小砾石或小卵石者称为"白果笋"或"子母剑",对色黑如炭者称为"乌炭笋"。

(5)点风景石。以山石为材料,点布独立的不具备山形但以奇特的形状为审美特征的石质观赏品。

(6)山(卵)石护角。指土山或堆石山的山角堆砌的山石,起挡土石和点缀的作用。

(7)山坡(卵)石台阶。指随山坡而砌,多使用不规整的块石,砌筑的台阶一般无严格统一的每步台阶高度限制,踏步和踢脚无须石表面加工或有少许加工(打荒)。

2. 工程量清单项目的设置

堆塑假山工程量清单项目设置及工程量计算规则(《园林绿化工程工程量计算规范》(GB 50858—2013)附录C.1),应按表4-44的规定执行。

表4-44 堆塑假山(编码:050301)

项目编码	项目名称	项目特征	计量单位	工程量计算规则	工程内容
050301001	堆筑土山丘	1. 土丘高度 2. 土丘坡度要求 3. 土丘底外接矩形面积	m^3	按设计图示山丘水平投影外接矩形面积乘高度的1/3以体积计算	1. 取土、运土 2. 堆砌、夯实 3. 修整
050301002	堆砌石假山	1. 堆砌高度 2. 石料种类、单块重量 3. 混凝土强度等级 4. 砂浆强度等级、配合比	t	按设计图示尺寸以质量计算	1. 选料 2. 起重架搭、拆 3. 堆砌、修整

续表 4-44

项目编码	项目名称	项目特征	计量单位	工程量计算规则	工程内容
050301003	塑假山	1. 假山高度 2. 骨架材料种类、规格 3. 山皮料种类 4. 混凝土强度等级 5. 砂浆强度等级、配合比 6. 防护材料种类	m^2	按设计图示尺寸以展开面积计算	1. 骨架制作 2. 假山胎模制作 3. 塑假山 4. 山皮料安装 5. 刷防护材料
050301004	石笋	1. 石笋高度 2. 石笋材料种类 3. 砂浆强度等级、配合比	支	1. 以“块(支、个)”计量,按设计图示数量计算 2. 以“t”计量,按设计图示石料质量计算	1. 选石料 2. 石笋安装
050301005	点风景石	1. 石料种类 2. 石料规格、重量 3. 砂浆配合比	1. 块 2. t		1. 选石料 2. 起重架搭、拆 3. 点石
050301006	池、盆景置石	1. 底盘种类 2. 山石高度 3. 山石种类 4. 混凝土砂浆强度等级 5. 砂浆强度等级、配合比	1. 座 2. 个		1. 底盘制作、安装 2. 池、盆景山石安装、砌筑
050301007	山(卵)石护角	1. 石料种类、规格 2. 砂浆配合比	m^3	按设计图示尺寸以体积计算	1. 石料加工 2. 砌石
050301008	山坡(卵)石台阶	1. 石料种类、规格 2. 台阶坡度 3. 砂浆强度等级	m^2	按设计图示尺寸以水平投影面积计算	1. 选石料 2. 台阶砌筑

注:①假山(堆筑土山丘除外)工程的挖土方、开凿石方、回填等应按附录 A 绿化工程相关项目编码列项。
②如遇某些构配件使用钢筋混凝土或金属构件,应按《房屋建筑与装饰工程工程量计算规范》(GB 50854—2013)或《市政工程工程量计算规范》(GB 50857—2013)相关项目编码列项。
③散铺河滩石按点风景石项目单独编码列项。
④堆筑土山丘,适用于夯填、堆筑而成。

3. 与假山相关项目工程量计算规则

(1)假山工程量按实际堆砌的石料以“t”计算。

$$\text{堆砌假山工程量(t)} = \text{进料验收的数量} - \text{进料剩余数量}$$

当没有进料验收的数量时,叠成后的假山可按下述方法计算(参考某省定额):

①假山体积计算

$$V_{体} = A_{矩} \times H$$

式中　$A_{矩}$——假山不规则平面轮廓的水平投影面积的最大外接矩形面积,m^2;

H——假山石着地点至最高顶点的垂直距离,m;

$V_{体}$——叠成后的假山计算体积,m^3。

②假山质量计算

$$W_{质} = 表观密度 \times V_{体} \times K_n$$

式中　表观密度——石料实际密度,t/m^3,石料用材不同密度各不相同;

K_n——高度系数,当 $H \leqslant 1$ m 时,K_n 取 0.77,当 1 m $< H \leqslant 2$ m 时,K_n 取 0.72,当 2 m $< H \leqslant 3$ m 时,K_n 取 0.65,当 3 m $< H \leqslant 4$ m 时,K_n 取 0.60,当 $H > 4$ m 时,K_n 取 0.55。

(2)各种单体孤峰及散点石,按其单位石料体积(取单体长、宽、高各自的平均值乘积)乘以石料实际密度按"t"计算。

(3)塑假石山按设计图示尺寸以展开面积计算。

(4)山丘、假山的高度,如山丘、假山设计有多个山头,以最高的山头进行描述。

(5)堆筑土山丘形状过于复杂的,工程量也可以估算体积计算。

(6)山(卵)石护角过于复杂的,工程量也可以估算体积计算,并在工程量清单中进行描述。

(7)凡以质量、面积、体积计算的山丘与假山等项目,竣工后按核实的工程量,根据合同条件规定进行调整。

【例4-14】　某太湖石园林假山如图4-10所示,其中道碴垫层较钢筋混凝土垫层各边宽100 mm,人工挖土(坚土)施工中各边超挖8 mm,模板系数取0.26,钢筋系数取0.079。求其工程量及工程量清单。

解　(1)平整场地。

平均宽度:$(6.8+1.8)/2=4.3(m)$　长度 $=14.8$ m

以平方米计算,　$S=4.3\times14.8=63.64(m^2)$

(2)人工挖土。

挖土平均宽度:　$[4.3+(0.08+0.1)\times2]=4.66(m)$

挖土平均长度:　$[14.8+(0.08+0.1)\times2]=15.16(m)$

挖土深度:　$0.1+0.3=0.4(m)$

$$V=长\times宽\times高=4.66\times15.16\times0.4=28.26(m^3)$$

(3)道碴垫层(100 厚)。

$$S=平均宽度\times平均长度\times深度=4.66\times15.16\times0.1=7.06(m^3)$$

(4)C20 钢筋混凝土垫层(300 厚)。

长度 $=14.8+0.1\times2=15(m)$　宽度 $=4.3+0.1\times2=4.5(m)$

$$V=长\times宽\times高=15\times4.5\times0.3=20.25(m^3)$$

(5)钢筋混凝土模板。

$$S=V\times模板系数=20.25\times0.26=5.265(m^2)$$

(6)钢筋混凝土钢筋。

$$T=V\times钢筋系数=20.25\times0.079=1.6(t)$$

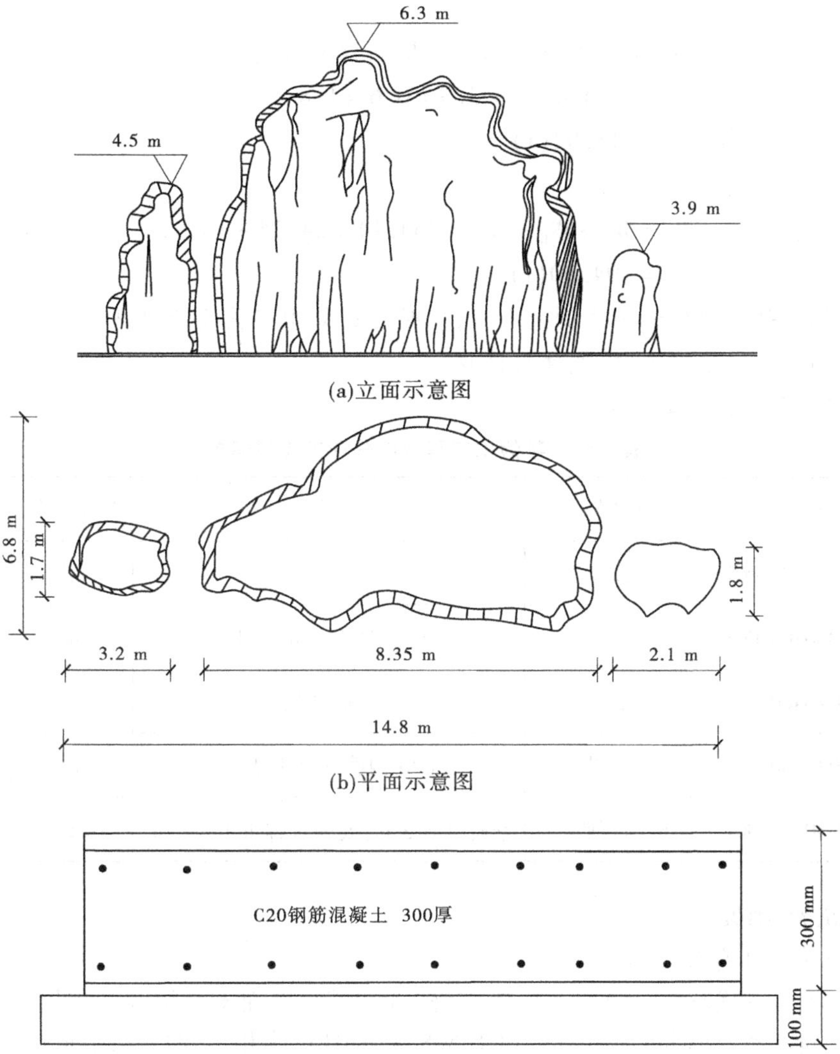

(a)立面示意图

(b)平面示意图

(c)基础垫层示意图(道碴垫层100 mm厚)

图 4-10　某假山示意图

(7)假山堆砌。

①6.3 m 处:

$$W_a = 长 \times 宽 \times 高 \times 高度系数 \times 太湖石容重$$
$$= 6.8 \times 8.35 \times 6.3 \times 0.55 \times 1.8$$
$$= 354.14(t)$$

②4.5 m 处:

$$W_b = 长 \times 宽 \times 高 \times 高度系数 \times 太湖石容重$$
$$= 1.7 \times 3.2 \times 4.5 \times 0.55 \times 1.8$$
$$= 24.24(t)$$

③3.9 m处：

$$W_c = 长 \times 宽 \times 高 \times 高度系数 \times 太湖石容重$$
$$= 2.1 \times 1.8 \times 3.9 \times 0.6 \times 1.8$$
$$= 15.92(t)$$

太湖石总用量：

$$W = W_a + W_b + W_c = 354.14 + 24.24 + 15.92$$
$$= 394.30(t)$$

注：本例中是三块较大独立的太湖石，有时在计算中可能会涉及零星散块的石头，则应根据其累计长度、平均高度、宽度来计算。

清单工程量计算见表4-45。

表4-45　某假山工程分部分项工程量清单

序号	项目编码	项目名称	项目特征	计量单位	工程量
1	010101001001	平整场地	坚土	m^2	63.64
2	010101002001	挖土方	挖土深0.4 m，坚土	m^3	28.26
3	010404001001	垫层	道碴垫层	m^3	7.06
4	010404001002	垫层	C20钢筋混凝土垫层	m^3	20.25
5	050301002001	堆砌石假山	堆砌高6.3 m，太湖石容重1.8 t/m^3	t	394.30

(二)花架、廊架

1. 工程量计算有关说明

(1)柱顶石(磉蹬石)、木柱、木屋架、钢柱、钢屋架、屋面木基层和防水层等，应按《房屋建筑与装饰工程工程量计算规范》(GB 50854—2013)中相关项目编码列项。

(2)需要单独列项目的土石方和基础项目，应按《房屋建筑与装饰工程工程量计算规范》(GB 50854—2013)相关项目编码列项。

(3)木构件连接方式应包括：开榫连接、铁件连接、扒钉连接、铁钉连接。

(4)竹构件连接方式应包括：竹钉固定、竹篾绑扎、铁丝连接。

(5)花架项目中的"梁"包括盖梁和连系梁。

(6)花架应描述柱、梁的截面尺寸和高度以及根数。

(7)混凝土花架(亭)柱、梁、枋、檩(椽)按设计图示尺寸以"m^3"计算。

(8)花架(木亭)柱、梁、枋、连机、檩(椽)按设计图示截面乘以长度(包括榫长)以"m^3"计算，圆木构件工程量按设计尺寸查木材材积表计算。

2. 项目清单设置(《园林绿化工程工程量计算规范》(GB 50858—2013)附录C.4)

花架工程量清单项目设置及工程量计算规则，应按表4-46的规定执行。

表 4-46　花架(编码:050304)

<table>
<tr><th>项目编码</th><th>项目名称</th><th>项目特征</th><th>计量单位</th><th>工程量计算规则</th><th>工程内容</th></tr>
<tr><td>050304001</td><td>现浇混凝土花架柱、梁</td><td>1. 柱截面、高度、根数
2. 盖梁截面、高度、根数
3. 连系梁截面、高度、根数
4. 混凝土强度等级
5. 模板计量方式</td><td>m^3</td><td>按设计图示尺寸以体积计算</td><td>1. 模板制作、运输、安装、拆除、保养
2. 混凝土制作、运输、浇筑、振捣、养护</td></tr>
<tr><td>050304002</td><td>预制混凝土花架柱、梁</td><td>1. 柱截面、高度、根数
2. 盖梁截面、高度、根数
3. 连系梁截面、高度、根数
4. 混凝土强度等级
5. 砂浆配合比</td><td rowspan="2">m^3</td><td>按设计图示尺寸以体积计算</td><td>1. 构件安装
2. 砂浆制作、运输
3. 接头灌缝、养护</td></tr>
<tr><td>050304003</td><td>木花架柱、梁</td><td>1. 木材种类
2. 柱、梁截面
3. 连接方式
4. 防护材料种类</td><td>按设计图示截面乘长度(包括榫长)以体积计算</td><td>1. 构件制作、运输、安装
2. 刷防护材料、油漆</td></tr>
<tr><td>050304004</td><td>金属花架柱、梁</td><td>1. 钢材品种、规格
2. 柱、梁截面
3. 油漆品种、刷漆遍数</td><td>t</td><td>按设计图示以质量计算</td><td rowspan="2">1. 制作
2. 运输
3. 安装
4. 油漆</td></tr>
<tr><td>050304005</td><td>竹花架柱、梁</td><td>1. 竹种类
2. 竹胸径
3. 油漆品种、刷漆遍数</td><td>1. m
2. 根</td><td>1. 以长度计量,按设计图示花架构件尺寸以“延长米”计算
2. 以“根”计量,按设计图示花架柱、梁数量计算</td></tr>
</table>

注:花架基础、玻璃天棚、表面装饰及涂料项目应按《房屋建筑与装饰工程工程量计算规范》(GB 50854—2013)中相关项目编码列项。

3. 花架、廊架工程量清单编制实例

【例 4-15】　某公园内混凝土结构花架如图 4-11 所示,土壤为三类土,花架顶梁长

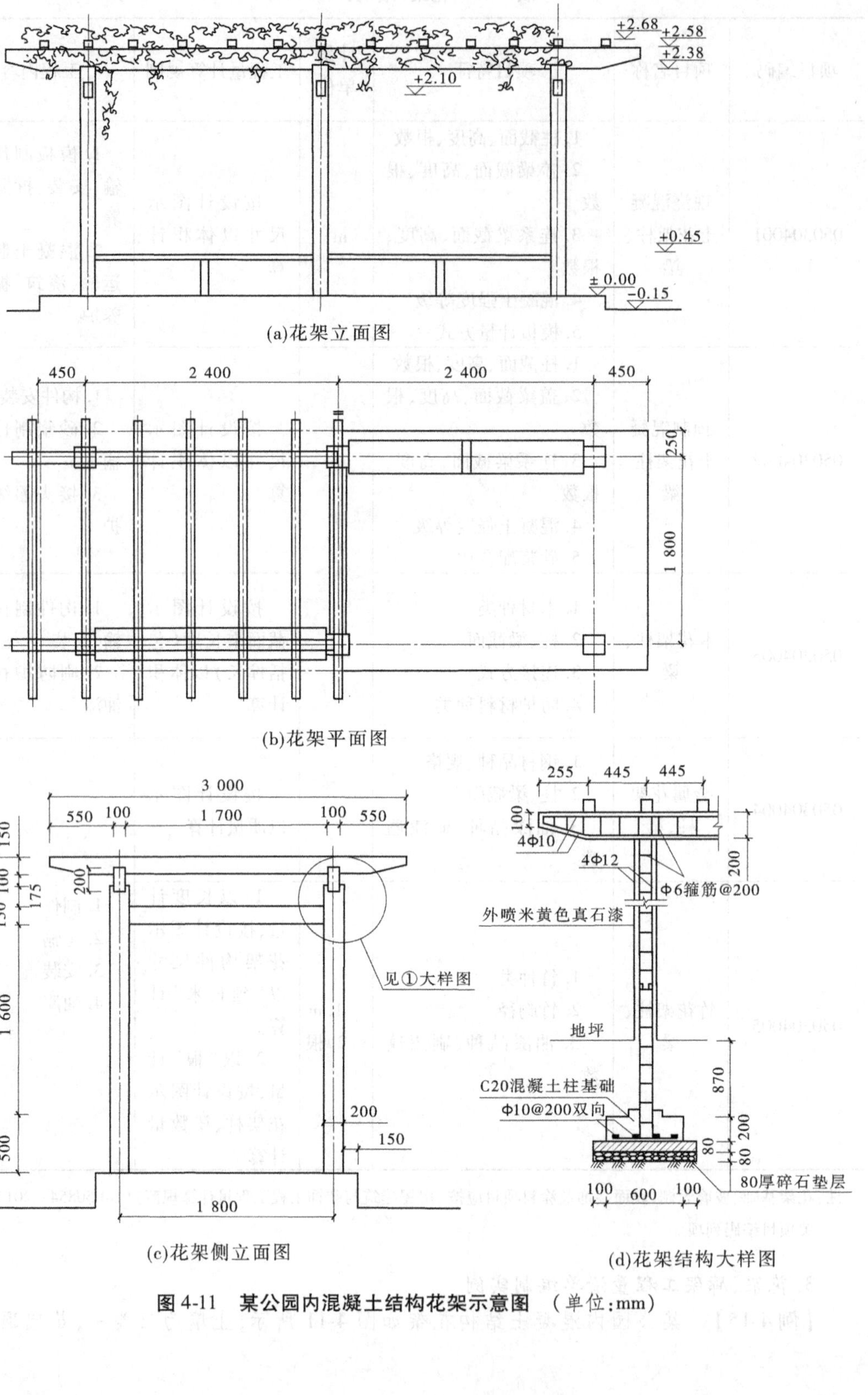

(a)花架立面图

(b)花架平面图

(c)花架侧立面图

(d)花架结构大样图

图 4-11　某公园内混凝土结构花架示意图　（单位：mm）

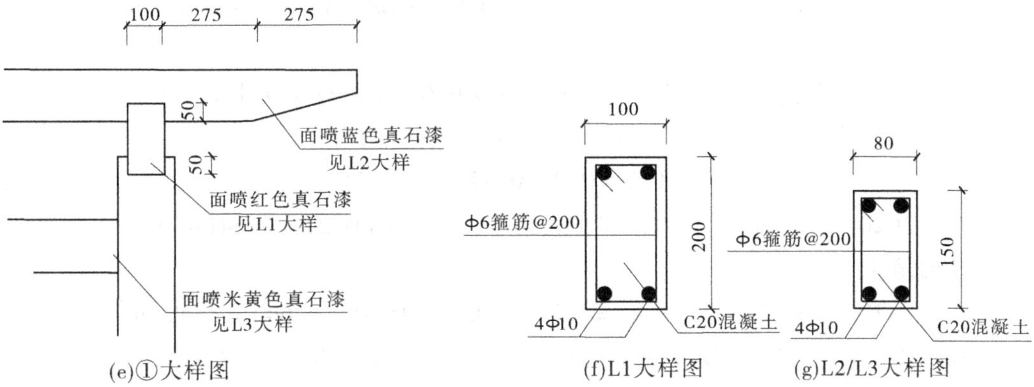

续图4-11

6.2 m，花架柱、梁、檩条以1∶3水泥砂浆找平，外饰真石漆，坐凳板宽0.3 m、厚0.05 m。其中平整场地为建筑外墙向外2 m范围。计算其工程量，并依《计价规范》编制工程量清单。

解　模板工程量清单计算规则，以混凝土与模板接触面积计算。

对于模板工程量套定额，在园林工程定额计算规则中，现浇混凝土工程、预制混凝土工程，均以构件体积"m^3"计算，不扣除钢筋、铁件及0.3 m^2 内孔洞所占的面积。（也可套用建筑工程定额计算规则，即现浇混凝土及钢筋混凝土模板工程量，按混凝土与模板接触面的面积以"m^2"计算；预制钢筋混凝土构件模板工程量，按混凝土实体体积以"m^3"计算）

(1)平整场地。

S = 建筑面积($S_{建}$) + 建筑外墙周长(L) ×2

$= (1.8 + 0.25 + 0.25) \times (2.4 + 2.4 + 0.45 + 0.45) + (2.3 + 5.7) \times 2 \times 2$

$= 45.11(m^2)$

(2)柱基础。

①挖基坑。如图4-11(d)花架结构大样图所示，该施工场地土壤为三类土。

基坑深 $H = 870 + 200 + 80 + 80 = 1\ 230(mm) = 1.23$ m

基坑长 a = 基坑宽 $b = 600 + 200 = 800(mm) = 0.8$ m

挖土深小于1.5 m不需要放坡(三类土放坡起点为1.5 m)。

$$V = H \times a \times b = 1.23 \times 0.8 \times 0.8 = 0.79(m^3)$$

由图4-11(b)中花架平面图可知共有6个基坑。因此，挖基坑的土方工程量为

$$V_{土方} = 0.79 \times 6 = 4.74(m^3)$$

②碎石垫层。由图4-11(d)花架结构大样图可知，碎石垫层 $a = b = 0.8$ m(600 + 100 + 100 = 800 mm)，碎石垫层厚 $h = 0.08$ m，共有6个基坑。碎石垫层的工程量为

$$V_{碎石} = S_{底} \times h \times 6 = 0.8 \times 0.8 \times 0.08 \times 6 = 0.31(m^3)$$

③混凝土垫层。混凝土垫层 $a = b = 0.8$ m，混凝土垫层厚 $h = 0.08$ m，共有6个基坑。混凝土垫层的工程量为

$$V_{混凝土}=S_{底}\times h\times 6=0.8\times 0.8\times 0.08\times 6=0.31(m^3)$$

④C20 混凝土柱基础。

$$V_{混凝土柱基础}=S_{底}\times h\times 6=0.6\times 0.6\times 0.2\times 6=0.43(m^3)$$

工程量计算规则规定 ±0.00 以下柱体可计入基础,所以,

$$V=0.2\times 0.2\times 0.87\times 6=0.21(m^3)$$

合计,C20 混凝土柱基础的体积 $V_{混凝土柱基础}=0.43+0.21=0.64(m^3)$

⑤回填土。

$$V_{回填土}=挖基坑-基础=4.74-(0.31+0.31+0.64)=3.48(m^3)$$

⑥C20 混凝土柱基础模板。套用建筑定额,清单工程量与定额工程量均按混凝土与模板接触面的面积以"m²"计算。

$$S_{模}=(0.6+0.6)\times 2\times 0.2+(0.2+0.2)\times 2\times 0.87=1.176(m^2)$$

(3)柱。

①钢筋混凝土柱工程量按图示尺寸以体积计算。

$$V_{柱}=S_{断面}\times H\times 6=0.2\times 0.2\times 2.38\times 6=0.57(m^3)$$

②1∶3水泥砂浆找平工程量按图示尺寸以面积计算。

$$S_{找平}=(0.2+0.2)\times 2\times 2.38\times 6=0.4\times 0.2\times 2.38\times 6=11.42(m^2)$$

③饰面米黄色真石漆工程量按图示尺寸以面积计算。

$$S_{饰}=(0.2+0.2)\times 2\times 2.38\times 6=0.4\times 0.2\times 2.38\times 6=11.42(m^2)$$

④模板清单工程量按图示尺寸以面积计算。

$$S_{模}=(0.2+0.2)\times 2\times 2.38\times 6=0.4\times 0.2\times 2.38\times 6=11.42(m^2)$$

(4)梁。

①钢筋混凝土梁工程量按图示尺寸以体积计算。

$$V_{梁}=S_{断面}\times L=0.2\times 0.1\times 6.2\times 2+0.15\times 0.08\times 1.8\times 3=0.31\ (m^3)$$

②1∶3水泥砂浆找平工程量按图示尺寸以面积计算。

$$S_{找平}=(0.2+0.1)\times 2\times 6.2\times 2+(0.15+0.08)\times 2\times 1.8\times 3=9.92(m^2)$$

③饰面米黄色真石漆工程量按图示尺寸以面积计算。

$$S_{饰}=(0.15+0.08)\times 2\times 1.8\times 3=2.48(m^2)$$

④饰面红色真石漆工程量按图示尺寸以面积计算。

$$S_{饰}=(0.2+0.1)\times 2\times 6.2\times 2=7.44(m^2)$$

⑤模板清单工程量按图示尺寸以面积计算。

$$S_{模}=(0.2+0.1)\times 2\times 6.2\times 2+(0.15+0.08)\times 2\times 1.8\times 3=9.92(m^2)$$

(5)檩条。

①钢筋混凝土檩条工程量按图示尺寸以体积计算。

$$V_{檩}=S_{断面}\times L=0.15\times 0.08\times 3\times 13=0.47(m^3)$$

②1∶3水泥砂浆找平工程量按图示尺寸以面积计算。

$$S_{找平}=(0.15+0.08)\times 2\times 3\times 13=17.94(m^2)$$

③饰面蓝色真石漆工程量按图示尺寸以面积计算。

$$S_{饰}=(0.15+0.08)\times2\times3\times13=17.94(m^2)$$

④模板清单工程量按图示尺寸以面积计算。

$$S_{模}=(0.15+0.08)\times2\times3\times13=17.94(m^2)$$

檩条施工采用预制钢筋混凝土，按定额规定，预制钢筋混凝土构件模板工程量，按混凝土实体体积以“m^3”计算（除另有规定者外）。

$$V_{模}=V_{檩}=0.47\ m^3$$

(6)钢筋。

钢筋工程量应区别不同品种和规格，分别按设计图示钢筋长度乘以单位理论质量计算，单位为t。

①Φ12：

柱 $L=(2.38+0.87+0.2)\times4\times6=82.8(m)$

查圆钢理论质量表得，Φ12单位理论质量为0.888 kg/m。

Φ12钢筋质量： $82.8\times0.888=73.53(kg)=0.074\ t$

②Φ10：

梁 $L=6.2\times2\times4=49.6(m)$

基础 $L=0.6\times4\times2(双向)\times6=28.8(m)$

檩条 $L=4\times3\times14=168(m)$

小计： $49.6+28.8+168=246.4(m)$

查圆钢理论质量表得，Φ10单位理论质量为0.617 kg/m。

Φ10钢筋质量： $246.4\times0.617=152.03(kg)=0.152\ t$

③Φ6：

柱 $L=(0.2+0.2)\times2\times(2.38+0.87+0.2)/0.2\times6=82.8(m)$

梁 $L=(0.1+0.2)\times2\times6.2/0.2\times2+(0.15+0.08)\times2\times1.8/0.2\times3$
$=49.62(m)$

檩条 $L=(0.15+0.08)\times2\times3\times14/0.2=96.6(m)$

小计： $82.8+49.62+96.6=229.02(m)$

查圆钢理论质量表得，Φ6单位理论质量为0.222 kg/m。

Φ6钢筋质量： $229.02\times0.222=50.84\ kg=0.051\ t$。

(7)模板总量：

$$S=11.42+9.92+17.94=39.28(m^2)$$

(8)坐凳板：

$$V=2.4\times0.3\times0.05\times2=0.072(m^3)$$

花架工程量见表4-47。

表 4-47 花架工程量

序号	分项工程名称	单位	工程数量	备注
1	1. 平整场地	m^2	45.11	
2	2. 基础			
3	挖基坑	m^3	4.74	
4	碎石垫层	m^3	0.31	
5	混凝土垫层	m^3	0.31	
6	C20 混凝土柱基础	m^3	0.64	
7	回填土	m^3	3.48	
8	3. 柱			
9	钢筋混凝土柱	m^3	0.57	
10	1∶3水泥砂浆找平	m^2	11.42	
11	饰面米黄色真石漆	m^2	11.42	
12	4. 梁			
13	钢筋混凝土梁	m^3	0.31	
14	1∶3水泥砂浆找平	m^2	9.92	
15	饰面米黄色真石漆	m^2	2.48	
16	饰面红色真石漆	m^2	7.44	
17	5. 檩条			
18	钢筋混凝土檩条	m^3	0.47	
19	1∶3水泥砂浆找平	m^2	17.94	
20	饰面蓝色真石漆	m^2	17.94	
21	6. 钢筋			
22	Φ 12	t	0.074	
23	Φ 10	t	0.152	
24	Φ 6	t	0.051	
25	7. 模板	m^2	39.28	
26	8. 坐凳板	m^3	0.072	

根据以上计算内容，列工程量清单如表 4-48 所示。

表 4-48　分部分项工程量清单

工程名称：花架工程　　　　第　页　共　页

序号	项目编号	项目名称	项目特征描述	计量单位	工程量
1	010101001001	平整场地	三类土，弃取土运距为 0	m^2	45.11
2	010501003001	独立基础	C20 混凝土柱基础，80 厚 C10 混凝土垫层，80 厚碎石垫层	m^3	0.64
3	050304001001	现浇混凝土花架柱、梁、檩条	C20 混凝土；柱 6 根，高 2.58 m，截面 0.2 m×0.2 m；顶梁 2 根，长 6.2 m，截面 0.2 m×0.1 m；连梁 3 根，长 1.8 m，截面 0.15 m×0.08 m；檩条 14 根，长 3 m，截面 0.15 m×0.08 m	m^3	1.35
4	011203001001	零星项目一般抹灰	花架梁、柱、檩抹灰 1:3 水泥砂浆找平	m^2	39.28
5	011407001001	刷喷涂料	花架柱、梁、檩条喷涂料真石漆	m^2	39.28
6	010507011001	其他构件（坐凳）	50 厚 30 宽混凝土坐凳	m^3	0.072

注：现浇混凝土花架柱、梁、檩条工程量 $=0.57+0.31+0.47=1.35(m^3)$。

（三）亭廊屋面

1. 有关说明

（1）参照花架、廊架中涉及有关说明。

（2）瓦屋面按设计图示尺寸以斜面面积计算，不扣除屋脊、斜沟等所占面积。

（3）草屋面、竹屋面、树皮屋面的木基层按土建工程木结构的屋面木基层（包括檩子、椽子、屋面板等）项目编码列项。

（4）穹顶的肋和壁基梁拼入穹顶体积内计算。

（5）预制混凝土穹顶使用土胎模时，应计算挖土、过筛、夯筑、抹灰以及构件出槽后的回填等，也可将土胎模发生的费用列入工程量清单措施项目内。

（6）彩色压型钢板（夹芯板）亭屋面板、穹顶屋面采用金属骨架的，若工程量清单单独列金属骨架项目，骨架不应包括在亭屋面或穹顶屋面报价内。

2. 亭廊屋面清单项目设置（《园林绿化工程工程量计算规范》（GB 50858—2013）附录 C.3）

亭廊屋面工程量清单项目设置及工程量计算规则，应按表 4-49 的规定执行。

表 4-49 亭廊屋面(编码:050303)

项目编码	项目名称	项目特征	计量单位	工程量计算规则	工程内容
050303001	草屋面	1. 屋面坡度 2. 铺草种类 3. 竹材种类 4. 防护材料种类	m²	按设计图示尺寸以斜面计算	1. 整理、选料 2. 屋面铺设 3. 刷防护材料
050303002	竹屋面			按设计图示尺寸以实铺面积计算(不包括柱、梁)	
050303003	树皮屋面			按设计图示尺寸以屋面结构外围面积计算	
050303004	油毡瓦屋面	1. 冷底子油品种 2. 冷底子油涂刷遍数 3. 油毡瓦颜色规格		按设计图示尺寸以斜面计算	1. 清理基层 2. 材料裁接 3. 刷油 4. 铺设
050303005	预制混凝土穹顶	1. 穹顶弧长、直径 2. 肋截面尺寸 3. 板厚 4. 混凝土强度等级 5. 拉杆材质、规格	m³	按设计图示尺寸以体积计算。混凝土脊和穹顶的肋、基梁并入屋面体积	1. 制作 2. 运输 3. 安装 4. 接头灌缝、养护
050303006	彩色压型钢板(夹芯板)攒尖亭屋面板	1. 屋面坡度 2. 穹顶弧长、直径 3. 彩色压型钢板(夹芯板)品种、规格、品牌、颜色 4. 拉杆材质、规格 5. 嵌缝材料种类 6. 防护材料种类	m²	按设计图示尺寸以实铺面积计算	1. 压型板安装 2. 护角、包角、泛水安装 3. 嵌缝 4. 刷防护材料
050303007	彩色压型钢板(夹芯板)穹顶				
050303008	玻璃屋面	1. 屋面坡度 2. 龙骨材质、规格 3. 玻璃材质、规格 4. 防护材料种类	m²	按设计图示尺寸以实铺面积计算	1. 制作 2. 运输 3. 安装
050303009	木(防腐木)屋面	1. 木(防腐木)种类 2. 防护层处理	m²	按设计图示尺寸以实铺面积计算	1. 制作 2. 运输 3. 安装

注:①柱顶石(磉蹬石)、钢筋混凝土屋面板、钢筋混凝土亭屋面板、木柱、木屋架、钢柱、钢屋架、屋面木基层和防水层等,应按《房屋建筑与装饰工程工程量计算规范》(GB 50854—2013)中相关项目编码列项。

②膜结构的亭、廊,应按《房屋建筑与装饰工程工程量计算规范》(GB 50854—2013)中相关项目编码列项。

③竹构件连接方式应包括竹钉固定、竹篾绑扎、铁丝连接。

3. 亭廊屋面工程量清单编制实例

参考第九章园林工程计价案例中的四角亭的清单编制。

（四）其他园林景观小品

1. 有关说明

（1）原木构件是指不剥树皮的原木。

（2）原木（带树皮）墙项目也可用于在墙体上铺钉树皮项目。

（3）竹编墙项目也可用于在墙体上铺钉竹板的墙体项目。

（4）树枝、竹编制的花牙子按树枝吊挂楣子和竹吊挂楣子项目编码列项。

（5）石桌、石凳项目可用于经人工雕凿的石桌、石凳，也可用于选自然石料的石桌、石凳。

（6）标志牌项目适用于各种材料的指示牌、指路牌、警示牌等。

（7）仿石音箱项目可用于人工雕凿的石音箱。

（8）原木（带树皮）墙项目的龙骨材料、底层材料，是指铺钉树皮的墙体龙骨材料和铺钉树皮底层材料。如木龙骨钉铺木板墙，在木墙板上再铺钉树皮。

（9）防护材料指防水、防腐、防虫涂料等。

（10）铺草种类指麦草、谷草、山草、丝茅草等。

（11）飞来椅的坐凳楣子是指坐凳面下面的楣子，类似于固定窗，四川称为地脚窗。

（12）飞来椅靠背形状、尺寸指靠背是直形的还是弯形（鹅颈）的，尺寸指截面尺寸和长度。

（13）树枝、竹制的花牙以框外围面积或“个”计算。

（14）喷水管道工程量从供水主管接头算至喷头接口（不包括喷头长度）。

（15）水下艺术装饰灯具工程量以每个灯泡、灯头、灯座及与之配套的配件为1套。

（16）砖石砌小摆设工程量以体积计算，如外形比较复杂难以计算体积，也可以“个”计算。如有雕饰的须弥座，以“个”计算工程量时，工程量清单中应描述其外形主要尺寸，如长、宽、高尺寸。

（17）原木（带树皮）、树枝和竹制构配件需加热煨弯或校直时，加热费用应包括在报价内。

（18）草屋面需捆把的竹片和蔑条应包括在报价内。

2. 工程量清单编制

（1）原木、竹构件工程量清单项目设置及工程量计算规则见表4-50。

表4-50　原木、竹构件（编码：050302）

项目编码	项目名称	项目特征	计量单位
050302001	原木（带树皮）柱、梁、檩、椽	1. 原木种类 2. 原木直（梢）径（不含树皮厚度） 3. 墙龙骨材料种类、规格 4. 墙底层材料种类、规格 5. 构件连接方式 6. 防护材料种类	m
050302002	原木（带树皮）墙		m^2
050302003	树枝吊挂楣子		m^2

续表 4-50

项目编码	项目名称	项目特征	计量单位
050302004	竹柱、梁、檩、椽	1. 竹种类 2. 竹直(梢)径 3. 连接方式 4. 防护材料种类	m
050302005	竹编墙	1. 竹种类 2. 墙龙骨材料种类、规格 3. 墙底层材料种类、规格 4. 防护材料种类	m^2
050302006	竹吊挂楣子	1. 竹种类 2. 竹梢径 3. 防护材料种类	m^2

注:①木构件连接方式应包括:开榫连接、铁件连接、扒钉连接、铁钉连接。

②竹构件连接方式应包括竹钉固定、竹篾绑扎、铁丝连接。

(2)园林桌椅工程量清单项目设置及工程量计算规则按表 4-51 的规定执行。

表 4-51 园林桌椅(编码:050305)

项目编码	项目名称	项目特征	计量单位
050305001	预制钢筋混凝土飞来椅	1. 坐凳面厚度、宽度 2. 靠背扶手截面 3. 靠背截面 4. 坐凳楣子形状、尺寸 5. 混凝土强度等级 6. 砂浆配合比 7. 油漆品种、刷油遍数	m
050305002	竹制飞来椅	1. 竹材种类 2. 坐凳面厚度、宽度 3. 靠背扶手梢径 4. 靠背截面 5. 坐凳楣子形状、尺寸 6. 铁件尺寸、厚度 7. 防护材料种类	m
050305003	水磨石飞来椅	1. 坐凳面厚度、宽度 2. 靠背扶手截面 3. 靠背截面 4. 坐凳楣子形状、尺寸 5. 砂浆配合比	m

续表 4-51

项目编码	项目名称	项目特征	计量单位
050305004	现浇混凝土桌凳	1. 桌凳形状 2. 基础尺寸、埋设深度 3. 桌面尺寸、支墩高度 4. 凳面尺寸、支墩高度 5. 混凝土强度等级、砂浆配合比 6. 模板计量方式	个
050305005	预制混凝土桌凳	1. 桌凳形状 2. 基础形状、尺寸、埋设深度 3. 桌面形状、尺寸、支墩高度 4. 凳面尺寸、支墩高度 5. 混凝土强度等级 6. 砂浆配合比	个
050305006	石桌石凳	1. 石材种类 2. 基础形状、尺寸、埋设深度 3. 桌面形状、尺寸、支墩高度 4. 凳面尺寸、支墩高度 5. 混凝土强度等级 6. 砂浆配合比	个
050305007	水磨石桌凳	1. 基础形状、尺寸、埋设深度 2. 桌面形状、尺寸、支墩高度 3. 凳面尺寸、支墩高度 4. 混凝土强度等级 5. 砂浆配合比；	个
050305008	塑树根桌凳	1. 桌凳直径 2. 桌凳高度 3. 砖石种类 4. 砂浆强度等级、配合比 5. 颜料品种、颜色	个
050305009	塑树节椅		个
050305010	塑料、铁艺、金属椅	1. 木座板面截面 2. 座椅规格、颜色 3. 混凝土强度等级 4. 防护材料种类	个

注：木制飞来椅按现行国家标准《仿古建筑工程工程量计算规范》（GB 50855—2013）中相关项目编码列项。

（3）喷泉安装工程量清单项目设置及工程量计算规则见表 4-52。

表 4-52　喷泉安装(编码:050306)

项目编码	项目名称	项目特征	计量单位
050306001	喷泉管道	1. 管材、管件、阀门、喷头品种 2. 管道固定方式 3. 防护材料种类	m
050306002	喷泉电缆	1. 保护管品种、规格 2. 电缆品种、规格	m
050306003	水下艺术装饰灯具	1. 灯具品种、规格 2. 灯光颜色	套
050306004	电气控制柜	1. 规格、型号 2. 安装方式	台
050306005	喷泉设备	1. 设备品种 2. 设备规格、型号 3. 防护网品种、规格	台

注:①喷泉水池应按《房屋建筑与装饰工程工程量计算规范》(GB 50584—2013)中相关项目编码列项。

②管架项目按《房屋建筑与装饰工程工程量计算规范》(GB 50584—2013)中钢支架项目单独编码列项。

(4)杂项工程量清单项目设置及工程量计算规则见表 4-53。

表 4-53　杂项(编码:050307)

<table>
<tr><th>项目编码</th><th>项目名称</th><th>项目特征</th><th>计量单位</th></tr>
<tr><td>050307001</td><td>石灯</td><td>1. 石料种类
2. 石灯最大截面
3. 石灯高度
4. 混凝土强度等级
5. 砂浆配合比</td><td>个</td></tr>
<tr><td>050307002</td><td>石球</td><td>1. 石料种类
2. 球体直径
3. 砂浆配合比</td><td>个</td></tr>
<tr><td>050307003</td><td>塑仿石音箱</td><td>1. 音箱石内空尺寸
2. 铁丝型号
3. 砂浆配合比
4. 水泥漆品牌、颜色</td><td>个</td></tr>
<tr><td>050307004</td><td>塑树皮梁、柱</td><td rowspan="2">1. 塑树种类
2. 塑竹种类
3. 砂浆配合比
4. 喷字规格、颜色
5. 油漆品种、颜色</td><td rowspan="2">1. m^2
2. m</td></tr>
<tr><td>050307005</td><td>塑竹梁、柱</td></tr>
</table>

续表 4-53

项目编码	项目名称	项目特征	计量单位
050307006	铁艺栏杆	1. 铁艺栏杆高度 2. 铁艺栏杆单位长度、重量 3. 防护材料种类	m
050307007	塑料栏杆	1. 栏杆高度 2. 塑料种类	m
050307008	钢筋混凝土艺术围栏	1. 围栏高度 2. 混凝土强度等级 3. 表面涂敷材料种类	1. m^2 2. m
050307009	标志牌	1. 材料种类、规格 2. 镌字规格、种类 3. 喷字规格、颜色 4. 油漆品种、颜色	个
050307010	景墙	1. 土质类别 2. 垫层材料种类 3. 基础材料种类、规格 4. 墙体材料种类、规格 5. 墙体厚度 6. 混凝土、砂浆强度等级、配合比 7. 饰面材料种类	1. m^3 2. 段
050307011	景窗	1. 景窗材料品种、规格 2. 混凝土强度等级 3. 砂浆强度等级、配合比 4. 涂刷材料品种	m^2
050307012	花饰	1. 花饰材料品种、规格 2. 砂浆配合比 3. 涂刷材料品种	m^2
050307013	博古架	1. 博古架材料品种、规格 2. 混凝土强度等级 3. 砂浆配合比 4. 涂刷材料品种	1. m^2 2. m 3. 个
050307014	花盆(坛、箱)	1. 花盆(钵)的材质及类型 2. 规格尺寸 3. 混凝土强度等级 4. 砂浆配合比	个

续表 4-53

项目编码	项目名称	项目特征	计量单位
050307015	摆花	1. 花盆(钵)的材质及类型 2. 花卉品种及规格	1. m^2 2. 个
050307016	花池	1. 土质类别 2. 池壁材料种类、规格 3. 混凝土、砂浆强度等级、配合比 4. 饰面材料种类 5. 模板计量方式	1. m^3 2. m 3. 个
050307017	垃圾箱	1. 垃圾箱材质 2. 规格尺寸 3. 混凝土强度等级 4. 砂浆配合比	个
050307018	砖石砌小摆设	1. 砖种类、规格 2. 石种类、规格 3. 砂浆强度等级、配合比 4. 石表面加工要求 5. 勾缝要求	1. m^3 2. 个
050307019	其他景观小摆设	1. 名称及材质 2. 规格尺寸	个
050307020	柔性水池	1. 水池深度 2. 防水(漏)材料品种	m^2

注:砌筑果皮箱,放置盆景的须弥座等,应按砖石砌小摆设项目编码列项。

(5)其他相关问题应按下列规定处理:

①现浇混凝土构件模板以“m^3”计量,模板及支架工程不再单列,按混凝土及钢筋混凝土实体项目执行,综合单价中应包含模板及支架。

②现浇混凝土构件模板以“m^2”计量,按模板与现浇混凝土构件的接触面积计算,按措施项目单列清单项目。

③编制现浇混凝土构件工程量清单时,应注明模板的计量方式,不得在同一个混凝土工程中的模板项目同时使用两种计量方式。

④现浇混凝土构件中的钢筋项目应按《房屋建筑与装饰工程工程量计算规范》(GB 50854—2013)中相应项目编码列项。

⑤预制混凝土构件应按成品编制项目。

⑥石浮雕、石镌字应按《仿古建筑工程工程量计算规范》(GB 50855—2013)附录B中相应项目编码列项。

二、园林景观工程工程量清单计价

(一)与计价相关的说明

园林景观工程涉及内容广,套用的定额子目较多,特别是亭子、廊、花架等小品与建筑工程内容相连,参照相关定额文件,针对其园林小品所涉及的内容,对其在计价中注意点及说明如下:

(1)定额内的木构件、木装修木材除注明者外,以一、二类木种为准。如使用三、四类木种,其制作人工耗用量乘系数1.3,安装人工耗用量乘系数1.15。

(2)在套用各子目定额时,砂浆、混凝土等的种类、配合比、施工厚度及装饰材料的品种、规格、间距等与设计不同时,除定额另有规定者外,应进行调整。

(3)堆砌假山及塑假石山定额中,均不包括假山基础,其基础设计要求可套用"通用项目"相应定额。

(二)工程量清单计价编制实例

【例4-16】 根据例4-15的混凝土花架工程量清单(见表4-48),参照当地预算定额,试编制该工程工程量清单计价表。单价均按定额价取定。

解 (1)清单项目与定额匹配、工程量计算。

在清单列项的基础上,确定出完成一个清单项需要哪些定额项目才能完成,并套用当地定额项目的计量规则,计算出相应的定额工程量。具体见表4-54。

表4-54　工程清单与定额项匹配

序号	项目编码	项目名称	计量单位	工程量
1	010101001001	平整场地	m^2	45.11
定额	A1-3	平整场地	100 m^2	0.451
2	010501003001	独立基础-现浇混凝土基础	m^3	0.64
定额	A1-2	挖土方 深度2 m以内 坚土	100 m^3	0.047
	A2-5	垫层 天然级配砂石	10 m^3	0.031
	A2-14	垫层 混凝土	10 m^3	0.031
	A5-77换	现拌混凝土 带形基础、独立基础 C35~ 换:现浇及现场混凝土:砾石最大粒径20 mm C20 水泥32.5	10 m^3	0.064
	A1-11	回填土 夯填	100 m^3	0.035
3	050304001001	现浇混凝土花架柱、梁	m^3	1.35

续表 4-54

序号	项目编码	项目名称	计量单位	工程量
定额	E4－9	现浇混凝土 矩形柱 C20－花架柱	m^3	0.57
	E4－12	现浇混凝土 矩形梁 C20－花架梁	m^3	0.31
	E4－43	预制混凝土 矩形梁 C20－檩条	m^3	0.47
	E4－85	预制钢筋混凝土构件安装 矩、圆形梁 无电焊－檩条安装	m^3	0.47
4	011203001001	零星项目一般抹灰	m^2	39.28
定额	B2－24	一般抹灰 水泥砂浆 零星项目	100 m^2	0.393
5	011407001001	墙面喷刷涂料	m^2	39.28
定额	B5－213	外墙真石漆 胶带条分格	100 m^2	0.393
6	010514002001	其他构件(坐凳)	m^3	0.072
定额	A5－138	预制混凝土 池槽、窗台板、隔板及其他 C25	10 m^3	0.007
	A5－210	小型构件安装 不焊接 构件体积0.1 m^3以内	10 m^3	0.007
7	011702001001	基础模板	m^2	1.176
定额	A13－5	独立基础 竹胶合板模板 木支撑	100 m^2	0.012
8	050402004001	现浇混凝土花架柱模板	m^2	11.42
定额	E12－38	现浇钢筋混凝土模板 矩形柱	m^3	0.57
9	050402005001	现浇混凝土花架梁模板	m^2	9.92
定额	E12－41	现浇钢筋混凝土模板 矩形梁	m^3	0.31
10	011702006001	矩形梁－檩条模板	m^2	17.94
定额	A13－75	矩形梁 竹胶合板模板－檩条	10 m^3	0.047

注:清单工程量、定额工程量的计算见例4-15。

(2)编制该工程工程量清单计价表。

按定额中的消耗量与价格计算各子目价格,依次计算清单造价,汇总计算出单位工程造价,也可将数据录入计价软件进行计算。

相应计价表格见表4-55～表4-58(仅例举部分表格)。

表 4-55　单位工程费用计算表（投标报价）（一般计税法）

工程名称:混凝土花架　　标段:单位工程　　名称:混凝土花架工程　　第 1 页　共 1 页

序号	工程内容	计费基础说明	费率(%)	金额(元)	说明
1	直接费	1.1 +1.2 +1.3		9 079.07	
1.1	人工费			5 947.96	
1.1.1	其中:取费人工费			3 244.34	
1.2	材料费			2 956.24	
1.3	机械费			174.87	
2	费用和利润	2.1 +2.2 +2.3 +2.4		2 647.44	
2.1	管理费	1.1.1	19.90	645.62	
2.2	利润	1.1.1	21.70	704.02	
2.3	总价措施项目费			361.56	
2.3.1	其中:安全文明施工费		10.63	344.87	
2.4	规费	2.4.1 +2.4.2 +2.4.3 +2.4.4 +2.4.5		936.24	
2.4.1	工程排污费	1 +2.1 +2.2 +2.3	0.40	43.16	
2.4.2	职工教育经费和工会经费	1.1	3.50	208.18	
2.4.3	住房公积金	1.1	6.00	356.88	
2.4.4	安全生产责任险	1 +2.1 +2.2 +2.3	0.20	21.58	
2.4.5	社会保险费	1 +2.1 +2.2 +2.3	2.84	306.44	
3	建安费用	1 +2		11 726.51	
4	销项税额	3	9.00	1 055.39	
5	附加税费	3 +4	0.36	46.01	
6	其他项目费				
建安工程造价		3 +4 +5 +6		12 827.91	

表4-56 清单项目人材机用量与单价表(投标报价)(一般计税法)

清单编号:050304001001 单位:m^3

清单名称:现浇混凝土花架柱、梁 数量:1.35

序号	编码	名称(材料、机械规格型号)	单位	数量	基期价(元)	市场价(元)		合价(元)	说明
						含税	除税		
1	00006	综合人工(园林)	工日	3.003 1	70.00	110.00	110.00	330.34	
2	410016	草袋子	m^2	0.531	2.00	2.00	1.77	0.94	
3	410649	水	m^3	1.926 5	4.38	4.38	4.02	7.74	
4	P2-25	现浇及现场混凝土:砾石最大粒径20 mm C20 水泥32.5	m^3	1.377	328.34	328.34	307.53	423.47	
5	050029	二等中枋	m^3	0.000 47	1 870.00	1 870.00	1 655.60	0.78	
6	320073	脚手架费	元	0.155	4.76	4.76	4.21	0.65	
7	410522	其他材料费	元	0.113	1.00	1.00	0.89	0.10	
8	411020	机械费	元	29.675	1.00	1.00	0.95	28.19	
9	410115	场内运输费	元	8.079	2.00	2.00	1.90	15.35	
本页合计								807.57	
累计								807.57	

清单编号:050402004001 单位:m^2

清单名称:现浇混凝土花架柱模板 数量:11.42

序号	编码	名称(材料、机械规格型号)	单位	数量	基期价(元)	市场价(元)		合价(元)	说明
						含税	除税		
1	00006	综合人工(园林)	工日	9.678 6	70.00	110.00	110.00	1 064.65	
2	320036	钢模	kg	13.663	5.80	5.80	5.14	70.23	
3	320042	钢支承	kg	17.750	5.10	5.10	4.52	80.23	
4	410986	圆钉	kg	1.556	6.00	6.00	5.31	8.26	
5	320094	零星卡具	kg	9.297	5.80	5.80	5.14	47.79	
6	410522	其他材料费	元	12.437	1.00	1.00	0.89	11.07	
7	050076	锯材	m^3	0.049 02	1 816.55	1 816.55	1 608.28	78.84	
8	411020	机械费	元	13.726	1.00	1.00	0.95	13.04	
本页合计								1 374.10	
累计								1 374.10	

表 4-57 清单项目费用计算表（综合单价表）（一般计税法）

清单编号:050304001001 单位:m^3

清单名称:现浇混凝土花架柱、梁 数量:1.35 综合单价:765.15 元

序号	工程内容	计费基础说明	费率(%)	金额(元)	备注
1	直接费	1.1+1.2+1.3		807.57	
1.1	人工费			330.34	
1.1.1	其中:取费人工费			180.19	
1.2	材料费			433.69	
1.3	机械费			43.54	
1.3.1	其中:取费机械费				
2	费用和利润	2.1+2.2+2.3		136.70	
2.1	管理费	1.1.1 或 1.1.1+1.3.1	19.90	35.86	
2.2	利润	1.1.1 或 1.1.1+1.3.1	21.70	39.10	
2.3	规费	2.3.1+2.3.2+2.3.3+2.3.4+2.3.5		61.74	
2.3.1	工程排污费	1+2.1+2.2	0.40	3.53	
2.3.2	职工教育经费和工会经费	1.1	3.50	11.56	
2.3.3	住房公积金	1.1	6.00	19.82	
2.3.4	安全生产责任险	1+2.1+2.2	0.20	1.77	
2.3.5	社会保险费	1+2.1+2.2	2.84	25.06	
3	建安造价	1+2		944.27	
4	销项税额	3	9.00	84.98	
5	附加税费	3+4	0.36	3.71	
合计		3+4+5		1 032.96	

表4-58　单位工程工程量清单与造价表(投标报价)

序号	项目编码	项目名称及特征描述	计量单位	工程量	金额(元)				
					综合单价	合价	其中		
							建安费用	销项税额	附加税费
1	010101001001	平整场地	m^2	45.11	5.17	233.26	213.24	19.19	0.84
	A1－3	平整场地	100 m^2	0.451	517.06	233.25	213.22	19.19	0.84
2	010501003001	独立基础－现浇混凝土基础	m^3	0.64	1 691.37	1 082.48	989.54	89.06	3.88
	A1－2	挖土方 深度2 m以内 坚土	100 m^3	0.047	6 785.80	321.65	294.03	26.46	1.15
	A2－5	垫层 天然级配砂石	10 m^3	0.031	2 571.28	79.71	72.87	6.56	0.29
	A2－14	垫层 混凝土	10 m^3	0.031	5 211.56	161.56	147.69	13.29	0.58
	A5－77换	现拌混凝土　带形基础、独立基础 C35～换:现浇及现场混凝土:砾石最大粒径20 mm C20 水泥32.5	10 m^3	0.064	5 384.68	344.62	315.03	28.35	1.24
	A1－11	回填土 夯填	100 m^3	0.035	4 998.36	174.94	159.92	14.39	0.63
3	050304001001	现浇混凝土花架柱、梁	m^3	1.35	765.15	1 032.96	944.27	84.98	3.71
	E4－9	现浇混凝土 矩形柱 C20－花架柱	m^3	0.57	771.82	439.94	402.16	36.20	1.58
	E4－12	现浇混凝土 矩形梁 C20－花架梁	m^3	0.31	688.01	213.28	194.97	17.55	0.77
	E4－43	预制混凝土 矩形梁 C20－檩条	m^3	0.47	592.04	278.26	254.37	22.89	1.00
	E4－85	预制钢筋混凝土构件安装 矩形、圆形梁无电焊－檩条安装	m^3	0.47	215.91	101.48	92.77	8.35	0.36

续表 4-58

序号	项目编码	项目名称及特征描述	计量单位	工程量	金额(元)				
					综合单价	合价	其中		
							建安费用	销项税额	附加税费
4	011203001001	零星项目 一般抹灰	m^2	39.28	116.36	4 570.62	4 178.19	376.04	16.40
	B2－24	一般抹灰 水泥砂浆 零星项目	100 m^2	0.393	11 635.99	4 570.62	4 178.19	376.04	16.40
5	011407001001	墙面喷刷涂料	m^2	39.28	53.58	2 104.66	1 923.95	173.16	7.55
	B5－213	外墙真石漆 胶带条分格	100 m^2	0.393	5 358.15	2 104.68	1 923.97	173.16	7.55
6	010514002001	其他构件(坐凳)	m^3	0.072	1 562.96	112.53	102.87	9.26	0.40
	A5－138	预制混凝土 池槽、窗台板、隔板及其他 C25	10 m^3	0.007	13 925.89	100.27	91.66	8.25	0.36
	A5－210	小型构件安装 不焊接 构件体积 0.1 m^3 以内	10 m^3	0.007	1 703.77	12.27	11.21	1.01	0.04
7	011702001001	基础模板	m^2	1.176	60.19	70.79	64.71	5.82	0.25
	A13－5	独立基础 竹胶合板模板 木支撑	100 m^2	0.012	6 019.42	70.79	64.71	5.82	0.25
8	050402004001	现浇混凝土花架柱模板	m^2	11.42	169.78	1 938.87	1 772.39	159.52	6.96
	E12－38	现浇钢筋混凝土模板 矩形柱	m^3	0.57	3 401.52	1 938.87	1 772.40	159.52	6.96
9	050402005001	现浇混凝土花架梁模板	m^2	9.92	96.07	953.04	871.22	78.41	3.42
	E12－41	现浇钢筋混凝土模板 矩形梁	m^3	0.31	3 074.35	953.05	871.22	78.41	3.42
1C	011702006001	矩形梁－檩条模板	m^2	17.94	17.81	319.57	292.13	26.29	1.15
	A13－75	矩形梁 竹胶合板模板－檩条	10 m^3	0.047	6 799.18	319.56	292.12	26.29	1.15
累计						12 418.78	11 352.50	1 021.73	44.55

第四节　措施项目计量与计价

《建设工程工程量清单计价规范》(GB 50500—2013)规定,措施项目清单必须根据相关工程现行国家计量规范的规定编制,规定了措施项目清单的计价方式,强调措施项目清单编制时,同分部分项工程一样,必须列出项目编码、项目名称、项目特征、计量单位、工程量计算规则,体现了对措施项目清单内容规范管理的要求。

一、措施项目工程量清单编制

(一)脚手架工程工程量清单项目设置

脚手架工程工程量清单项目设置项目(《园林绿化工程工程量计算规范》(GB 50858—2013)附录D.1),应按表4-59的规定执行。

表4-59　脚手架工程(编码:050401)

项目编码	项目名称	项目特征	计量单位
050401001	砌筑脚手架	1. 搭设方式 2. 墙体高度	m^2
050401002	抹灰脚手架	1. 搭设方式 2. 墙体高度	m^2
050401003	亭脚手架	1. 搭设方式 2. 檐口高度	1. 座 2. m^2
050401004	满堂脚手架	1. 搭设方式 2. 施工面高度	m^2
050401005	堆砌(塑)假山脚手架	1. 搭设方式 2. 假山高度	m^2
050401006	桥身脚手架	1. 搭设方式 2. 桥身高度	m^2
050401007	斜道	斜道高度	座

(二)模板工程工程量清单项目设置

模板工程工程量清单项目设置项目(《园林绿化工程工程量计算规范》(GB 50858—2013)附录D.2),应按表4-60的规定执行。

表4-60　模板工程(编码:050402)

项目编码	项目名称	项目特征	计量单位
050402001	现浇混凝土垫层	1. 模板材料种类 2. 支架材料种类	m^2
050402002	现浇混凝土路面	1. 模板材料种类 2. 支架材料种类	m^2

续表 4-60

项目编码	项目名称	项目特征	计量单位
050402003	现浇混凝土路牙、树池围牙	1. 模板材料种类 2. 支架材料种类	m^2
050402004	现浇混凝土花架柱	1. 柱子直径 2. 柱子自然层高 3. 模板材料种类 4. 支架材料种类	m^2
050402005	现浇混凝土花架梁	1. 梁断面尺寸 2. 梁底高度 3. 模板材料种类 4. 支架材料种类	m^2
050402006	现浇混凝土花池	1. 模板材料种类 2. 支架材料种类	m^2
050402007	现浇混凝土桌凳	1. 模板材料种类 2. 支架材料种类	1. m^2 2. 个
050402008	石桥拱券石、石券脸胎架	1. 胎架面高度 2. 面层材料种类 3. 支架材料种类	m^2

（三）树木支撑架等工程量清单项目设置

树木支撑架、草绳绕树干、搭设遮阴（防寒）棚工程工程量清单项目设置项目（《园林绿化工程工程量计算规范》（GB 50858—2013）附录 D.3），应按表 4-61 的规定执行。

表 4-61 树木支撑架、草绳绕树干、搭设遮阴（防寒）棚工程（编码：050403）

项目编码	项目名称	项目特征	计量单位
050403001	树木支撑架	1. 支撑类型、材质 2. 支撑材料规格 3. 单株支撑材料数量	株
050403002	草绳绕树干	1. 胸径（干径） 2. 草绳所绕树干高度	株
050403003	搭设遮阴（防寒）棚	1. 搭设高度 2. 搭设材料种类、规格	m^2

（四）围堰、排水工程工程量清单项目设置

围堰、排水工程工程量清单项目设置项目（《园林绿化工程工程量计算规范》（GB 50858—2013）附录 D.4），应按表 4-62 的规定执行。

表 4-62　围堰、排水工程(编码:050404)

项目编码	项目名称	项目特征	计量单位
050404001	围堰	1. 围堰断面尺寸 2. 围堰长度 3. 围堰材料及灌装袋材料品种、规格	1. m^3 2. m
050404002	排水	1. 水泵种类及管径 2. 水泵数量 3. 排水长度	1. m^3 2. d 3. 台班

(五)安全文明施工及其他措施项目工程量清单项目设置

安全文明施工及其他措施项目工程量清单项目设置项目(《园林绿化工程工程量计算规范》(GB 50858—2013)附录 D.5),应按表 4-63 的规定执行。

表 4-63　安全文明施工及其他措施项目(编码:050405)

项目编码	项目名称	工作内容及包含范围
050405001	安全文明施工	1. 环境保护;文明施工;安全施工;临时设施
050405002	夜间施工	1. 夜间固定照明灯具和临时可移动照明灯具的设置、拆除 2. 夜间施工时施工现场交通标志、安全标牌、警示灯等的设置、移动、拆除 3. 夜间照明设置及照明用电、施工人员夜班补助、夜间施工劳动效率降低等
050405003	非夜间施工照明	为保证施工正常进行,在如假山石洞等特殊部位施工时所采用的照明设备的安拆、维护及照明等
050405004	二次搬运	由于施工场地条件限制而发生的材料、植物、成品、半成品等一次运输不能到达堆放地点,必须进行的二次或多次搬运
050405005	冬雨季施工	1. 冬雨(风)季施工时增加的临时设施的搭设、拆除 2. 冬雨季施工时对植物、砌体、混凝土等采用的特殊加湿、保湿和养护措施 3. 冬雨季施工时施工现场的防滑处理,对影响施工的雨雪的清除 4. 冬雨季施工时增加的临时设施、施工人员的劳动保护用品、冬雨季施工劳动效率降低等
050405006	反季节栽植影响措施	因反季节栽植在增加材料、人工、防护、养护、管理等方面采取的种植措施工及保证成活率措施
050405007	地上地下设施的临时保护设施	在工程施工过程中,对已建成的地上、地下设施和植物进行的遮盖、封闭、隔离等必要保护措施
050405008	已完工程及设备保护	对已完工程及设备采取的覆盖、包裹、封闭、隔离等必要的保护措施

二、措施项目工程量计算规则

（一）脚手架工程

（1）砌筑脚手架：按墙的长度乘墙的高度以面积计算。独立砖石柱高度在3.6 m以内时，以柱结构周长乘以柱高计算，独立砖石柱高度在3.6 m以上时，以柱结构周长加3.6 m乘以柱高计算。凡砌筑高度在1.5 m及以上的砌体，应计算脚手架。

（2）抹灰脚手架：按抹灰墙面的长度乘高度以面积计算。独立砖石柱高度在3.6 m以内时，以柱结构周长乘以柱高计算，独立砖石柱高度在3.6 m以上时，以柱结构周长加3.6 m乘以柱高计算。

（3）满堂脚手架：按搭设的地面主墙间尺寸以面积计算。

（4）堆砌（塑）假山脚手架：按外围水平投影最大矩形面积计算。

（5）桥身排脚手架：根据桥基础底面至桥面平均高度以河道两侧宽度以面积计算。

（二）模板

（1）模板（现浇混凝土垫层、现浇混凝土路面、现浇混凝土路牙、树池围牙、现浇混凝土花架柱、现浇混凝土花架梁、现浇混凝土花池）：均按混凝土与模板接触面积计算。

（2）现浇混凝土桌凳模板：以“m^3”计量，按设计图示混凝土体积计算；或按设计图示数量以“个”计量。

（3）石桥拱券石、石券脸胎架模板：按拱券石、石券脸弧形底面展开尺寸以面积计算。

（三）树木支撑架、草绳绕树干、搭设遮阴（防寒）棚工程

（1）树木支撑架、草绳绕树干：均按设计图示数量计算。

（2）搭设遮阴（防寒）棚：以“m^2”计量，按遮阴（防寒）棚外围覆盖层的展开尺寸以面积计算，或按设计图示数量以“株”计量。

（四）围堰、排水工程

（1）围堰：以“m^3”计量，按围堰断面面积乘以堤顶中心线长度以体积计算；或按围堰堤顶中心线长度以“延长米”计算。

（2）排水：以“m^3”计量，按需要排水量以体积计算，围堰排水按堰内水面积乘以平均水深计算；或按需要排水日历天以天计算；或按水泵排水工作台班以台班计算。

（五）安全文明施工及其他措施项目

本节项目属于总价措施项目，故只按照清单项目分别列出各自的工作内容及包含范围，计量单位为“项”。

安全文明施工费必须按国家或省级、行业建设主管部门的规定计算，不得作主竞争性费用。

第五节　园林工程计量与列项练习

前面介绍了园林工程分部分项工程的计量与计价的知识，其中最关键的是在明确工程内容、特征、技术要求的基础上，进行工程量清单列项，再进行相应定额的选取匹配，计算清单工程量、定额工程量。本节将通过介绍几个实例来加深掌握园林工程计量与列项知识。

一、园林工程施工图的识读

识读图纸是预算的关键所在,是图纸工程量计算的基础,是清单列项的前提,只有读懂了施工图纸的内容,理解了图纸设计的意图之后才能对工程项目中的工程内容、项目特征、技术要求等有清晰的认识,才能在计量计价的时候准确计算工程量和套用定额计价,做到所谓的"项目全、计算准、速度快"。特别是园林工程图纸,涉及专业内容众多,全面地识读理解相应专业的图纸就更为重要。读图要注意以下几点:

(1)对照图纸目录,检查图纸是否齐全。

(2)设计说明或附注要仔细阅读,因为有些分张图纸中不再表示的项目或设计要求,往往在说明或附注中可以找到,稍不注意,就容易漏项。

(3)设计上有无特殊的施工质量要求,事先列出需要另编补充定额的项目。

(4)园路、铺装施工图要注意位置、大样,以及作法详图的对应,尺寸材料等要一一对应,最好能自行进行标记说明。

(5)园林建筑、小品施工图纸,要对平、立、剖面以及详图对应来看,以防遗漏。

二、园林工程的清单列项

按照国家现行的《园林绿化工程工程量计算规范》(GB 50858—2013)进行列项,包括分部分项工程量清单列项、措施项目清单列项、其他项目清单列项。这些列项,要在充分理解项目的基础上进行,要注意施工规范、施工顺序的要求。例如,某园林工程项目内有一个雕塑,此项内容需要外包给雕塑艺人来进行创作,具体费用还没有定下来,这就需要安排一个暂估价;同时,雕塑创作完成后运到工地需要现场园林工程的配合,这就需要计一个总包服务费。

三、园林工程的定额列项

定额列项是根据园林工程清单项目设置的工程内容、项目特征,以及具体情况选取相应定额项目,与清单项目相匹配。园林工程的定额选取与工程量清单中描述的具体内容和施工做法相关。需要注意的是,园林工程的综合性强,它结合了房建、安装、市政等专业的特性,在园林专业定额项目中仅仅只是列出了比较特殊的、园林特征很明显的项目来进行编制,很多其他的定额项都是采用其他专业的相应定额项来进行选取的,那么,选取定额项目一定是要适用于当前的园林工程项目图纸中描述的内容才行。

四、园林工程列项实例

园林工程的识图与列项,要通过反复练习、多理解,才能达到准确的目标。

【例4-17】 某绿地中一银杏树池,如图4-12所示,银杏规格ϕ 30 ~ 32 cm,$P>450$ cm,$H>8.5$ m;土方开挖已到位,但绿化土需就近借土回填到树池顶 -100 位置,借土距离为50 m以内。请根据一般工程施工方法与经验,编制工程量清单,进行相应定额列项。

解 分析施工图纸,进行清单项目列项、定额匹配,填入表4-64中。本例有1个清单

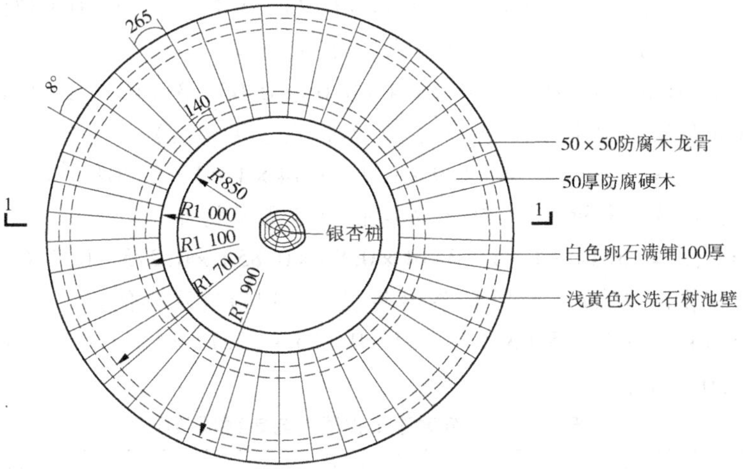

银杏树池平面图

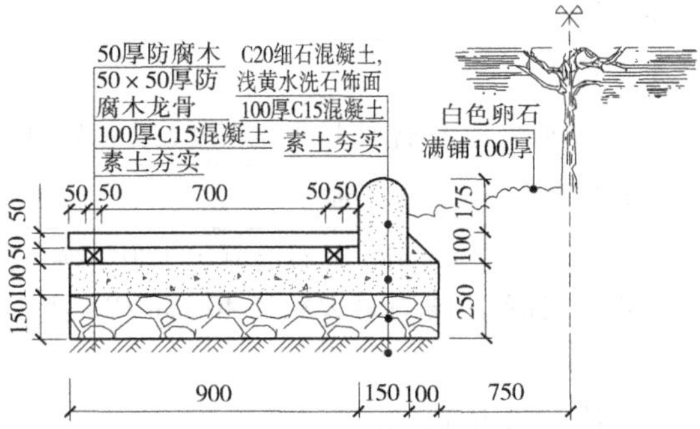

1—1 银杏树池剖面图

图4-12　银杏树池施工图　（单位：mm）

项目，即花池，这个清单可由平整场地、挖沟槽、150 mm 碎石垫层、100 mm C15 混凝土、50 mm×50 mm 防腐木龙骨、50 mm 防腐木硬木凳面、C20 细石混凝土树池壁、水洗石装饰树池面等 8 个定额匹配。

花池清单工程量。可以用 1 个表示，也可以用花池的面积来表示。

其定额工程量为：

(1)平整场地。平整场地按建(构)物外形每边各加宽 2 m 计算面积。

$$S_{平}=S_{底}+L_{外}\times 2$$

$$S=3.14\times 1.9^2+3.14\times 3.8\times 2=35.20(\text{m}^2)$$

(2)挖沟槽(人工挖地槽、地沟 普通土 干土深度在 2 m 以内)。

$$V_{挖沟槽}=(3.14\times 1.9\times 1.9-3.14\times 0.75\times 0.75)\times 0.15=1.435(\text{m}^3)$$

(3)150 mm 碎石垫层(基础垫层 碎石(砖) 干铺)。

$$V_{碎石垫层}=(3.14\times 1.9\times 1.9-3.14\times 0.75\times 0.75)\times 0.15=1.435(\text{m}^3)$$

(4)100 mm C15 混凝土(现浇混凝土 带形基础 毛石混凝土 C20～换：现浇及现场混凝土：砾石最大粒径 40 mm C15 水泥 32.5)。

$V_{混凝土}=(3.14\times1.9\times1.9-3.14\times0.75\times0.75)\times0.1=0.957(m^3)$

(5)50 mm×50 mm 防腐木龙骨(方木棱 带剪刀撑)。

$V_{防腐木龙骨}=0.05\times0.05\times3.14\times3.4+0.05\times0.05\times3.14\times2.2=0.044(m^3)$

(6)50 mm 防腐木硬木凳面(硬木企口板 铺在小木棱上)。

$S_{硬木凳面}=3.14\times1.9\times1.9-3.14\times1\times1=8.20(m^2)$

(7)C20 细石混凝土树池壁(现浇混凝土 其他零星构件)。

$V_{树池壁}=(3.14\times1\times1-3.14\times0.85\times0.85)\times0.275=0.24(m^3)$

(8)水洗石装饰树池面(水刷石 窗台线、压顶、门窗套及其他)

$S_{树池面}=3.14\times2\times0.275+3.14\times1.7\times0.275+(3.14\times1\times1-3.14\times0.85\times0.85)$
$=4.07(m^2)$

表4-64 银杏树池工程清单与定额项匹配表

序号	项目编码	项目名称	计量单位	工程量
1	050307016001	银杏树池	个	1.00
定额	E1-55	平整场地	10 m^2	3.52
	E1-1	人工挖地槽、地沟 普通土 干土深度在2 m以内	m^3	1.435
	E2-4	基础垫层 碎石(砖) 干铺	m^3	1.435
	E4-1换	现浇混凝土 带形基础 毛石混凝土 C20~换:现浇及现场混凝土:砾石最大粒径40 mm C15 水泥32.5	m^3	0.957
	E5-275	方木棱 带剪刀撑	m^3	0.044
	E5-283	硬木企口板 铺在小木棱上	10 m^2	0.82
	E4-40	现浇混凝土 其他零星构件 C20	m^3	0.24
	E7-49	水刷石 窗台线、压顶、门窗套及其他	10 m^2	0.407

【例4-18】 某绿地中一小型花坛工程,施工图见图4-13。现场标高为-300,土质为夯实回填土,绿化所需要回填土预留在附近50 m内位置。请根据一般工程施工方法与经验,编制工程量清单,进行相应定额列项。

解 分析施工图纸,进行清单项目列项、定额匹配,本例有8个清单项目,并进行清单工程量计算,与定额工程量计算填入表4-65中。

(1)栽植桂花 胸径7~8 cm:4株。

①草绳绕树干: $L=4\times0.8=3.2(m)$

②树木支撑:4株。

③栽植乔木(带土球) 土球直径80 cm以内:4株。

(2)栽植紫薇 胸径4~5 cm:6株。

①草绳绕树干: $L=6\times0.8=4.8(m)$

②树木支撑:6株。

③栽植乔木(带土球) 土球直径50 cm以内:6株。

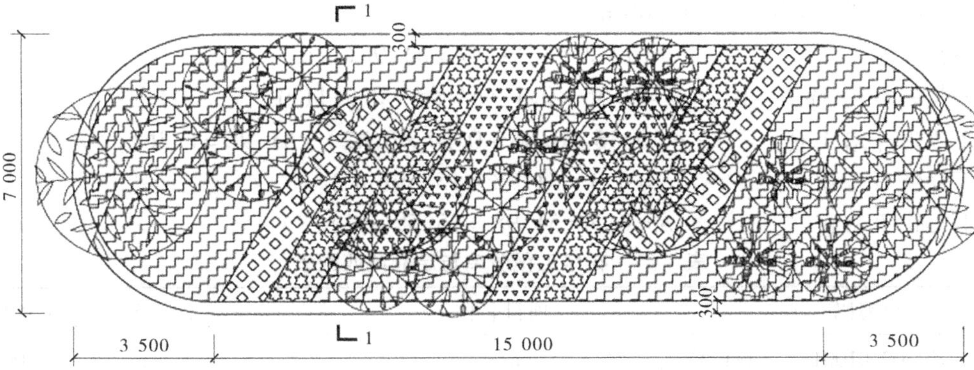

某花坛平面布置图

植物配置表

图例	名称	规格	数量
	桂花	胸径7~8 cm	4
	紫薇	胸径4~5 cm	6
	红枫	胸径4~5 cm	6
	小叶栀子	冠幅20~30 cm	81.5 m²
	红继木	冠幅30~40 cm	19.0 m²
	金边黄杨	冠幅30~40 cm	13.8 m²
	金叶女贞	冠幅30~40 cm	13.8 m²

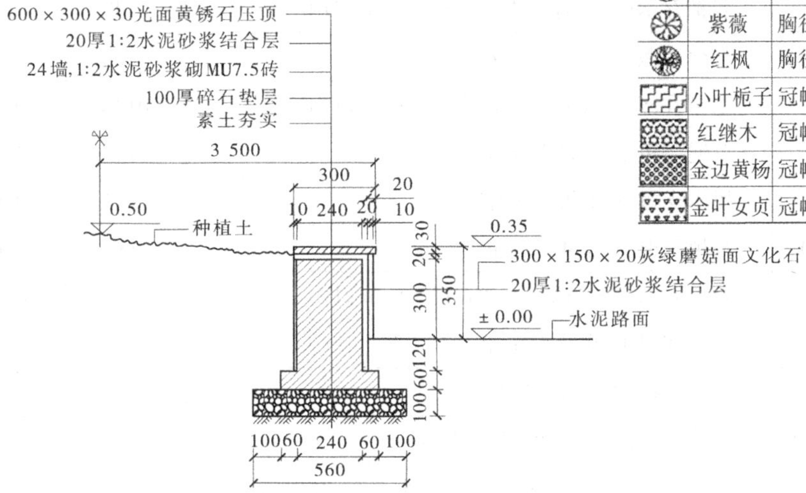

1—1花坛剖面图

图 4-13　花坛施工图

(3)栽植红枫 胸径 4 ~ 5 cm:6 株。

①草绳绕树干:　　　　$L = 6 \times 0.8 = 4.8$(m)

②树木支撑:6 株。

③栽植乔木(带土球) 土球直径 50 cm 以内:6 株。

(4)栽植小叶栀子 冠幅 20 ~ 30 cm:81.5m²。

灌木(花、草)成片栽植:81.5 m²。

(5)栽植红继木 冠幅 30 ~ 40 cm:19.00 m²。

灌木(花、草)成片栽植:19.00 m²。

(6)栽植金边黄杨 冠幅 30 ~ 40 cm:13.80 m²。

灌木(花、草)成片栽植:13.80 m²。

(7)栽植金叶女贞 冠幅 30 ~ 40 cm:13.80 m²。

灌木(花、草)成片栽植:13.80 m^2。

(8)砖砌花坛: $L=15\times2+3.14\times7=51.98(m)$

①基础垫层 碎石: $V_{碎石垫层}=0.56\times0.1\times51.98=2.911(m^3)$

②砖砌外墙1砖: $V=(0.36\times0.06+0.24\times0.42)\times51.98=6.36(m^3)$

③黄锈石压顶 $S=0.3\times51.98=15.59(m^2)$

④文化石贴面 $S=0.3\times51.98=15.59(m^2)$

表4-65 花坛工程清单与定额项匹配表

序号	项目编码	项目名称	计量单位	工程量
1	050102001001	栽植桂花 胸径7~8 cm	株	4.00
定额	E13-223	草绳绕树干 胸径10 cm内	m	3.20
	E13-243	树木支撑 树棍桩 三脚桩	10株	0.40
	E13-68	栽植乔木(带土球) 土球直径80 cm以内	10株	0.40
2	050102001002	栽植紫薇 胸径4~5 cm	株	6.00
定额	E13-65	栽植乔木(带土球) 土球直径50 cm以内	10株	0.60
	E13-222	草绳绕树干 胸径5 cm内	m	4.80
	E13-243	树木支撑 树棍桩 三脚桩	10株	0.60
3	050102001003	栽植红枫 胸径4~5 cm	株	6.00
定额	E13-65	栽植乔木(带土球) 土球直径50 cm以内	10株	0.60
	E13-222	草绳绕树干 胸径5 cm内	m	4.80
	E13-243	树木支撑 树棍桩 三脚桩	10株	0.60
4	050102007001	栽植小叶栀子 冠幅20~30 cm	m^2	81.50
定额	E13-137	灌木(花、草)成片栽植 每平方米株数50以内	10 m^2	8.15
5	050102007002	栽植红继木 冠幅30~40 cm	m^2	19.00
定额	E13-137	灌木(花、草)成片栽植 每平方米株数50以内	10 m^2	1.90
6	050102007003	栽植金边黄杨 冠幅30~40 cm	m^2	13.80
定额	E13-137	灌木(花、草)成片栽植 每平方米株数50以内	10 m^2	1.38
7	050102007004	栽植金叶女贞 冠幅30~40 cm	m^2	13.80
定额	E13-137	灌木(花、草)成片栽植 每平方米株数50以内	10 m^2	1.38
8	050201003001	砖砌花坛	m	51.98
定额	E2-4	基础垫层 碎石(砖) 干铺	m^3	2.911
	E2-21	砖砌外墙1砖	m^3	6.36
	E6-43换	花岗岩板 地面~换:黄锈石20 mm厚	10 m^2	1.559
	E7-66换	镶贴块料面层 花岗岩板 墙面、墙裙~换:文化石20 mm厚	10 m^2	1.559

【例4-19】 某绿地中一小型广场铺装工程,施工图见图4-14。请根据一般工程施工方法与经验,编制工程量清单,进行相应定额列项。

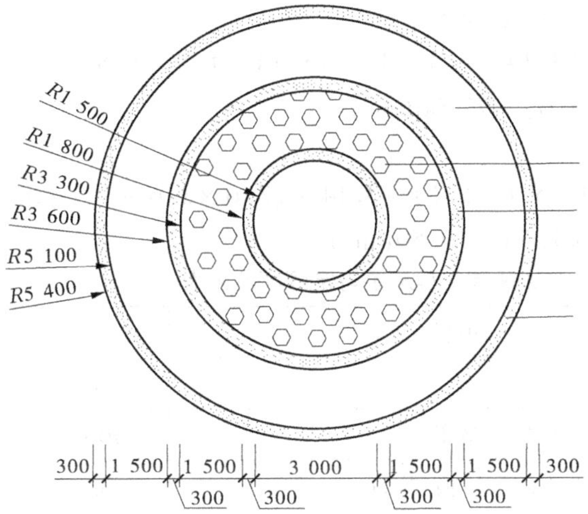

广场铺装平面大样(局部)

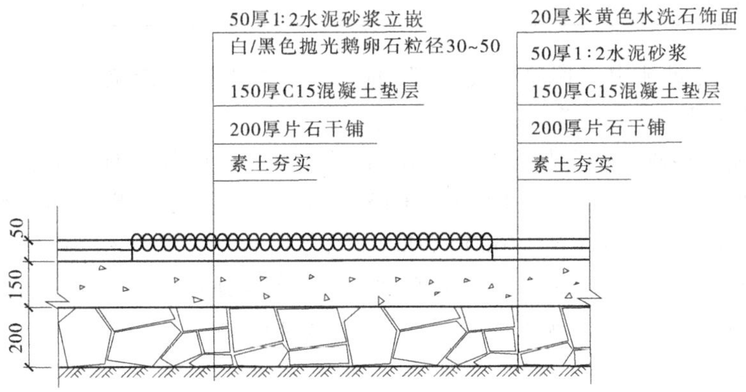

广场铺装剖面大样(局部)

图4-14　广场铺装施工图　(单位:mm)

解　分析施工图纸,进行清单项目列项、定额匹配。施工流程:整理路床→基础垫层200厚片石→基础垫层混凝土C15→卵石面层→水洗石面层→清理现场。本例有1个清单项目,并列出相应定额子目,进行清单工程量计算与定额工程量计算,填入表4-66中。

广场铺装 清单的工程量:

$$S_{广场铺装}=3.14\times5.4\times5.4=91.56(m^2)$$

(1)园路土基 整理路床工程量:

$$S_{整理路床}=S_{广场铺装}=91.56(m^2)$$

(2)基础垫层 碎石~换:片石工程量:

$$V_{基础垫层片石}=3.14\times5.4\times5.4\times0.2=18.31(m^3)$$

(3)基础垫层 混凝土 C15 工程量

$$V_{基础垫层\ 混凝土\ C15} = 3.14 \times 5.4 \times 5.4 \times 0.15 = 13.73(m^3)$$

(4)卵石面层(素色卵石面 彩边、素色):

$$V_{卵石面层} = 3.14 \times 1.5 \times 1.5 + (3.14 \times 3.3 \times 3.3 - 3.14 \times 1.8 \times 1.8) + (3.14 \times 5.1 \times 5.1 - 3.14 \times 3.6 \times 3.6) = 72.06(m^3)$$

(5)洗石子路面:

$$V_{洗石子路面} = 3.14 \times (5.4 \times 5.4 - 5.1 \times 5.1) + 3.14 \times (3.6 \times 3.6 - 3.3 \times 3.3) + 3.14 \times (1.8 \times 1.8 - 1.5 \times 1.5) = 19.50(m^3)$$

表4-66 广场铺装工程清单与定额项匹配表

序号	项目编码	项目名称	计量单位	工程量
1	050201001001	广场铺装	m^2	91.56
定额	E14－49	园路土基 整理路床	10 m^2	9.156
	E14－54换	基础垫层 碎石～换:片石	m^3	18.31
	E14－55	基础垫层 混凝土 C15	m^3	13.73
	E14－57	素色卵石面 彩边、素色	10 m^2	7.206
	E14－61	洗石子路面	10 m^2	1.95

【例4-20】 某绿地中一园路铺装工程,施工图见图4-15。请根据一般工程施工方法与经验,编制工程量清单,进行相应定额列项。

解 分析施工图纸,进行清单项目列项、定额匹配。经图样分析可知,结构包括:基础垫层150 mm碎石垫层、基础垫层100 mm C15混凝土、光面蒙古黑(宽度150两条,铺设长度30 000 mm)、山东白麻(尺寸600×300×30,每一行铺四块,该段路需铺设100行)、黄锈石(尺寸600×300×30,每一行铺1.5块,该段路需铺设100行)。列出相应定额子目,进行清单工程量计算与定额工程量计算,填入表4-67中。

园路铺装清单工程量:

$$S_{园路铺装} = 3.6 \times 30 = 108(m^2)$$

(1)园路基础垫层150 mm,碎石垫层。

$$V_{碎石垫层} = 108 \times 0.15 = 16.2(m^3)$$

(2)园路基础垫层C15混凝土100 mm。

$$V_{垫层C15混凝土} = 108 \times 0.1 = 10.8(m^3)$$

(3)园路地面(光面蒙古黑)。

$$S_{光面蒙古黑} = 0.15 \times 30 \times 2 = 9(m^2)$$

(4)园路地面(山东白麻)。

$$S_{山东白麻} = 0.6 \times 0.3 \times 4 \times 100 = 72(m^2)$$

(5)园路地面(黄锈石)。

$$S_{黄锈石} = 0.6 \times 0.3 \times 1.5 \times 100 = 27(m^2)$$

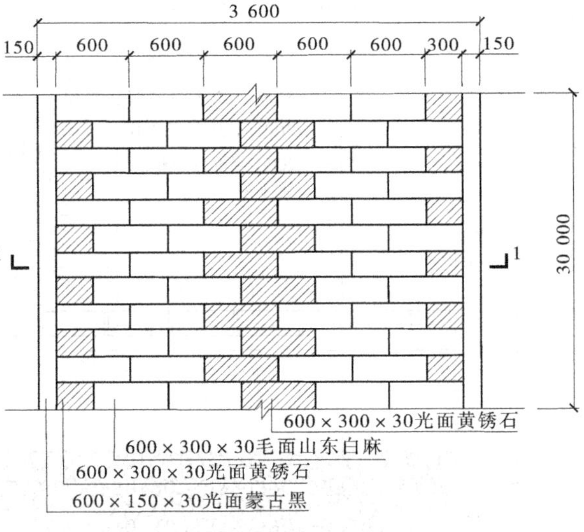

1—1道路铺装大样(局部)

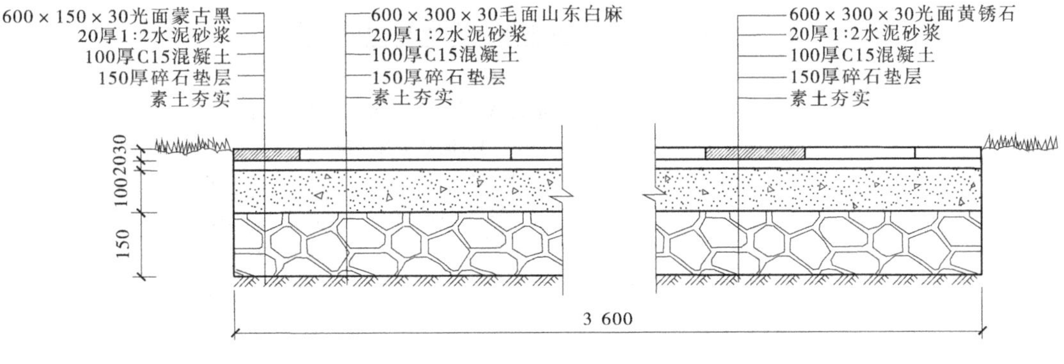

1—1道路铺装剖面(局部)

图4-15　园路铺装施工图　(单位:mm)

表4-67　园路铺装工程清单与定额项匹配表

序号	项目编码	项目名称	计量单位	工程量
1	050201001001	园路	m^2	108.00
定额	E14－54	基础垫层 碎石	m^3	16.20
	E14－55	基础垫层 混凝土 C15	m^3	10.80
	E6－43 换	花岗岩板 地面～换:蒙古黑花岗岩板	10 m^2	0.90
	E6－43 换	花岗岩板 地面～换:麻石汀步板 50 厚	10 m^2	7.20
	E6－43 换	花岗岩板 地面～换:黄锈石	10 m^2	2.70

【例4-21】 某路面铺装工程长度30 m,施工图见图4-16。请根据一般工程施工方法

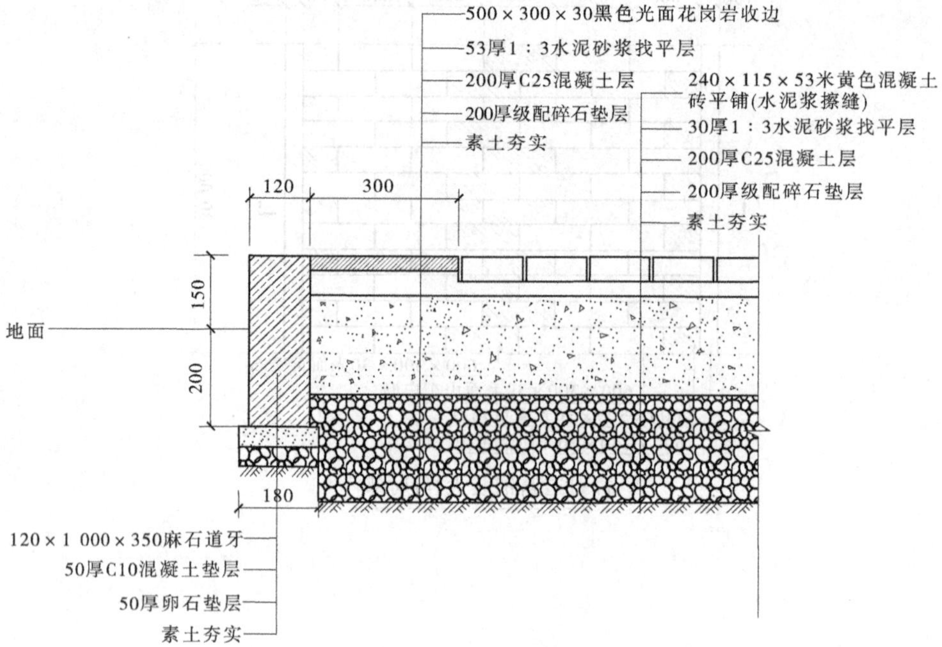

路面铺装大样A—A剖面图

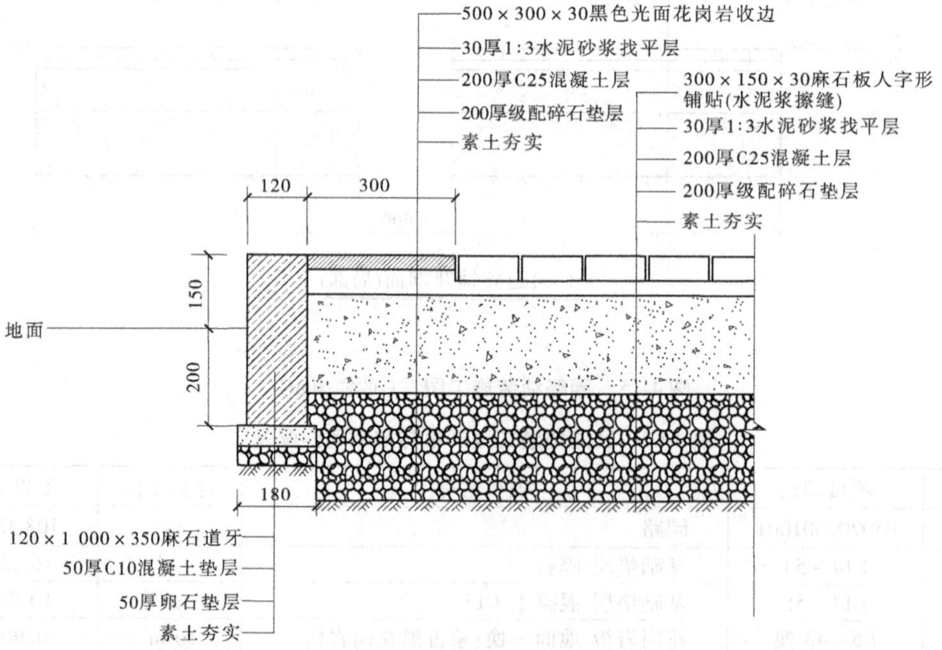

路面铺装大样B—B剖面图

图4-16　路面铺装施工图

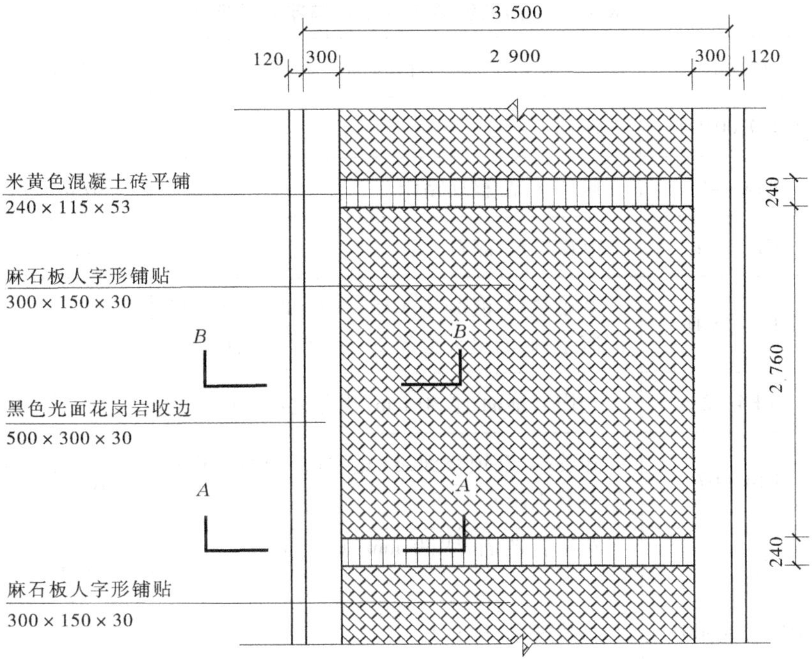

平面图

续图 4-16

与经验，编制工程量清单，进行相应定额列项。

解　分析施工图纸，进行清单项目列项、定额匹配。列出相应定额子目，进行清单工程量计算与定额工程量计算，填入表 4-68 中。

(1) 园路(麻石板人字形铺贴、米黄色混凝土砖平铺)清单工程量。

$$S_{园路}=3.5\times30=105(m^2)$$

①园路基础垫层，碎石垫层。　$V_{碎石垫层}=105\times0.2=21(m^3)$

②园路基础垫层 C25 混凝土。　$V_{垫层C25混凝土}=105\times0.2=21(m^3)$

③园路地面(黑色光面花岗岩)。　$S_{黑色光面花岗岩}=0.3\times0.3\times2=18(m^2)$

④园路地面(米黄色混凝土砖)。　$S_{米黄色混凝土砖}=2.9\times0.24\times100=69.6(m^2)$

⑤园路地面(麻石板人字形铺贴)。　$S_{麻石板人字形铺贴}=2.9\times2.76\times100=800.4(m^2)$

(2) 麻石道牙清单工程量。$L_{麻石道牙}=30\times2=60(m)$

①卵石垫层。　$V_{碎石垫层}=0.18\times0.05\times60=0.54(m^3)$

②C10 混凝土。　$V_{C10混凝土}=0.18\times0.05\times60=0.54(m^3)$

③麻石道牙。与清单工程量相同。

表 4-68　道路铺装工程清单与定额项匹配表

序号	项目编码	项目名称	计量单位	工程量
1	050201001001	园路	m^2	105.00
定额	E14－49	园路土基 整理路床	10 m^2	10.50
	E14－54	基础垫层 碎石	m^3	21.00
	E14－55 换	基础垫层 混凝土 C15～ 换:现浇及现场混凝土:砾石最大粒径 20 mm C25 水泥 32.5	m^3	21.00
	BE4－2	花岗岩地面 厚 30 mm(黑色光面花岗岩)	10 m^2	1.80
	E14－67	建菱砖、互锁路面砖(透水砖)路面(米黄色混凝土砖)	10 m^2	6.96
	BE4－2	花岗岩地面 厚 30 mm(麻石板人字形铺贴)	10 m^2	80.04
2	050201003001	路牙铺设(麻石)	m	60.00
定额	E14－54	基础垫层 碎石(卵石垫层)	m^3	0.54
	E14－55 换	基础垫层 混凝土 C15～ 换:现浇及现场混凝土:砾石最大粒径 20 mm C10 水泥 32.5	m^3	0.54
	E14－73	路牙 立砌机砖 宽 115 mm(麻石)	10 m	60.00

【例 4-22】 某给水排水工程施工图见图 4-17。请根据一般工程施工方法与经验,编制工程量清单,进行相应定额列项。

解 分析施工图纸,进行清单项目列项、定额匹配,并进行清单工程量计算与定额工程量计算,填入表 4-69 中。

(1)集水井:2 座。

①人工挖基坑土方: $V=1\times1\times0.94\times2=1.88(m^3)$

②垫层 碎石: $V=1\times1\times0.15\times2=0.3(m^3)$

③垫层 混凝土 C15: $V=0.8\times0.8\times0.1\times2=0.128(m^3)$

④非定型井砌筑: $V=(0.6\times0.6\times0.66-0.36\times0.36\times0.6)\times2=0.32(m^3)$

⑤抹灰 井内侧: $S=(0.36\times0.36+0.36\times0.6\times4)\times2=1.99(m^2)$

⑥铸铁井盖:2 套。

(2)排水沟:25 m。

①人工挖地槽土方: $V=1\times25\times0.97=24.25(m^3)$

②垫层 碎石: $V=1\times25\times0.15=3.75(m^3)$

③垫层 混凝土 C15: $V=0.8\times25\times0.1=2(m^3)$

④砌筑: $V=(0.6\times0.66-0.36\times0.6)\times25=4.5(m^3)$

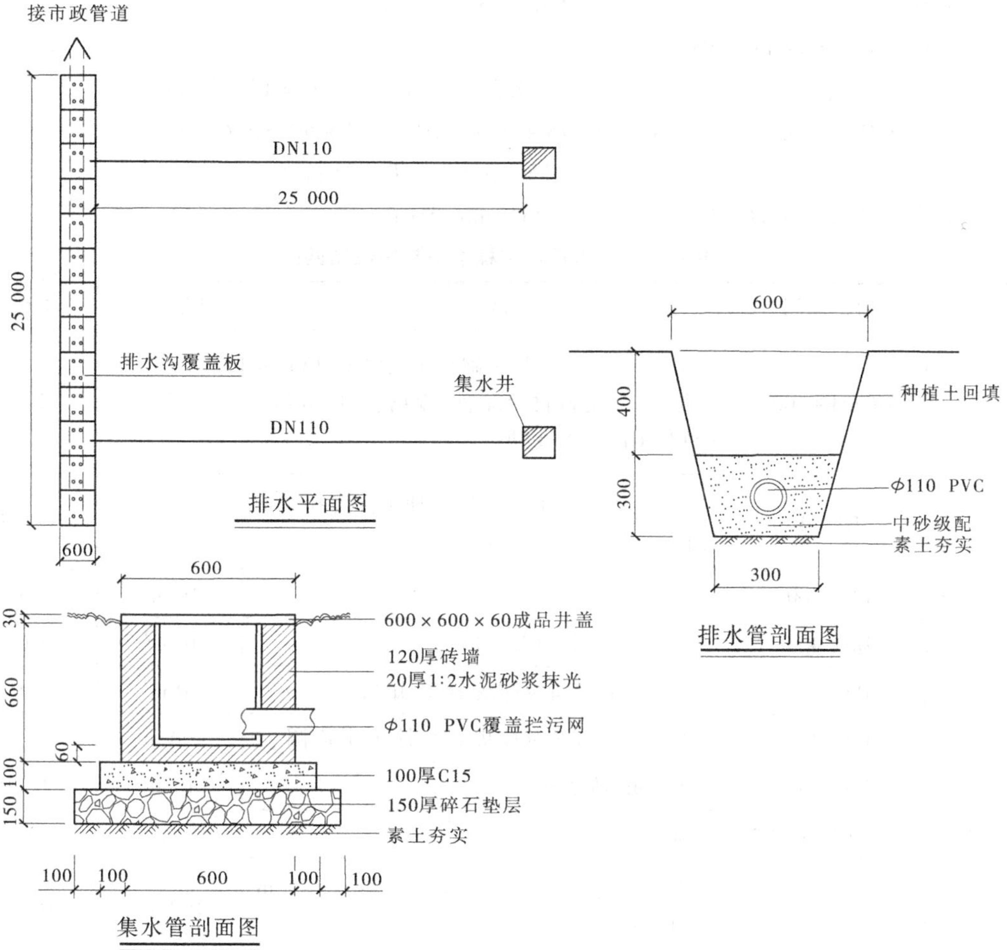

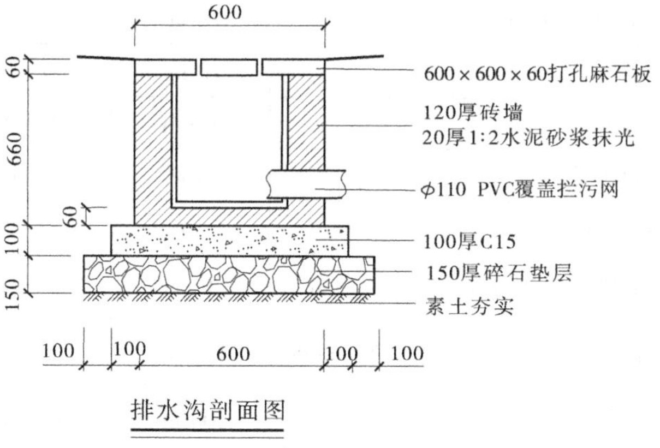

排水说明

1. 采用集水井埋管排水和排水明沟相结合方式。
2. 草地排水为埋管式，DN=100 PVC管，坡度0.5%。广场铺装边为有盖板排水明沟。
3. 集水井盖为600×600×30铸铁箅子成品。
4. 排水盖板为600×600×60打孔光面麻石板成品。

图4-17　给水排水施工图　（单位，mm）

⑤抹灰 内侧：　$S=0.36\times25+0.6\times25\times2=39(m^2)$

⑥盖板：　$S=0.6\times25=15(m^2)$

(3)塑料管 PVC110:50 m。

①人工挖地槽土方：　$V=(0.6+0.3)\times0.7\div2\times50=15.75(m^3)$

②沟槽基坑回填 砂：　$V=(0.45+0.3)\times0.3\div2\times50=5.63(m^3)$

③人工 松填土：　$V=15.75-5.63=10.12(m^3)$

④塑料排水管 PVC 管道安装 直径 110 mm:50 m。

表4-69　给水排水工程清单与定额项匹配表

序号	项目编码	项目名称	计量单位	工程量
1	040504001001	集水井　1. 垫层、基础材质及厚度:150 碎石垫层;2. 砌筑材料品种、规格、强度等级:100 厚 C15 混凝土垫层	座	2.00
定额	D1-4	人工挖沟槽、基坑土方 普通土深度在 2 m 以内	100 m^3	0.019
	D6-400	垫层 碎石	10 m^3	0.03
	D6-403	垫层 混凝土 现场 C15	10 m^3	0.013
	D6-406	非定型井砌筑及抹灰 砖砌 矩形	10 m^3	0.03
	D6-413	非定型井砌筑及抹灰 砖墙抹灰 井内侧	100 m^2	0.02
	D6-434	雨水井 铸铁平箅	10 套	0.20
2	040501016001	排水沟	m	25.00
定额	D1-4	人工挖沟槽、基坑土方 普通土深度在 2 m 以内	100 m^3	0.243
	D6-400	垫层 碎石	10 m^3	0.375
	D6-403	垫层 混凝土 现场 C15	10 m^3	0.20
	D6-449	墙身 砖砌	10 m^3	0.45
	D6-459	抹灰 砖墙墙面	100 m^2	0.39
	D10-73	排水沟电缆沟 盖板	10 m^2	1.50
3	040501004001	塑料管 PVC110	m	50.00
定额	D3-426	塑料排水管 PVC 管道安装 直径 110 mm	10 m	5.00
	D1-4	人工挖沟槽、基坑土方 普通土深度在 2 m 内	100 m^3	0.158
	D1-34	沟槽基坑回填砂	100 m^3	0.056
	D1-31	人工 松填土	100 m^3	0.101

研讨与练习

1. 绿化工程量清单项目特征描述应考虑哪些因素？

2. 同一施工场地内发生的原有乔木迁移主要包括哪些工作内容？

3. 根据本章中提供的某省定额与价格，求园路 C20(40)素混凝土垫层基价？

4. 根据本章中提供的某省定额与价格，求 25 mm 厚 1∶3水泥砂浆黏结 20 厚花岗石地面定额基价？

5. 某 2.5 m(包括路牙)园路，路牙采用 1 000 × 150 × 150 芝麻白花岗石，路面采用600 × 300 × 30 芝麻灰荔枝面花岗石铺装，30 厚 1∶3水泥砂浆黏结，基层为：100 厚 C15 素混凝土垫层，150 厚碎石垫层，素土夯实，试计算该园路分部分项工程量清单。

6. 花架项目清单如何设置？工程量如何计算？亭子的瓦层面工程量如何计算？

7. 某景观水池依设计图纸工程量为：土方开挖 100 m^3，素土夯实 140 m^2，100 厚碎石垫层(灌浆)21 m^3，C20 混凝土池底 31 m^3，五层做法水泥砂浆防水(平面)110 m^2，池底面层马赛克 110 m^2；C20 混凝土池壁 7 m^3，五层做法水泥砂浆防水(立面)26 m^2，池内壁喷硬质层凹凸花纹涂料 26 m^2，池立面外侧贴马赛克 14 m^2，池沿顶部贴 5 m^2花岗石。试列出项目工程量清单，进行定额匹配，并计算工程量。

8. 图 4-18 所示组合花坛施工图，试计算该花坛的分部分项工程量清单及相匹配的定额项目及其工程量，并计算分部分项工程量清单与计价表。

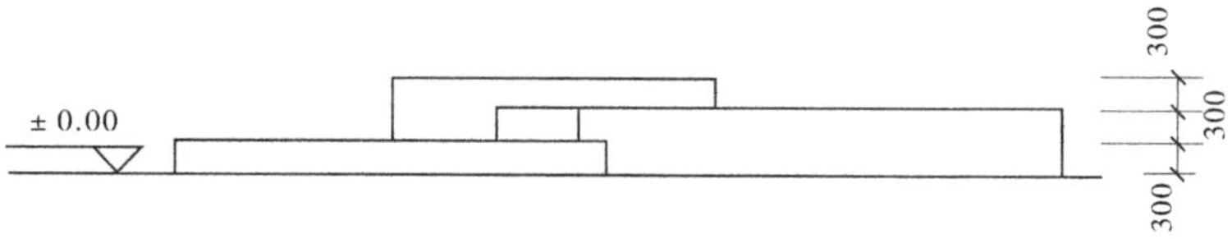

(a)立面图

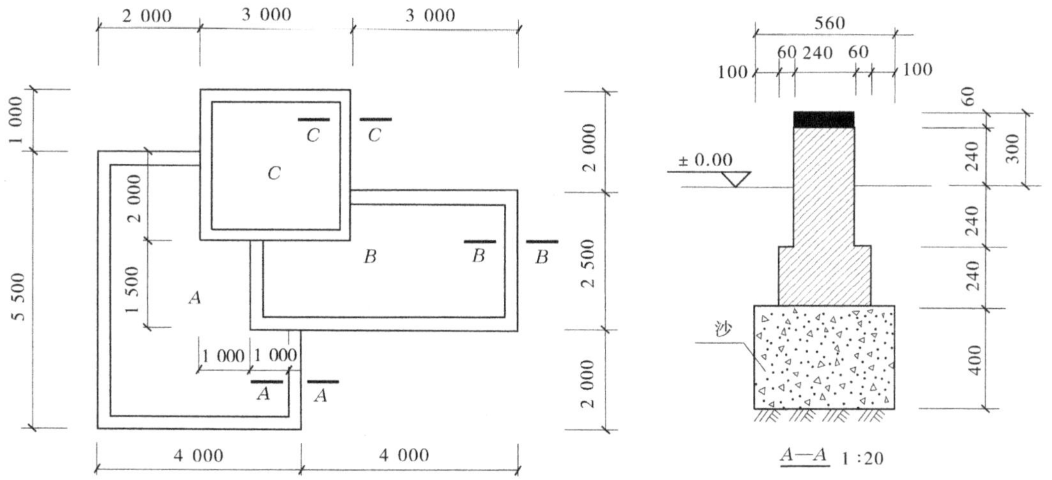

(b)平面图

图 4-18　花坛设计施工图　（单位：mm）

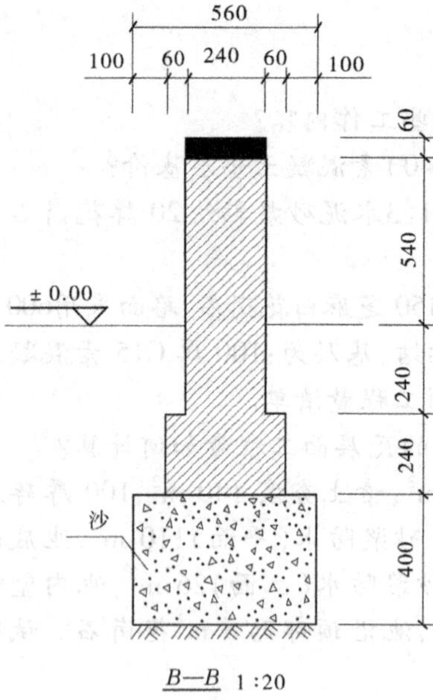
560
100
60
240
60
100
60
540
600
± 0.00
240
240
沙
400
B—B 1 : 20

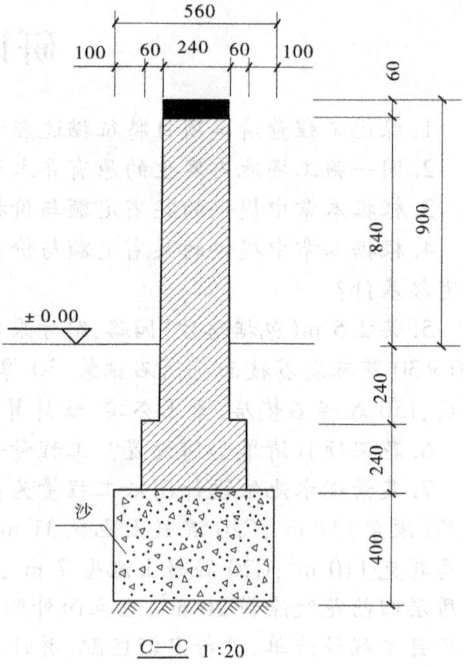
560
100
60
240
60
100
60
840
900
± 0.00
240
240
沙
400
C—C 1 : 20

续图 4-18

第五章　园林工程设计概算

第一节　设计概算的概念

设计概算是指设计单位在初步设计或扩大初步设计阶段，根据设计图样及说明书、设备清单、概算定额或概算指标、各项费用取费标准等资料、类似工程预（决）算文件等资料，用科学的方法计算和确定景观工程全部建设费用的经济文件。

设计概算可分为三级概算，即单位工程概算、单项工程综合概算和建设项目总概算。

设计概算是初步设计阶段由设计单位主编的。设计概算又称初步设计概算，是设计文件的重要组成部分，是在投资估算的控制下，由设计单位根据初步设计（或技术设计）图纸及说明、概算定额（概算指标）、各项费用定额或取费标准（指标）、设备与材料预算价格等资料，编制和确定的建设项目从筹建至竣工交付使用所需全部费用的文件。

按照国家规定，采用两阶段设计的建设项目初步设计阶段必须编制设计概算；采用三阶段设计的，技术设计阶段必须编制修正概算。在施工图设计阶段，必须按照经批准的初步设计及其相应的设计概算，进行施工图的设计工作。

设计概算的作用主要体现在以下几个方面：

（1）设计概算是国家制定和控制建设拨款的依据。

对于国家投资项目，需按照规定报请有关部门或单位批准初步设计及总概算，计划部门根据批准的设计概算，编制建设项目年度固定资产投资计划，所批准的总概算为建设项目总造价的最高限额，国家拨款、银行贷款及竣工决算都不能突破这个限额。若建设项目实际投资数额超过了总概算，必须在原设计单位和建设单位共同提出追加投资的申请报告基础上，经上级计划部门审核批准后，才可追加投资。

（2）设计概算是编制建设计划的依据。

建设年度计划安排的工程项目，其投资需要量的确定、建设物资供应计划和施工计划等，都以主管部门批准的设计概算为依据。

（3）设计概算是进行拨款和贷款的依据。

建设银行根据批准的设计概算和年度投资计划，进行拨款和贷款，并严格实行监督控制。

（4）设计概算是考核设计方案的经济合理性和控制施工图预算和施工图设计的依据。

设计单位根据设计概算进行技术经济分析和多方案评价，以提高设计质量和经济效果，同时保证施工图预算和施工图设计在设计概算的范围内。

第二节　园林工程设计概算的编制

一、设计概算书的编制程序

编制建设项目设计总概算书,首先应充分熟悉建设项目的总体设想和建设目标要求,并且根据国家的有关技术经济政策,对拟建项目做出正确的判断和决策。此外,还应了解和掌握国内外生产工艺发展水平,国家宏观经济发展趋势,建设市场的软、硬环境,施工现场的条件,以及项目建议书、可行性研究报告、投资估价书、有关设计图纸、概预算定额、现场设备、材料单价、计取费用标准、施工组织设计、技术规范、质量验收标准等。

二、设计概算的组成内容

设计概算是在初步设计或扩大的初步设计阶段,根据设计要求和以投资估算为依据编制的综合性概算,是设计文件的重要内容。

设计概算的内容可由三部分构成,即建设项目设计总概算费用(包括单项工程综合概算)、工程建设其他费用概算和预备费等三大项费用。设计概算又可分为三级,即单位工程设计概算、单项工程综合概算、建设项目总概算。

单位工程概算是确定单项工程中各个单位工程建设费用的文件,是编制单项工程综合概算的依据。单位工程概算可分为建筑工程概算和设备及安装工程概算两大类。建筑工程概算还可细分为一般土建工程概算、给水排水工程概算、采暖工程概算、通风工程概算、电气照明工程概算、工业管道工程概算和特殊构筑物工程概算等。设备及安装工程概算也可分为机械设备及安装工程概算和电气设备安装工程概算。

单项工程综合概算是确定一个单项工程所需要的建设费用的文件,是根据单项工程内各专业性单位工程概算汇总编制而成的。

综上所述,建设项目设计总概算三大部分费用的第一部分费用,是以单位工程概算为基础的单项工程综合概算的汇总,是设计总概算中的主要组成部分,显然其他两部分所占费用比例较小。此外,当一个建设项目只有一个单项工程,甚至只有一个单位工程时,设计总概算的编制主题便成为编制单项工程综合概算或单位工程设计概算。

第三节　园林工程设计概算实例

一、任务

如图5-1 ~图5-3所示,分别为某住宅区中心组团绿地规划设计平面图、景观水体设计平面图和景观水体剖面及工程做法图,要求编制该小溪工程预算书,以满足工程招标投标和施工的需要。学习运用定额计价方法,编制小溪工程概算书。

二、设计概算的编制

根据图5-1 ~图5-3园林工程预算定额和有关资料,编制小溪工程预算书的步骤如下。

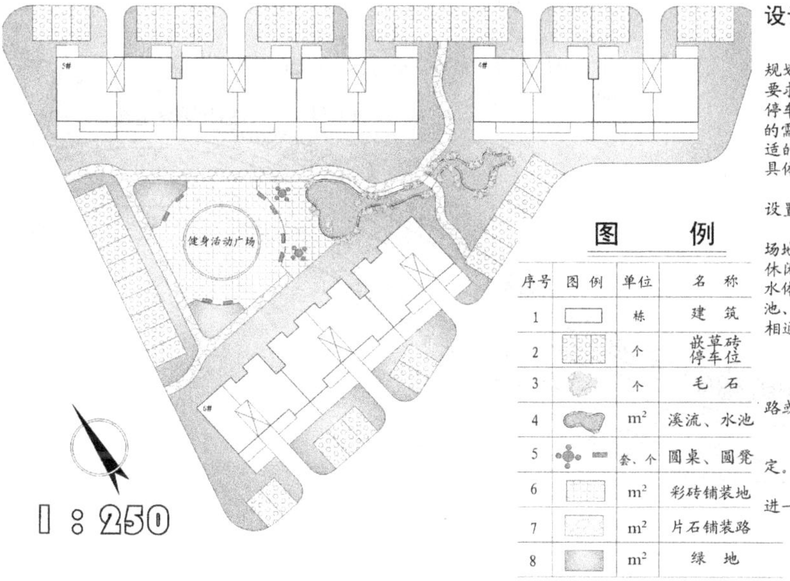

序号	图例	单位	名称
1		栋	建筑
2		个	嵌草砖停车位
3		个	毛石
4		m^2	溪流、水池
5		套、个	圆桌、圆凳
6		m^2	彩砖铺装地
7		m^2	片石铺装路
8		m^2	绿地

设计说明

本图为某住宅区中心组团绿地规划设计。根据建设单位提供的图纸和要求，本规划设计在性质功能方面满足停车、休闲和健身活动、景观观赏等方面的需要，为居民创造一个优美宜人、舒适的居住区室外活动场地和景观环境。具体规划如下：

在组团绿地周边适当部位结合道路，设置嵌草砖停车位。

在组团绿地中心布置三角形的活动场地，设置健身活动器械、桌凳，供居民休闲、开展健身活动，东边结合广场为水体景观，布置假山、瀑布、溪流、水池、小桥，广场、水体周围均以游步道相通。

技术要求：

1. 嵌草砖停车位长5.5 m，宽3 m。
2. 游步道宽度1.5 m，为片石冰纹路或卵石路。
3. 广场用不同颜色的缸砖铺装。
4. 桌凳木制或石制，规格、形式自定。
5. 水体、花架待本规划确定后，需进一步做单项施工设计。

图 5-1　某住宅区中心组团绿地规划设计平面图

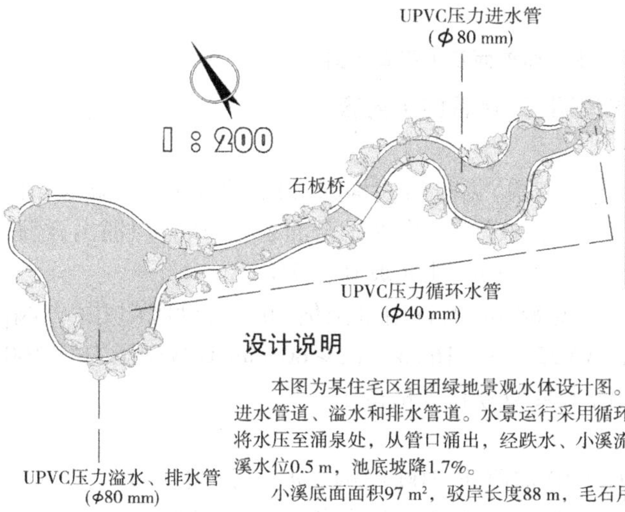

材料统计表

序号	名称	单位	规格	数量
1	阀门井	座		2
2	阀门	个		2
3	潜水泵	台		1
4	电缆线	m		50
5	UPVC压力管	m	ϕ80 mm	100
6	UPVC压力管	m	ϕ40 mm	34

设计说明

本图为某住宅区组团绿地景观水体设计图。该水体为自然式构图，设有进水管道、溢水和排水管道。水景运行采用循环水系统，由潜水泵通过管道将水压至涌泉处，从管口涌出，经跌水、小溪流下。水体最深水位1 m，小溪水位0.5 m，池底坡降1.7%。

小溪底面面积97 m^2，驳岸长度88 m，毛石用量预估50 m^3。

图 5-2　景观水体设计平面图

（一）收集编制工程预算的各类依据资料

依据资料具体包括预算定额、材料预算价格、机械台班费、工程施工图及有关文件等。

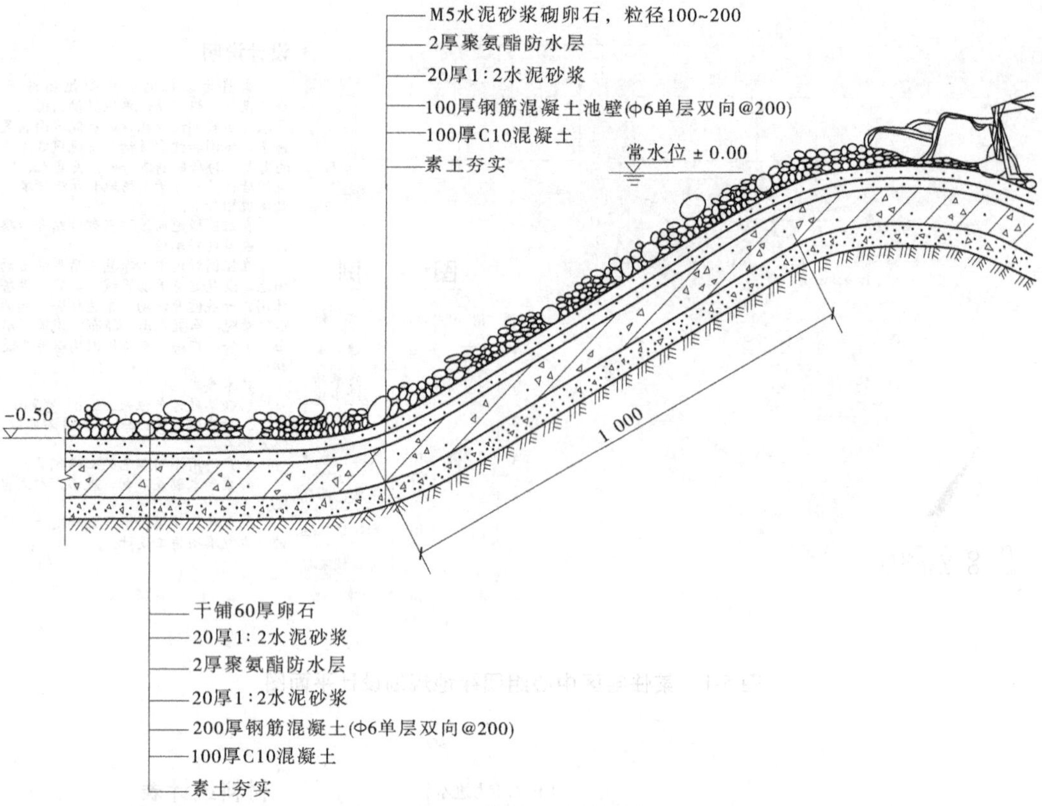

图 5-3　景观水体剖面及工程做法图　(单位:mm)

(二)阅读施工图纸及施工说明书,熟悉施工内容

1. 工程简介

某住宅区组团绿地景观水体(小溪)为自然式构图,设有进水管道、溢水和排水管道。水景运行采用循环水系统,由潜水泵通过管道将水压至涌泉处,从管口涌出,经跌水、小溪流下。水体最深水位 1 m,小溪水位 0.5 m,池底坡降 1.7%。

小溪底面面积 97 m^2,驳岸长度 88 m,毛石用量预估 50 m^3,设阀门井(含阀门)2 座,潜水泵 1 台,铜芯电力电缆线(VV22 - 3 × 16)50 m,Φ 80 mm UPVC 压力管 100 m,Φ 40 mm UPVC 压力管 34 m,阀门、潜水泵型号和规格待定。

2. 工程做法

(1)池底:素土夯实;100 厚 C10 混凝土;200 厚钢筋混凝土(Φ 6 单层双向@ 200);20 厚 1:2水泥砂浆;2 厚聚氨酯防水层;20 厚 1:2水泥砂浆;干铺 60 厚卵石。

(2)池壁:素土夯实;100 厚 C10 混凝土;100 厚钢筋混凝土(Φ 6 单层双向@ 200);20 厚 1:2水泥砂浆;2 厚聚氨酯防水层;M5 水泥砂浆砌卵石,粒径 100 ~ 200 mm。

(3)各种管沟按常规做法。

(三)结合定额项目划分工程项目

1. 土建部分

(1)人工挖土方,普通土 $h \leqslant 1.5$ m。

(2)原土打夯。

(3)余土外运 50 m 以内。

(4)地面混凝土垫层(无筋)(C10 ~ C40 现浇碎石混凝土 32.5 级)。

(5)钢筋混凝土贮水(油)池底平底(C20 ~ C40 现浇碎石混凝土 32.5 级)。

(6)1:2水泥砂浆找平层在混凝土或硬基层上 2 cm 厚。

(7)1:2水泥砂浆粉混凝土墙面。

(8)聚氨酯涂膜防水立面三遍厚 2 mm。

(9)聚氨酯涂膜防水地面二遍厚 2 mm。

(10)鹅卵石地面、镶嵌 80% 、M5.0 水泥砂浆。

(11)钢筋调整。

(12)毛石。

(13)砖砌圆形检查井(Φ700)深 1.5 m。

(14)砖砌圆形检查井(Φ700)每增减 0.2 m。

(15)人工挖地槽,普通土 $h \leq 1.5$ m。

(16)回填土夯填。

2.安装部分

(1)电缆沟挖填一般土沟。

(2)电缆沟铺砂盖砖 1 ~2 根。

(3)铜芯电力电缆线(VV22 -3 ×16)敷设截面 35 mm^2 以下。铜芯电力电缆线(VV22 -3 ×16)。

(4)室外塑料给水管安装(DN40 以内)。室外塑料给水管 DN40。

(5)室外塑料给水管安装(DN80 以内)。室外塑料给水管 DN80。

(6)管道消毒、冲洗,直径 50 mm 以内。

(7)管道消毒、冲洗,直径 100 mm 以内。

(8)管道压力试验,直径 100 mm 以内。

(9)循环水泵安装 $Q \leq 250$。

(四)计算工程量

根据定额计算规则,计算工程量。

工程量计算见表 5-1。

(五)计算定额直接费和人工、材料用量、价差表、材料汇总表

根据预算定额,计算定额直接费和人工、材料用量、价差表、材料汇总表。

具体见表 5-2 ~ 表 5-4。

(六)计算各项费用

根据本地区的园林工程取费标准和“园林工程造价计算表”,计算各项费用,汇总得出小溪工程总造价。

具体见表 5-5、表 5-6。

(七)填写工程预概算书封面和工程预算说明

举例如下:

建筑工程预概算书

工程名称:小溪工程
建设单位:
施工单位:
建筑面积:平方米
工程造价:70 890.55 元
经济指标:元/平方米

取费类别:　四类工程(安全文明措施费单列)　　结构类型:砖混
编制单位:　　编制人:
审核单位:　　审核人:

年　月　日

说明

一、工程量计算依据

小溪工程设计图纸及现行的有关标准图集计算工程量。

二、计价方式

该概算采用定额计价。

三、套用定额

该概算土建部分套用《河南省建筑和装饰工程综合基价》,安装部分套用《河南省安装工程单位综合基价》。

四、主材计价依据

土建部分主材价和安装部分的未计价材价格按照目前市场材料价格取定。

五、取费标准

取费中,执行当地文件进行人工费调整和取费。

(八)装订成册

按工程预算书格式的顺序装订成册,并由有关人员签字盖章。

表5-1　工程量计算表

工程名称:小溪工程(土建)

序号	定额编号	定额名称	单位	工程量	计算式
1	1-1	人工挖土方 普通土 $h \leq 1.5$ m	100 m^3	1.128	按图示尺寸计算除以100
2	1-55	原土打夯	100 m^2	1.410	按图示尺寸计算除以100
3	1-57	余土外运50 m以内	100 m^3	1.128	按图示尺寸计算除以100
4	8-14	地面混凝土垫层(无筋)(C10~C40现浇碎石混凝土32.5级)	10 m^3	1.181	按图示尺寸计算除以10

续表 5-1

序号	定额编号	定额名称	单位	工程量	计算式
5	5－183	钢筋混凝土贮水(油)池底平底(C20～C40 现浇碎石混凝土 32.5 级)	10 m^3	1.181	按图示尺寸计算除以 10
6	8－95－4	1:2水泥砂浆找平层在混凝土或硬基层上 2 cm 厚	100 m^2	0.970	按图示尺寸计算除以 100
7	11－19	1:2水泥砂浆粉混凝土墙面	100 m^2	0.440	按图示尺寸计算除以 100
8	8－66	聚氨酯涂膜防水立面三遍厚 2 mm	100 m^2	0.440	按图示尺寸计算除以 100
9	9－66	聚氨酯涂膜防水地面二遍厚 2 mm	100 m^2	0.970	按图示尺寸计算除以 100
10	13－323	鹅卵石地面 镶嵌 80% M5.0 水泥砂浆	100 m^2	1.410	按图示尺寸计算除以 100
11	5－220	钢筋调整	t	0.580	按图示尺寸计算再换算
12	B－1[税前]	毛石	m^3	50.000	估算
13	13－206	砖砌圆形检查井(Φ700)深 1.5 m	座	2.000	按图示以座计
14	13－207×(－1.5)	砖砌圆形检查井(Φ700)每增减 0.2 m	座	2.000	按图示以座计
15	1－29	人工挖地槽 普通土 $h≤1.5$ m	100 m^3	0.724	按图示尺寸计算除以 100
16	1－54	回填土 夯填	100 m^3	0.804	按图示尺寸计算除以 100

工程名称:小溪工程(安装)

序号	定额编号	定额名称	单位	工程量	计算式
1	2－521	电缆沟挖填 一般土沟	m^3	22.500	按图示尺寸计算
2	2－529	电缆沟铺砂盖砖 1～2 根	100 m	0.500	按图示尺寸计算除以 100
3	2－618	铜芯电力电缆线(VV22 －3×16)敷设 截面 35 mm^2 以下	100 m	0.500	按图示尺寸计算除以 100
	Z206	铜芯电力电缆线(VV22－3×16)	m	50.500	按图示尺寸计算
4	8－B12	室外塑料给水管安装(DN40 以内)	10 m	3.400	按图示尺寸计算除以 10
	Z4260	室外塑料给水管 DN40	m	34.680	按图示尺寸计算
5	8－B15	室外塑料给水管安装(DN80 以内)	10 m	10.000	按图示尺寸计算除以 10
	Z4263	室外塑料给水管 DN80	m	102.000	按图示尺寸计算
6	8－230	管道消毒、冲洗 直径 50 mm 以内	100 m	0.340	按图示尺寸计算除以 100
7	8－231	管道消毒、冲洗 直径 100 mm 以内	100 m	1.000	按图示尺寸计算除以 100
8	8－236	管道压力试验 直径 100 mm 以内	100 m	1.340	按图示尺寸计算除以 100
9	3－172	循环水泵安装 $Q≤250$	台	1.000	按图示以座计

表 5-2　小溪工程预概算书

工程名称:小溪工程(土建)

序号	定额编号	定额名称	单位	工程量	单价(元)	合价(元)
1	1-1	人工挖土方 普通土 $h \leqslant 1.5$ m	100 m^3	1.128	536.14	604.77
2	1-55	原土打夯	100 m^2	1.410	40.07	56.50
3	1-57	余土外运 50 m 以内	100 m^3	1.128	911.36	1 028.01
4	8-14	地面混凝土垫层(无筋)(C10～C40 现浇碎石混凝土 32.5 级)	10 m^3	1.181	1 947.08	2 299.50
5	5-183	钢筋混凝土贮水(油)池底平底(C20～C40 现浇碎石混凝土 32.5 级)	10 m^3	1.181	4 862.34	5 742.42
6	8-95-4	1:2水泥砂浆找平层在混凝土或硬基层上 2 cm 厚	100 m^2	0.970	639.51	620.32
7	11-19	1:2水泥砂浆粉混凝土墙面	100 m^2	0.440	955.38	420.37
8	8-66	聚氨酯涂膜防水立面三遍厚 2 mm	100 m^2	0.440	4 645.25	2 043.91
9	9-66	聚氨酯涂膜防水地面二遍厚 2 mm	100 m^2	0.970	4 569.59	4 432.50
10	13-323	鹅卵石地面 镶嵌 80% M5.0 水泥砂浆	100 m^2	1.410	6 506.36	9 173.97
11	5-220	钢筋调整	t	0.580	3 142.35	1 822.56
12	B-1[税前]	毛石	m^3	50.000	280.00	14 000.00
13	13-206	砖砌圆形检查井(Φ700)深 1.5 m	座	2.000	360.69	721.38
14	13-207×(-1.5)	砖砌圆形检查井(Φ700)每增减 0.2 m	座	2.000	-49.62	-99.24
15	1-29	人工挖地槽 普通土 $h \leqslant 1.5$ m	100 m^3	0.724	767.16	555.42
16	1-54	回填土 夯填	100 m^3	0.804	680.64	547.23
17	合计	税前:14 000.00				29 969.62

续表 5-2

工程名称:小溪工程(安装)

序号	定额编号	定额名称	单位	工程量	单价(元)	合价(元)
1	2－521	电缆沟挖填 一般土沟	m^3	22.500	21.78	490.05
2	2－529	电缆沟铺砂盖砖 1～2 根	100 m	0.500	1 085.65	542.83
3	2－618	铜芯电力电缆线(VV22－3×16)敷设截面 35 mm^2 以下	100 m	0.500	441.32	220.66
	Z206	铜芯电力电缆线(VV22－3×16)	m	50.500	27.00	1 363.50
4	8－B12	室外塑料给水管安装(DN40 以内)	10 m	3.400	29.27	99.52
	Z4260	室外塑料给水管 DN40	m	34.680	23.00	797.64
5	8－B15	室外塑料给水管安装(DN80 以内)	10 m	10.000	59.48	594.80
	Z4263	室外塑料给水管 DN80	m	102.000	75.00	7 650.00
6	8－230	管道消毒、冲洗 直径 50 mm 以内	100 m	0.340	34.45	11.71
7	8－231	管道消毒、冲洗 直径 100 mm 以内	100 m	1.000	48.76	48.76
8	8－236	管道压力试验 直径 100 mm 以内	100 m	1.340	255.55	342.44
9	3－172	循环水泵安装 $Q \leqslant 250$	台	1.000	2 251.83	2 251.83
10	合计	未计价材:9 811.14				4 602.60

表 5-3　材机价差表

工程名称:小溪工程(土建)

材机编号	材机名称	单位	定额耗量	预算价	市场价	价差	调整数
C33	水泥 32.5 级	t	9.102	230.00	300.00	70.00	637.14
C41	中粗砂	m^3	13.929	70.00	35.00	－35.00	－487.52
C42	细砂	m^3	0.141	20.00	18.00	－2.00	－0.28
C54	碎石 2～4 cm	m^3	20.556	43.00	30.00	－13.00	－267.23
C168	模板料	m^3	0.125	1 500.00	1 050.00	－450.00	－56.25
C189	钢筋Ⅰ级钢 Φ 10 以内	t	1.300	2 550.00	4 100.00	1 550.00	2 015.00
	合计						1 840.86

续表 5-3

工程名称:小溪工程(安装)

材机编号	材机名称	单位	定额耗量	预算价	市场价	价差	调整数
C	潜水泵	台	1.000	0.00	1 500.00	1 500.00	1 500.00
	合计						1 500

注:卵石(略)。

表 5-4　材料汇总表

工程名称:小溪工程(土建)

序号	材料编号	材料名称	单位	定额耗量	预算价	小计
1	C1	机砖 240×115×53	千块	0.807	140.00	112.98
2	C33	水泥 32.5 级	t	9.102	230.00	2 093.46
3	C41	中粗砂	m^3	13.929	70.00	975.03
4	C42	细砂	m^3	0.141	20.00	2.82
5	C54	碎石 2～4 cm	m^3	20.556	43.00	883.91
6	C143	圆形井盖框 φ700 mm	套	2.000	62.00	124.00
7	C168	模板料	m^3	0.125	1 500.00	187.50
8	C189	钢筋Ⅰ级钢 φ10 以内	t	1.300	2 550.00	3 315.00
9	C229	钢模板	t	0.002	4 200.00	8.40
10	C233	铁件	kg	14.070	3.90	54.87
11	C245	零星卡具	kg	0.602	4.80	2.89
12	C270	铅丝 8#镀锌铁丝	kg	2.102	4.30	9.04
13	C276	铅丝 22#镀锌铁丝	kg	7.341	5.60	41.11
14	C293	圆钉 70 mm	kg	1.523	3.70	5.64
15	C441	电焊条	kg	0.592	4.70	2.78
16	C541	聚氨酯甲料	kg	135.800	12.00	1 629.60
17	C543	聚氨酯乙料	kg	203.700	12.00	2 444.40
18	C586	汽油	kg	0.602	3.02	1.82
19	C590	柴油工业用	kg	12.819	2.90	37.18
20	C633	二甲苯	kg	23.688	3.09	73.20
21	C637	丙酮	kg	14.100	6.37	89.82
22	C673	电	kW·h	104.557	0.50	52.28
23	C684	水	m^3	30.561	2.50	76.40
24	C706	草袋	m^2	19.392	2.20	42.66
25	C772	零星材料费	元	46.269	1.00	46.27
26	C782	回库维修费	元	0.791	1.00	0.79
27	C1757	聚氨酯甲料	kg	61.600	12.00	739.20
28	C1758	聚氨酯乙料	kg	92.400	12.00	1 108.80

续表 5-4

工程名称:小溪工程(安装)

序号	材料编号	材料名称	单位	定额耗量	预算价	小计
1	C	潜水泵	台	1.000	0	0
2	C3	其他材料费	元	50.436	1.00	50.44
3	C16	黑铅粉 200 目	kg	0.050	1.19	0.06
4	C23	砂子	m^3	4.860	70.00	340.20
5	C44	电	kW·h	480.206	0.50	240.10
6	C48	水	t	10.935	2.50	27.34
7	C51	面粉	kg	0.200	2.35	0.47
8	C55	白布	m	0.300	2.77	0.83
9	C65	棉纱头	kg	0.800	5.83	4.66
10	C162	青壳纸 δ 0.1～1	kg	0.600	40.89	24.53
11	C171	柴油	kg	6.703	2.90	19.44
12	C179	黄干油 钙基酯	kg	1.000	8.70	8.70
13	C185	煤油	kg	2.000	3.44	6.88
14	C188	汽轮机油	kg	2.500	5.80	14.50
15	C190	汽油	kg	0.117	3.02	0.35
16	C192	汽油 60#～70#	kg	2.000	2.90	5.80
17	C193	汽油 70#	kg	0.375	2.90	1.09
18	C234	漂白粉	kg	0.171	1.91	0.33
19	C254	氧气	m^3	3.402	2.50	8.51
20	C287	红丹粉	kg	0.100	11.13	1.11
21	C300	沥青绝缘漆	kg	0.050	8.33	0.42
22	C310	密封胶	支	2.000	4.80	9.60
23	C317	喷漆	kg	0.240	19.00	4.56
24	C321	铅油	kg	0.500	8.77	4.39
25	C338	硝基快干腻子	kg	0.080	7.44	0.60
26	C343	乙炔气	kg	1.274	10.27	13.08
27	C346	硬酯酸 一级	kg	0.025	8.47	0.21
28	C381	信那水 硝基漆稀释剂	kg	0.200	7.84	1.57

续表 5-4

序号	材料编号	材料名称	单位	定额耗量	预算价	小计
29	C437	橡胶垫 δ2	m^2	0.035	13.00	0.46
30	C443	橡胶板 δ1~3	kg	2.304	7.49	17.26
31	C482	橡胶软管 DN20	m	0.804	11.44	9.20
32	C495	标志牌	个	3.000	0.18	0.54
33	C531	塑料布	kg	1.000	12.80	12.80
34	C619	电缆吊挂 3×50	套	3.555	8.84	31.43
35	C647	红砖 240×115×53	千块	0.415	145.00	60.18
36	C654	混凝土标桩 100×100×1 200	个	2.020	5.71	11.53
37	C676	尼龙砂轮片 φ100×16×3	片	1.672	7.95	13.29
38	C744	铁砂布	张	4.000	0.56	2.24
39	C752	橡胶石棉盘根 编制 φ6~25 250 ℃	kg	1.700	34.00	57.80
40	C789	不锈钢板 δ0.05~0.5	kg	0.100	27.41	2.74
41	C814	镀锌钢板 δ0.5~0.65	kg	0.800	5.10	4.08
42	C868	焊接钢管 DN20	m	4.772	2.15	10.26
43	C915	普通钢板 0#~3# δ3.5~4.0	kg	30.000	3.00	90.00
44	C928	普通钢板 0#~3# δ8~15	kg	3.283	2.72	8.93
45	C977	型钢	kg	60.000	2.77	166.20
46	C991	封铅 含铅65% 含锡35%	kg	0.510	6.90	3.52
47	C1019	紫铜皮(各种规格)	kg	0.100	29.00	2.90
48	C1049	钢锯条	根	2.748	0.20	0.55
49	C1051	合金钢钻头 φ10	个	0.080	10.60	0.85
50	C1061	镀锌铁丝 13#~17#	kg	0.160	4.75	0.76
51	C1065	镀锌铁丝 8#~12#	kg	1.000	4.30	4.30
52	C1240	镀锌弯头 DN20	个	2.000	1.00	2.00
53	C1577	压力表弯管 DN15	个	0.134	6.21	0.83
54	C1650	电焊条 结 422 φ3.2	kg	0.768	4.80	3.69
55	C1680	碳钢气焊条 <φ2	kg	0.750	4.20	3.15
56	C1728	螺纹截止阀 J11T-16 DN20	个	2.268	9.00	20.41

续表 5-4

序号	材料编号	材料名称	单位	定额耗量	预算价	小计
57	C1846	镀锌精制带帽螺栓 M8×100 以内 2 平 1 弹垫	10 套	1.530	3.00	4.59
58	C2005	精制六角螺栓	kg	4.154	6.86	28.50
59	C2047	膨胀螺栓 M10	10 套	0.810	10.00	8.10
60	C2163	保险丝 5A	轴	0.100	6.00	0.60
61	C2189	镀锌电缆卡子 2×35	套	11.700	1.34	15.68
62	C2359	弹簧压力表 Y－1000～1.6 MPa	块	0.134	35.20	4.72
63	C2378	破布	kg	0.270	3.10	0.84
64	C2516	室外塑料给水管接头零件 DN40	个	3.434	4.33	14.87
65	C2519	室外塑料给水管接头零件 DN80	个	7.300	21.95	160.24
66	C2523	尼龙砂轮片Φ400	片	1.002	23.80	23.85
67	C2524	水	t	0.900	0.20	0.18

主材汇总表

工程名称:小溪工程(安装)

序号	主材编号	主材名称	规格型号	单位	定额耗量	市场价	小计
1	Z206	铜芯电力电缆线(VV22－3×16)		m	50.500	27.00	1 363.50
2	Z4260	室外塑料给水管 DN40		m	34.680	23.00	797.64
3	Z4263	室外塑料给水管 DN80		m	102.000	75.00	7 650.00
	合计						9 811.14

注:卵石(略)。

表 5-5　小溪工程费用总表

工程名称:小溪工程(土建)　(四类工程(安全文明措施费单列))

费用编号	取费项目名称	计算公式	金额
一	综合基价合计	GCZJF	29 969.62
1.1	人工费	GCRGF	3 385.89
1.2	材料费	GCCLF	14 159.93
1.3	机械费	GCJXF	391.14
二	施工技术措施费	JSCSF	0

续表 5-5

费用编号	取费项目名称	计算公式	金额
三	施工组织措施费	ZZCSF	0
3.1	安全文明措施费 ①基本费	([一]+[二])×2.08%	623.37
3.2	②现场考评费	([一]+[二])×0.98%	293.70
3.3	③奖励费	([一]+[二])×0.61%	182.81
四	安全文明措施费合计	[4.1]+[4.2]+[4.3]	1 099.88
五	社会保险费用	([一]+[二])×4.58%	1 372.61
六	工程定额测定费	([一]+[二])×0.14%	41.96
A	调整:①人工调整	GCGR×6.75	1 088.33
B	②材料调整	CLC	1 840.86
C	③机械调整	JXC	0
D	④综合基价调整	-(GCRGF+CSRGF)×3.8%	-128.66
七	调整合计	[A]+[B]+[C]+[D]	2 800.53
八	工程成本	[一]+[二]+[三]+[五]+[六]+[七]	34 184.72
九	利润	([一]+[二]+[三]+[五]+[六])×5%	1 569.21
十	不参与取费部分(税前)	SCZJF	14 000.00
十一	税金	([八]+[九]+[十]+[四])×3.413%	1 735.64
十二	不参与取费部分(税后)	SHZJF	0
十三	工程造价合计	[八]+[九]+[十]+[十一]+[十二]+[四]	52 589.45

工程名称:小溪工程(安装) [三类工程(定额计价 安全文明措施费单列)]

费用编号	取费项目名称	计算公式	金额
一	综合基价合计	GCZJF	4 602.60
二	基价中人工费合计	GCRGF	1 381.41
三	未计价材料费用	WJJC+GCSBF	9 811.14
四	施工技术措施费	JSCSF	0
五	施工组织措施费	ZZCSF	0
5.1	安全文明措施费 ①基本费	GCZHGR×34×10.06%	225.00
5.2	②现场考评费	GCZHGR×34×4.74%	106.01

续表 5-5

费用编号	取费项目名称	计算公式	金额
5.3	③奖励费	GCZHGR×34×2.96%	66.20
六	安全文明措施费合计	[6.1]+[6.2]+[6.3]	397.21
七	施工措施费合计	[四]+[五]+[六]	397.21
7.1	调整:①人工调差	GCGR×6.75	444.02
7.2	②材料调差	CLC	1 500.00
7.3	③机械调差	JXC	0
7.4	④综合基价调整	-(GCRGF+CSRGF)×3.8%	-52.49
八	调整合计	[8.1]+[8.2]+[8.3]+[8.4]	1 891.53
8.1	专项费用:社会保险费	[二]×33%	455.87
8.2	工程定额测定费	[二]×1%	13.81
九	专项费用合计	[9.1]+[9.2]	469.68
十	工程成本	[一]+[三]+[七]+[八]+[九]	17 172.16
十一	利润	[二]×38%	524.94
SC	不参与取费部分(税前)	SCZJF	0
十二	税金	([十]+[十一]+[SC])×3.413%	604.00
SH	不参与取费部分(税后)	SHZJF	0
十三	工程造价	[十]+[十一]+[十二]+[SC]+[SH]	18 301.10

表 5-6　单项工程费汇总表

工程名称:小溪工程　　　　第1页　共1页

序号	单位工程名称	金额(元)
1	土建	52 589.45
2	安装	18 301.10
合计		70 890.55

研讨与练习

1. 什么是设计概算?
2. 设计概算的作用有哪些?
3. 设计概算的编制方法有哪几种?

第六章　园林工程结算与竣工决算

第一节　园林工程结算

一、工程价款的结算

园林工程结算根据施工阶段的不同,主要包括工程预付款及进度款的拨付和竣工结算等内容。

(一)工程价款的主要结算方式

根据现行规定,工程价款可以根据不同情况采用多种方式进行结算。

1. 按月结算

按月结算即先预付工程备料款,在施工过程中按月结算工程进度款,竣工后进行竣工结算,我国现行建筑安装工程价款结算中,相当一部分是实行按月结算的方式。

2. 竣工后一次结算

建设项目或单项工程全部建筑安装工程建设期在12个月以内;或者工程承包合同价值在100万元以下的,可以实行工程价款每月月中预支、竣工后一次结算。

3. 分段结算

分段结算即当年开工,当年不能竣工的单项工程或单位工程按照工程进度,划分不同阶段进行结算。分段结算可以按月预支工程款。实行竣工后一次结算和分段结算的工程,当年结算的工程款应与分年度的工作量一致,年终不另清算。

结算双方约定的其他结算方式。

(二)工程预付款

1. 工程预付款及其额度

工程预付款是建设工程施工合同订立后由发包人按照合同约定,在正式开工前预先支付给承包人的工程款。它是施工准备和所需要材料、结构件等流动资金的主要来源,国内习惯又称为预付备料款。预付工程款的具体事宜由承发包双方根据建设行政主管部门的规定,结合工程款、建设工期和包工包料情况在合同中约定。

我国的《建设工程施工合同(示范文本)》中,对工程预付款做了如下约定:实行工程预付款的,双方应当在专用条款内约定发包人向承包人预付工程款的时间和数额,开工后按约定的时间和比例逐次扣回。预付时间应不迟于约定的开工日期前7天。发包人不按约定预付,承包人可在约定预付时间7天后向发包人发出要求预付的通知,发包人收到通知后仍不能按要求预付,承包人可在发出通知后7天停止施工,发包人应从约定支付之日起向承包人支付应付款的贷款利息,并承担违约责任。

对于工程预付款数额,各地区、各部门的规定不完全相同,主要是为保证施工所需材料和构件的正常储备。一般是根据施工期、园林工程工作量、主要材料和构件费用占园林工程工作量的比例,以及材料储备周期等因素经测算来确定。常用的有以下两种:

(1)在合同中约定。发包人根据工程的特点、工期长短、市场行情、供求规律等因素,招标时在合同中约定工程预付款的百分比。

(2)公式计算法。公式计算法是根据主要材料(含结构件等)占年度承包工程总价的比例、材料储备定额天数和年度施工天数等因素,通过公式计算工程预付款数额的一种方法。

其计算公式是:

$$\text{工程预付款数额}=\frac{\text{工程总价}\times\text{材料比例}(\%)}{\text{年度施工天数}}\times\text{材料储备定额天数}$$

$$\text{工程预付款比例}=\frac{\text{工程预付款数额}}{\text{工程总价}}\times 100\%$$

式中:年度施工天数按365 d日历天计算;材料储备定额天数由当地材料供应的在途天数、加工天数、整理天数、供应间隔天数、保险天数等因素决定。

【例6-1】 某小区园林工程总造价660万元,其中主要材料、构件所占比例为60%,材料储备定额天数为60天,问工程预付款为多少万元?

解 按工程预付款数额计算公式计算:

$$\text{工程预付款数额}=\frac{660\times 60\%}{365}\times 60=65.1(\text{万元})$$

因此,工程预付款为65.1万元。

2. 工程预付款的扣回

发包人支付给承包人的工程预付款的性质是预支款项。随着工程进度的推进,拨付的工程进度款数额不断增加,工程所需主要材料、构件的用量逐渐减少,原来已支付的预付款应以抵扣的方式予以陆续扣回。扣款的方法如下:

(1)由发包人和承包人通过洽商用合同的形式予以确定,可采用等比率或等额扣款的方式,也可针对工程实际情况具体处理,如有些工程工期较短、造价较低,就无须分期扣还,而在竣工结算时扣回;有些工期较长,如跨年度工程,其备料款的占用时间很长,根据需要可以少扣或不扣。

(2)从未施工工程尚需的主要材料及构件的价值相当于工程预付款数额时扣起,从每次中间结算工程价款中,按材料及构件比重扣抵工程价款,至竣工之前全部扣清。因此,确定起扣点是工程预付款起扣的关键。

确定工程预付款起扣点的依据是:未完施工工程所需主要材料和构件的费用,等于工程预付款的数额。

工程预付款起扣点可按下式计算:

$$T=P-\frac{M}{N}$$

式中　T——起扣点,即工程预付款开始扣回的累计完成工程金额;

P——承包工程合同款总额;

M——工程预付款数额;

N——主要材料、构件所占比例。

【例 6-2】　某小区园林工程中,按例6-1中预付款计算,起扣点应为多少万元?

解　按起扣点计算公式:

$$T = P - \frac{M}{N} = 660 - \frac{65.1}{60\%} = 551.5(\text{万元})$$

则当工程完成551.5万元时,本项工程预付款开始起扣。

(三)工程进度款

1. 工程进度款的计算

《建设工程施工合同(示范文本)》关于工程款的支付也做出了相应的约定:在确认计量结果后14天内,发包人应向承包人支付工程款(进度款),发包人超过约定的支付时间不支付工程款(进度款),承包人可向发包人发出要求付款的通知,发包人接到承包人通知后仍不能按要求付款,可与承包人协商签订延期付款协议,经承包人同意后可延期支付。协议应明确延期支付的时间和从计量结果确认后第15天起计算应付款的贷款利息。发包人不按合同约定支付工程款(进度款),双方又未达成延期付款协议,导致施工无法进行,承包人可停止施工,由发包人承担违约责任。

工程进度款的计算主要涉及两个方面:一是工程量的计量;二是单价的计算。

单价的计算方法主要根据由发包人和承包人事先约定的工程价格的计价方法确定。一般来讲,目前在我国,工程价格的计价方法可以分为工料单价法和综合单价法两种。

所谓工料单价法,是指单位工程分部分项的单价为直接成本单价,按现行计价定额的人工、材料、机械的消耗量及其预算价格确定,其他直接成本、间接成本、利润、税金等按现行计算方法计算。

所谓综合单价法,是指单位工程分部分项工程量的单价是全部费用单价,既包括直接成本,也包括间接成本、利润、税金等一切费用。在具体应用时,既可采用可调价格的方式,即工程价格在实施期间可随价格变化而调整;也可采用固定价格的方式,即工程价格在实施期间不因价格变化而调整,在工程价格中已考虑价格风险因素,并在合同中明确了固定价格所包括的内容和范围。实践中采用较多的是可调工料单价法和固定综合单价法,现结合实例进行说明。

(1)可调工料单价法的表现形式。以某服务中心庭院园林绿化工程报价单为例,其形式见表6-1。

(2)固定综合单价法的表现形式。仍以某服务中心庭院园林绿化工程工程量清单为例,其形式见表6-2。

表 6-1　可调工料单价法实例

序号	定额号	定额名称	单位	工程量	工料单价（元）	合价（元）
1	4-14	栽植红枫Φ4~5	株	57	1.05	60
2	4-14	栽植多头苏铁主干 h200 以上	株	2	1.05	2
3	4-14	栽植苏铁干 h40~60	株	6	1.05	6
4	4-14	栽植垂丝海棠Φ5~6	株	25	1.05	26
5	4-14	栽植大花木槿Φ4 h200	株	33	1.05	35
6	4-14	栽植紫薇Φ5~6	株	36	1.05	38
7	4-15	栽植鸡爪槭Φ6~8	株	11	1.61	18
8	4-15	栽植五针松 h200~250	株	3	1.61	5
9	4-15	栽植花石榴 h200	株	15	1.61	24
10	4-16	栽植无患子Φ7~8	株	13	2.79	36
11	4-16	栽植广玉兰Φ7~8	株	18	2.79	50
12	4-17	栽植日本樱花Φ8~10	株	27	5.3	143
13	4-17	栽植合欢Φ8~10	株	25	5.3	133
14	4-17	栽植白玉兰Φ8~10	株	22	5.3	117
15	4-17	栽植龙爪槐Φ8~10	株	2	5.3	11
16	4-18	栽植金桂Φ10	株	20	8.5	170
17	4-18	栽植黄山栾树Φ10~12	株	24	8.5	204
18	4-19	栽植四季桂 h250ω200	株	24	13.15	316
19	4-20	栽植垂柳Φ14~15	株	16	18.86	302
20	4-20	栽植乐昌含笑Φ13~14	株	20	18.86	377
21	4-20	栽植大金桂 h400ω350	株	10	18.86	189
22	4-20	栽植杜英Φ12~14	株	29	18.86	547
23	4-21	栽植银杏Φ18~20	株	10	27.73	277
24	4-21	栽植沙朴Φ23~24	株	10	27.73	277
25	4-21	栽植雪松 h600~700	株	13	27.73	360
26	4-21	栽植香樟Φ20~22	株	46	27.73	1 276
27	4-21	栽植沙朴Φ40	株	5	27.73	139
28	4-21	栽植香泡Φ25~28	株	15	27.73	416
29	4-21	栽植香泡Φ20~22	株	10	27.73	277
30	4-21	栽植大银杏Φ28~30	株	22	27.73	610

续表 6-1

序号	定额号	定额名称	单位	工程量	工料单价(元)	合价(元)
31	4-54	栽植茶梅球 $p100 \sim 120$	株	120	1.05	126
32	4-55	栽植构骨球 $p100 \sim 120$	株	38	1.61	61
33	4-55	栽植茶花 $h150 \sim 180p120 \sim 160$	株	27	1.61	43
34	4-59	栽植茶梅球 $p250$	株	2	13.64	27
35	4-75	栽植雷竹 $\Phi 2 \sim 3$	株	616	0.29	179
36	4-96 换	栽植珊瑚树 $h120$	株	1 836	0.24	441
37	4-102	栽植时令花卉	10 m^2	10	11.46	115
38	4-102	葱兰栽植(草本花)	10 m^2	85	11.46	974
39	4-103	栽植红花继木 $h35\omega35$	株	26 610	0.14	3 725
40	4-103	栽植八角金盘 $h51\omega51$	株	3 968	0.14	556
41	4-103	栽植茶梅 $h31\omega31$	株	18 416	0.14	2 578
42	4-103	栽植月季 $h51\omega31$	株	2 600	0.14	364
43	4-103	栽植紫鹃 $h31\omega25$	株	23 384	0.14	3 274
44	4-103	栽植毛鹃 $h31\omega31$	株	15 270	0.14	2 138
45	4-103	栽植金叶女贞 $h41\omega31$	株	12 584	0.14	1 762
46	4-103	栽植火棘 $h31\omega31$	株	23 428	0.14	3 280
47	4-112	马尼拉草皮铺种(满铺)	10 m^2	950	12.91	12 265
		分部小计				38 346
		合计				38 346

编号	项目名称	计算基础	金额(元)
一	直接费	(1)+(2)+(3)+(4)	284 989
1	基价直接费	工程量×定额基价	38 346
2	人工价内差	工日数×(94 价-预算价)	45 176
3	材料价内差	材料用量×(94 价-预算价)	199 117
4	机械价内差	机械台班×(94 价-预算价)	2 350
二	其他直接费	(5)+(6)	5 700
5	施工附加费	(一)×0.9%	2 565
6	施工包干费	(一)×1.1%	3 135
三	现场经费	(一)×5.9%	16 814
四	直接工程费	(一)+(二)+(三)	307 503
五	间接费	(四)×6.9%	21 218

续表 6-1

编号	项目名称	计算基础	金额(元)
六	利润	[(四)+(五)]×6%	19 723
七	主要材料价外差		801 143
八	税金	[(四)+(五)+(六)+(七)]×3.43%	39 431
九	工程造价	(四)+(五)+(六)+(七)+(八)	1 189 018
十	劳动保险费	(一)×2%	5 700
十一	工程总费用	(九)+(十)	1 194 718
十二	大写	壹佰壹拾玖万肆仟柒佰壹拾捌元整	

注:以某省园林工程预算定额和费用定额为依据。

表 6-2　固定综合单价法实例

序号	定额号	定额名称	计量单位	工程量	综合单价(元)	合价(元)
1	4-21	栽植香樟Φ20~22	株	46	2 735.32	125 825.00
2	4-20	栽植大金桂 h400ω350	株	10	3 578.88	35 789.00
3	4-18	栽植金桂Φ10	株	20	3 176.36	63 527.00
4	4-19	栽植四季桂 h250ω200	株	24	204.06	4 897.00
5	4-21	栽植香泡Φ25~28	株	15	3 852.36	57 785.00
6	4-21	栽植香泡Φ20~22	株	10	3 231.78	32 318.00
7	4-21	栽植大银杏Φ28~30	株	22	6 334.68	139 363.00
8	4-21	栽植银杏Φ18~20	株	10	3 107.67	31 077.00
9	4-20	栽植乐昌含笑Φ13~14	株	20	1 593.03	31 861.00
10	4-17	栽植白玉兰Φ8~10	株	22	905.64	19 924.00
11	4-17	栽植日本樱花Φ8~10	株	27	995.99	26 892.00
12	4-16	栽植广玉兰Φ7~8	株	18	395.79	7 124.00
13	4-18	栽植黄山栾树Φ10~12	株	24	507.86	12 189.00
14	4-20	栽植垂柳Φ14~15	株	16	662.16	10 595.00
15	4-20	栽植杜英Φ12~14	株	29	1 096.56	31 800.00
16	4-21	栽植沙朴Φ40	株	5	10 058.16	50 291.00
17	4-21	栽植沙朴Φ23~24	株	10	3 852.36	38 524.00

续表 6-2

序号	定额号	定额名称	计量单位	工程量	综合单价(元)	合价(元)
18	4-17	栽植合欢Φ8~10	株	25	265.48	6 637.00
19	4-16	栽植无患子Φ7~8	株	13	453.95	5 901.00
20	4-15	栽植鸡爪槭Φ6~8	株	11	1 048.05	11 529.00
21	4-14	栽植紫薇Φ5~6	株	36	212	7 632.00
22	4-14	栽植垂丝海棠Φ5~6	株	25	390.37	9 759.00
23	4-14	栽植红枫Φ4~5	株	57	351.14	20 015.00
24	4-17	栽植龙爪槐Φ8~10	株	2	293.33	587.00
25	4-21	栽植雪松 *h*600~700	株	13	1 618.28	21 038.00
26	4-14	栽植苏铁干 *h*40~60	株	6	549.82	3 299.00
27	4-14	栽植多头苏铁主干 *h*200 以上	株	2	12 464.96	24 930.00
28	4-14	栽植大花木槿Φ4*h*200	株	33	31.13	1 027.00
29	4-15	栽植花石榴 *h*200	株	15	43.77	657.00
30	4-15	栽植五针松 *h*200~250	株	3	1 916.86	5 751.00
31	4-55	栽植茶花 *h*150~180 *p*120~160	株	27	144.19	3 893.00
32	4-55	栽植枸骨球 *p*100~120	株	38	172.02	6 537.00
33	4-75	栽植雷竹Φ2~3	株	616	3.7	2 280.00
34	4-59	栽植茶梅球 *p*250	株	2	3 191.76	6 384.00
35	4-54	栽植茶梅球 *p*100~120	株	120	142.44	17 093.00
36	4-103	栽植八角金盘 *h*51*ω*51	株	3 968	2.95	11 706.00
37	4-103	栽植红花继木 *h*35*ω*35	株	26 610	1.56	41 512.00
38	4-103	栽植紫鹃 *h*31*ω*25	株	23 384	1.28	29 932.00
39	4-103	栽植毛鹃 *h*31*ω*31	株	15 270	1.07	16 339.00
40	4-103	栽植金叶女贞 *h*41*ω*31	株	12 584	0.79	9 941.00
41	4-103	栽植茶梅 *h*31*ω*31	株	18 416	2.53	46 592.00
42	4-103	栽植月季 *h*51*ω*31	株	2 600	1.70	4 420.00
43	4-96 换	栽植珊瑚树 *h*120	株	1 836	9.10	16 708.00
44	4-102	栽植时令花卉	10 m^2	10	525.81	5 258.00
45	4-102	葱兰栽植(草本花)	10 m^2	85	87.54	7 441.00
46	4-103	栽植火棘 *h*31*ω*31	株	23 428	3.23	75 672.00
47	4-112	马尼拉草皮铺种(满铺)	10 m^2	950	57.25	54 388.00
		合计				1 194 634.00

注:以某省园林工程预算定额和费用定额为依据。

可调工料单价法和固定综合单价法在分项编号、项目名称、计量单位、工程量计算方面是一致的，都可按照国家或地区的单位工程分部分项进行划分、排列，包含了统一的工作内容，使用统一的计量单位和工程量计算规则。不同的是，可调工料单价法将工、料、机再配上预算价作为直接成本单价，其他直接成本、间接成本、利润、税金分别计算。因为价格是可调的，其材料等费用在竣工结算时按工程造价管理机构公布的竣工调价系数或按主材计算差价或主材用抽料法计算，次要材料按系数计算差价而进行调整。固定综合单价法是采用包含了风险费用在内的全费用单价，故不受时间价值的影响。由于两种计价方法的不同，因此工程进度款的计算方法也不同。

当采用可调工料单价法计算工程进度款时，在确定已完工程量后，可按以下步骤计算工程进度款：

①根据已完工程量的项目名称、分项编号、单价得出合价；

②将本月所完成的全部项目合价相加，得出直接费小计；

③按规定计算其他直接费、现场经费、间接费、利润；

④按规定计算主材差价或差价系数；

⑤按规定计算税金；

⑥累计本月应收工程进度款。

【例6-3】　如表6-1所给出的某服务中心庭院绿化工程开工一个月末，已完成全部乔木种植工程量，当月的工程进度款应按以下步骤计算：

第一步，计算直接费。

栽植红枫Φ4～5：　$57\times1.05=60$(元)

栽植多头苏铁主干h200以上：　$2\times1.05=2$(元)

栽植紫薇Φ5～6：　$36\times1.05=38$(元)

栽植苏铁干h40～60：　$6\times1.05=6$(元)

栽植垂丝海棠Φ5～6：　$25\times1.05=26$(元)

栽植大花木槿Φ4h200：　$33\times1.05=35$(元)

栽植五针松h200～250：　$3\times1.61=5$(元)

栽植鸡爪槭Φ6～8：　$11\times1.61=18$(元)

栽植花石榴h200：　$15\times1.61=24$(元)

栽植无患子Φ7～8：　$13\times2.79=36$(元)

栽植广玉兰Φ7～8：　$18\times2.79=50$(元)

栽植合欢Φ8～10：　$25\times5.3=133$(元)

栽植白玉兰Φ8～10：　$22\times5.3=117$(元)

栽植日本樱花Φ8～10：　$27\times5.3=143$(元)

栽植龙爪槐Φ8～10：　$2\times5.3=11$(元)

栽植金桂Φ10：　$20\times8.5=170$(元)

栽植黄山栾树Φ10～12：　$24\times8.5=204$(元)

栽植四季桂$h250\omega200$：　$24\times13.15=316$(元)

栽植大金桂$h400\omega350$：　$10\times18.86=189$(元)

栽植杜英ϕ12～14： 29×18.86＝547(元)

栽植垂柳ϕ14～15： 16×18.86＝302(元)

栽植乐昌含笑ϕ13～14： 20×18.86＝377(元)

栽植香樟ϕ20～22： 46×27.73＝1 276(元)

栽植沙朴ϕ23～24： 10×27.73＝277(元)

栽植雪松h600～700： 13×27.73＝360(元)

栽植沙朴ϕ40： 5×27.73＝139(元)

栽植香泡ϕ25～28： 15×27.73＝416(元)

栽植香泡ϕ20～22： 10×27.73＝277(元)

栽植大银杏ϕ28～30： 22×27.73＝610(元)

栽植银杏ϕ18～20： 10×27.73＝277(元)

以上定额直接费小计:6 440元。

人工价内差： 工日数×(94价－预算价)＝5 289(元)

材料价内差： 材料用量×(94价－预算价)＝90 631(元)

机械价内差： 机械台班×(94价－预算价)＝2 339(元)

直接费： 6 440＋5 289＋90 631＋2 339＝104 699(元)

第二步,计算其他直接费、现场经费、间接费、利润。

其他直接费： 104 699×2%＝2 094(元)

现场经费： 104 699×5.9%＝6 177(元)

间接费： 112 970×6.9%＝7 795(元)

利润： (112 970＋7 795)×6%＝7 246(元)

以上费用小计:23 312(元)。

第三步,计算材料价外差。按可调工料单价法规定,中间结算和竣工结算应以结算当时的价格进行价差调整。经计算材料价差为680 771元。

第四步,计算税金。

808 782×3.43%＝27 741(元)

第五步,累计本月应收款。

104 699＋23 312＋680 771＋27 741＝836 523(元)

则本月应收工程进度款为836 523(元)。

用固定综合单价法计算工程进度款比用可调工料单价法更方便、省事,工程量得到确认后,只要将工程量与综合单价相乘得出合价,再累加即可完成本月工程进度款的计算工作。

2. 工程进度款的支付

工程进度款的支付一般按当月实际完成工程量进行结算,工程竣工后办理竣工结算。在工程竣工前,承包人收取的工程预付款和进度款的总额一般不超过合同总额(包括工程合同签后经发包人签证认可的增减工程款)的95%,其余5%尾款在工程竣工结算时除保修金外一并清算。

【例6-4】 某园林工程承包合同总额为660万元,主要材料及结构件金额占合同总额的60%，预付备料款额度为20%，预付款扣款的方法是以未施工工程尚需的主要材料及构件的价值相当于预付款数额时起扣，从每次中间结算工程价款中，按材料及构件比重抵扣工程价款。保留金为合同总额的5%。上半年各月实际完成合同价值如表6-3所示。问如何按月结算工程款？

表6-3 上半年各月实际完成合同价值 （单位：万元）

月份	2	3	4	5	6
完成合同价值	55	110	165	220	110

解 （1）计算预付备料款： $660\times20\%=132$（万元）

（2）求预付备料款的起扣点：

$$开始扣回预付备料款时的合同价值=660-\frac{132}{60\%}=660-220=440（万元）$$

即当累计完成合同价值为440万元后，开始扣回预付款。

（3）2月完成合同价值55万元，结算55万元。

（4）3月完成合同价值110万元，结算110万元，累计结算工程款165万元。

（5）4月完成合同价值165万元，结算165万元，累计结算工程款330万元。

（6）5月完成合同价值220万元，到5月累计完成合同价值550万元，超过了预付备料款的起扣点。

5月应扣回的预付备料款： $(550-440)\times60\%=66$（万元）

5月结算工程款：$220-66=154$（万元），累计结算工程款484万元。

（7）6月完成合同价值110万元，应扣回预付备料款：$110\times60\%=66$（万元），应扣5%的预留款：$660\times5\%=33$（万元）。

6月结算工程款为：$110-66-33=11$（万元），累计结算工程款495万元，加上预付备料款132万元，共结算627万元。预留合同总额的5%即33万元作为保留金。

二、园林工程竣工结算

园林工程竣工结算是在工程竣工并经验收合格后，施工单位根据施工过程中实际发生的增减变更情况，按照编制施工图预算的方法与规定，对原施工图预算或工程合同造价进行相应调整而编制的确定的工程实际造价，并作为最终结算工程价款的技术经济文件。

单项工程竣工验收后，由园林施工企业及时整理交工技术资料。主要工程应绘制竣工图并编制竣工结算，以及施工合同、补充协议、设计变更洽商等资料，送建设单位审查，经承发包双方达成一致意见后办理结算。但属于中央和地方财政投资的园林工程的结算，需经财政主管部门委托的专业银行或中介机构审查，有的工程还需经过审计部门审计。

（一）园林工程竣工结算的编制原则

（1）要编制竣工结算的工程项目或部位必须具备竣工结算的条件，即工程已通过竣工验收并取得竣工验收报告单。

（2）对要办理竣工结算的工程项目进行全面的清查，且这些内容都必须符合设计及验收规范要求,符合建筑安装工程质量检验评定标准的规定。

(3)要严格按照地区预算定额、地区估价表、调价文件及工程合同(或协议书)等的要求编制竣工结算书。

(4)应严格按照地区或部门规定的程序和方法进行编制工程竣工结算书。

(5)施工图预算书等结算资料必须齐全,并以对建设单位负责的态度、实事求是的精神,正确地确定工程最终造价。

(二)工程竣工结算编制的依据

工程竣工结算的编制是一项政策性较强、反映技术经济综合能力的工作,既要做到正确地反映工人创造的工程价值,又要正确地贯彻执行国家有关部门的各项规定。编制工程竣工结算必须收集如下依据:

(1)工程合同或协议书;

(2)施工图预算;

(3)图纸会审纪要和设计变更通知单;

(4)材料代用核定单和材料预算价格变更文件;

(5)施工现场签证记录;

(6)竣工图;

(7)隐蔽工程验收单、工程竣工报告和竣工验收单;

(8)分包单位或附属单位提出的分包工程结算书;

(9)现行工程预算有关定额、费用调整的补充项目;

(10)经双方协商同意并办理了签证的应列入工程结算的其他事项。

(三)工程竣工结算的内容

工程竣工结算时重点需要考虑在施工过程中工程量的变化、价格的调整等内容,主要包括以下几个方面。

1. 工程量增减调整

工程量增减调整是指所完成的实际工程量与施工图预算工程量之间的差额,即所谓的量差。量差主要表现在以下几个方面:

(1)设计变更和漏项。因实际图样修改和漏项等而产生的工程量增减,该部分可依据设计变更通知书进行调整。

(2)现场工程更改。实际工程中施工方法出现不符、基础超深等均可根据双方签证的现场记录,按照合同或协议的规定进行调整。

(3)施工图预算错误。在编制竣工结算前,应结合工程的验收和实际完成工程量的情况,对施工图预算中存在的错误予以纠正。

2. 价差调整

工程竣工结算可按照地方预算定额或基价表的单价编制,因当地造价部门文件调整发生的人工、计价材料和机械费用的价差均可以在竣工结算时加以调整。未计价材料则可根据合同或协议的规定,按实际调整价差。

3. 费用调整

属于工程数量的增减变化,需要相应调整安装工程费的计算;属于价差的因素,通常不调整安装工程费,但要计入计费程序中,即该费用应反映在总造价中;属于其他费用,如停窝工费用、大型机械进出场费用等,应根据各地区定额和文件规定一次结清,分摊到工程项目中去。

(四)工程竣工结算的编制方式

1. 决标或议标后的合同价加签证结算方式

(1)合同价。经过建设单位、园林施工企业、招标投标主管部门对标底和投标报价进行综合评定后确定的中标价,以合同的形式固定下来。

(2)变更增减账等。对合同中未包括的条款或出现的一些不可预见费,在施工过程中由于工程变更所增减的费用,经建设单位或监理工程师签证后,与原中标合同价一起结算。

2. 施工图概预算加签证结算方式

(1)施工图概预算。这种结算方式适用于小型园林工程,一般是以经建设单位审定后的施工图概预算作为工程竣工结算的依据。

(2)变更增减账等。凡施工图概预算未包括的,在施工过程中工程变更所增减的费用,各种材料(构配件)预算价格与实际价的差价等,经建设单位或监理工程师签证后,与审定的施工图预算一起在竣工结算中进行调整。

3. 预算包干结算方式

预算包干结算也称施工图预算加系数包干结算,其公式为

结算工程造价 = 经施工单位审定后的施工图预算造价 ×(1 + 包干系数)

在签订合同时,要明确预算外包干系数、包干内容及范围。包干费通常不包括下列原因增加的费用:

(1)在原施工图外增加建设面积。

(2)工程结构设计变更、标准提高,非施工原因的工艺流程的改变等。

(3)隐蔽性工程的基础加固处理。

(4)非人为因素所造成的损失。

4. 平方米造价包干的结算方式

它是双方根据一定的工程资料,事先协商好每平方米造价指标后,乘以建设面积计算工程造价进行结算的方式。其公式为

结算工程造价 = 建设面积 × 每平方米造价

这种方式适用于广场铺装、草坪铺设等。

(五)工程竣工结算方法

工程竣工结算的编制,因承包方式的不同而有所不同,其结算方法均应根据各省市建设工程造价(定额)管理部门、当地园林管理部门和施工合同管理部门的有关规定办理工程结算。常用的结算方法如下。

1. 在中标价格基础上进行调整

采用招标方式承包工程结算,原则上应以中标价(议标价)为基础进行,如工程施工过程中有较大设计变更、材料价格的调整、合同条款规定允许调整的,或当合同条文规定不允许调整但非施工企业原因发生中标价格以外的费用时,承发包双方应签订补充合同

或协议,在编制竣工结算时,应按本地区主管部门的规定,在中标价格基础上进行调整。

2. 在施工图预算基础上进行调整

以原施工图预算为基础,对施工中发生的设计变更、原预算书与实际不相符、经济政策的变化等,编制变更增减账,根据增减的内容对施工图预算进行调整。具体增减的内容主要包括:工程量的增减,各种人、材、机价格的变化和各项费用的调整等。

3. 在结算时不再调整

采用施工图概预算加包干系数和平方米造价包干方式进行工程结算,一般在承包合同中已分清了承发包单位之间的义务和经济责任。不再办理施工过程中所承包范围内的经济洽商,在工程结算时不再办理增减调整。工程竣工后,仍以原预算加系数或平方米造价包干进行结算。

采用上述结算方式,必须对工程施工期内各种价格变化进行预测,获得一个综合系数,即风险系数。采用这种做法,承包或发包方均承担很大的风险,一般只适用于建设面积小、施工项目单一、工期短的园林工程。对工期较长、施工项目复杂、材料品种多的园林工程不宜采用这种方式。

(六)工程竣工结算的审查

竣工结算编制后要有严格的审查,一般从以下几个方面入手。

1. 核对合同条款

首先,应核对竣工工程内容是否符合合同条件要求,工程是否竣工验收合格,只有按合同要求完成全部工程并验收合格才能竣工结算;其次,应按合同规定的结算方法、计价定额、取费标准、主材价格和优惠条款等,对工程竣工结算进行审核;若发现合同开口或有漏洞,应请建设单位与施工单位认真研究,明确结算要求。

2. 检查隐蔽验收记录

所有隐蔽工程均需进行验收,并由两人以上签证。实行工程监理的项目应经监理工程师签证确认。审核竣工结算时应核对隐蔽工程施工记录和验收签证,手续完整,工程量与竣工图一致方可列入结算。

3. 落实设计变更签证

设计修改变更应有原设计单位出具的设计变更通知单和修改的设计图纸、校审人员签字并加盖公章,经建设单位和监理工程师审查同意、签证;重大设计变更应经原审批部门审批,否则不应列入结算。

4. 按图核实工程数量

竣工结算的工程量应依据竣工图、设计变更单和现场签证等进行核算,并按国家统一规定的计算规则计算工程量。

5. 执行定额单价

结算单价应按合同约定或招标规定的计价定额与计价原则确定。

6. 防止各种计算误差

工程竣工结算子目多、篇幅大,往往有计算误差,应认真核算,防止因计算误差多计或少算。

第二节　园林工程竣工决算

一、竣工决算的概念及分类

竣工决算是建设工程经济效益的全面反映，是项目法人核定各类新增资产价值、办理其交付使用的依据。通过竣工决算，一方面能够正确反映建设工程的实际造价和投资结果；另一方面可以通过竣工决算与概算、预算的对比分析，考核投资控制的工作成效，总结经验教训，积累技术、经济方面的基础资料，提高未来建设工程的投资效益。

竣工决算分为施工企业竣工决算和基本建设项目竣工决算，园林施工企业的竣工决算是企业内部对竣工的单位工程进行实际成本分析，反映其经济效果的一项决算工作。它以单位工程的竣工结算为依据，核算其预算成本、实际成本和成本降低额，并编制单位工程竣工成本决算表，以总结经验，提高企业经营管理水平。基本建设项目竣工决算是建设单位根据《关于基本建设项目验收暂行规定》的要求，所有新建、改建和扩建工程建设项目竣工以后都应编报的竣工决算。它是反映整个建设项目从筹建到竣工验收投产的全部实际支出费用的文件。

二、园林工程竣工决算的内容

园林工程竣工决算是建设工程从筹建到竣工使用全过程中发生的所有实际支出，包括设备工器具购置费、建筑安装工程费和其他费用等。在建设项目或单项工程完工后，由建设单位财务及有关部门，以竣工结算、前期工程费用等资料为基础进行编制。竣工决算全面反映了建设项目或单项工程从筹建到竣工使用全过程中各项资金的使用情况和设计概预算执行的结果，它是考核建设成本的重要依据。竣工决算主要包括的内容见表6-4。

表6-4　园林工程竣工决算内容

表现形式	内容
文字说明	1. 工程概况 2. 设计概算和建设项目计划的执行情况 3. 各项技术经济指标完成情况及各项资金使用情况 4. 建设工期、建设成本、投资效果等
竣工工程概况表	将设计概算的主要指标与实际完成的各项主要指标进行对比，可采取表格的形式
竣工财务决算表	用表格形式反映出资金来源与资金运用情况
交付使用财产明细表	交付使用的园林项目中固定资产的详细内容，不同类型的固定资产应相应采取不同形式的表格 例如，园林建筑等可用交付使用财产、结构、工程量（包括设计、实际）概算（实际的建设投资、其他基建投资）等项来表示 设备安装可用交付使用财产名称、规格型号、数量、概算、实际设备投资、建设基建投资等项来表示

三、竣工决算的编制步骤

(1)收集、整理、分析原始资料。从建设工程开始就按编制依据的要求,收集、清点、整理有关资料,主要包括建设工程档案资料,如设计文件、施工记录、上级批文、概预算文件、工程结算的归集整理,财务处理、财产物资的盘点核实及债权债务的清偿,做到账账、账证、账实、账表相符。

(2)对照、核实工程变动情况,重新核实各单位工程、单项工程造价。将竣工资料与原设计图纸进行查对、核实,必要时可实地测量,确认实际变更情况;根据经审定的施工单位竣工结算等原始资料,按照有关规定对原概预算进行增减调整,重新核定工程造价。

(3)将审定后的待摊投资、设备工器具投资、建筑安装工程投资、工程建设其他投资严格划分和核定后,分别计入相应的建设成本栏目内。

(4)编制竣工财务决算说明书,力求内容全面、简明扼要、文字流畅、说明问题。

(5)填报竣工财务决算报表。

(6)做好工程造价对比分析。

(7)清理、装订好竣工图。

(8)按国家规定上报、审批、存档。

研讨与练习

一、填空题

1. 工程价款按月结算的方式即先预付________;在施工过程中按月结算________,竣工后进行________。

2. 确定________是工程预付款起扣的关键。

3. 编制竣工结算时,根据增减的内容对施工图预算进行调整,具体增减的内容主要包括:________、________和________的调整等。

4. 竣工决算分为________的竣工决算和________的竣工决算。

5. 园林工程竣工决算是在建设项目或单项工程完工后,由建设单位财务及有关部门,以________、________等资料为基础进行编制。

6. 设计概算是________(或________)阶段,根据勘测设计的技术文件,结合概算定额、概算指标、工资标准、设备价格、材料价格以及各项费用标准等基础资料,由________进行编制的,是确定建设项目和单项工程建设费用的文件。

7. ________和________总称为基本建设预算,即在建设之前,计算出建设项目或每项工程的概预算价值、作为确定建设投资、控制基建拨款和控制单位工程造价的依据。

8. 按照国家要求,所有建设项目,设计必须有________,施工必须有________,竣工必须有________。它们之间的关系是:________价值不得超过计划任务书的投资额,修正概算和施工图预算不得超过________价值,

____________不得超过施工图预算价值。

二、计算题

1. 某园林工程总造价为280万元，其中主要材料、构件所占比例为62.5%，材料储备定额天数为40天，问工程预付款为多少万元？起扣点应为多少万元？

2. 某园林工程承包合同总额为2 500万元，主要材料及结构件金额占合同总额70%，预付备料款额度为15%，预付款扣款的方法是以未施工工程尚需的主要材料及构件的价值相当于预付款数额时起扣，从每次中间结算工程价款中，按材料及构件比重抵扣工程价款。保留金为合同总额的5%。某年各月实际完成合同价值如表6-5所示。问如何按月结算工程款？

表6-5　各月完成合同价值　（单位：万元）

月份	2	3	4	5	6	7	8	9	10
完成合同价值	200	240	280	280	290	330	310	300	270

第七章　园林工程预算软件的应用

第一节　概　述

随着工程建设产业市场化的飞速发展,工程造价行业的业务规模和需求也迅速扩大,提升工作效率、降低错误率、提高管理质量,以及信息的管理和利用等需求量也在不断地增加,从根本上为计算机技术的应用创造了良好的条件。而计算机技术的飞速发展,也为工程造价行业准备好了充足的技术保证。由于定额子目众多,工程量计算的繁杂,使得手工编制概预算速度慢、效率低、周期长,而且容易出差错。用计算机技术辅助进行造价管理工作是非常必要的,也是行业整体素质提升的重要手段,亦是造价人员必备的技能。另外,由于计算机能记录和保存数据,便于修改和对历史数据进行统计分析,故而在实际工程中已经得到了大量的应用。因此,课程教学中应进行相应的教学,通过训练加以熟练运用,训练学生应用计算机快速报价、快速投标的技能。

常用的预算计价软件有广联达——清单计价系统、智多星建设项目造价管理软件、神机妙算软件、斯维尔清单计价软件等,能进行清单计价、预算套价。

计算机预算软件在全国各省所用的都不同,但其基本操作都是由项目建立、套定额、工程量输入、定额换算、价格输入与修改、造价计算和打印输出等部分组成。软件的基本操作流程根据手工编制预算书的过程进行设置,基本流程图如图7-1所示。

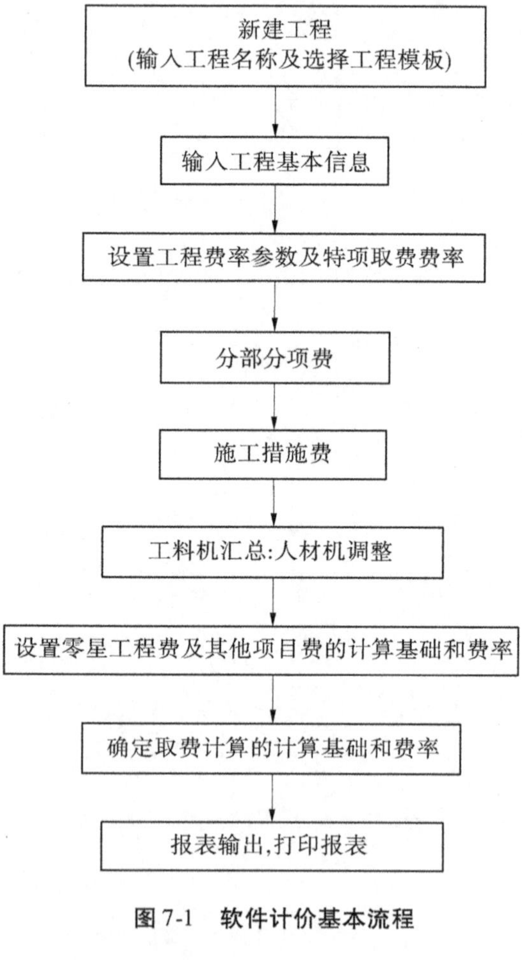

图7-1　软件计价基本流程

第二节　园林工程预算软件基本操作

本节以智多星(营改增)建设项目造价管理软件为例进行介绍。各个地区在本节教学过程中可根据该地区常用预算软件进行讲解。

软件操作基本流程如表7-1所示。

表7-1　软件操作基本流程

步骤	流程	操作内容
一	启动软件	双击“湖南2016建设项目造价管理软件”图标
二	新建项目	1. 在“欢迎使用”对话框中双击【新建项目】按钮,或者是点击【新建项目】按钮后点击【确定】按钮 2. 设置工程名称及工程模版。新建的工程文件,必须在输入工程名称,并选用工程模板后才能点击【下一步】按钮
三	构建项目	1. 在【项目管理】窗口,根据项目编制要求,构建单项工程与单位工程 2. 输入【项目信息】
四	单位工程编制	在【工程信息】下设置【费率参数】,开始编制分部分项、施工措施、市场价、其他项目等
五	分部分项编制	1. 在【分部分项】窗口编制分部分项工程量清单、挂定额子目 2. 检查清单与子目规范性、准确性与完整性
六	施工措施项目编制	1. 根据施工组织方案编制计量措施内容 2. 根据施工组织方案编制计项措施内容
七	工料机汇总	1. 在【工料机汇总】窗口中调整人材机信息价或市场价 2. 编制招标清单时根据要求勾选指定【暂估单价材料】
八	其他项目编制	1. 招标投标阶段根据要求编制暂列金额、专业工程暂估价、计日工、总承包服务费 2. 竣工结算阶段根据结算内容编制签证索赔、专业工程结算价、计日工结算、总承包服务费结算
九	检查数据	在【取费计算】窗口中检查单位工程造价合计
十	报表输出	1. 循环上述四~九步骤,完成项目内其他单位工程编制 2. 打印报表

一、新建项目

(1)在“欢迎使用”对话框中双击【新建项目】按钮,或者是点击【新建项目】按钮后点击【确定】按钮,如图7-2所示。

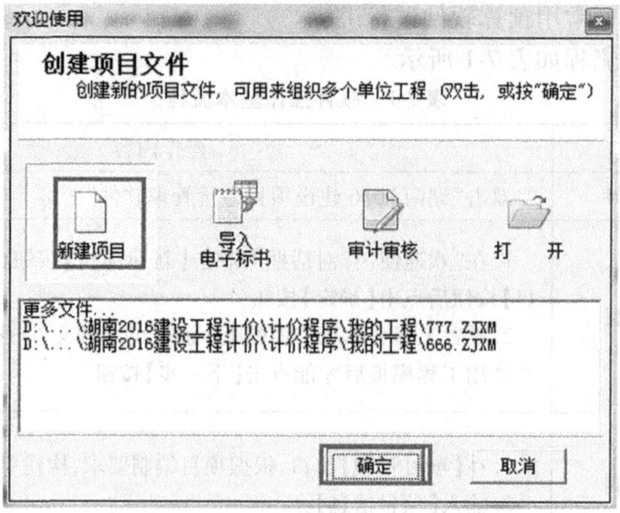

图7-2　新建项目界面

(2)设置工程名称及工程模版。新建的工程文件,必须在输入工程名称,并选用计税方式、工程模板,设置保存路径后才能点击【下一步】按钮,如图7-3所示。

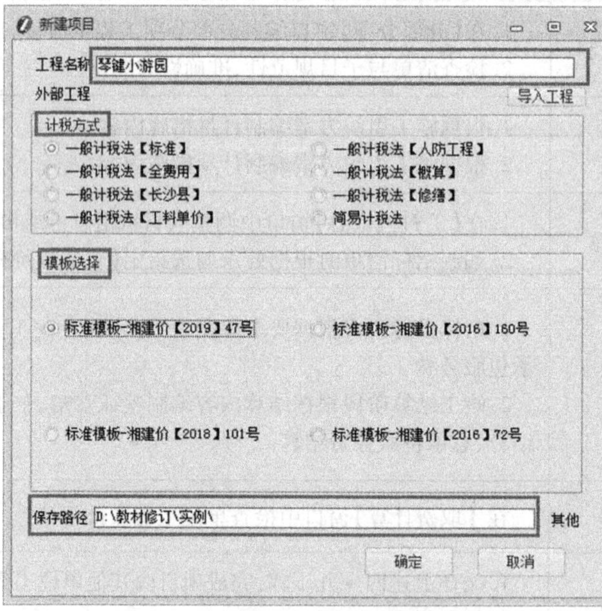

图7-3　设置工程名称及工程模板界面

(3)点击【确认】按钮,进入软件的操作界面,如图7-4所示。

(4)导入电子标书,也可以通过此功能导入项目。投标方在购买招标文件时会收到

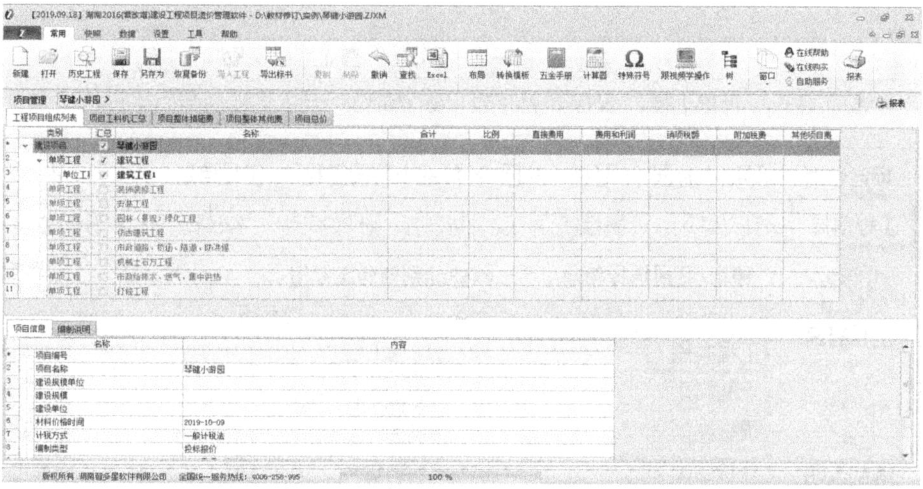

图 7-4　软件界面

由招标方提供的“工程量清单电子招标标书”，即扩展名为.XML 电子招标文件。在【创建项目文件】对话框中，双击【导入电子标书】按钮，进入【导入 XML 电子标书】对话框，点【打开】命令按钮，找到扩展名为＊.XML、＊.JZB、＊.HNZB 的电子招标文件，从下拉列表中选择分析模板“湖南电子招标数据导入”模板，选择好模板后，点击【分析招标文件】命令按钮，如果标书符合标准的数据格式，则会将导入的工程项目结构显示在列表框中，导入后的工程文件默认保存在软件安装目录的“我的工程”文件夹下，用户可以重新选择保存路径进行保存，最后点【确定】按钮即在指定的位置创建了工程文件，并直接在软件中打开。

二、构建项目

(1)在【项目管理】窗口，根据项目编制要求，构建单项工程与单位工程。可将项目名称、单位工程名称进行更改。项目信息一般包括项目概况、招标人信息、投标人信息等，根据编制要求填入信息，“必填信息”部分是招标投标接口标准要求内容，必须完整无误地填写，以免影响招标投标。

(2)输入项目信息。将工程类别改为园林绿化工程专业。双击单位工程，进入工程信息管理界面，在工程类别下拉栏中选取“园林(景观)绿化工程”，如图 7-5 所示。定额库、计价软件会自动变更为园林绿化工程专业的相应选项。

三、单位工程编制

在【工程信息】下设置费率参数，开始编制分部分项、施工措施、市场价、其他项目等，如图 7-6 所示。

四、分部分项编制

分部分项是工程的主体费用。在此模块中主要是做分部分项清单和工程套定额，而工程套定额又是工程的重要组成部分，工程的大部分工作都将在这里完成，如定额的选

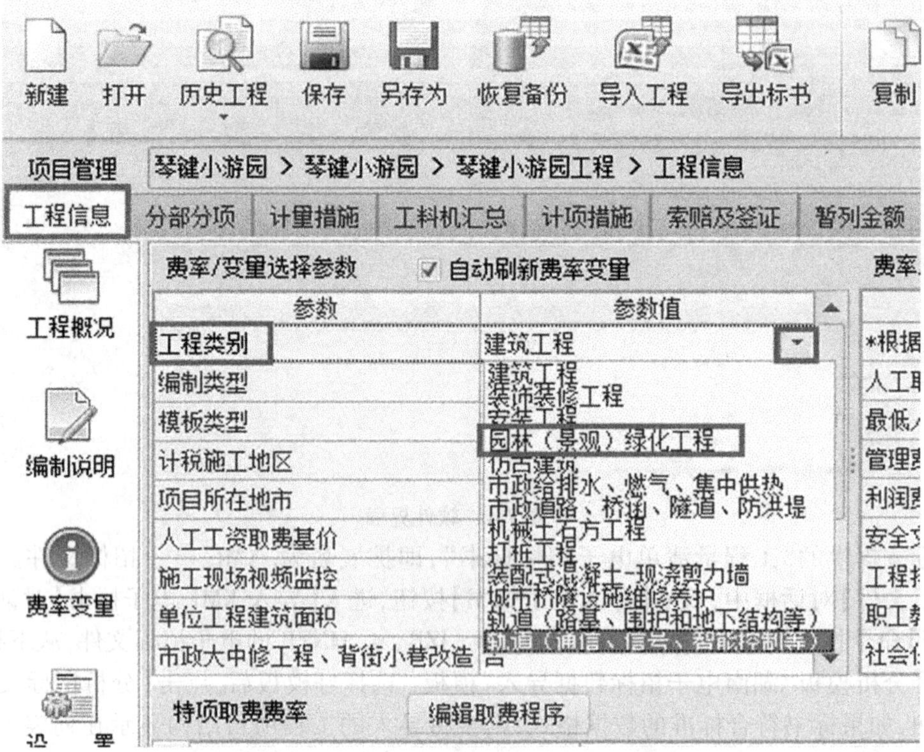

图 7-5　将工程类别改为园林绿化工程专业

图 7-6　设置费率参数

用、人材机价格的定义，调整，换算以及其他的一些辅助工作。如图 7-7 所示。

(1)在【分部分项】窗口编制分部分项工程量清单、挂定额子目。根据项目设计要求与施工现场情况，录入工程量清单，工程量清单的录入包括清单编码、名称、单位、工程量、项目特征及工作内容等，根据国标清单规范要求，在工程量清单及计价时强调编码(9 位编码 +3 位流水号)、名称、单位、工程量(计算规划)、项目特征五统一。

清单录入方法：在清单导航标签下拉选择所需专业的国标清单库，并根据章节展开

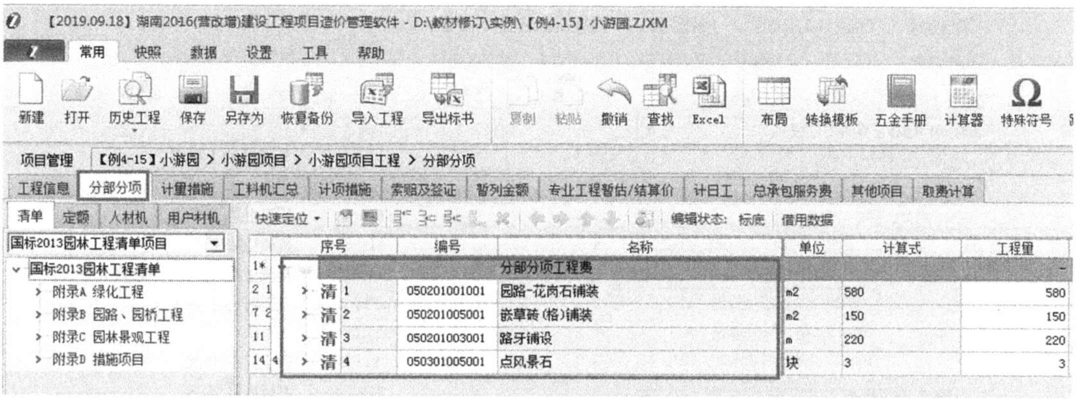

图 7-7　分部分项清单编制

到所需清单结点，双击或者拖拽选定清单到分部分项窗口即可快速实现清单的自动录入。

增加空清单行，在清单编码栏位置输入九位清单编码，软件自动加 3 位流水号并实现清单的手工录入。

补充清单的录入：增加空清单行后，以“XB001 + 流水号”形式输入（X 取当前专业代码 A、B、C、D、E），再输入清单名称、单位、工程量及项目特征内容。

项目特征的录入：选择清单行，再点击下方的【项目特征】标签按钮，根据项目要求，勾选【项目特征值】，如图 7-8 所示。

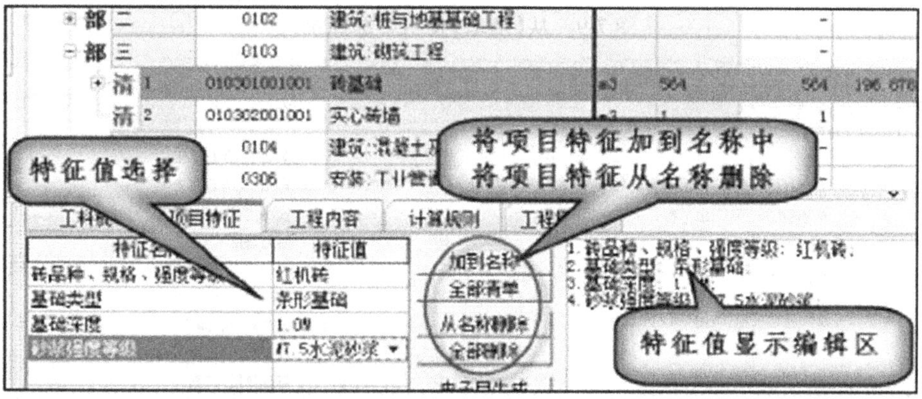

图 7-8　项目特征的录入

（2）消耗量子目的录入。子目的选择必须根据项目特征描述进行，子目的录入方法与清单录入方法基本相同，支持双击、拖拽、编码录入。在清单中做了定额指引的，可以选择清单后，直接从【清单】指引中选择录入，如图 7-9 所示；清单下找不到的定额可以从【定额】标签中选择定额库名称，展开到特定章节，实现定额子目的录入，如图 7-10 所示。

五、施工措施项目编制

（1）根据施工组织方案编制计量措施内容。

能计算工程量的施工措施项目应以【计量措施】项目进行编制，软件中专门设置【计量措施】编制窗口，其操作方法与【分部分项】窗口基本相同。

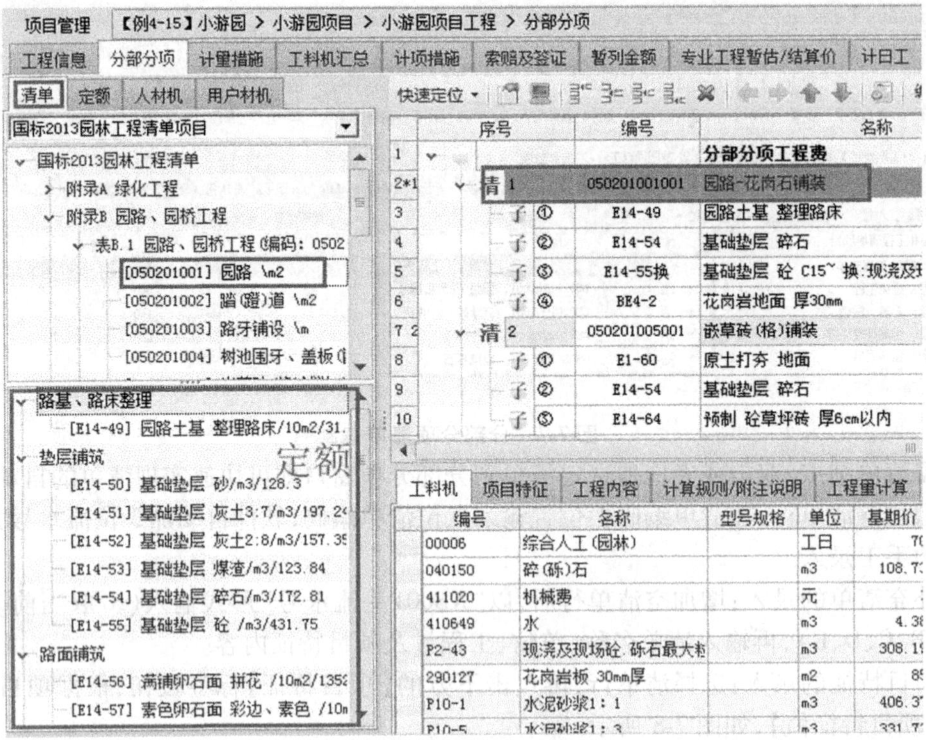

图 7-9　从【清单】指引中选择录入

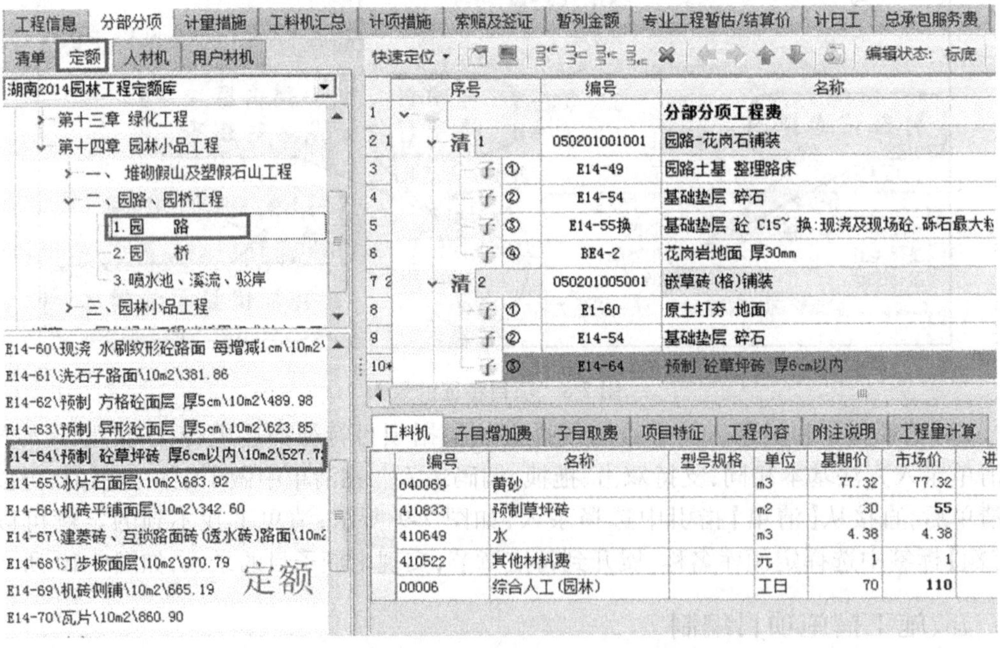

图 7-10　从【定额】标签选择实现定额子目的录入

这里以施工措施中模板计算为例来说明,套用定额时,可能在园林定额库中没有相对应的子目,可以到建筑工程定额库中选取相对应的子目,如图 7-11。

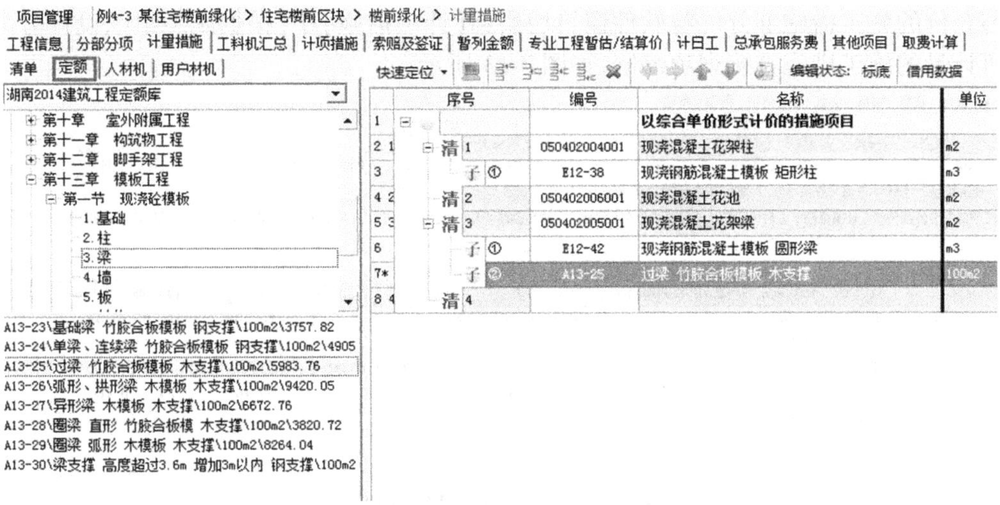

图 7-11　【计量措施】项目编制

现浇混凝土构件模板量有两种计算方式：一是按模板实际面积计算，另一种是根据现浇构件的含模量系数表进行关联计算。在【分部分项】窗口套现浇构件子目时，会打开一个智能换算窗，包括混凝土配比的选择、是否为商品混凝土、含模量等；在构件含模量框中，结合构件模板下拉选择模板子目，当有模板有超高时，输入模板实际高度，点击【确定】按钮；切换到【计量措施】窗口，软件已经自动增加此前构件的模板清单及子目，其工程量、单价自动计算，如图 7-12 所示。

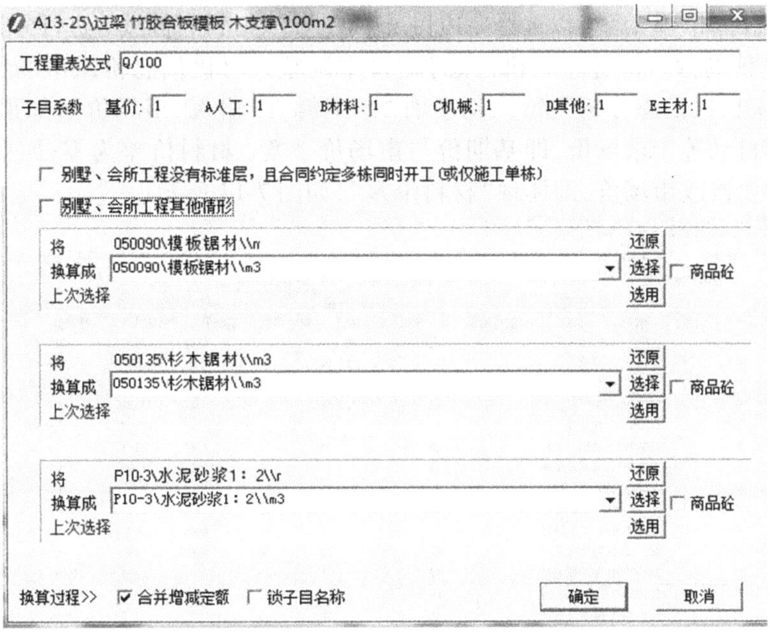

图 7-12　现浇混凝土构件模板套用定额

(2)根据施工组织方案编制计项措施内容。

计项措施指不可计算具体工程量、不需要进行综合单价分析，只能以按项直接编制单价与合价的施工措施部分。将软件窗口切换到【计项措施】中,根据施工组织设计方案对不可计量的施工措施直接列项编制,如图 7-13 所示。

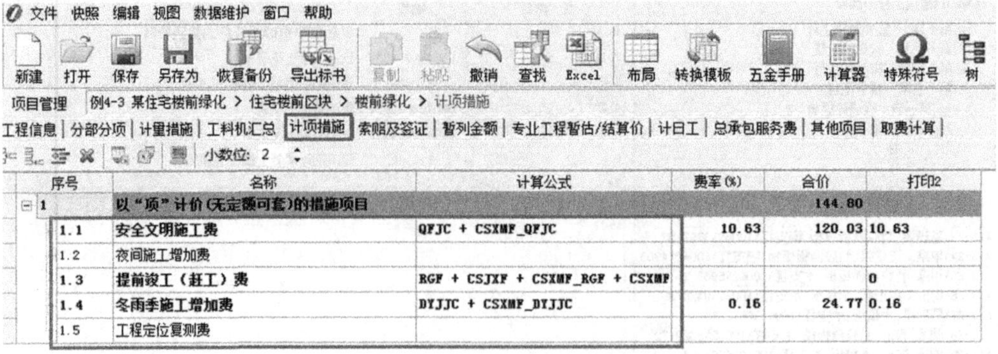

图 7-13 【计项措施】编制界面

计项措施项目可以根据施工组织设计进行增减;可以在【计算公式】栏打开【费用变量】直接引用【分部分项】及相关费用变量,再录入费率标准即可;在【计算公式】栏中输入金额,【费率】列输入 100,即表示直接给固定的费用。

六、工料机汇总

当前工程的定额套用完成后,需对当前的各种材料汇总分析,是预算管理使用计算机最优越、最实际的工作之一,在工料机分析中,计算机效率是手工的几十倍。工料机汇总中的数据由计算机自动产生,您可以选择左边目录中的人工、材料和机械等进行分类查看。

(1)预算价的输入,在【工料机汇总】窗口中调整人材机信息价或市场价。套定额完成后,进入“工料机汇总分析”插页,对所有的“工料机”输入“市场价”,如果“基期价”初始值为空,则自动等于市场价,即基期价与市场价平衡,材料价差为零;如果基期价不同于市场价,则要修改市场价,即体现“材料价差”,如图 7-14 所示。

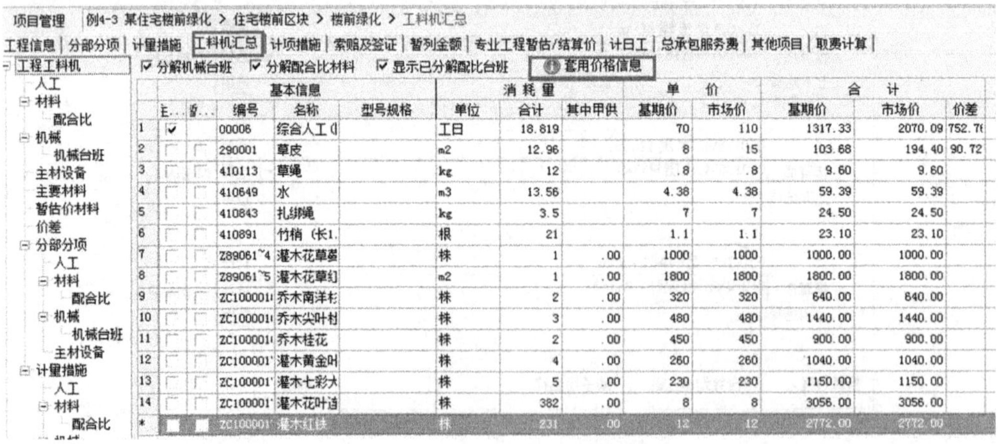

图 7-14 【工料机汇总】界面

可以下载信息价,更新材料价格。点击【套用价格信息】,进入【真材实价】窗口进行套用价格。

(2)编制招标清单时根据要求设置暂估单价材料标志【暂估单价材料】。选择一项或多项材料,单击鼠标右键,执行右键菜单【设定为暂估价材料】命令;或直接用鼠标勾选暂估单价材料标志栏,如图 7-15 所示。

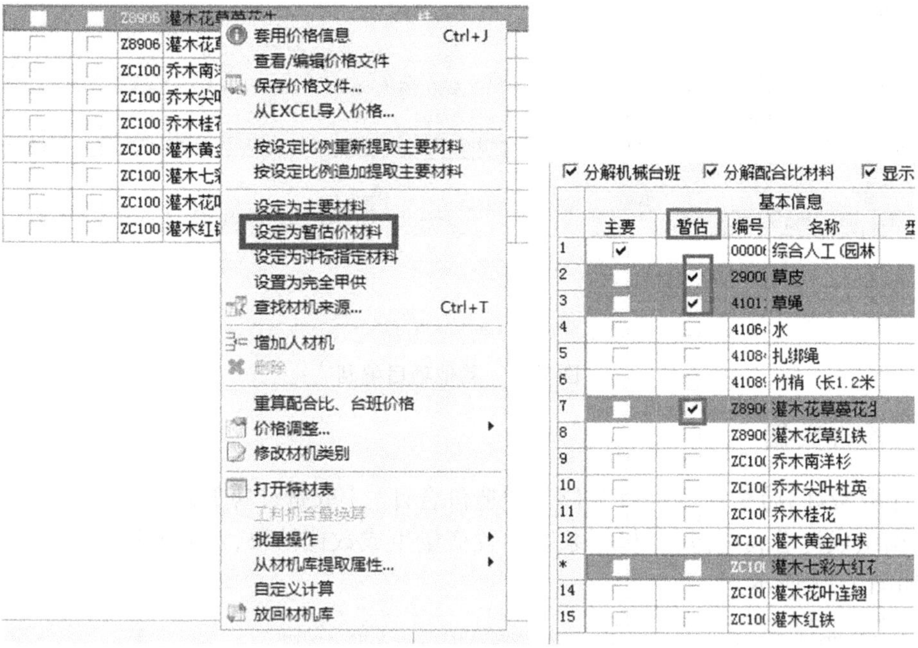

图 7-15　标志暂估单价材料的 2 种方法

七、其他项目编制

根据工程阶段,在招投标阶段一般要求编制暂列金额、专业工程暂估价、计日工、总承包服务费等其他项目清单,在竣工结算阶段编制签证及索赔、专业工程结算价、计日工、总承包服务费等。

(1)暂列金额编制。暂列金额(也称暂定金额、备用金、不可预见费等)是指招标人和中标人签订合同时尚未确定的和不可预见的项目备用费用。由招标人在工程量清单中列明一个固定的金额,投标人报价时暂列金额不允许改变。

(2)专业工程暂估价。可由招标人在工程量清单中给定一个暂估价,投标人在报价时不能进行任何变更。

(3)计日工。计日工俗称“点工”,当工程量清单所列各项均没有包括,而这种例外的附加工作出现的可能性又很大,并且这种例外的附加工作的工程量很难估计时,用计日工明细表的方法来处理这种例外,分为计日工人工、计日工材料与计日工机械三大类。

(4)总承包服务费。清单编制人必须在总说明中说明工程分包的具体内容,由投标人根据分包内容自主报价。

(5)结算阶段的编制签证索赔。根据签证与索赔项目,在【签证及索赔】窗口中进行列项编制;专业工程结算价根据施工合同约定与专业工程按实结算原则在【专业工程暂估价/结算价】中进行列项编制。

(6)其他项目窗口。本窗口用于汇总其他项目中各项费用,供数据查看用,不需要进行任何编辑。

这些在软件中编制和计项措施插页完全一样,都是采用的“树”节点向上汇总,如图7-16所示。

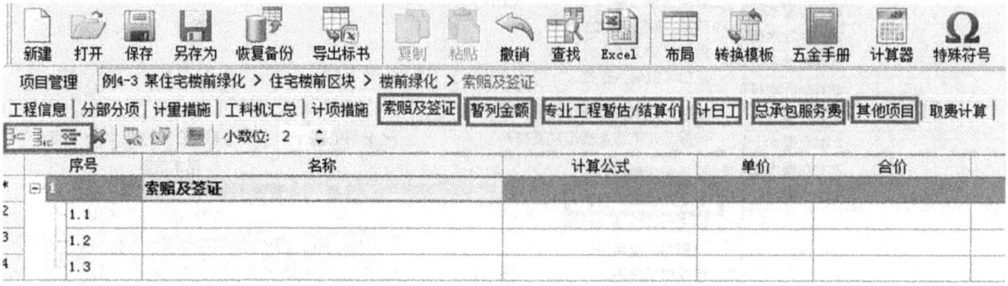

图7-16　其他项目编制

八、检查数据

在【取费计算】窗口中检查单位工程造价合计。【取费计算】窗口是整个单位工程的造价数据组成汇总,软件自动根据系统内置变量生成数据结果,不需要操作人员进行任何修改,如图7-17所示。

序号	名称	计算公式	费率(%)	合价	备注	打印2
1	直接费用			15,012.64	1.1+1.2+1.3	
1.1	人工费	RGF + CSXMF_RGF	100	2,070.09		
1.1.1	其中:取费人工费	QFRG + CSXMF_QFRG	100	1,129.14		
1.2	材料费	(ZJF-RGF-CSJXF)+(CSXMF_ZJF-CSXMF_RGF-CSXMF_CSJ	100	12,942.55		
1.3	机械费	CSJXF+CSXMF_CSJXF	100			
1.3.1	其中:取费机械费	QFJX + CSXMF_QFJX	100			
2	费用和利润			1,348.78	2.1+2.2+2.3+2.4	
2.1	管理费	GLF + CSXMF_GLF	100	224.69	1.1.1	19.9
2.2	利润	LR + CSXMF_LR	100	245.05	1.1.1	21.7
2.3	总价措施项目费	JXCSF	100	144.80		
2.3.1	其中:安全文明施工费	QFJC + CSXMF_QFJC	10.63	120.03		10.63
2.4	规费			734.24	2.4.1+2.4.2+2.4.3+2.4.4+2.4.5	
2.4.1	工程排污费	GCPWF + CSXMF_GCPWF + JXCSF*gcpwf_1/100	100	62.51	1+2.1+2.2+2.3	0.4
2.4.2	职工教育经费和工会经费	ZGJTJF + CSXMF_ZGJYJF	100	72.46	1.1	3.5
2.4.3	住房公积金	ZFGJJ + CSXMF_ZFGJJ	100	124.21	1.1	6
2.4.4	安全生产责任险	AQSCZRX+CSXMF_AQSCZRX+JXCSF*aqsczrxf_1/100	100	31.25	1+2.1+2.2+2.3	0.2
2.4.5	社会保险费	LBJJ+ CSXMF_LBJJ+JXCSF*lbjjf_1/100	100	443.81	1+2.1+2.2+2.3	2.84
3	建安费用	[1:2]	100	16,361.42	1+2	
4	销项税额	[3]-?XFB:其他B-?XCS:其他B	9	1,472.53	3*税率	9
5	附加税费	[3:4]-?XFB:其他B-?XCS:其他B	0.36	64.20	(3+4)*费率	0.36
6	其他项目费	QTXMF	100			
7	优惠	YH + CSXMF_YH	100		单价优惠(直接费用+管理费+利润)	0
8	工程造价	[3:6]-[7]	100	17,898.15	3+4+5+6-7	

图7-17　在【取费计算】窗口中检查单位工程造价合计

九、报表输出

报表是数据成果打印输出的常见形式。套完定额工料机分析完成后,单击【报表】进入报表输出页面。

(1)选择打印。可以打印时先选中所需要的表,在预览确定无误后进行打印,或导出excel文件,如图7-18所示。

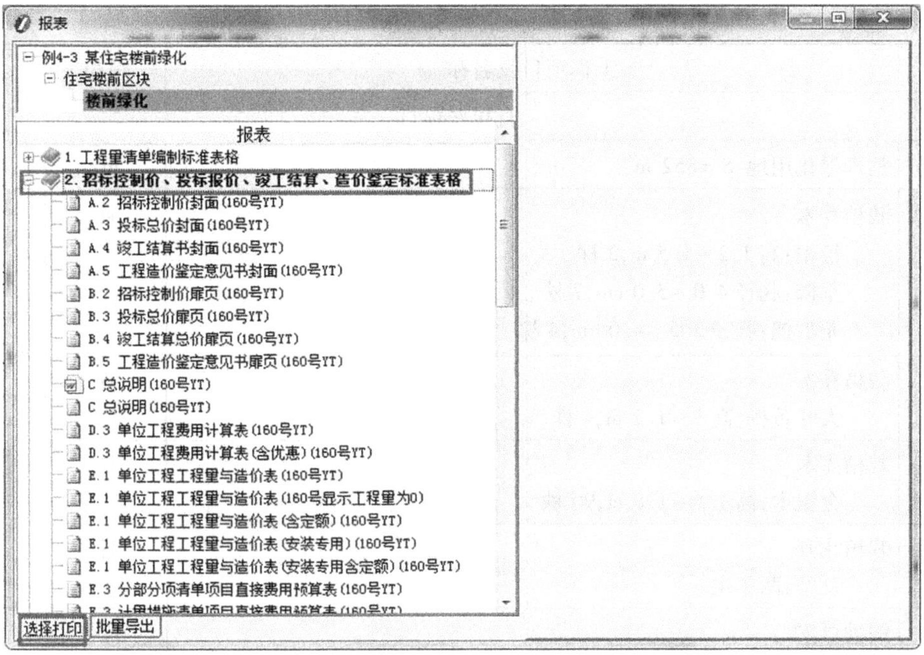

图 7-18　选择打印界面

(2)批量导出。在实际工程中,有时有些报表需要按连续的页码进行打印,可采取批量导出的形式。先选中左边的报表集合,然后在右边窗口中进行批量打印或导出表格,如图 7-19 所示。

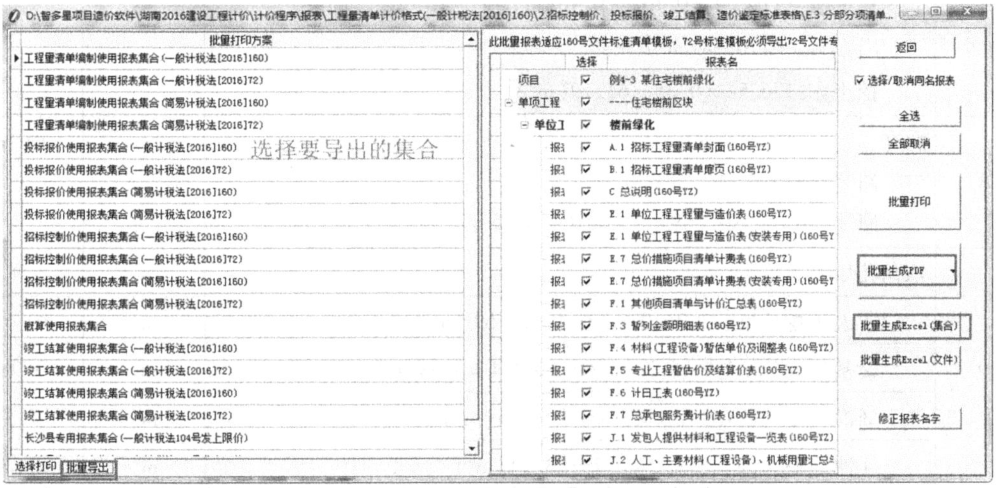

图 7-19　批量导出界面

研讨与练习

1. 从本地区预算软件中,选择一常用的预算软件并安装。
2. 熟悉该预算软件的界面,并根据表 7-2 的内容编制一个简单的预算。

表 7-2　××绿化工程量计算

序号	工程项目及名称	单位	数量
直接费项目			
1	整理绿化用地:$S=852\ m^2$	m^2	852
2	栽植乔木 桧柏:高1.2~1.5 m,2株 垂柳:胸径4.0~5.0 cm,7株 龙爪槐:胸径3.5~4.0 cm,4株	株	13
3	栽植乔木 大叶黄杨:高1~1.2 m,4株	株	4
4	栽植灌木 金银木:高1.5~1.8 m,90株	株	90
5	栽植花卉 月季:两年生	株	120
6	铺种草皮 野牛草,草皮	m^2	466
7	园路 $S=176.54\ m^2$ $V_{砂垫层}=176.54\times0.2=35.31(m^3)$ $V_{灰土垫层}=176.54\times0.15=26.48(m^3)$ $S_{水泥方格砖}=176.54(m^2)$ 挖土方:$176.54\times0.35=61.79(m^3)$	m^2	176.54
8	路牙 路牙侧石安装:91.2 m 路牙3∶7灰土垫层:$91.2\times0.16\times0.15=2.19(m^3)$	m	91.2
9	八角花坛		
	①人工挖地槽:$33.2\times0.8\times0.4=10.62(m^3)$	m^3	10.62
	②基础3∶7灰土垫层:$33.2\times0.3\times0.4=3.98(m^3)$	m^3	3.98
	③混凝土池壁:$33.2\times1.1\times0.2=7.3(m^3)$	m^3	7.3
	④池面贴大理石:$33.2\times0.7=23.24(m^2)$	m^2	23.24

第八章　园林工程招标投标

招标投标是基本建设领域促进竞争的全面经济责任制形式。一般由若干施工单位参与工程投标，招标单位（建设单位）择优入选，谁的工期短、造价低、质量高、信誉好，就把工程任务包给谁，由承建单位与发包单位签订合同，组织建设。

近年来，在工程项目管理与招标投标方面，国家出台修改了一些新的政策法规。2017年12月实施修改后的《中华人民共和国招标投标法》（简称《招标投标法》）；2017年4月，住房和城乡建设部正式发文取消了园林绿化资质，并印发《园林绿化工程建设管理规定》；为规范取消园林绿化资质后的招标投标行为，中国风景园林学会2019年1月发布了团体标准《园林绿化工程施工招标投标管理标准》（T/CHSLA 50001－2018）。

第一节　园林工程招标

一、园林工程招标投标概述

（一）园林工程招标投标的概念

园林工程招标投标是市场经济条件下进行大宗货物的买卖、工程建设项目的发包与承包，以及服务项目的采购与提供时，所采用的一种交易方式。

（二）园林工程招标投标的特点

我国从20世纪80年代初开始逐步实行招标投标制度，目前大量的经常性的招标投标业务，主要集中在工程建设、政府采购、设备采购等领域，其中工程建设领域采用招标投标方式最多。园林工程招标投标的特点主要有：

（1）通过竞争机制，实行交易的公开。

（2）鼓励竞争、防止垄断，优胜劣汰，可较好地实现工程项目投资效益最大化。

（3）通过科学合理的程序，保证交易的公平和公正。

（三）工程项目招标应具备的条件

1.招标单位应具备的条件

（1）必须是法人或依法成立的其他组织。

（2）必须履行报批手续并取得批准。

（3）项目资金或资金来源已经落实。

（4）有与招标工程相适应的经济、技术管理人员。

（5）有组织编制招标文件的能力。

（6）有审查投标单位资质的能力。

（7）有组织开标、评标、定标的能力。

如果招标单位不具备上述（4）～（7）项条件，需委托具有相应条件的咨询、监理等中介服务机构代理招标。

2. 招标项目应具备的条件

(1)项目概算已经批准。

(2)项目已列入国家、部门或地方的年度固定资产投资计划。

(3)建设用地的征用工作已经完成。

(4)有能够满足施工要求的施工图纸及技术资料。

(5)建设资金和主要建筑材料、设备的来源已经落实。

(6)已经项目所在地规划部门批准,施工现场的“三通一平”已经完成或已列入施工招标范围。

(四)园林工程招标投标的目的

《招标投标法》将招标与投标的过程纳入法制管理的轨道,主要内容包括通行的招标投标程序;招标人应遵循的基本规则;任何违反法律规定应承担的后果责任等。

园林工程招标投标的目的是:通过竞争择优选定项目的勘察、设计、施工、装修、材料设备供应、监理和工程总承包单位,达到保证工程质量、缩短建设周期、降低成本、提高投资效益和项目综合效益最大化的目的。

(五)园林工程招标投标的原则

1. 公开原则

公开原则是指招标投标活动应有较高的透明度,招标人应当将招标信息公布于众,以招引投标人做出积极反映。在招标采购制度中,公开原则要贯穿于整个招标投标程序中。具体表现在建设工程招标投标信息公开、条件公开、程序公开和结果公开。

2. 公平原则

公平原则要求招标人或评标委员会严格按照规定的条件和程序办事,平等地对待每一个投标竞争者,不得对不同的投标竞争者采用不同的标准。招标人不得以任何方式限制或者排斥本地区、本系统以外的法人或者其他组织参加投标。

3. 公正原则

公正是指招标投标活动要按照招标文件中的统一标准,实事求是地进行评标和决标,不偏袒任何一方。

4. 诚实信用原则

招标投标当事人应以诚实、守信的态度行使权利,履行义务,以保护双方的利益。诚实是指真实合法,不可用歪曲或隐瞒真实情况的手段去欺骗对方。

(六)园林工程招标投标范围

1. 法律和行政法规规定必须招标的范围

2018年3月,国务院批准了《必须招标的工程项目规定》,该规定的适用将会进一步规范招标投标行为,减少工程项目招标采购成本,推进国家对建设工程领域的“放、管、服”改革,促进工程招标市场健康有序发展,必将对我国建设工程行业产生重大影响。

(1)全部或者部分使用国有资金投资或者国家融资的项目包括:

①使用预算资金200万元人民币以上,并且该资金占投资额10%以上的项目;

②使用国有企业事业单位资金,并且该资金占控股或者主导地位的项目。

(2)使用国际组织或者外国政府贷款、援助资金的项目包括：

①使用世界银行、亚洲开发银行等国际组织贷款、援助资金的项目；

②使用外国政府及其机构贷款、援助资金的项目。

(3)不属于上面规定情形的大型基础设施、公用事业等关系社会公共利益、公众安全的项目，必须招标的具体范围由国务院发展改革部门会同国务院有关部门按照确有必要、严格限定的原则制定，报国务院批准。

(4)以上规定范围内的项目，其勘察、设计、施工、监理，以及与工程建设有关的重要设备、材料等的采购达到下列标准之一的，必须招标：

①施工单项合同估算价在400万元人民币以上；

②重要设备、材料等货物的采购，单项合同估算价在200万元人民币以上；

③勘察、设计、监理等服务的采购，单项合同估算价在100万元人民币以上。

同一项目中可以合并进行的勘察、设计、施工、监理以及与工程建设有关的重要设备、材料等的采购，合同估算价合计达到前款规定标准的，必须招标。

2. 违反法律和行政法规的规定，规避招标应承担的法律责任

违反《招标投标法》相关规定，必须进行招标的项目而不招标的，或将必须进行招标的项目化整为零或者以其他任何方式招标的，责令限期改正，可处项目合同金额千分之五以上千分之十以下的罚款；对全部或者部分使用国有资金的项目，可以暂停项目执行或者暂停资金拨付；对单位直接负责的主管人员和其他直接责任人员依法给予处分。

(七)园林工程招标投标的方式

为了规范招标投标活动，保护国家利益和社会公共利益以及招投标活动当事人的合法权益，《招标投标法》规定招标方式分为公开招标和邀请招标两大类。

1. 公开招标

招标人通过新闻媒体发布招标公告，凡具备相应资质，符合招标条件的潜在组织不受地域和行业限制均可申请投标。

公开招标的优点：招标人可以在较广的范围内选择承包单位，投标竞争激烈，择优率高，有利于业主将工程项目的建设交予可靠的承包商实施，并获得有竞争性的商业报价，同时也可以在较大程度上避免招标活动中的贿标行为。其缺点是：准备招标、对投标申请单位进行资格预审和评标的工作量大，招标时间长、费用高；同时，参加竞争投标者越多，每个参加者中标的机会越小，风险越大，损失的费用越多，而这种费用的损失必然反映在标价上，最终会由招标人承担。

2. 邀请招标

邀请招标也称有限竞争性招标，是指招标人以投标邀请书的形式邀请特定的法人或者其他的组织投标。招标人向预先确定的若干家承包单位发出投标邀请函，就招标工程的内容、工作范围、实施条件等做出简要的说明，请他们来参加投标竞争。被邀请单位同意参加投标后，从招标人处获取招标文件，并在规定时间内投标报价。邀请招标的邀请对象数量以5～7家为宜。与公开招标相比，其优点是不需要发招标广告，不进行资格预审，简化了投标程序，因此节约了招标费用，缩短了招标时间。其缺点是可能排斥某些在技术或报价上有竞争力的潜在投标人，因此投标竞争的激烈程度相对较差。

二、园林工程招标的程序

园林工程项目招标按照招标人与投标人参与程度一般可分为三个阶段：一是招标准备阶段，二是招标阶段，三是决标成交阶段，如图8-1所示。

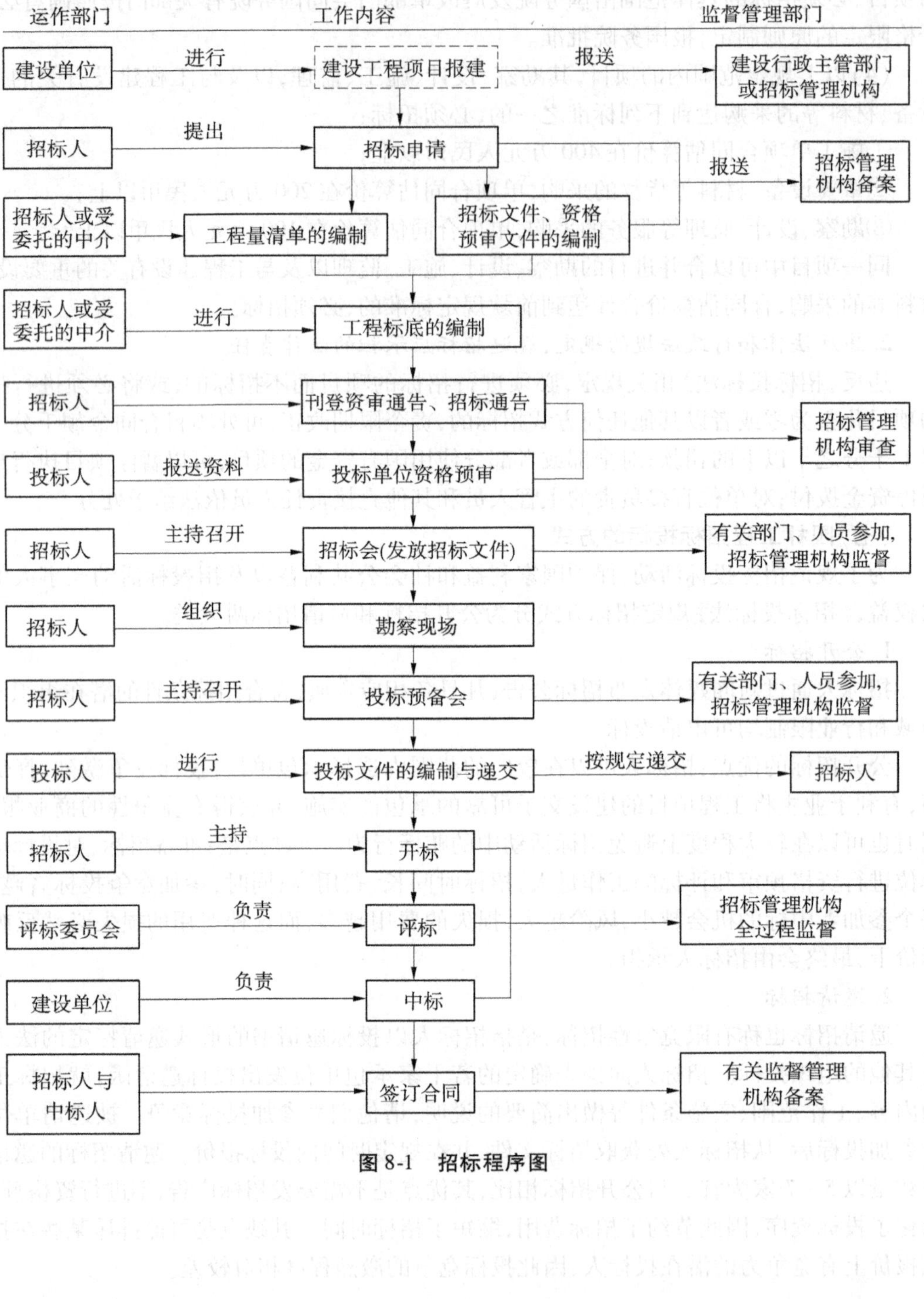

图8-1　招标程序图

(一)招标准备阶段的主要工作内容

招标准备阶段工作由招标人单独完成,投标人不参与,其主要工作包括以下几个方面。

1. 选择招标方式

(1)根据工程特点和招标人的管理能力确定发包范围。

(2)依据工程建设总进度计划确定项目建设过程中的招标次数和每次招标的工作内容。

(3)按照每次招标前准备工作完成情况,选择合同的计价方式。

(4)依据工程项目特点、招标前准备工作完成情况、合同类型等因素的影响程度,最终确定招标方式。

2. 办理招标备案

招标人向建设行政主管部门办理申请招标手续。招标备案文件应说明:招标工作范围;招标方式;计划工期;对投标人的资质要求;招标项目的前期准备工作的完成情况;自行招标还是委托代理招标等,获得认可后才可以展开招标工作。

3. 编制招标有关文件

在招标准备阶段应编制好招标过程中可能涉及的有关文件,保证招标的正常进行。这些文件包括:

(1)招标广告。

(2)资格预审文件。

(3)招标文件。

(4)合同协议书以及资格预审和评标的方法等。

4. 招标工作机构

1)招标工作机构形式

我国招标工作机构主要有以下三种形式:

(1)由招标人的基本建设主管部门(处、科、室、组)或实行建设项目业主责任制的业主单位负责有关招标的全部工作。这些机构的工作人员一般是从各有关部门临时抽调的,项目建成后往往转入生产或其他部门工作。

(2)由政府主管部门设立“招标领导小组”或“招标办公室”之类的机构,统一处理招标工作。

(3)招标代理机构受招标人委托,组织招标活动。这种做法对保证招标质量、提高招标效益能起到有益作用。招标代理机构与行政机关和其他国家机关不得存在隶属关系或者其他利益关系。

2)招标工作小组需具备的条件

招标工作小组由建设单位或建设单位委托的具有法人资格的建设工程招标代理机构负责组建。招标工作小组必须具备以下条件:

(1)有建设单位法人代表或其委托的代理人参加。

(2)有与工程规模相适应的技术、财务人员。

(3)有对投标企业进行评审的能力。

3)招标工作机构人员构成

招标工作机构通常由以下三类人员构成：

(1)决策人,即主管部门任命的招标人或授权代表。

(2)专业技术人员,职能是向决策人提供咨询意见和进行招标的具体事务工作。

(3)助理人员,即决策人员和专业技术人员的助手,包括秘书、负责管理资料、档案等的工作人员。

4)招标代理机构

招标代理机构是依法设立,从事招标代理业务并提供相关服务的社会中介组织,招标代理机构应当具备下列条件：

(1)有从事招标代理业务的场所和相应的资金。

(2)有能够编制招标文件和组织评标的相应专业力量。

(3)有符合评标要求的评标委员专家库。招标代理机构是独立的中介机构,招标代理机构应当在招标人委托的范围内办理招标事宜,并遵守招标投标法关于招标人的规定。2018年2月,住房和城乡建设部废止了《工程建设项目招标代理机构资格认定办法》,招标代理机构不再需要资质。

5)招标工作机构的职能

招标工作机构的职能包括决策和处理日常事务两方面。

(1)决策性工作包括以下事项:确定工程项目的发包范围,即决定是全过程统包还是分阶段发包或者单项工程发包、专业工程发包等;确定承包形式和承包内容,即决定采用总价合同承包、单价合同承包还是成本加酬金合同承包;确定承包方式,即决定是全部包工包料还是部分包工包料或包工不包料等;确定招标手段,即决定采用公开招标,还是邀请招标;确定标底;决标并签订合同或协议。

(2)招标的日常事务包括以下工作:发布招标及资格预审通告或投标邀请函;编制和发送或发售招标文件;组织现场考察和投标答疑;审查投标者资格;组织编制或委托代理机构编制标底;接受并保管投标文件和函件;开标、审标并组织评标;谈判签约;缴纳招标管理费;确定和发放标书,编制补偿费,填写招标工作综合报告和报表。

(二)招标阶段的主要工作内容

公开招标情况下从发布招标公告开始,若邀请招标则从发出投标邀请函开始,到投标截止日期的期间称为招标投标阶段。在这个阶段,招标人应做好招标的组织工作,投标人则要按照招标有关文件的规定程序和要求进行投标报价竞争。这阶段的工作内容如下。

1.发布招标公告

招标公告的内容包括:招标单位的名称,建设项目资金来源,工程项目概况和本次招标工作范围的简要介绍,购买资格预审文件的地点、时间和价格等有关事项。

2.资格预审

1)资格预审概念

对潜在投标人进行资格审查,主要考察企业总体能力是否具备完成招标工作所要求的条件,如果邀请招标不用资格预审。

公开招标时设置资格预审程序:一是保证参与投标的法人或组织在资质和能力等方面能够满足完成招标工作的要求;二是通过评审优选出综合实力较强的一批申请投标人,再请他们参加投标竞争,以减小评标的工作量。

2)资格预审程序

(1)招标人依据项目的特点编写资格预审文件。

资格预审文件分为资格预审须知和资格预审表两大部分。资格预审须知内容包括招标工程概况和工作范围介绍,对投标人的基本要求和指导投标人填写资格预审文件的有关说明。资格预审表列出对潜在投标人资质条件、实施能力、技术水平、商业信誉等方面需要了解的内容,以应答形式给出的调查文件。资格预审表开列的内容要完整、全面,能反映潜在投标人的综合素质,因为资格预审中评定过的条件在评标时一般不再重复评定,应避免不具备条件的投标人承担项目的建设任务。

(2)资格预审表是以应答方式给出的调查文件。

所有申请参加投标竞争的潜在投标人都可以购买资格预审文件,由其按要求填报后作为投标人的资格预审文件。

(3)招标人依据工程项目特点和发包工作性质划分评审几大类,如资质条件、人员能力、设备和技术能力、财务状况、工程经验、企业信誉等,分别给予不同权重。对其中的项目再细化评定内容和分项评分标准,通过对各投标人的评定和打分,确定各投标人的综合素质得分。

(4)资格预审合格的条件。首先投标人必须满足资格预审文件规定的必要合格条件和附加合格条件,其次评定分必须在预先确定的最低分数线以上,最后确定预审合格的。

3)投标人必须满足的基本资格条件

资格预审须知中明确列出投标人必须满足的最基本条件,可分为必要合格条件和附加合格条件两类。

(1)必要合格条件包括:法人的地位、资质等级、财务状况、企业信誉、分包计划等具体要求,是潜在投标人应满足的最低标准。

(2)附加合格条件视招标项目是否对潜在投标人有特殊要求决定。普通工程项目一般承包人均可完成,可不设置附加合格条件。对于大型复杂项目尤其是需要有专门技术、设备或经验丰富的投标人才能完成,则应设置此类条件。

3. 编招标文件

招标文件通常分为投标人须知、合同条件、技术规范、图纸和技术资料、工程量清单几大部分内容。

4. 现场考察

招标人在投标人须知规定的时间组织投标人自费进行现场考察。

5. 解答投标人的质疑

(略)

6. 在规定的时间内递交投标书

(略)

(三)决标成交阶段的主要工作内容

从开标日到签订合同这一期间称为决标成交阶段,是对各投标书进行评审比较,最终确定中标人的过程,分为开标、评标、定标三个过程。

1. 开标

为了体现招标的公平、公正、公开,无论是邀请招标还是公开招标均应举行会议,在投标人须知规定的时间和地点由招标人主持开标会议,所有的投标人均应参加,并邀请项目建设有关部门代表出席。

开标时由投标人或其推选的代表检验投标文件的密封情况。确认无误后,工作人员当众拆封,宣读投标人名称、投标价格和投标文件等主要内容。所有在投标函中提出的附加条件、补充声明、优惠条件、替代方案等均应宣读,如果有标底也应公布。开标过程应当记录,并存档备查。开标后,任何投标人都不允许更改投标书的内容和报价,也不允许再增加优惠条件。投标书经启封后不得再更改招标文件中说明的评标、定标办法。

在开标时,如果发现投标文件出现下列情形之一,应当作为无效投标文件,不再进入评标:

(1)投标文件未按照招标文件的要求予以密封;

(2)投标文件中的投标函未加盖投标人的企业及企业法定代表人印章,或者企业法定代表人委托代理人没有合法、有效的委托书(原件)及委托代理人印章;

(3)投标文件的关键内容字迹模糊、无法辨认;

(4)投标人未按照招标文件的要求提供投标保证金或者投标保函;

(5)组成联合体投标的,投标文件未附联合体各方共同投标协议。

2. 评标

评标是对各投标书优劣的比较,以便最终确定中标人,由评标委员会负责评标工作。

评审方法可以分为定性评审和定量评审两大类。对于标的额较小的中小型工程,评标可以采用定性比较的专家评议法。对于大型工程,应采用"综合评分法"或"评标价法"对各投标书进行科学的量化比较。

评标结束后,评标委员会依据对各投标书评审后的结论向招标人提出评标报告,作为定标的主要依据。评标报告应包括评标情况说明;对各个合格投标书的评价;推荐合格的中标候选人等内容。如果评标委员会经过评审,认为所有投标都不符合招标文件的要求,可以否决所有投标。出现这种情况后,招标人应认真分析招标文件的有关要求以及招标过程,对招标工作范围或招标文件的有关内容做出实质性修改后重新进行招标。

3. 定标

1)定标程序

确定中标人前,招标人不得与投标人就投标价格、投标方案等实质性内容进行谈判。招标人应该根据评标委员会提出的评标报告和推荐的中标候选人确定中标人,也可以授权评标委员会直接确定中标人。中标人确定后,招标人向中标人发出中标通知书,同时将中标结果通知未中标的投标人,并退还他们的投标保证金或保函。中标通知书对招标人和中标人具有法律效力,招标人改变中标结果或中标人拒绝签订合同均要承担相应的法律责任。

中标通知书发出后的30天内,双方应按照招标文件和投标文件订立书面合同,不得做实质性修改。招标人不得向中标人提出任何不合理要求作为订立合同的条件,双方也不得私下订立背离合同实质性内容的协议。招标人确定中标人后15天内,应向有关行政监督部门提交招标投标情况的书面报告。

2)定标原则

《招标投标法》规定,中标人的投标应当符合下列条件之一:

(1)能够最大限度地满足招标文件中规定的各项综合评价标准。

(2)能够满足招标文件各项要求,并经评审的价格最低,但投标价格低于成本的除外。

三、园林工程招标文件

(一)园林工程招标文件的内容

园林工程招标文件是由一系列有关招标方面的说明性文件资料组成的,包括各种旨在阐释招标人意志的书面文字、图表、电报、传真、电传等材料。一般来说,招标文件在形式上主要包括正式文本、对正式文本的解释和对正式文本的修改三个部分。

1. 招标文件正式文本

招标文件正式文本的形式结构通常分四卷九章,条目格式如下:

第一卷　投标人须知、合同条件和合同格式

　　第一章　投标人须知

　　第二章　合同条件

　　第三章　合同协议条款

　　第四章　合同格式

第二卷　技术规范

　　第五章　技术规范

第三卷　投标文件

　　第六章　投标书和投标书附录

　　第七章　工程量清单与报价表

　　第八章　辅助资料表

第四卷　图纸

　　第九章　图纸

2. 对招标文件正式文本的解释(澄清)

对招标文件正式文本解释的形式主要是书面答复、投标预备会记录等。投标人如果认为招标文件有问题需要澄清,应在收到招标文件后以文字、电传、传真或电报等书面形式向招标人提出,招标人将以文字、电传、传真或电报等书面形式或以投标预备会的方式给予解答,将在投标截止时间15日前以书面形式通知所有投标人。解答包括对询问的解释,但不说明询问来源。解答意见经招标投标管理机构核准,由招标人发给所有获得招标文件的投标人。

3. 对招标文件正式文本的修改

其主要形式是补充通知、修改书等。在投标截止日期前,招标人可以自己主动对招标文件进行修改,或为解答投标人要求澄清的问题而对招标文件进行修改。修改意见经招标投标管理机构核准,由招标人以文字、电传、传真或电报等书面形式发给所有获得招标文件的投标人。对招标文件的修改也是招标文件的组成部分,对投标人同样起约束和指导作用。投标人收到修改意见后,应立即以书面形式(回执)通知招标人,确认已收到修改意见。为了给投标人一定的时间,使他们在编制投标文件时将修改意见考虑进去,招标人可以酌情延长递交文件的截止日期。

(二)园林建设工程招标文件的编审规则

园林建设工程招标文件由招标人或招标人委托的招标代理人负责编制,由建设工程招标投标管理机构负责审定。未经建设工程招标投标管理机构审定,建设工程招标人或招标代理人不得将招标文件分送给投标人。

编制和审定建设工程招标文件的原则和方法是一致的,从实践来看,编制和审定建设工程招标文件应当遵循以下规则:

(1)遵守法律、法规、规章和有关方针、政策的规定,符合有关贷款组织的合法要求。保证招标文件的合法性是编制和审定招标文件必须遵循的一个根本原则,不合法的招标文件是无效的,不受法律保护。

(2)真实可靠、完整统一、具体明确、诚实信用。招标文件反映的情况和要求必须真实可靠,招标必须讲求信用,不能欺骗或误导投标人,招标人或招标代理人对招标文件的真实性负责。招标文件的内容应当全面系统、完整统一,各部分之间必须力求一致,避免相互矛盾或冲突。招标文件确定的目标和提出的要求必须具体明确,不能发生歧义、模棱两可。招标文件的形式要规范,要符合格式化要求,不能杂乱无章,使人看了一目了然。

(3)适当分标。工程分标是指就工程建设项目全过程(总承包)中的勘察、设计、施工等分阶段招标,分别编制招标文件,或者就工程建设项目全过程招标或勘察、设计、施工等阶段招标中的单位工程、特殊专业工程,分别编制招标文件。工程分标必须保证工程的完整性、专业性正确选择分标方案,编制分标工程招标文件,不允许任意肢解工程。

(4)兼顾招标人和投标人双方利益。招标文件的规定要公平合理,不能将招标人的风险转移给投标人。

四、园林工程招标标底的编制

标底是招标工程的预期价格,工程施工招标必须编制标底。标底由招标单位自行编制或委托主管部门认定具有编制标底能力的咨询、监理单位编制。招标人设有标底的,标底必须保密,评标组织在评标时应当参考标底,标底对评标的过程和结果具有重要影响。

标底必须报经招标投标管理机构进行审定。标底一经审定应密封保存到开标,所有接触标底的人员负有保密责任，不得泄露。

（一）园林工程标底的作用

招标制度的本质就是竞争，而价格的竞争是投标竞争的最重要因素之一。在国际工程项目招标过程中，尤其是在世界银行贷款项目中，如果其他各项条件均满足招标文件的要求，大都明确要求价格最低的报价中标。但目前我国各施工企业大多采用常规方法施工，拥有专利施工技术、工艺的单位较少，同一资质等级的企业在施工能力方面差异不大。我国建筑行业竞争激烈，为了防止投标人以低于成本的报价展开恶性竞争，因此我国的一般工程项目施工招标中大多设置标底，招标标底在招标过程中具有以下作用：

（1）标底价格可以使发包人预先了解自己在拟建工程中应承担的经济义务，是发包人筹款、用款的客观依据。

（2）标底价格是发包人选择投标人的参考价格或基准价。它是衡量投标单位价格的准绳，是评标的重要尺度，是决标的重要依据。

《FIDIC 土木工程施工合同条件》中指出，“如果投标书偏差太大，不可能决定其资金价格，则建议该投标应被判定为基本上不符合要求，并退还给投标人”。

（二）园林工程标底的编制原则

（1）根据设计图纸及有关资料和招标文件，参照国家规定的技术、经济标准定额及规范，确定工程量和编制标底。

（2）标底价格应由成本、税金、利润组成，通常应控制在批准的总概算（或修正概算）及投资包干的限额内。

（3）标底的价格作为建设单位的期望价格，应力求与市场的实际变化相吻合，要有利于竞争和保证工程质量。

（4）标底价格应考虑材料、人工、机械台班等价格变动因素，还应包括施工包干费、不可预见费和措施费等，工程要求优良的，还应增加相应费用。

（5）一个工程只能编制一个标底。

（三）园林工程标底的编制依据

（1）国家有关的法律、法规和部门规章。

（2）统一的工程计量规则、基础定额和国家各部门提供的各种相关定额取费标准或国家或地方价格调整文件等，人工、材料设备、机械台班等要素的市场价格。

（3）招标文件的有关规定。招标文件中的投标人须知、协议书、合同条款和专用条款、投标书、技术规范等，都对投标价格、合同取费内容、取费计算及工程量清单做出了详细规定。

（4）施工现场地质、水文、勘察资料及现场环境等资料。

（5）设计文件及其他依据。设计文件确定工程的规则、构造，以及由此确定的施工方案，对工程量、价格均起到了决定作用。

（四）园林建设工程标底的编制程序

（1）招标文件相关条款一经确定，即可进入标底价格编制阶段，即确定了标底计价内容及计算方法、工程量清单、材料设备清单、施工方案或施工组织设计、临时设施布置。临时用地表、工程类别取费标准等。

(2)编制标底的人员应参加现场勘察和标前答疑会,对招标文件的澄清、修改和补充内容都应在编制标底过程中予以考虑。

(3)编制标底。应在投票截止日期前适当的时间完成标底的编制工作,应留给发包人审核和批准标底的时间。

(4)审核标底。发包人结合现场因素、施工图纸、施工方法、施工措施测算明细、材料设备清单、工程量清单、标底价格计算书、标底价格汇总表等多方面材料进行标底审核。要审核的具体内容包括:①标底价格计价内容;②标底价格组成内容;③标底价格相关费用。

(5)在开标前应做好标底保密工作。

五、园林工程招标中注意事项

(一)《园林绿化工程建设管理规定》的要求

招标文件中应明确以下内容:

(1)投标人应具备与园林绿化工程项目相匹配的履约能力;投标人及其项目负责人应具有良好的园林绿化行业从业信用记录;资格审查委员会、评标委员会中,园林专业专家人数不少于委员会专家人数的1/3。

(2)不得将"具备住建部门核发的原城市园林绿化企业资质或市政公用工程施工总承包资质"等作为投标人资格条件。

(3)"信用"将作为项目投标、评标的重要参考。

(4)园林绿化工程的施工企业:应具备与从事工程建设活动相匹配的专业技术管理人员、技术工人、资金、设备等条件,并遵守工程建设相关法律、法规。

(5)园林绿化工程施工实行项目负责人负责制,项目负责人应具备相应的现场管理工作经历和专业技术能力。

(6)业绩要求:技术较复杂内容的园林绿化工程招标时,可以要求投标人及其项目负责人具备工程业绩(包括综合性公园及专类公园建设改造工程、古树名木保护工程、含有高度5 m以上的高堆土、高度3 m以上的假山工程)。

(二)工程招标文件编制中禁止性条款

目前最新法律、法规下的工程招标文件编制中禁止性条款索引列表如表8-1所示。

表8-1　工程招标文件编制中禁止性条款索引

序号	类别	禁止性内容	依据
1	整体文本内容	编制的资格预审文件、招标文件不符合国家及住房和城乡建设行政主管部门颁发的标准文件	《中华人民共和国招标投标法实施条例》第十五条
2	招标公告和文件内容完整性	招标公告及招标文件内容不完整,不符合法律、法规及相关文件规定,对招标投标活动造成实质性影响的	《中华人民共和国招标投标法》第十九条 《招标公告和公示信息发布管理办法》(国家发展和改革委员会令第10号)第五条

续表 8-1

序号	类别	禁止性内容	依据
3	投标人资格条件—资质设置	未按国家相关法律、法规规定进行投标人资质设置，以不合理的条件限制或者排斥潜在投标人，对潜在投标人实行歧视待遇	《中华人民共和国招标投标法》第十八条第二款 《中华人民共和国招标投标法实施条例》第三十二条等
3.1		设定的资格、技术、商务条件与招标项目的具体特点和实际需要不相适应或者与合同履行无关	《中华人民共和国招标投标法实施条例》第三十二条
3.2		设置的资质等级不合理	《中华人民共和国招标投标法实施条例》第三十二条
3.3		以国务院明令已取消的资质和证书作为资格条件	《中华人民共和国招标投标法实施条例》第三十二条
3.4		强制投标人组成联合体共同投标，或者限制投标人之间的竞争	《中华人民共和国招标投标法》第三十一条第四款
3.5		依法必须进行招标的项目非法定限定潜在投标人或者投标人的所有制形式或者组织形式	《中华人民共和国招标投标法实施条例》第三十二条
3.6		将现场踏勘、法人到场、不良行为记录、各种承诺函、招标人确认函等作为参与投标的资格条件	《中华人民共和国招标投标法实施条例》第三十二条
3.7		以其他不合理条件限制、排斥潜在投标人或者投标人	《中华人民共和国招标投标法实施条例》第三十二条
4	文件发售时间	资格预审文件或者招标文件的发售期少于5日	《中华人民共和国招标投标法实施条例》第十六条
5	提交文件时间—资格预审文件	未合理确定提交资格预审文件的时间，或提交资格预审申请文件的时间，自资格预审文件停止发售之日起少于5日	《中华人民共和国招标投标法实施条例》第十七条

续表 8-1

序号	类别	禁止性内容	依据
6	提交文件时间—投标文件	未确定投标人编制投标文件所需要的合理时间,或自招标文件开始发出之日起至投标人提交投标文件截止之日,少于 20 日(工程总承包项目少于 30 日)	《中华人民共和国招标投标法》第二十四条 《工程建设项目施工招标投标办法》(七部委 30 号令)第三十一条
7	发布公告媒介	依法必须招标项目的资格预审公告和招标公告,未在指定媒介发布,或在不同媒介发布的信息内容不一致	《招标公告和公示信息发布管理办法》(国家发展和改革委员会令第 10 号) 第十一条、第十五条
8	分包相关	在招标文件中直接指定分包人的,或要求对关键、主体的内容进行分包的	《工程建设项目施工招标投标办法》(七部委 30 号令)第六十六条
9	文件的澄清、修改	资格预审文件或招标文件澄清、修改、最高投标限价发布的时限不符合招标投标法和招标投标法实施条例的规定	《中华人民共和国招标投标法》第二十三条 《中华人民共和国招标投标法实施条例》第二十一条
10	投标有效期	未在招标文件中载明投标有效期	《中华人民共和国招标投标法实施条例》第二十五条
11	投标担保	对投标人提供投标担保的要求不符合规定(包括时限)	《中华人民共和国招标投标法实施条例》第二十六条 《工程建设项目施工招标投标办法》(七部委 30 号令)第三十七条第二款
12	资格审查办法	采取资格预审的,招标人未在资格预审文件中载明资格预审的条件、标准和方法;采取资格后审的,招标人未在招标文件中载明对投标人资格要求的条件、标准和方法	《工程建设项目施工招标投标办法》(七部委 30 号令)第十八条第二款
13	履约担保	履约担保的要求不符合现行规范性文件要求(包括时限)	《工程建设项目施工招标投标办法》(七部委 30 号令)第六十二条第二款

续表 8-1

序号	类别	禁止性内容	依据
14	合同签订	招标文件要求的合同签订时间不符合法律、法规要求	《中华人民共和国招标投标法》第四十六条 《工程建设项目施工招标投标办法》(七部委30号令)第六十二条
15	重新招标和不再招标	招标文件中载明的重新招标和不再招标条款不符合法律、法规要求	《中华人民共和国招标投标法》第二十八条第一款 《中华人民共和国招标投标法实施条例》第十九条第二款、第四十四条第二款 《工程建设项目施工招标投标办法》(七部委30号令)第三十八条第四款 《工程建设项目货物招标投标办法》(七部委27号令)第二十八条、第三十四条
16 16.1	评标办法采用	招标文件中载明的评标办法和评标标准不符合现行规范性文件要求	《工程建设项目施工招标投标办法》(七部委30号令)第二十八条第一款
16.2	否决投标条款	设置的否决投标条款不符合法律、法规或现行规范性文件； 未将否决性条款集中予以载明，或含有评标委员会难以界定的条款的	《中华人民共和国招标投标法实施条例》第五十一条 《评标委员会和评标方法暂行规定》第二十条～第二十七条
16.3	投标人成本评审办法	设置的投标人成本评审条款不符合法律法规或现行规范性文件的	《中华人民共和国招标投标法》第三十三条、第四十一条第三款 《中华人民共和国招标投标法实施条例》第五十一条
17	最高投标限价	设有最高投标限价的，未明确最高投标限价或者最高投标限价的计算方法；或者最高投标限价未按现行计价规范编制的	《中华人民共和国招标投标法实施条例》第二十七条第三款 《工程建设项目施工招标投标办法》(七部委30号令)第三十四条第六款
18	技术标准和要求	国家对招标项目的技术、标准有规定的，未按照规定在招标文件中提出相应要求	《中华人民共和国招标投标法》第十九条第二款
19	其他	法律、法规、规章等规定的其他禁止内容	《中华人民共和国招标投标法》第五条、第六条、第七条

注：上述禁止性条款的法律法规依据如有更新或修订，以最新文件为准。

六、园林工程招标文件实例

××杜鹃绿化广场建设项目招标公告

××建设项目管理有限公司受××市机关事务管理局的委托,对杜鹃绿化广场建设项目进行公开招标,该项目已经××市发展和改革委员会批准(批准文号＊＊＊),工程初步设计和施工图纸已全部完成,项目资金已到位,欢迎符合条件的申请人参加本项目的投标。

一、项目概况

1. 工程名称:杜鹃绿化广场建设项目。
2. 质量标准:合格。
3. 建设规模:杜鹃绿化广场建设项目,广场东西长248 m,南北宽139 m,广场净面积34 472 m^2,本工程造价约700万元。
4. 招标范围:杜鹃绿化广场建设项目,包括绿化、亮化、排水、园林小品、游道等,具体施工内容详见本项目工程量清单及设计施工图纸。
5. 资格审查方式:资格后审。
6. 资金来源:市财政拨款。
7. 工期要求:60日历日。
8. 保修:按中华人民共和国国务院〔2000〕279号令。

二、投标人资格要求

1. 具有独立法人资格、营业执照经年检合格,投标人近三年来至少有一个中标并竣工的(单项合同金额400万元以上)类似工程经验[须提供经行政主管部门备案的中标通知书、合同、竣工验收备案表(或单位工程质量竣工验收记录表)原件]。
2. 项目负责人须有园林绿化专业项目经理资格证书,且无在建工程。
3. 本项目技术负责人具有相关专业中级及以上职称。
4. 具有投资参股关系的关联企业,或具有直接管理和被管理关系的母子公司,或法定代表人为同一人的两个及两个以上法人单位不得同时(包括任何形式)对该项目投标。
5. 本项目不接受联合体投标。

三、招标文件的获取

凡有意参加投标者请登录××市建设工程招标投标监管网、××公共资源交易监管网下载招标文件、工程量清单、图纸及其他资料。

招标文件的组成,本招标文件包括:

(1)招标公告。

(2)投标人须知。

(3)评标办法。

(4)合同条款及格式。

(5)工程量清单。

(6)图纸。

(7)技术标准和要求。

(8)投标文件商务标格式。

四、招标文件澄清及答疑

投标人若对招标文件有任何疑问,应于2019年4月9日17:00(北京时间,下同)前以不署名的方式登录××市建设工程招标投标监管网"答疑专区"提出,过期不予受理;答疑文件于投标截止时间15天前在××市建设工程招标投标监管网"答疑专区"发布,敬请留意。

投标人按须知自行组织踏勘现场,但不能与招标人接触,不能透露投标人名称。投标人踏勘现场发生的费用自理。

五、投标人须知

1. 投标文件的组成

投标文件由商务标部分组成,投标文件商务标应包括下列内容:

(1)投标函。

(2)法定代表人资格证明书。

(3)授权委托书。

(4)法人承诺书。

(5)开标一览表。

(6)不拖欠民工工资承诺书。

(7)劳务分包资料(如有)。

(8)投标保证金(复印件)。

(9)关键岗位人员配备情况。

(10)投标单位基本情况。

(11)近3年类似工程经验。

(12)投标人正在履行的合同情况。

(13)已标价工程量清单。

(14)完成本项目拟采用的主要施工机械设备情况。

(15)劳动力计划表。

(16)其他资料。

2. 投标文件的编制

投标文件商务标应按"投标文件商务标格式"进行编写。投标文件应当对招标文件有关工期、投标有效期、质量要求、安全文明施工管理要求、技术标准和要求、招标范围、报价等实质性内容做出响应。

投标文件商务标中的开标一览表、投标报价汇总表和预算书封面都应由本单位注册造价工程师盖其执业专用章,并附造价师注册证书复印件。如委托,应委托有造价咨询资质的中介机构编制预算,并附委托合同、附造价师注册证书复印件,并在上述规定处加盖造价工程师执业专用章。

投标文件商务标中的开标一览表、预算书封面和工程造价汇总表没有本单位注册造价工程师盖其执业专用章,没有附注造价师注册证书复印件的;如委托,没有附委托的造价咨询中介机构的委托合同、注册造价师复印件,没有加盖造价工程师执业专用章的,则投标报价计零分,并且不进入评标基准价的算术平均。

投标文件商务标的正本一份,副本份数见投标人须知前附表。正本和副本的封面上应清楚地标记“正本”或“副本”的字样。当副本和正本不一致时,以正本为准。

投标人应将投标文件密封后提交。投标文件商务标应加贴封条,并在封套的封口处加盖投标人单位公章。投标文件商务标的封套上应清楚地标记“商务标”字样。

3. 投标文件的递交

投标人递交投标文件的时间、地点及方式见前。

4. 开标

招标人在规定的开标时间和地点公开开标。召开开标会议时,投标人必须派法定代表人持法定代表人证明资料及本人身份证原件或其授权代理人持授权委托书(授权委托书须由法定代表人亲笔签名)及本人身份证原件、法人承诺书原件、投标文件和资格后审资料准时参加。

投标文件有下列情形之一的,招标人不予受理:逾期送达的或者未送达指定地点的,未按招标文件要求密封的。

开标程序:

(1)宣布开标会议开始。

(2)公布在投标截止时间前递交投标文件的投标人名称,并点名确认投标人是否派人到场。

(3)宣布开标人、唱标人、记录人等有关人员名单。

(4)核验各投标人代表的合法身份(法定代表人身份证明书或授权委托书原件、本人身份证原件)。

(5)投标人的法定代表人或授权代理人现场递交“法人承诺书”。

(6)按照投标人须知前附表规定检查投标文件的密封情况。

(7)按照投标人须知前附表的规定确定并宣布投标文件开标顺序。

(8)按照宣布的开标顺序当众开标,公布投标人名称、标段名称、投标保证金的递交情况、投标报价、质量目标、工期及其他内容,并记录在案。

(9)投标人法定代表人(或法人授权委托人)、招标人代表、监督人、记录人等有关人员在开标记录上签字确认。

(10)开标结束。

六、评标

1. 评标委员会

(1)评标由招标人依法组建的评标委员会负责。评标委员会由专家库中随机抽取的有关技术、经济等方面的专家组成。评标委员会成员人数以及技术、经济等方面专家的确定方式见投标人须知前附表。

(2)评标委员会成员有下列情形之一的,应当回避:招标人或投标人的主要负责人的近亲属;项目主管部门或者行政监督部门的人员;与投标人有经济利益关系,可能影响对投标公正评审的;曾因在招标、评标以及其他与招标投标有关活动中从事违法行为而受过行政处罚或刑事处罚的;法律、法规规定的其他情形。

(3)评标原则。评标活动遵循公平、公正、科学和择优的原则。

2. 评标

评标委员会按照“评标办法”规定的方法、评审因素、标准和程序对投标文件进行评审。由评标委员会提交书面评标报告并推荐三名中标候选人,同时标明排列顺序。招标人应当在评标委员会推荐的中标候选人中依法确定中标人。

3. 废标

投标文件有下列情形之一的,由评标委员会初审后按废标处理:

(1)无单位盖章并无法定代表人或委托代理人签字的。

(2)投标人未按要求参加开标会的。

(3)未按规定的格式填写,内容不全或关键字迹模糊、无法辨认的。

(4)投标人递交两份或多份内容不同的投标文件,或在一份投标文件中对同一招标项目报有两个或多个报价,且未声明哪一个有效的,或超过规定招标控制价的。

(5)投标人名称与资格后审不一致的。

(6)未按招标文件要求提交投标保证金的。

(7)投标报价中安全文明费低于规定的相应费率标准的。

4. 评标办法

本项目评标办法采用《××市房屋建筑和市政工程施工招标评标活动管理规定》(×住建发〔2019〕41号)中规定的“综合评估法(Ⅰ)”办法,其中投标报价评审采用“附表6(2)”。具体评分细则略。

七、合同签订

中标单位于中标之日起两个工作日内必须与招标人签订施工合同,如施工中违反招标文件及合同有关约定,招标人有权终止合同并没收其保证金。合同条款必须与招标文件的要求一致,不得随意更改其内容。

投标有效期内,招标人以书面形式向中标人发出中标通知书,同时将中标结果通知未中标的投标人。“中标通知书”是合同文件的组成部分,中标人在收到通知书后24 h内,应予以书面确认。

中标人应在中标通知书发出之日起7个工作日内,并在签订合同前,中标人应采用现金形式按签约合同价的10%向招标人提交履约担保,同时,由招标人提供等额的工程支付担保。

招标人和中标人应当自中标通知书发出之日起30天内,根据招标文件和中标人的投标文件订立书面合同。中标人无正当理由拒签合同的,招标人取消其中标资格,其投标保证金不予退还。

八、不可遇见情况

如招标失败,招标人有权重新组织招标或对特殊情况采取特殊补救措施。

九、未尽事宜,以图纸答疑纪要为准。

第二节　园林工程投标

一、园林工程投标的机构与程序

工程施工投标是施工企业在激烈的竞争中,凭借本企业的实力和优势、经验和信誉以及投标水平和技巧获得工程项目承包任务的过程。投标人收到招标文件后,以承接施工任务为目的编制投标文件,在规定的时间内参加投标。在这个过程中,主要包括申请资格审查、组织投标班子、参加勘察和投标预备会、编制和递交投标文件、出席开标会议、参加评标期间的问题澄清会谈、签订合同等一系列过程。

(一)园林工程投标的机构

投标人在通过资格审查、购领了招标文件和有关资料之后,就要按招标文件确定的投标准备时间着手开展各项投标准备工作。投标准备时间是指从开始发放招标文件之日起至投标截止时间的期限,它由招标人根据工程项目的具体情况确定,一般在 28 天之内。然而为了能够按时进行投标,并尽最大可能地使投标获得成功,投标人在购领招标文件后需要有一个有经验的投标班子,以便对投标的全部活动进行通盘筹划、多方沟通并有效地组织实施。投标班子一般都是常设的,但也有的是针对特定项目临时设立的。

从实践来看,投标人的投标班子一般应包括经营管理类人员、专业技术类人员、商务金融类人员。

(二)投标程序

工程投标的程序大体上也可分为投标准备工作、投标的组织工作和投标的后期工作三个阶段,具体来说有九个方面,见图 8-2。

(1)投标企业根据招标公告或投标邀请书,向招标人提交有关资格预审资料。

我国建设工程招标中,资格审查有资格预审和资格后审两种。

(2)接受招标人的资格审查。

(3)购买招标文件及有关技术资料。

(4)组织投标班子并委托投标代理人。

(5)参加现场踏勘,并对有关疑问提出书面询问。

投标人拿到招标文件后,应进行全面、细致的调查研究。若有问题应在收到招标文件后的 7 天内以书面形式向招标人提出。为及时获取与编制投标文件有关的重要信息,投标人要按照招标文件中注明的时间按时参加现场勘察和投标预备会。因此,现场踏勘是投标人编制、递交投标文件前必须参加的一个重要的准备工作,投标人必须高度重视。

(6)投标答疑。有答疑会、标前会议,或者通过网络答疑,应向所有投标人公开内容。

(7)编制投标书及报价。

投标书是投标人的投标文件,是对招标文件提出的要求和条件做出实质性响应的文本。经过现场踏勘和投标预备会后,投标人可以着手编制投标文件。投标人着手编制和递交投标文件的具体步骤和要求主要如下:

①结合现场踏勘和投标预备会的结果,进一步分析招标文件。

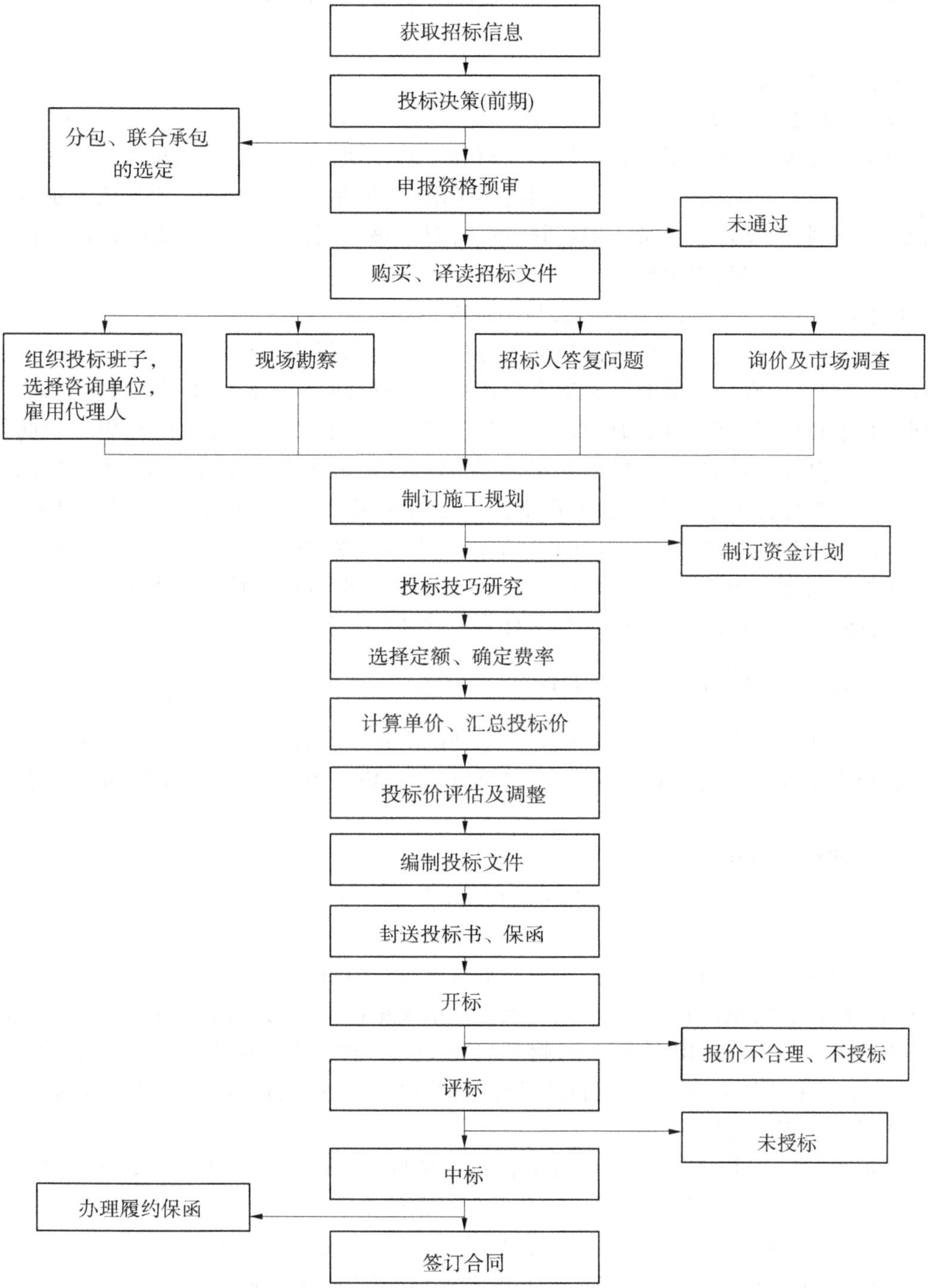

图 8-2　投标的程序

②校核招标文件中的工程量清单。

③根据工程类型编制施工规划或施工组织设计。

④根据工程价格构成进行工程估价,确定利润方针,计算和确定报价。

⑤形成、制作投标文件。

⑥递送投标文件。

(8)参加开标会议。

投标人在编制、递交了投标文件后,要积极准备出席开标会议。投标人不参加开标会议的,视为弃权,其投标文件将不予启封,不予唱标,不允许参加评标。投标人参加开标会议,要注意其投标文件是否被正确启封、宣读,对于被错误地认定为无效的投标文件或唱标出现的错误,应当场提出异议。

(9)如果中标,接受中标通知书,与招标人签订合同。

经过评标,被确定为中标人的投标人应接受招标人发出的中标通知书。中标人收到中标通知书后,应在规定的时间和地点与招标人签订合同。在合同正式签订之前,应先将合同草案报招标投标管理机构审查。经审查通过后,中标人与招标人应在规定的期限内签订合同,并同时按照招标文件的要求,提交履约保证金或履约保函。招标人还应同时退还中标人的投标保证金。若中标人拒绝在规定的时间内签订合同和提交履约担保,招标人可报请招标投标管理机构批准同意后取消其中标资格,并按规定不退还其投标保证金,考虑在其余投标人中重新确定中标人,并与之签订合同,或重新招标。中标人与招标人正式签订合同后,应按要求将合同副本送有关主管部门备案。

二、园林工程投标的准备工作

进入承包市场进行投标,必须做好一系列的准备工作,准备工作充分与否对中标和中标后盈利水平都有很大影响。投标准备包括接受资格预审、投标经营准备、报价准备三个方面。

(一)接受资格预审

根据我国《招标投标法》第十八条的规定,招标人可以对投标人进行资格预审。投标人在获取招标信息后,可以从招标人处获得资格预审调查表,投标工作从填写调查表开始。为了顺利通过资格预审,投标人应在平时就将一般资格预审内的有关资料准备齐全,最好储存在计算机里,到针对某个项目填写资格预审调查表时,将有关文件调出来加以补充完善即可。因为资格预审内容中,财务状况、施工经验、人员能力等是一些通用审查内容,在此基础上,附加一些具体项目的补充说明或填写一些表格,再补齐其他查询项目,即可成为资格预审书送出。

在填表时应突出重点,即要针对工程特点填好重要项目,特别是要反映公司施工经验、施工水平和施工组织能力,这往往是业主考察的重点。

在投标决策阶段,研究并确定本公司发展的地区和方向,注意收集信息,如有合适项目,及早动手做资格预审的申请准备,并参考前面介绍的资格预审方法为自己打分,找出差距,如某些问题不是自己可以解决的,则应考虑寻找适宜的合作伙伴组成联合体来参加投标。做好递交资格预审表后的跟踪工作,以便及时发现问题、补充资料。

资格预审文件应包括的主要内容有:

(1)投标人组织与机构。

(2)近3年完成工程的情况。

(3)目前正在履行的合同情况。

(4)过去2年经审计过的财务报表。

(5)过去2年的资金平衡表和负债表。

(6)下一年度财务预测报告。

(7)施工机械设备情况。

(8)各种奖励或处罚资料。

(9)与本合同资格预审有关的其他资料。如是联合体投标应填报联合体每一成员的以上资料。

招标资格审查的主要内容,一般应当包括:①投标人组织与机构、营业执照、资质等级证书;②近3年完成工程的情况;③目前正在履行的合同情况;④资源方面的清况,包括财务、管理、技术、劳力、设备等情况;⑤受奖、罚的情况和其他有关资料。

投标人申报资格审查,应当严格按照招标公告或投标邀请书的要求,向招标人提供有关资料。经招标人审查后,报建设工程招标投标管理机构复查。复查合格后,才能具有参加投标的资格。

(二)投标经营准备

1. 组成投标班子

在企业决定要参加某工程项目投标之后,最重要的工作是组成一个干练的投标班子。对参加投标的人员要进行认真挑选,以满足以下条件:

(1)熟悉了解招标文件(包括合同条款),会拟订合同文稿,对投标、合同谈判和合同签约有丰富经验。

(2)对《招标投标法》《中华人民共和国合同法》《中华人民共和国建筑法》等法律、法规有一定了解。

(3)不仅需要有丰富的工程经验、熟悉施工和工程估价的工程师,还要有具有设计经验的设计工程师参加,以便从设计或施工角度,对招标文件的设计图纸提出改进方案,以节省投资和加快工程进度。

(4)最好有熟悉物资采购和园林植物的人员参加,因为工程的材料、设备往往占工程造价的一半以上。

(5)有精通工程报价的经济师参加。

总之,投标班子最好由多方面人才组成。一个公司应该有一个按专业和承包地区分组的、稳定的投标班子,但应避免把投标人员和工程实施人员完全分开,即部分投标人员必须参加所投标项目的实施,这样才能减少工程失误的出现,不断总结经验,提高投标人员的水平和公司的总体投标水平。

2. 投标联合体

我国《招标投标法》第三十条规定,两个以上法人或者其他组织可以组成一个联合体以一个投标人的身份共同投标。如果各方是通过共同注册并进行长期经营的“合资公司”,则不属于《招标投标法》所说的联合体,所以联合体多指联合集团或者联营体。

联合体的内部关系以协议的形式确定,联合体在组建时,应依据《招标投标法》和有关合同法律的规定共同订立书面投标协议,在协议中约定各方应承担的具体工作和各方应承担的责任。联合体的对外关系,中标的联合体各方应当共同与招标人签订合同,并应在合同书上签字或盖章。在同一类型的债权债务关系中,联合体任何一方均有义务履行招标人提出的要求,招标人可以要求联合体的任何一方履行全部义务,被要求的一方不得以“内部订立的权利义务关系”为由拒绝履行义务。

(三)报价准备

1. 熟悉招标文件

承包商在决定投标并通过资格预审获得投标资格后,要购买招标文件并研究和熟悉招标文件的内容,在此过程中应特别注意对标价计算可能产生重大影响的问题。包括:

(1)关于合同条件方面,诸如工期、延期罚款、保函要求、保险、付款条件、税收、货币、提前竣工奖励、争议、仲裁、诉讼法律等。

(2)材料、设备和施工技术要求方面,如采用哪种规范、特殊施工和特殊材料的技术要求等。

(3)工程范围和报价要求方面,如承包商可能获得补偿的权利。

(4)熟悉图纸和设计说明,为投标报价做准备。熟悉招标文件,还应理出招标文件中含糊不清的问题,及时提请业主澄清。

2. 招标前的调查与现场考察

这是投标前重要的一步,如果在招标决策阶段已对拟招标的地区做了较深入的调查研究,则在拿到招标文件后只需要做针对性的补充调查,否则还需要做深入调查。现场考察主要是指去工地进行考察。招标单位一般在招标文件中注明现场考察的时间和地点,在文件发出后就要安排投标者进行现场考察工作。现场考察既是投标者的权利,又是其责任。因此,投标者在报价前必须认真进行施工现场考察,全面地、仔细地调查了解工地及其周围的政治、经济、地理等情况。

3. 分析招标文件、校核工程量、编制施工规划

1)分析招标文件

招标文件是招标的主要依据,应该仔细地分析研究招标文件,主要应放在投标者须知、专用条款、设计图纸、工程范围及工程量表上,最好有专人或小组研究技术规范和设计图纸,明确特殊要求。

2)校核工程量

招标文件中的工程量清单,投标者一定要进行校核,因为这直接影响中标的机会和投标报价。对于无工程量清单的招标工程,应当计算工程量,其项目一般以单价项目划分为依据,在校核中如发现相差较大,投标者不能随便改变工程量,而应致函或直接找业主澄清,尤其对于总价合同要特别注意,如果业主投标前不给予更正,而且是对投标者不利的情况,投标者在投标时应附上说明。投标人在核算工程量时,应结合招标文件中的技术规范,弄清工程量中每一细目的具体内容,才不至于在计算单位工程量价格时出错。如果招标的工程是一个大型项目,而且招标时间又比较短,则投标人至少要对工程量大而且造价高的项目进行核实。

3）编制施工规划

在投标过程中，必须编制全面的施工规划，但其全面程度比不上施工组织设计，如果中标，再编制施工组织设计。

施工规划的内容一般包括施工方案和施工方法、施工进度计划、施工机械和材料、设备和劳动力计划、临时生产和生活设施。制定施工规划的依据是设计图样，经复核的工程量，招标文件要求的开工日期、竣工日期以及对市场材料、机械设备、劳力价格的调查。编制原则是在保证工期和工程质量的前提下，尽量使成本最低，利润最大。

（1）选择和确定施工方法。根据工程类型，研究可以采用的施工方法。对于一般的土方工程、混凝土工程、园林建筑小品工程、灌溉工程等比较简单的工程，可结合已有施工机械及工人技术水平来选定施工方法，努力做到节省开支，加快速度；对于大型复杂工程则要考虑几种施工方案，进行综合比较。

（2）选择施工设备和施工设施。一般与选择施工方法同时进行，在工程估价过程中还要不断进行施工设备和施工设施的比较，决定是利用旧设备还是采购新设备，须对设备的型号、配套、数量（包括使用数量和备用数量）进行比较。还应研究哪些类型的机械可以采用租赁办法，对于特殊、专用设备的折旧率须进行单独考虑，在确定订货设备清单时还应考虑辅助和修配用机械以及备用零件。

（3）编制施工进度计划。编制施工进度计划应紧密结合施工方法和施工设备的选定进行，施工进度计划中应提出各时段内应完成的工程量及限定日期，施工进度计划是采用网络进度计划还是线条进度计划，应根据招标文件要求而定。在投标阶段，一般用线条进度计划即可满足要求。

三、园林工程投标的决策与技巧

园林工程投标决策是指园林工程承包商为了达到中标目的而在投标进程中所采用的手段与方法。投标决策是园林工程承包经营决策的重要组成部分，它直接关系着能否中标和中标后的效益，所以园林建设工程承包商应高度重视投标决策。园林工程投标决策实际上包括投标与否决策、投标性质决策、投标效益决策与投标策略和投标技巧决策四种。

（一）投标决策

1.投标与否决策

投标与否决策是园林工程投标决策的首要任务，是在获取招标信息后，对是否参加投标竞争进行分析、论证，并做出决策。承包商关于是否参加投标的决策是其他投标决策产生的前提。承包商决定是否参加投标，通常要综合考虑各方面的情况，如承包商当前的经营状况和长远目标，参加投标的目的，影响中标机会的内部因素、外部因素等。一般来说，有下列情形之一的招标项目，承包商不宜决定参加投标：

（1）工程资质要求超过本企业资质等级的项目。

（2）本企业业务范围和经营能力之外的项目。

（3）本企业现承包任务比较饱满，而招标工程的风险较大或盈利水平较低的项目。

（4）本企业投标资源投入量过大时面临的项目。

(5)有在技术等级、信誉、水平和实力等方面具有明显优势的潜在竞争对手参加的项目。

2. 投标性质决策

关于投标性质的决策主要考虑是投保险标,还是投风险标。所谓保险标,是指承包商对基本上不存在技术、设备、资金和其他方面问题的,或虽有技术、设备、资金和其他方面问题,但可预见并已有了解决办法的工程项目而投的标。保险标实际上就是不存在什么未解决或解决不了的重大问题,没有什么大的风险的标。如果企业经济实力不强,经不起折腾,投保险标是比较恰当的选择。我国的工程承包商一般都愿意投保险标,特别是在国际工程承包市场上,投保险标的更多。

3. 投标效益决策

关于投标效益的决策,一般主要考虑是投盈利标、保本标,还是投亏损标。

1)盈利标

所谓盈利标,是指承包商为能获得丰厚利润回报的招标工程而投的标。一般来说,有下列情形之一的,承包商可以考虑投盈利标:

(1)业主对本承包商特别满意,希望发包给本承包商的。

(2)招标工程是竞争对手的弱项而是本承包商的强项的。

(3)本承包商在手任务虽饱满,但招标利润丰厚、诱人,值得且能实际承受超负荷运转的。

2)保本标

保本标是指承包商对不能获得多少利润但一般也不会出现亏损的招标工程而投的标。一般来说,有下列情形之一的,承包商可以考虑投保本标:

(1)招标工程竞争对手较多,而本承包商无明显优势的。

(2)本承包商在手任务少,无后继工程,可能出现或已经出现部分窝工的。

3)亏损标

亏损标是指承包商对不能获利、自己赔本的招标工程而投的标。我国一般禁止投标人以低于成本的报价竞标,因此投亏损标是一种非常手段,是承包商不得已而为之。一般来说,有下列情形之一的,承包商可以决定投亏损标:

(1)招标项目的强劲竞争对手众多,但本承包商孤注一掷,志在必得的。

(2)本承包商已出现大量窝工,严重亏损,急需寻求支撑的。

(3)招标项目属于本承包商的新市场领域,本承包商渴望打入的。

(4)招标工程属于承包商有绝对优势的市场领域,而其他竞争对手强烈希望插足分享的。

4. 投标策略和投标技巧决策

主要考虑投标时机的把握 ,投标方法和手段的运用等。如在获得招标信息后,是马上决定是否参加投标,还是先观望,后决定;在投标截止有效期限内,是尽早、还是尽迟递交投标文件;在投标报价上,是采用扩大标价法,还是不平衡报价法,或其他报价方法;在投标对策上,是寻求投标报价方面的有利因素,还是寻求其他方面的支持,或兼而有之。

(二)园林工程投标策略与技巧

1. 园林工程投标策略的指导思想

(1)知彼知己,把握情势。

(2)以长制短,以优胜劣。

(3)随机应变,争取主动。

2. 园林工程投标技巧

园林工程投标技巧是指园林工程承包商在投标过程中所形成的各种操作技能和诀窍。园林工程投标活动的核心和关键是报价问题,因此园林工程投标报价的技巧至关重要,常见的投标报价技巧主要如下。

1)扩大标价法

这是指除按正常的已知条件编制标价外,对工程中变化较大或没有把握的工作项目,采用增加不可预见费的方法,扩大标价,减少风险。这种做法的优点是中标价即为结算价,减少了价格调整等麻烦,缺点是总价过高。

2)不平衡报价方法

它又叫前重后轻法,是指在总报价基本确定的前提下,调整内部各个子项的报价,以期既不影响总报价,又在中标后满足资金周转的需要,获得较理想的经济效益。通常做法是:

(1)对预计今后工程量可能会增加的项目,单价可适当报高些,而对工程量可能减少的项目,单价可适当报低些。

(2)对能早日结账收回工程款的土方、基础等前期工程项目,单价可适当报高些,对水电设备安装、装饰等后期工程项目,单价可适当报低些。

(3)对设计图纸内容不明确或有错误,估计修改后工程量要增加的项目,单价可适当报高些,而对工程内容明确的项目,单价可适当报低些。

(4)对没有工程量只填单价的项目,或招标人要求采用包干报价的项目,单价宜报高些,对其余的项目,单价可适当报低些。

(5)对暂定项目(任意项目或选择项目)中实施的可能性大的项目,单价可报高些,预计不一定实施的项目,单价可适当报低些。

3)突然降价法

这是指为迷惑竞争对手而采用的一种竞争方法,通常的做法是,在准备投标报价的过程中预先考虑好降价的幅度,然后有意散布一些假情报,如打算弃标,按一般情况报价或准备报高价等,在临近投标截止日期前,突然前往投标,并降低报价,以期战胜竞争对手。

4)多方案报价法

承包商决定采用多方案报价法,通常主要有以下两种清况:

(1)如发现设计图纸中存在某些不合理并可以改进的地方或可以利用某项新技术、新工艺、新材料替代的地方,或者发现自己的技术和设备满足不了招标文件中设计图纸的要求,可以先按设计图纸的要求报一个价,然后另附上一个修改设计的比较方案,或说明在修改设计的情况下,报价可降低多少。这种情况通常也称作修改设计法。

(2)如果发现招标文件中的工程范围很不具体、很不明确,或条款内容很不清楚、很不公正,或对技术规范的要求过于苛刻,可先按招标文件中的要求报个价,然后说明假如招标人对合同要求做某些修改,报价可调整范围。

四、园林工程投标报价与文件编制

(一)园林工程投标报价

投标报价是投标书的核心组成部分,招标人往往将投标人的报价作为主要标准来选择中标人,同时也是招标人与中标人就工程标价进行谈判的基础。

1. 投标报价的主要依据

一般来说,投标报价的主要依据包括以下几方面内容:

(1)设计单位出具的施工图及设计说明书。

(2)工程量清单。

(3)合同条件。

(4)相关的法律、法规。

(5)本工程施工组织设计。

(6)施工规范和施工说明书。

(7)有关部门颁发的现行预算定额、取费标准和有关规定。

(8)经核准的招标文件。

(9)经核准的设计概算。

(10)现行工程材料、设备的预算价格及运费和各项调差的规定。

(11)国家及其有关部门颁发的工期定额和有关工期的规定及劳务工资标准。

(12)当地的物价水平。

除了依据上述因素外,投标报价还应该考虑各种相关的间接费用。

2. 投标报价的步骤

(1)熟悉招标文件,对工程项目进行调查与现场考察。

(2)结合工程项目的特点、竞争对手的实力和本企业的自身状况、经验、习惯,制定投标策略。

(3)核算招标项目实际工程量。

(4)编制施工组织设计。

(5)考虑工程承包市场的行情,以及人工、机械及材料供应的费用,计算分项工程直接费。

(6)分摊项目费用,编制单价分析表。

(7)计算投标基础价。

(8)根据企业的施工管理水平、工程经验与信誉、技术能力与机械装备能力、财务应变能力、抵御风险的能力、降低工程成本增加经济效益的能力等,进行获胜分析、盈亏分析。

(9)提出备选投标报价方案。

(10)编制出合理的报价,以争取中标。

3. 投标报价的编制方法

目前，常用的投标报价编制方式有两种：一是按工程预算的方法编制，即投标人按照预算编制规定先计算工程量，再以政府主管部门批准的各种定额为依据计算直接费、间接费、利润和税金等费用，最后考虑一定的浮动率，确定总价。二是工程量清单报价法，即投标人针对招标人提供的工程量清单填报工程的单价、合价和总价。采用的报价方法不同，投标报价的组成和计算也有所不同。

(二)园林工程投标文件编制

投标文件有商务标和技术标两种，商务标主要是指投标的工程造价，技术标则是指针对投标工程拟采取的技术措施。

1. 投标文件的内容

1)投标文件的组成

(1)投标函及投标函附录。

(2)法定代表人身份证明或附有法定代表人身份证明的授权委托书。

(3)联合体协议书。

(4)投标保证金或保函。

(5)已标价工程量清单。

(6)施工组织设计。

(7)项目管理机构(施工组织机构表和主要管理人员简历)。

(8)拟分包项目情况表。

(9)资格审查资料。

(10)投标人须知前附表规定的其他材料。

以上投标文件的内容、表格等全部填写完毕后，即将其密封，按照业主在招标文件中指定的时间、地点递送。

2)商务标的内容

商务标的文本格式较多，各地都有自己的文本格式，我国《计价规范》规定，商务标应包括：

(1)投标总价及工程项目总价表。

(2)单项工程费汇总表。

(3)单位工程费汇总表。

(4)分部分项工程量清单计价表。

(5)措施项目清单计价表。

(6)其他项目清单计价表。

(7)零星工程项目计价表。

(8)分部分项工程量清单综合单价分析表。

(9)项目措施费分析表和主要材料价格表。

3)技术标的内容

技术标的内容以招标文件规定的内容为准。主要由施工组织设计、项目管理班子配备情况等组成。具体内容如下：

(1)施工组织设计。投标前施工组织设计的内容有:主要施工方法、拟在该工程投入的施工机械设备情况、主要施工机械配备计划、劳动力安排计划、确保工程质量的技术组织措施、确保安全生产的技术组织措施、确保工期的技术组织措施、确保文明施工的技术组织措施等,并应包括以下附表:拟投入的主要施工机械设备表,劳动力计划表,计划开、竣工日期和施工进度网络图,施工总平面布置图及临时用地表。

(2)项目管理班子配备情况。项目管理班子配备情况主要包括项目管理班子配备情况表、项目经理简历表、项目技术负责人简历表和项目管理班子配备情况辅助说明等资料。

2. 投标文件的编制

(1)投标文件应按招标文件的要求进行编写,如有必要,可以增加附页,作为投标文件的组成部分。其中,投标函附录在满足招标文件实质性要求的基础上,可以提出比招标文件要求更有利于招标人的承诺。

(2)投标文件应当对招标文件有关工期、投标有效期、质量要求、技术标准和要求、招标范围等实质性内容做出响应。

(3)投标文件应用不褪色的材料书写或打印,并由投标人的法定代表人或其委托代理人签字或盖单位章。委托代理人签字的,投标文件应附法定代表人签署的授权委托书。投标文件应尽量避免涂改、行间插字或删除。如果出现上述情况,改动之处应加盖单位章或由投标人的法定代表人或其授权的代理人签字确认。签字或盖章的具体要求见投标人须知前附表。

(4)投标文件正本一份,副本份数见投标人须知前附表。正本和副本的封面上应清楚地标记"正本"或"副本"的字样。当副本和正本不一致时,以正本为准。

(5)投标文件的正本与副本应分别装订成册,并编制目录,具体装订要求见投标人须知前附表规定。

3. 标书的包装与投送

(1)标书的包装。

投标方应准备1份正本和3~5份副本,用信封分别把正本和副本密封,封口处加贴封条,封条处加盖法定代表人或其授权代理人的印章和单位公章,并在封面上注明"正本"或"副本"字样,然后一起放入招标文件袋中,再密封招标文件袋,文件袋外应注明工程项目名称、投标人名称及详细地址,并注明何时之前不准启封,若正本和副本有差异,以正本为准。

投标方应该注意标书的包装,标书的封面应尽可能做得精致一些。没有能力的投标方最好请专业人员设计制作标书的封面,以吸引招标方的注意力。园林标书封面上的图案最好与园林或林业这个大的主题相关,但不可泄露标书中的内容;只有文字的标书封面应该设计得简洁流畅,可在封面正中标明机密字样。

(2)标书的投送。

投标人递交投标文件不宜太早,一般在招标文件规定的截止日期前一两天内密封送交指定地点比较好。在投标期以后送达的投标文件,招标人应当拒收,已经收下的也须原封退给投标人。

投标人可以在递交投标文件以后，在规定的投标截止时间之前，采取书面形式向招标人递交补充、修改或撤回其投标文件的通知。在投标截止日期以后，不能修改投标文件。投标人的补充、修改或撤回通知，应按招标文件中投标人须知的规定编制、密封、加写标志和递交，并在内层包封标明"补充""修改"或"撤回"字样。补充、修改的内容为投标文件的组成部分，根据投标人须知的规定，在投标截止时间与招标文件中规定的投标有效期终止日之间的这段时间内，投标人不能撤回投标文件，否则其投标保证金将不予退还。

五、园林工程评标的程序与方法

评标是对各投标书优劣的比较，以便最终确定中标人，评标工作由评标委员会负责。

（一）园林工程评标原则

评标人员应当按照招标文件确定的评标标准和方法，对投标文件进行评审和比较，要本着实事求是的原则，不得带有任何主观意愿和偏见，高质量、高效率完成评标工作，并应遵循以下原则。

（1）认真阅读招标文件，严格按照招标文件规定的要求和条件对投标文件进行评审。

（2）公正、公平、科学合理。

（3）质量好、信誉高、价格合理、工期适当、施工方案先进可行。

（4）规范性与灵活性相结合。

（二）园林工程评标要求

1. 组建的评标委员会的要求

评标委员会由招标人的代表和有关技术、经济等方面的专家组成，成员人数为5人以上单数，其中招标人、招标代理机构以外的技术、经济等方面专家不得少于成员总数的2/3。评标委员会的专家成员，应当由招标人从建设行政主管部门及其他有关政府部门确定的专家名册或者工程招标代理机构的专家库内相关专业的专家名单中确定。确定专家成员一般应当采用随机抽取的方式。与投标人有利害关系的人不得进入评标委员会，已经进入的应当更换，以保证评标的公平与公正。

在评标活动中，评标委员会成员不得擅离职守，影响评标程序正常进行，不得使用"评标办法"没有规定的评审因素和标准进行评标。

2. 评标中对相关各方的纪律要求

（1）对招标人的纪律要求。

招标人不得泄漏招标投标活动中应当保密的情况和资料，不得与投标人串通损害国家利益、社会公共利益或者他人合法权益。

（2）对投标人的纪律要求。

投标人不得相互串通投标或者与招标人串通投标，不得向招标人或评标委员会成员行贿谋取中标，不得以他人名义投标或者以其他方式弄虚作假骗取中标；投标人不得以任何方式干扰、影响评标工作。

（3）对与评标活动有关的工作人员的纪律要求。

与评标活动有关的工作人员不得收受他人的财物或者其他好处，不得向他人透漏对投标文件的评审和比较、中标候选人的推荐情况及评标有关的其他情况。在评标活动中，与评标活动有关的工作人员不得擅离职守,影响评标程序正常进行。

(三)园林工程评标程序

园林工程招标的评标和定标依据招标工程的规模、技术复杂程度来决定评标的办法与时间。一般国际性招标项目评标需要3~6个月时间。但小型工程由于承包工作内容较为简单、合同金额不大,可以采用即开、即评、即定的方式,由评标委员会及时确定中标人。国内大型工程项目的评审因评审内容复杂、涉及面宽,通常分成初步评审和详细评审两个阶段进行。本节主要讲述大型工程评标等程序。

1. 初步评审

初步评审也是对投标书的响应性审查,此阶段不是比较各投标书的优劣,而是以投标文件为依据,检查各投标书是否为响应性投标,确定投标书的有效性。初步评审从投标书中筛选出符合要求的合格投标书,剔除所有无效投标和严重违法的投标书,以减少详细评审的工作量,保证评审工作的顺利进行。

1)初步评审的内容

(1)投标人的资格。

(2)投标保证书的有效性。投标保证的格式、内容、金额、有效期,开具单位是否符合招标文件要求。

(3)报送资料的完整性。投标文件是否提交了招标文件规定应提交的全部文件,有无遗漏。

(4)投标文件的完整性、投标书与招标文件的要求有无实质性背离、报价计算的正确性。

2)技术性评审

投标文件的技术性评审包括施工方案、工程进度与技术措施、质量管理体系与措施、安全保证措施、环境保护管理体系与措施、资源(劳务、材料、机械设备)、技术负责人等方面是否与国家相应规定及招标项目符合。

3)商务性评审

投标文件的商务性评审主要是指投标报价的审核,审查全部报价数据计算的准确性。

商务标中出现以下情况,由评标委员会对投标书中的错误加以修正后请该标书的投标授权人予以签字确认,作为详评比较的依据。如果投标人拒绝签字,则按投标人违约对待,不仅投标无效,而且没收其投标保证金。修正错误的原则是:

(1)投标文件中的大写金额和小写不一致的,以大写金额为准。

(2)总价金额与单价金额不一致的,以单价金额为准,但单价金额小数点有明显错误的除外。

投标文件作废标处理的情况,以招标文件的规定为准。

2. 详细评审

评标委员对各投标书方案和计划实行实质性评价与比较。评审时不应再采用招标文件中要求投标人考虑因素以外的任何条件作为标准。设有标底的,评标时应参考标底。

详评通常分为两个步骤进行。首先对各投标书进行技术和商务方面的审查,评定其合理性,以及若将合同授予该投标人在履行过程中可能给招标人带来风险。评标委员会认为必要时可以单独约请投标人对标书中含义不明确的内容做必要的澄清或说明,但澄清或说明不得超出投标文件的范围或改变投标文件的实质性内容。澄清内容也要整理成文字材料,作为投标书的组成部分。在对标书审查的基础上,评标委员会依据评标规则量化比较各投标书的优劣,并编写评标报告。

3. 评标报告

评标委员会在完成评标后,应向招标人提出书面评标结论性报告,作为定标的主要依据。评标报告应包括:评标情况和数据表,评标委员会成员名单,开标记录,符合要求的投标一览表,废标情况说明,评标标准、评标方法或者评标因素一览表,经评审的价格或者评分比较一览表,经评审的投标人排序,推荐的中标候选人名单与签订合同前要处理的事项,澄清、说明、补正事项纪要。

(四)园林工程评标的方法

园林工程评标的办法以招标文件规定的方法为准。下面介绍常见的方法。

由于工程规模不同、各类招标的标的不同,评审方法可以分为定性评审和定量评审两大类。对于标的额较小的中小型工程评标可以采用定性比较的专家评议法,评标委员对各标书共同分项进行认真分析比较后,以协商和投票的方式确定候选中标人。这种方法评标过程简单,在较短时间内即可完成,但科学性较差。

对大型工程应采用"综合评分法"或"评标价法"对各投标书进行科学量化比较。综合评分法是将评审内容分类后分别赋予不同权重,评标委员依据评分标准对各类内容细分的小项进行相应的打分,最后计算的累计分值反映投标人的综合水平,以得分最高的投标书为最优。评标价法是指评审过程中以该标书的报价为基础,将报价之外需要评定的要素按预先规定的折算办法换算为货币价值,根据对招标人有利或不利的原则在投标价上增加或减少一定金额,最终构成评标价格。评标价既不是投标价也不是中标价,只是用价格指标作为评审标书优劣的衡量方法,评标价最低的投标书为最优。定标签订合同时,仍以投标报价作为中标的合同价。

1. 综合评分法

施工招标需要评定比较的要素较多,且各项内容的单位又不一致,如工期是天、报价是元等,因此综合评分法可以较全面地反映投标人的素质。评标是对各承包人实施工程综合能力的比较,大型复杂工程的评分标准最好设置几级评分目标,以利于评委控制打分标准,减少随意性。评分的指标体系及权重应根据招标人工程项目特点设定。报价部分的评分为用标底衡量、用复合标底衡量和无标底比较三大类。

下面以标底为评分标准衡量报价得的综合评分法为例来进行介绍。

评标委员会首先以预先确定的允许报价浮动范围(如 ±5%)确定入围的有效投标,然后按照评标规则计算各项得分,最后以累计得分比较投标书的优劣。应予注意,若某投标书的总分不低,但其中某 1 项得分低于该项及格分,也应充分考虑授标给此投标人实施过程中可能的风险。

如某园林施工采用综合单价合同的邀请招标,评标主要考察 4 个方面,每一方面再以百分制计分。

(1)投标单位的业绩、信誉,权重 0.15。内容包括:企业信誉、银行信誉(20 分),同样主体工程的施工经历(50分),近5年质量回访记录(15分),近3年重大质量、安全事故(15分)。

(2)施工管理能力,权重0.1。内容包括:主要施工机具及劳动力安排计划(50分),安全措施(30分),同期工程量(20分)。

(3)施工组织设计,权重0.15。内容包括:施工方案(30分),现场组织机构(30分),网络进度计划(20分),质量保证体系(20分)。

(4)投标报价,权重0.6。内容包括:投标报价(60分),单价表中人工、材料、机械费组成的合理性(30分),三材用量的合理性(10分)。其中报价项的得分标准以(报价－标底)/标底来衡量,当偏差范围为－(3～5)%时得40分,－(2～1)%时得60分,＋(2～1)%时得50分,＋(5～3)%得30分。

【例8-1】　某幢建设项目,业主委托某监理单位进行施工阶段(包括施工招标)监理。该工程邀请甲、乙、丙三家施工企业进行总价投标。评标采用四项指标综合评分法。四项指标及权数分别为:投标单位的业绩与信誉0.10,施工管理能力0.15,施工组织设计合理性0.25,投标报价0.50。各项指标均以100分为满分。

其中,投标报价的评定方法是:

(1)计算投标企业报价的平均值 $\overline{C} = \dfrac{\sum 投标企业的报价}{投标企业的个数}$

(2)计算评标基准价格 $C = 0.6C_0 + 0.4\overline{C}$(式中 C_0 为项目标底价格)

(3)计算投标企业报价离差 $X = \dfrac{报标企业报价 - C}{C} \times 100\%$

(4)按下式确定投标企业的投标报价得分 P:

$$P = \begin{cases} 100 - 400|X| & 当 X > 3\% 时 \\ 100 - 300|X| & 当 0 < X \leqslant 3\% 时 \\ 100 & 当 X = 0 时 \\ 100 - 100|X| & 当 -5\% \leqslant X \leqslant 0 时 \\ 100 - 200|X| & 当 X < -5\% 时 \end{cases}$$

根据开标结果已知该工程标底为5 760万元。甲企业投标报价5 689万元,乙企业投标报价5 828万元,丙企业投标报价5 709万元。

已知投标企业的其他指标得分如表8-2所示。

表8-2　投标企业其他指标得分

评标指标	投标企业		
	甲投标企业	已投标企业	丙投标企业
业绩与信誉	92	90	85
施工管理能力	96	90	80
施工组织设计合理性	90	92	78
投标报价			99.24

试计算各投标企业的综合评分,并确定第一中标企业。

解　(1)甲、乙两家投标企业的报价得分：

①投标企业报价的平均值。

$$\bar{C} = \frac{5\ 689 + 5\ 828 + 5\ 709}{3} = 5\ 742(\text{万元})$$

②评标基准价格。

$$C = 0.6 \times 5\ 760 + 0.4 \times 5\ 742 = 5\ 752.8(\text{万元})$$

③甲、乙两家投标企业报价离差。

$$X_{甲} = \frac{5\ 689 - 5\ 752.8}{5752.8} \times 100\% = -1.11\%$$

$$X_{乙} = \frac{5\ 828 - 5\ 752.8}{5752.8} \times 100\% = 1.31\%$$

④报价得分。

$$P_{甲} = 100 - 100 \times 1.11\% = 98.89(\text{分})$$

$$P_{乙} = 100 - 300 \times 1.31\% = 96.07(\text{分})$$

(2)各投标企业的综合评分如下：

甲企业为

$$0.1 \times 92 + 0.15 \times 96 + 0.25 \times 90 + 0.5 \times 98.89 = 95.55(\text{分})$$

乙企业为

$$0.1 \times 90 + 0.15 \times 90 + 0.25 \times 92 + 0.5 \times 96.07 = 93.54(\text{分})$$

丙企业为

$$0.1 \times 85 + 0.15 \times 80 + 0.25 \times 78 + 0.5 \times 99.24 = 89.62(\text{分})$$

第一中标企业为甲投标企业。

2. 评标价法

评标委员会首先通过对各标书的审查淘汰技术方案不满足基本要求的投标书，然后对基本合格的标书按预定的方法将某些评审要素按一定规则折算为评审价格。加到该标书的报价上形成评标价。以评标价最低的标书为最优(不是报价最低)。评标价作为衡量投标人能力高低的量化比较方法，与中标人签订合同时仍以投标价为准。可以折算成价格的评审要素一般包括：

(1)投标书承诺的工期提前给项目可能带来的超前效益，以月为单位按预定计算规则折算为相应的货币值，从该投标人的报价内扣减此值。

(2)实施过程中必然发生而标书又属明显漏项部分，给予相应的补项增加到报价上去。

(3)技术建议可能带来的实际效益，按预定的比例折算后，在投标价内减去该值。

(4)投标书内提出的优惠条件可能给招标人带来好处，以开标日为准，按一定的方法折算后，作为评审价格因素之一。

(5)对其他可以折算为价格的要素，按照对招标人有利或不利的原则，减少或增加到投标报价上去，既有利时减少相应的价格，不利时增加相应价格。

研讨与练习

【案例分析】

背景:某园林工程项目,经过有关部门批准后,决定由业主自行组织施工公开招标。该工程项目为政府的公共工程,已经列入地方的年度固定资产投资计划,概算已经主管部门批准,但征地工作尚未完成,施工图及有关技术资料齐全。因估计除本市施工企业参加投标外,还可能有外省市施工企业参加投标,因此业主委托咨询公司编制了两个标底,准备分别用于对本市和外省市施工企业投标的评定。业主要求将技术标和商务标分别封装。某承包商在封口处加盖了本单位的公章,并由项目经理签字后,在投标截止日期的前1天将投标文件报送业主,当天下午,该承包商又递交了一份补充材料,声明将原报价降低5%,但是业主的有关人员认为,一个承包商不得递交2份投标文件,因而拒收承包商的补充材料。开标会议由市招标投标管理机构主持,市公正处有关人员到会。开标前,市公正处人员对投标单位的资质进行了审查,确认所有投标文件均有效后正式开标。业主在评标之前组建了评标委员会,成员共8人,其中业主人员占5人,招标工作主要内容如下:①发投标邀请函;②发放招标文件;③进行资格后审;④召开投标质疑会议;⑤组织现场勘察;⑥接收投标文件;⑦开标;⑧确定中标单位;⑨评标;⑩发出中标通知书;⑪签订施工合同。

问题:

(1)招标活动中有哪些不当之处?

(2)招标工作的内容是否正确?如果不正确请改正,并排出正确顺序。

第九章　园林工程计价案例

根据《建设工程工程量清单计价规范》(GB 50500—2013)及湖南省《湖南省仿古建筑及园林景观工程消耗量标准》《湖南省建筑工程消耗量》《湖南省建筑装饰装修工程消耗量标准》《湖南省安装工程消耗量标准》,取费文件参照"湘建价〔2019〕37 号",编制该工程预算书。

一、设计说明及施工图纸

(一)某庭院绿地园林景观设计说明

(1)基本概况。本工程为某单位庭院绿地景观工程,总面积 380 m^2,其中绿地面积 300 m^2,其余为园建、小品与园路等,如图 9-1 所示。

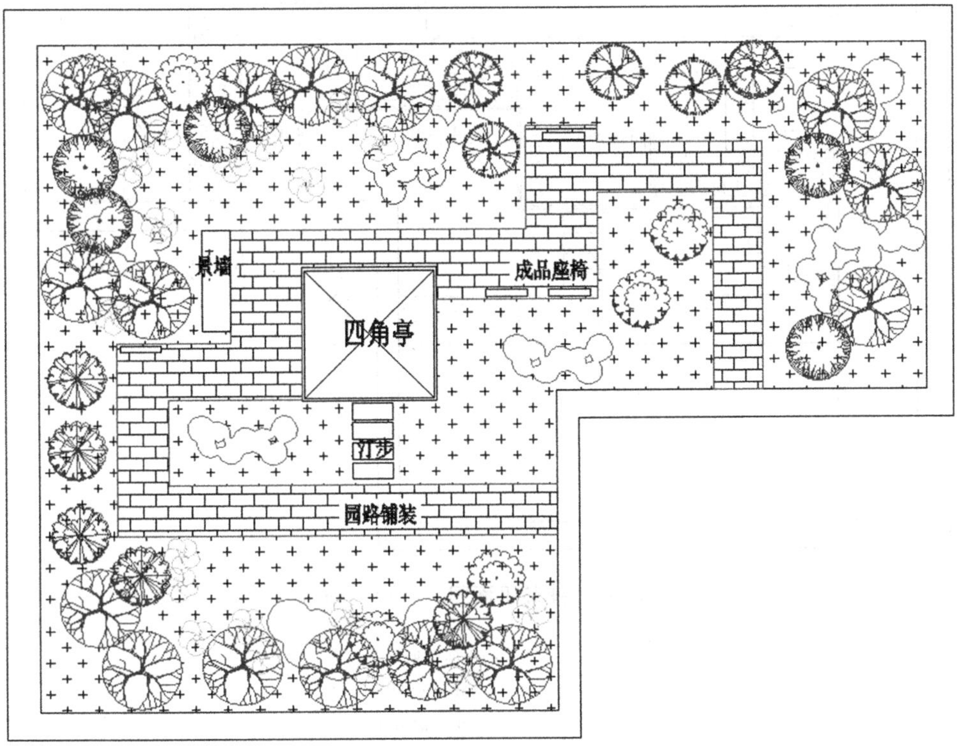

图 9-1　某单位庭院绿地平面图

(2)园建。该项目有一个四角木亭、景墙等,其中四角木亭采用菠萝木材质,需要刷油漆处理。四角亭的木柱子与钢筋混凝土基础连接,采用预制成品钢构件连接。景墙采用普通砖砌筑,面贴 15 厚文化石,青石压顶。

(3)园路。本工程有 3 种园路铺装,分别是透水砖路面、亭地面铺装、汀步,透水砖路面、亭地面铺装的基础做法都是一样的,均采用100厚碎石垫层与100厚C20混凝土作为基础垫层,面层采用30厚的水泥砂浆进行铺贴。汀步则只采用100厚基础垫层碎石。

(4)小品。小品有坐凳、垃圾桶、指示牌等,均采用外包形式,由其他专业公司进行制作安装,施工单位进行相应配合工作。

(5)植物种植说明。本工程中植物种植土的要求为良好的壤土,并注意组织排水,避免积水造成植物的伤害。全部采用带土球种植,乔木种植后要进行支撑,支撑采用四脚桩树棍桩方式。所有植物种植完成需养护一年。

(二)各分项施工图纸

各分项施工图纸如图9-2~图9-7所示。

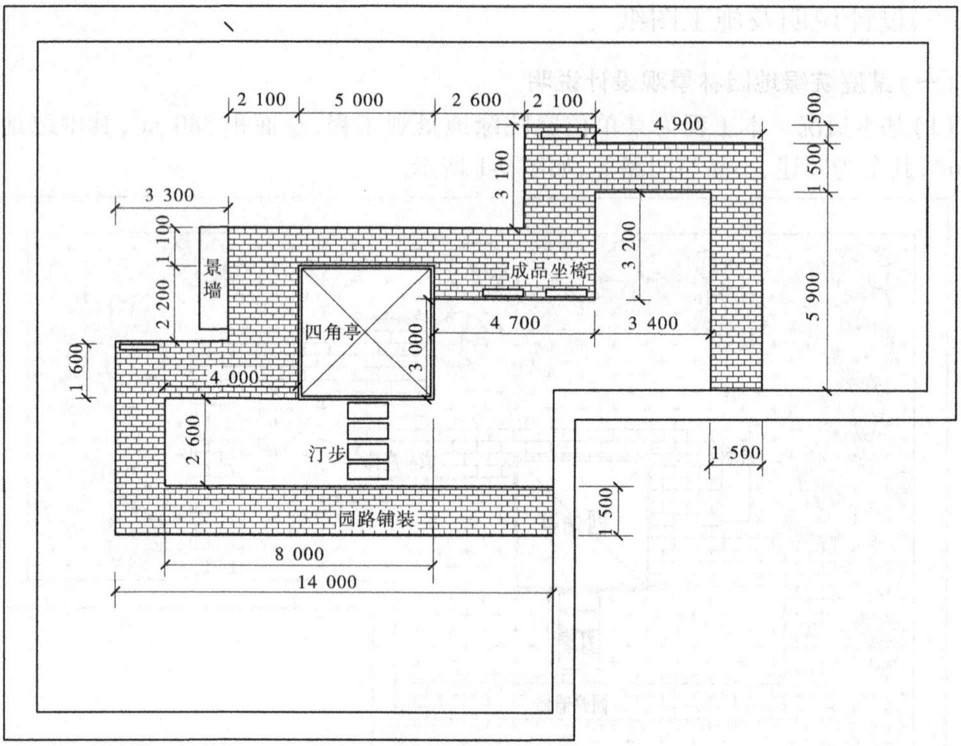

图9-2　铺装平面图　(单位:mm)

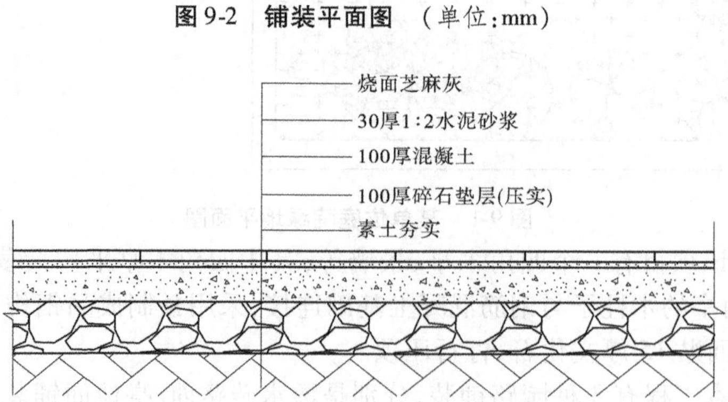

图9-3　铺装做法详图　(单位:mm)

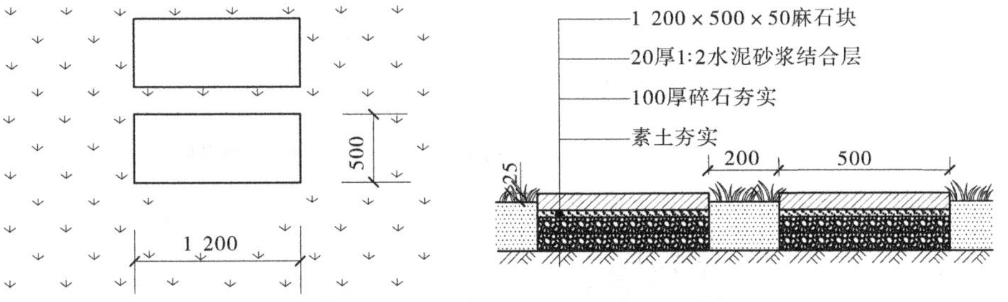

图 9-4　汀步做法详图　（单位:mm）

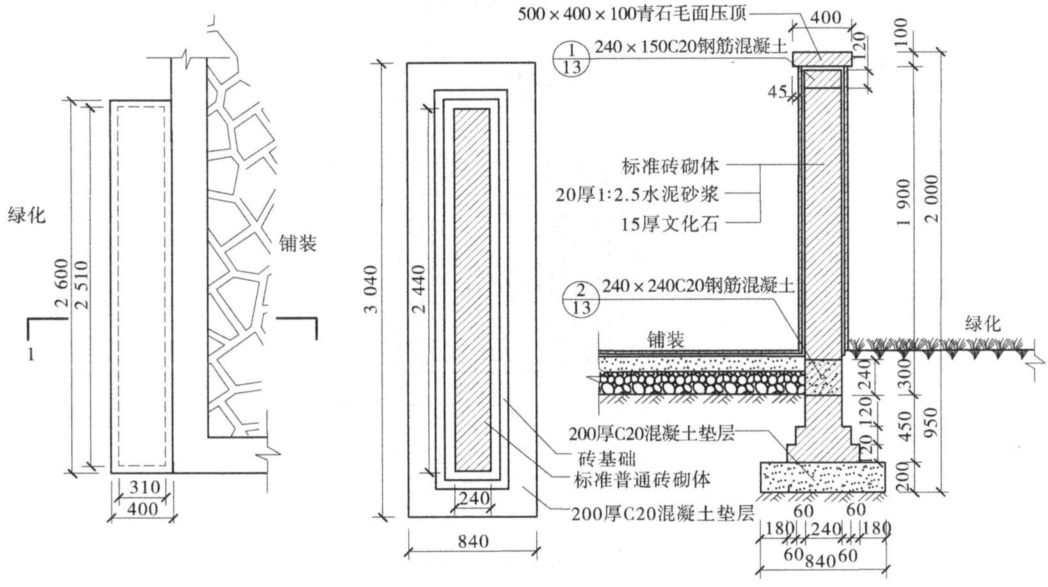

图 9-5　景墙做法详图 1　（单位:mm）

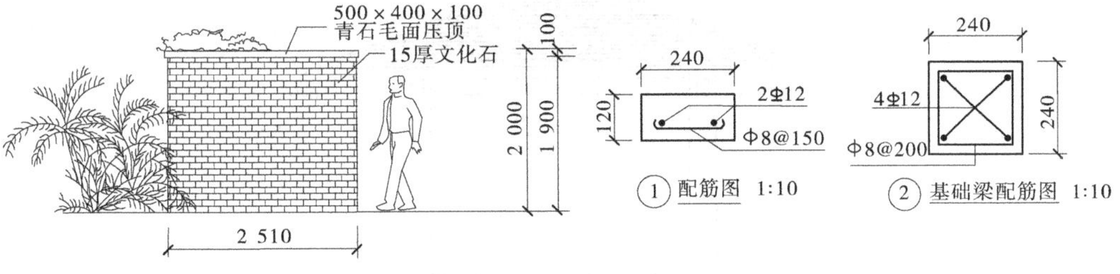

图 9-6　景墙做法详图 2　（单位:mm）

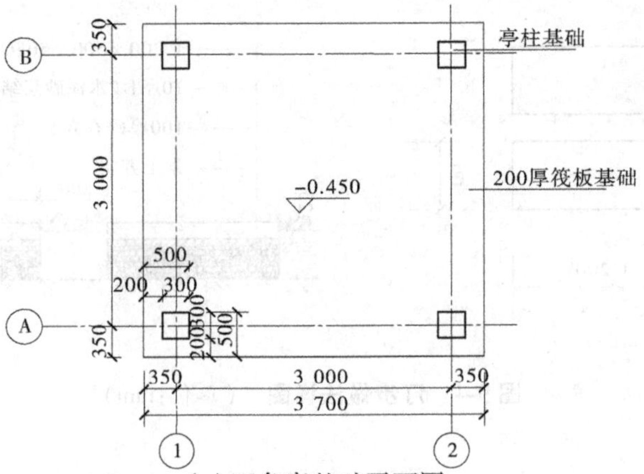

(a)四角亭基础平面图

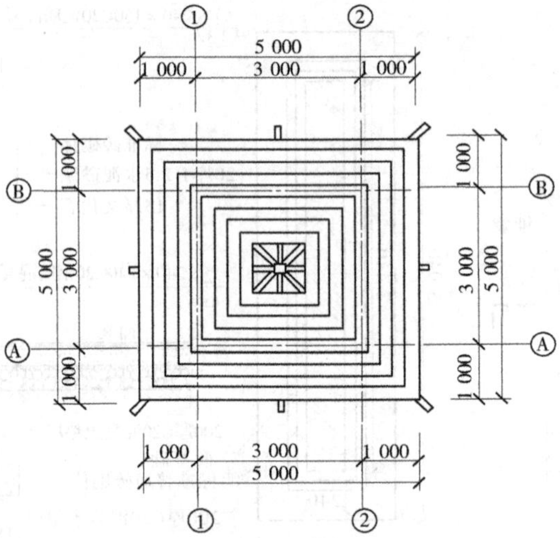

(b)四角亭屋顶平面图

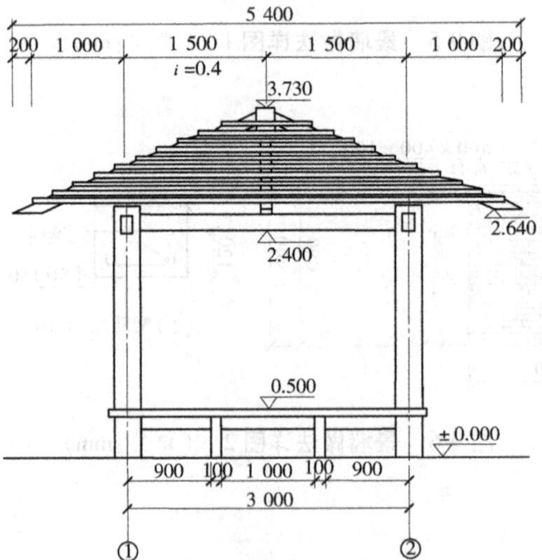

(c)四角亭立面图

图 9-7　四角亭做法详图　(单位:mm)

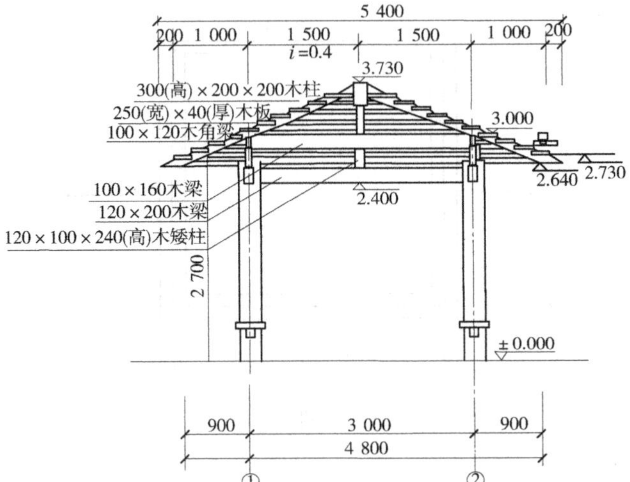

(d)四角亭剖面图

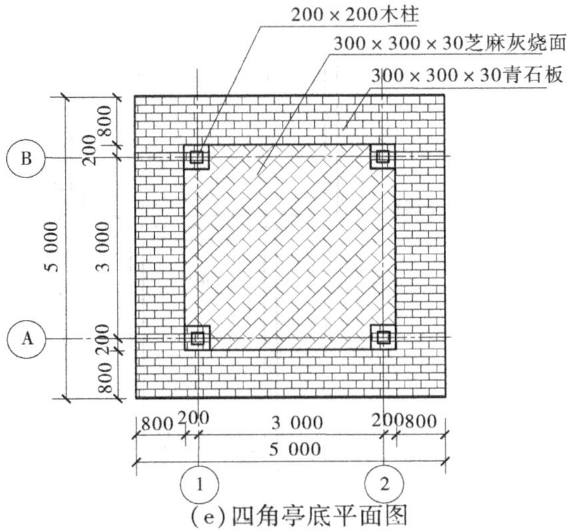

(e)四角亭底平面图

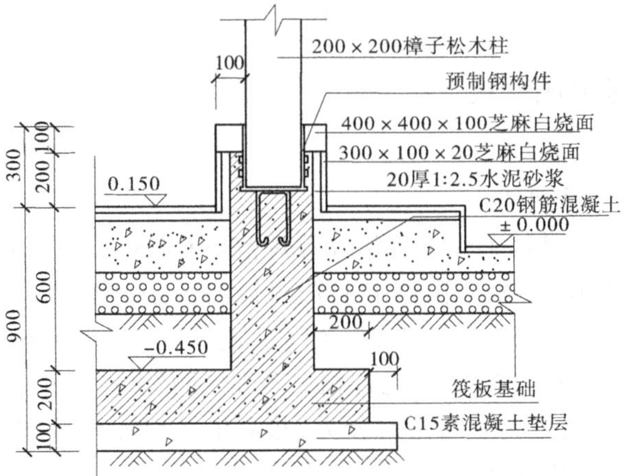

(f)亭柱剖面大样图

续图 9-7

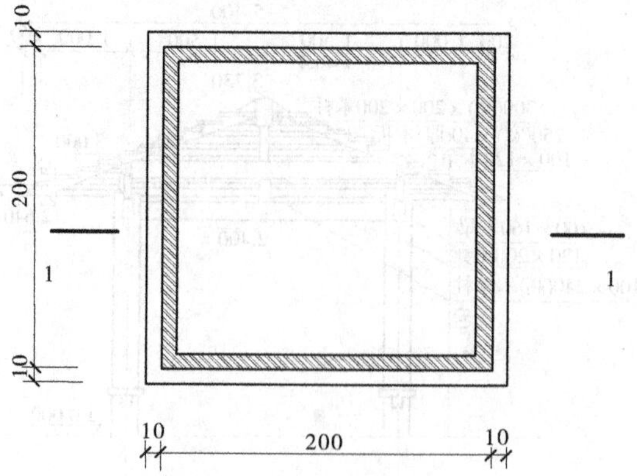

(g)预制构件平面图

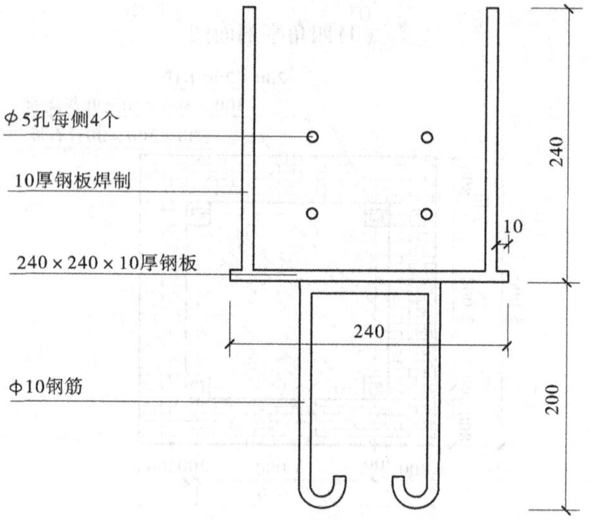

(h)1—1剖面图

续图9-7

二、清单列项与定额匹配

(一)清单列项

1. 分部分项工程清单列项

根据国家标准《园林绿化工程工程量计算规范》(GB 50858—2013)的项目划分标准，以及本项目的工程设计施工图纸相应的内容，可以将该园林绿化工程的分部分项工程清单列项分为三大块，分别为绿化种植工程、园路铺装工程、园建景观小品工程。

(1)绿化种植工程清单列项。绿化种植工程的列项比较简单，只需要根据植物种植表中的植物以及规范中的植物项目进行分类，然后依序对照设计图纸中的工程内容来进行相应的标准列项，具体如表9-1所示。

表 9-1　绿化种植工程清单列项

序号	项目编码	项目名称	项目特征描述	计量单位
1	050101010001	整理绿化用地	利用原土回填整理; ±30 cm 以内的整理	m^2
2	050102001001	栽植乔木香樟	香樟胸径 8 ~ 10 cm,全冠	株
3	050102001002	栽植乔木广玉兰	广玉兰胸径 8 ~ 10 cm,全冠	株
4	050102001003	栽植乔木桂花	桂花胸径 8 ~ 10 cm,全冠	株
5	050102001004	栽植乔木栾树	栾树胸径 8 ~ 10 cm,全冠	株
6	050102001005	栽植乔木银杏	银杏胸径 8 ~ 10 cm,全冠	株
7	050102001006	栽植乔木樱花	樱花胸径 5 ~ 7 cm,全冠	株
8	050102002001	栽植灌木南天竹	南天竹,36 株/m^2	m^2
9	050102007001	栽植色带金丝桃	金丝桃,36 株/m^2	m^2
10	050102007002	栽植色带鸭脚木	鸭脚木,36 株/m^2	m^2
11	050102012001	铺种草皮	满铺	m^2

(2)园路铺装工程清单列项。园路、四角亭的基层做法是一样的,可将四角亭铺装部分划到园路的清单名目下,列项时注意区别不同材料的路面来进行,具体如表 9-2 所示。

表 9-2　园路工程清单列项

序号	项目编码	项目名称	项目特征描述	计量单位
1	050201001001	亭地面铺装	100 厚碎石垫层,100 厚 C20 混凝土基础垫层, 30 厚的水泥砂浆,花岗岩	m^2
2	050201001002	园路铺装(透水砖)路面	100 厚碎石垫层,100 厚 C20 混凝土基础垫层, 30 厚的水泥砂浆,透水砖	m^2
3	050201001003	汀步	100 厚碎石垫层,20 厚的水泥砂浆,50 厚麻石块	m^2

(3)园建景观小品工程清单列项。在该项目中,有一个四角木亭、景墙、坐凳等,可以将它们分开列项,就不会有遗漏与重复,如表 9-3、表 9-4 所示。因坐凳、垃圾桶、指示牌等属于外包工程,其列项不再列入分部分项工程清单项目,而是列入其他项目里面。

表9-3　四角亭工程清单列项

序号	项目编码	项目名称	项目特征描述	计量单位
1	050304004001	木柱200×200×3 000木柱	菠萝格木,200×200×3 000木柱,木材面均做防火、防腐、防蚁处理	m^3
2	050304004002	木梁120×200	菠萝格木,截面尺寸120×200,木材面均做防火、防腐、防蚁处理	m^3
3	050304004003	木梁100×160	菠萝格木,截面尺寸100×160,木材面均做防火、防腐、防蚁处理	m^3
4	050304004004	木梁100×120	菠萝格木,截面尺寸100×120,木材面均做防火、防腐、防蚁处理	m^3
5	050304004005	木矮柱120×100×240	菠萝格木,截面尺寸120×100,高240,木材面均做防火、防腐、防蚁处理	m^3
6	050304004006	木柱200×200×300	菠萝格木,截面尺寸200×200,高300,木材面均做防火、防腐、防蚁处理	m^3
7	050303009001	木(防腐木)屋面	菠萝格木,防护	m^2
8	010101004001	挖基坑土方	普通土,2 m内	m^3
9	010103001001	回填方	夯实,原土回填	m^3
10	010404001001	垫层	素混凝土	m^3
11	010501004001	满堂基础	现浇混凝土基础	m^3
12	010501003001	独立基础	现浇混凝土基础	m^3
13	010515001002	现浇构件钢筋	Φ10@150基础板筋	t
14	010606013001	零星钢构件	木柱基础预制钢构件	t
15	011108001001	石材零星项目	亭子柱脚装饰	m^2

表 9-4　景墙工程清单列项

序号	项目编码	项目名称	项目特征描述	计量单位
1	050307010001	景墙	普通土;C20 钢筋混凝土、标准砖基础;标准砖墙体;15 厚文化石饰面	m^3
2	010515001001	现浇构件钢筋	景墙基础梁Φ12 通长筋,Φ8@200 箍筋	t

2. 措施项目清单列项

措施项目又分为单价措施项目与总价措施项目两个部分。其中,总价措施项目的列项,依据当地省市计价办法规定的项目计算方法费率,列项如表 9-5 所示。

表 9-5　总价措施清单列项

序号	项目编码	项目名称	计算基础	费率(%)	金额(元)
1	050405001001	安全文明施工费	取费人工费	10.63	
2	050405005001	冬雨季施工增加费	人、材、机之和	0.16	

而单价措施项目必须依据图纸内容、实际工程施工需要与清单规范的内容来进行列项,与分部分项工程清单列项类似,具体如表 9-6 所示。

表 9-6　单价措施清单列项

序号	项目编码	项目名称	项目特征描述	计量单位
1	050401001001	景墙砌筑脚手架	木架搭设;墙体高度 2 m	m^2
2	050401003001	亭脚手架	木架搭设;檐口高度 2.64 m	座
3	050402001001	亭现浇混凝土垫层模板	厚 100 mm	m^2
4	050402001002	景墙现浇混凝土垫层模板	厚 100 mm	m^2
5	050402001003	道路现浇混凝土垫层基础模板	厚 100 mm	m^2
6	011702005001	景墙基础梁	梁截面形状 240 mm×240 mm	m^2
7	011702025001	景墙过梁其他现浇构件	梁截面形状 240 mm×120 mm	m^2
8	011702001001	亭独立基础模板	钢筋混凝土独立基础	m^2
9	011702001002	亭满堂基础模板	钢筋混凝土独立基础	m^2
10	050403001001	树木支撑架	树棍桩,四角桩	株

3. 其他项目清单列项

其他项目的列项,要考虑业主的要求以及项目实际条件的内容来进行,该项目要求暂列金额 1.5 万元,水电工程暂估价 3 万元,坐凳为外包工程,如表 9-7 所示。

表9-7 其他项目清单列项

序号	项目名称	金额(元)	结算金额(元)	说明
1	暂列金额	15 000.00		图纸部分不完整
2	暂估价	30 000.00		
2.1	材料(工程设备)暂估价			
2.2	专业工程暂估价	30 000.00		园林水电工程
3	计日工			
4	总承包服务费	120.00		外包工程现场管理与协调
5	索赔与现场签证			

(二)清单项目与定额匹配

清单项目列项完成后,就要结合当地的消耗量定额规范来进行清单项目与定额项目的匹配列项,也就是要确定出完成一个清单项需要哪些定额项才能完成。这里要结合清单项目中的特征描述、施工图纸的内容来进行,做到完整地体现出清单项目中规定的所有涉及的工程内容及特征要求。

清单项目与定额项匹配具体如表9-8、表9-9所示。

表9-8 分部分项工程量清单项与定额项匹配表

序号	项目编码	项目名称	计量单位
		园路铺装	
1	050201001001	亭地面铺装	m^2
	BE4-2	花岗岩地面 厚30 mm	10 m^2
	E14-76	青片石路面	10 m^2
	B1-47	零星项目 花岗岩 水泥砂浆	100 m^2
2	050201001002	园路铺装(透水砖)路面	m^2
	E14-49	园路土基 整理路床	10 m^2
	E14-54	基础垫层 碎石	m^3
	E14-55换	基础垫层 混凝土 C15~换:现浇及现场混凝土:砾石最大粒径20 mm C20 水泥32.5	m^3
	E14-67换	建菱砖、互锁路面砖(透水砖)路面~ 换:景观透水砖	10 m^2
3	050201001003	汀步	m^2
	E14-49	园路土基 整理路床	10 m^2
	E14-54	基础垫层 碎石	m^3
	E14-68	汀步板面层	10 m^2
		园建及小品	

续表 9-8

序号	项目编码	项目名称	计量单位
		景墙	
4	050307010001	景墙	m^3
	A1－4	人工挖槽、坑 深度 2 m 以内 普通土	100 m^3
	E1－59	回填土 基槽（坑） 夯实	m^3
	E14－55 换	基础垫层 混凝土 C15～换：现浇及现场混凝土：砾石最大粒径 20 mm C20 水泥 32.5	m^3
	E2－13	砖基础	m^3
	E2－33	其他砌体 小型砌体	m^3
	B2－151	文化石 砂浆粘贴 零星项目	100 m^2
	BE4－8	花岗岩压顶 厚度 10 cm 以内	10 m^2
	E4－3	现浇混凝土 基础梁 C20	m^3
	E4－15	现浇混凝土 过梁 C20	m^3
5	010515001001	现浇构件钢筋	t
	A5－3	圆钢筋 直径 8 mm	t
	A5－5	圆钢筋 直径 12 mm	t
		四角亭	
6	050304004001	木柱 200×200×3 000 木柱	m^3
	E5－17 换	扁作梁厚度 24 cm 以内 大梁、承重、山界梁、轩梁、荷包梁、双步～ 换：枋材菠萝木	m^3竣工木料
	E9－8	广（国）漆明光三遍 柱、梁、桁、枋古式木构件	10 m^2
7	050304004002	木梁 120×200	m^3
	E5－17 换	扁作梁厚度 24 cm 以内 大梁、承重、山界梁、轩梁、荷包梁、双步～ 换：枋材菠萝木	m^3竣工木料
	E9－8	广（国）漆明光三遍 柱、梁、桁、枋古式木构件	10 m^2
8	050304004003	木梁 100×160	m^3
	E5－17 换	扁作梁厚度 24 cm 以内 大梁、承重、山界梁、轩梁、荷包梁、双步～ 换：枋材菠萝木	m^3竣工木料
	E9－8	广（国）漆明光三遍 柱、梁、桁、枋古式木构件	10 m^2
9	050304004004	木梁 100×120	m^3
	E5－17 换	扁作梁厚度 24 cm 以内 大梁、承重、山界梁、轩梁、荷包梁、双步～ 换：枋材菠萝木	m^3竣工木料

续表 9-8

序号	项目编码	项目名称	计量单位
	E9 – 8	广(国)漆明光三遍 柱、梁、桁、枋古式木构件	10 m^2
10	050304004005	木矮柱 120 × 100 × 240	m^3
	E5 – 17 换	扁作梁厚度 24 cm 以内 大梁、承重、山界梁、轩梁、荷包梁、双步 ~ 换:枋材菠萝木	m^3竣工木料
	E9 – 8	广(国)漆明光三遍 柱、梁、桁、枋古式木构件	10 m^2
11	050304004006	木柱 200 × 200 × 300	m^3
	E5 – 17 换	扁作梁厚度 24 cm 以内 大梁、承重、山界梁、轩梁、荷包梁、双步 ~ 换:枋材菠萝木	m^3 竣工木料
	E9 – 8	广(国)漆明光三遍 柱、梁、桁、枋古式木构件	10 m^2
12	050303009001	木(防腐木)屋面	m^2
	A7 – 63 换	明光檩木上钉屋面板 ~ 换:屋面板制作 错口 1.5 cm 厚一面刨光	100 m^2
	E9 – 8	广(国)漆明光三遍 柱、梁、桁、枋古式木构件	10 m^2
13	010101004001	挖基坑土方	m^3
	A1 – 1	挖土方 深度 2 m 以内 普通土	100 m^3
14	010103001001	回填方	m^3
	A1 – 11	回填土 夯填	100 m^3
15	010404001001	垫层	m^3
	A2 – 14	垫层 混凝土	10 m^3
16	010501004001	满堂基础	m^3
	A5 – 79	现拌混凝土 满堂基础 C35	10 m^3
17	010501003001	独立基础	m^3
	A5 – 77 换	现拌混凝土 带形基础、独立基础 C35 ~ 换:现浇及现场混凝土:砾石最大粒径 40 mm C20 水泥 32.5	10m^3
18	010515001002	现浇构件钢筋	t
	A5 – 3	圆钢筋 直径 8 mm	t
	A5 – 16	带肋钢筋 直径 10 mm	t
	A5 – 17	带肋钢筋 直径 12 mm	t
19	010606013001	零星钢构件	t
	A6 – 93	小型零星构件 安装	t
20	011108001001	石材零星项目	m^2

续表 9-8

序号	项目编码	项目名称	计量单位
	B1 – 47	零星项目 花岗岩 水泥砂浆	100 m^2
	B2 – 84	挂贴花岗岩 混凝土柱面	100 m^2
		绿化种植	
21	050101010001	整理绿化用地	m^2
	E13 – 1	整理绿化地	10 m^2
22	050102001001	栽植乔木香樟	株
	E13 – 66	栽植乔木(带土球) 土球直径 60 cm 以内	10 株
23	050102001002	栽植乔木广玉兰	株
	E13 – 65	栽植乔木(带土球) 土球直径 50 cm 以内	10 株
24	050102001003	栽植乔木桂花	株
	E13 – 66	栽植乔木(带土球) 土球直径 60 cm 以内	10 株
25	050102001004	栽植乔木栾树	株
	E13 – 64	栽植乔木(带土球) 土球直径 40 cm 以内	10 株
26	050102001005	栽植乔木银杏	株
	E13 – 65	栽植乔木(带土球) 土球直径 50 cm 以内	10 株
27	050102001006	栽植乔木樱花	株
	E13 – 63	栽植乔木(带土球) 土球直径 30 cm 以内	10 株
28	050102002001	栽植灌木南天竹	m^2
	E13 – 85	栽植灌木(带土球) 土球直径 10 cm 以内	10 株
29	050102007001	栽植色带金丝桃	m^2
	E13 – 86	栽植灌木(带土球) 土球直径 20 cm 以内	10 株
30	050102007002	栽植色带鸭脚木	m^2
	E13 – 86	栽植灌木(带土球) 土球直径 20 cm 以内	10 株
31	050102012001	铺种草皮	m^2
	E13 – 148	草皮铺种 满铺	10 m^2

表9-9 单价措施项目清单项与定额项匹配

序号	项目编码	项目名称	计量单位
1	050401001001	景墙砌筑脚手架	m^2
	E12－11	里脚手架 木制	10 m^2
2	050401003001	亭脚手架	座
	E12－2	高12 m内外脚手架 单排脚手架 木制	10 m^2
3	050402001001	亭现浇混凝土垫层模板	m^2
	A13－11	混凝土基础 垫层 木模板	100 m^2
4	050402001002	景墙现浇混凝土垫层模板	m^2
	A13－11	混凝土基础 垫层 木模板	100 m^2
5	050402001003	道路现浇混凝土垫层基础模板	m^2
	A13－11	混凝土基础 垫层 木模板	100 m^2
6	011702005001	景墙基础梁	m^2
	A13－23	基础梁 竹胶合板模板 钢支撑	100 m^2
7	011702025001	景墙过梁其他现浇构件	m^2
	A13－121	小型构件 木模板	10 m^3
8	011702001001	亭独立基础模板	m^2
	A13－5	独立基础 竹胶合板模板 木支撑	100 m^2
9	011702001002	亭满堂基础模板	m^2
	A13－7	无梁式 满堂基础 竹胶合板模板 木支撑	100 m^2
10	050403001001	树木支撑架	株
	E13－242	树木支撑 树棍桩 四脚桩	10 株

(三)分部分项工程量计算

清单项目、定额列完项,还需要列出其工程量。要依据国家现行规范《园林绿化工程工程量计算规范》(GB 50858—2013)、《房屋建筑与装饰工程工程量计算规范》(GB 50854—2013)以及其他相关专业工程的计算规范,进行项目清单工程量的计算,要根据套用的当地定额计量规则、施工图纸进行相应的定额项的工程量计算。具体如表9-10所示。

工程量计算可以从设计图纸中计数相加、运算得到,在CAD图纸中,可以用软件直接量取或工具计算得到。

由于绿化植物的数量按植物种植株数或面积来计算,直接由设计图纸中计数数量相加而得到,这里不详述。

(四)单价措施项目工程量计算

单价措施项目要依据国家现行规范《园林绿化工程工程量计算规范》(GB 50858—2013)计算出相应的清单工程量,再依据当地的园林绿化工程消耗量定额、房屋建筑与装饰工程消耗量定额中规定的计算规则来进行定额项的工程量计算,如表9-11所示。

表 9-10 分部分项工程工程量计算表

序号	项目编码	项目名称	计量单位	工程量	计算式
		园路铺装			
1	050201001001	亭地面铺装	m^2	25.00	$5\times5=25(m^2)$
	BE4－2	花岗岩地面 厚 30 mm	10 m^2	0.96	$(3+0.2)\times(3+0.2)-0.4\times0.4\times4=9.6(m^2)$
	E14－76	青片石路面	10 m^2	1.344	$(5-0.8)\times4\times0.8=13.44(m^2)$
	B1－47	零星项目 花岗岩 水泥砂浆	100 m^2	0.03	注：为亭子地面高出路面侧面部分 $5\times0.15\times4=3(m^2)$
2	050201001002	园路铺装（透水砖）路面	m^2	76.24	$1.5\times14+1.5\times2.6+1.6\times(3.3+2.1)+2.1\times2.2+1.1\times5+2.1\times3.1+2.1\times4.7+1.5\times5.9+1.5\times4.9=76.24(m^2)$
	E14－49	园路土基 整理路床	10 m^2	10.867	$(1.5+0.05\times2)\times(14+0.05\times2)+(1.5+0.05\times2)\times(2.6-0.05\times2)+(1.6+0.05\times2)\times(3.3+2.1+0.05)+(2.1+0.05)\times(2.2+1.1+0.05)+(1.1+0.05)\times5+(2.1+0.05\times2)\times(3.1+0.05)+(2.1+0.05)\times(4.7+0.05)+(1.5+0.05\times2)\times(5.9+0.05)+(1.5+0.05\times2)\times(4.9+0.05)+(5+0.05)\times(5+0.05)=83.17+25.5=108.67(m^2)$ 计算说明：道路图示尺寸两边各放宽 5 cm，并加上了四角亭部分
	E14－54	基础垫层 碎石	m^3	10.867	同整理路床
	E14－55 换	基础垫层 混凝土 C15～换：现浇及现场混凝土：砾石最大粒径 20 mm C20 水泥 32.5	m^3	10.867	同整理路床
	E14－67 换	建菱砖、互锁路面砖（透水砖）路面～换：景观透水砖	10 m^2	7.624	同清单量

续表 9-10

序号	项目编码	项目名称	计量单位	工程量	计算式
3	050201001003	汀步	m^2	2.40	$1.2\times0.5\times4=2.4(m^2)$
	E14－49	园路土基 整理路床	10 m^2	0.312	$(1.2+0.05\times2)\times(0.5+0.05\times2)\times4=3.12(m^2)$
	E14－54	基础垫层 碎石	m^3	0.312	$3.12\times0.1=0.312(m^3)$
	E14－68	汀步板面层	10 m^2	0.24	同清单量
		园建及小品			
		景墙			
4	050307010001	景墙	m^3	1.48	$0.31\times2.51\times1.9=1.48(m^3)$
	A1－4	人工挖槽、坑 深度 2 m 以内 普通土	100 m^3	0.024	$0.84\times0.95\times3.04=2.426(m^3)$
	E1－59	回填土 基槽(坑) 夯实	m^3	1.35	$2.426-0.511-[(0.24+0.06\times4)\times(2.44+0.06\times4)\times0.12+(0.24+0.06\times2)\times(2.44+0.06\times2)\times0.12+0.24\times2.44\times(0.75-0.24)]=1.35(m^3)$
	E14－55 换	基础垫层 混凝土 C15～ 换：现浇及现场混凝土：砾石最大粒径 20 mm C20 水泥 32.5	m^3	0.511	$0.84\times3.04\times0.2=0.511(m^3)$
	E2－13	砖基础	m^3	0.422	$[(0.24+0.06\times4)\times(2.44+0.06\times4)\times0.12+(0.24+0.06\times2)\times(2.44+0.06\times2)\times0.12+0.24\times2.44\times(0.75-0.24-0.24)]=0.422(m^3)$
	E2－33	其他砌体 小型砌体	m^3	1.04	$0.24\times2.44\times(1.9-0.12)=1.04(m^3)$
	B2－151	文化石 砂浆粘贴 零星项目	100 m^2	0.107	$(0.31+2.51)\times2\times1.9=10.716(m^2)$
	BE4－8	花岗岩压顶 厚度 10 cm 以内	10 m^2	0.104	$0.4\times2.6=1.04(m^2)$

续表 9-10

序号	项目编码	项目名称	计量单位	工程量	计算式
	E4－3	现浇混凝土 基础梁 C20	m^3	0.14	$0.24\times0.24\times2.44=0.14(m^3)$
	E4－15	现浇混凝土 过梁 C20	m^3	0.07	$0.24\times0.12\times2.44=0.07(m^3)$
5	010515001001	现浇构件钢筋	t	0.019	$0.006+0.013=0.019(t)$
	A5－3	圆钢筋 直径 8 mm	t	0.006	过梁箍筋根数：$(2.44-0.03\times2)\div0.15+1=16$(根) 基础梁箍筋根数：$(2.44-0.03\times2)\div0.2+1=12$(根) 箍筋长度：$0.24\times16+0.24\times4\times12=15.36(m)$ $15.36\times0.00617\times8^2\div1000=0.006(t)$
	A5－5	圆钢筋 直径 12 mm	t	0.013	$(2.44-0.03\times2+3\times0.012\times2)\times6=14.712(m)$ $14.712\times0.00617\times12^2\div1000=0.013(t)$
		四角亭			
6	050304004001	木柱 200×200×3 000 木柱	m^3	0.48	$0.2\times0.2\times3\times4=0.48(m^3)$
	E5－17 换	扁作梁厚度 24 cm 以内 大梁、承重、山界梁、轩梁、荷包梁、双步～ 换：枋材菠萝木	m^3竣工木料	0.48	同清单量
	E9－8	广(国)漆明光三遍 柱、梁、桁、枋古式木构件	10 m^2	0.244	$[(0.2\times0.2+0.2\times3\times4)]=2.44(m^2)$
7	050304004002	木梁 120×200	m^3	0.288	$0.12\times0.2\times3$(按半透榫计)$\times4=0.288(m^3)$
	E5－17 换	扁作梁厚度 24 cm 以内 大梁、承重、山界梁、轩梁、荷包梁、双步～ 换：枋材菠萝木	m^3竣工木料	0.288	同清单量

续表 9-10

序号	项目编码	项目名称	计量单位	工程量	计算式
	E9－8	广(国)漆明光三遍 柱、梁、桁、枋古式木构件	10 m^2	0.768	$(0.12\times3\times2+0.2\times3\times2)\times4=7.68(m^2)$
8	050304004003	木梁 100×160	m^3	0.192	0.1×0.16×3(按半透榫计)×4＝0.192(m^3)
	E5－17 换	扁作梁厚度 24 cm 以内 大梁、承重、山界梁、轩梁、荷包梁、双步～ 换:枋材菠萝木	m^3竣工木料	0.192	同清单量
	E9－8	广(国)漆明光三遍 柱、梁、桁、枋古式木构件	10 m^2	0.504	$(0.1\times3\times2+0.16\times3\times2)\times4=5.04(m^2)$
9	050304004004	木梁 100×120	m^3	0.34	$V_1=0.1\times0.12\times\sqrt{2.7^2+(3.73-2.64)^2}\times4=0.14(m^3)$ $V_2=0.1\times0.12\times\sqrt{2.7^2+(3.73-2.64)^2}\times4\times\sqrt{2.7^2+(3.73-2.64)^2}\times4=0.2(m^3)$
	E5－17 换	扁作梁厚度 24 cm 以内 大梁、承重、山界梁、轩梁、荷包梁、双步～ 换:枋材菠萝木	m^3竣工木料	0.34	同清单量
	E9－8	广(国)漆明光三遍 柱、梁、桁、枋古式木构件	10 m^2	1.241	$S_1=(0.1+0.12)\times2\times\sqrt{2.7^2+(3.73-2.64)^2}\times4=5.14(m^2)$ $S_2=(0.1+0.12)\times2\times\sqrt{2.7^2+(3.73-2.64)^2}\times\sqrt{2}\times4=7.27(m^2)$ $S=S_1+S_2=12.41(m^2)$
10	050304004005	木矮柱 120×100×240	m^3	0.012	$0.12\times0.1\times0.24\times4=0.012(m^3)$

续表 9-10

序号	项目编码	项目名称	计量单位	工程量	计算式
	E5 – 17 换	扁作梁厚度 24 cm 以内 大梁、承重、山界梁、轩梁、荷包梁、双步 ~ 换:枋材菠萝木	m^3竣工木料	0.012	同清单量
	E9 – 8	广(国)漆明光三遍 柱、梁、桁、枋古式木构件	10 m^2	0.042	$(0.12+0.1)\times2\times0.24\times4=0.42(m^2)$
11	050304004006	木柱 200×200×300	m^3	0.012	$0.2\times0.2\times0.3=0.012(m^3)$
	E5 – 17 换	扁作梁厚度 24 cm 以内 大梁、承重、山界梁、轩梁、荷包梁、双步 ~ 换:枋材菠萝木	m^3竣工木料	0.012	同清单量
	E9 – 8	广(国)漆明光三遍 柱、梁、桁、枋古式木构件	10 m^2	0.024	$(0.2+0.2)\times2\times0.3=0.24(m^2)$
12	050303009001	木(防腐木)屋面	m^2	26.93	$1/2\times5\times\sqrt{2.5^2+(3.73-2.73)^2}\times4\times4=26.93(m^2)$
	A7 – 63 换	明光檩木上钉屋面板 ~ 换:屋面板制作 错口 1.5 cm 厚一面刨光	100 m^2	0.269	同清单量
	E9 – 8	广(国)漆明光三遍 柱、梁、桁、枋古式木构件	10 m^2	5.386	$26.93\times2=53.86(m^2)$
13	010101004001	挖基坑土方	m^3	11.41	计算说明:按垫层面积乘以挖土深度计算 $(3.7+0.1\times2)\times(3.7+0.1\times2)\times(0.9-0.15)=11.41(m^3)$

续表 9-10

序号	项目编码	项目名称	计量单位	工程量	计算式
	A1 - 1	挖土方 深度 2 m 以内 普通土	100 m^3	0.152	计算说明:按基底加工作面的面积乘以挖土深度计算。无须放坡 $(3.7+0.1\times2+0.3\times2)\times(3.7+0.1\times2+0.3\times2)\times(0.9-0.15)=15.19(m^3)$
14	010103001001	回填方	m^3	6.989	基础体积:$3.9\times3.9\times0.1+3.7\times3.7\times0.2+0.3\times0.3\times0.45\times4=1.521+2.738+0.162=4.421(m^3)$ 回填土方:$11.41-4.421=6.989(m^3)$
	A1 - 11	回填土 夯填	100 m^3	0.108	$15.19-4.421=10.769(m^3)$
15	010404001001	垫层	m^3	1.521	$3.9\times3.9\times0.1=1.521(m^3)$
	A2 - 14	垫层 混凝土	10 m^3	0.152	同清单量
16	010501004001	满堂基础	m^3	2.738	$3.7\times3.7\times0.2=2.738(m^3)$
	A5 - 79	现拌混凝土满堂基础 C35	10 m^3	0.274	同清单量
17	010501003001	独立基础	m^3	0.22	$0.3\times0.3\times0.6\times4=0.216(m^3)$
	A5 - 77 换	现拌混凝土 带形基础、独立基础 C35 ~ 换:现浇及现场混凝土:砾石最大粒径 40 mm C20 水泥 32.5	10 m^3	0.022	同清单量
18	010515001002	现浇构件钢筋	t	0.235	$0.002\,84+0.229\,5+0.003\,03=0.235\,37(t)$
	A5 - 3	圆钢筋 直径 8 mm	t	0.003	根数:$(0.8-0.02\times2)\div0.15+1=6$(根) $0.3\times4\times6\times0.006\,17\times8^2\div1\,000=0.002\,84(t)$

续表 9-10

序号	项目编码	项目名称	计量单位	工程量	计算式
	A5 - 16	带肋钢筋 直径 10 mm	t	0.23	单层单向根数:$(3.7-0.02\times2)\div0.15+1=25$(根) $(3.7-0.02\times2+3\times0.01\times2)\times25\times4\times0.00617\times10^2\div1000=0.2295$(t)
	A5 - 17	带肋钢筋 直径 12 mm	t	0.003	$(0.8-0.02+3\times0.012\times2)\times4\times0.00617\times12^2\div1000=0.00303$(t)
19	010606013001	零星钢构件	t	0.076 6	$[(0.22\times0.22+0.2\times0.23\times4)\times7.85\times10+(0.2+0.2+0.1+6.25\times0.01\times2)\times2\times0.00617\times10^2]\times4\div1000=0.0766$(t)
	A6 - 93	小型零星构件 安装	t	0.076 6	同清单量
20	011108001001	石材零星项目	m^2	2.2	$(0.4\times0.4-0.3\times0.3+0.4\times4\times0.3)\times4=2.2(m^2)$
	B1 - 47	零星项目 花岗岩 水泥砂浆	100 m^2	0.003	$(0.4\times0.4-0.3\times0.3)\times4=0.28(m^2)$
	B2 - 84	挂贴花岗岩 混凝土柱面	100 m^2	0.019	$0.4\times4\times0.3\times4=1.92(m^2)$

表 9-11 单价措施工项目工程量计算表

序号	项目编码	项目名称	计量单位	工程量	计算式
32	050401001001	景墙砌筑脚手架	m^2	5.20	$2.6\times2=5.2(m^3)$
	E12 - 11	里脚手架 木制	10 m^2	0.52	同清单量
33	050401003001	亭脚手架	座	1.00	
	E12 - 2	高 12 m 内外脚手架 单排脚手架 木制	10 m^2	7.47	$5\times3.73\times4=74.68(m^3)$
34	050402001001	亭现浇混凝土垫层模板	m^2	1.56	$(3.7+2\times0.1)\times4\times0.1=1.56(m^2)$
	A13 - 11	混凝土基础 垫层 木模板	100 m^2	0.016	同清单量
35	050402001002	景墙现浇混凝土垫层模板	m^2	1.55	$(0.84+3.04)\times2\times0.2=1.552(m^2)$
	A13 - 11	混凝土基础 垫层 木模板	100 m^2	0.016	同清单量
36	050402001003	道路现浇混凝土垫层基础模板	m^2	10.40	$[14+0.05\times2+2.6+1.6+3.3+2.2+1.1+2.1+5+2.6+3.1+2.1+0.5+4.9+1.5+5.9+1.5+0.05\times2+5.9+3.4+3.2+4.7+2+5+5+4+2.6+(14-1.5)+1.5]\times0.1=10.4(m^2)$
	A13 - 11	混凝土基础 垫层 木模板	100 m^2	0.104	同清单量
37	011702005001	景墙基础梁	m^2	1.286	$(0.24+2.44)\times2\times0.24=1.286(m^2)$
	A13 - 23	基础梁 竹胶合板模板 钢支撑	100 m^2	0.013	同清单量
38	011702025001	景墙过梁其他现浇构件	m^2	0.64	$(0.24+2.44)\times2\times0.12=0.64(m^2)$
	A13 - 121	小型构件 木模板	10 m^3	0.007	$0.24\times0.12\times2.44=0.07(m^3)$
39	011702001001	亭独立基础模板	m^2	3.84	$0.3\times4\times0.8\times4=3.84(m^2)$
	A13 - 5	独立基础 竹胶合板模板 木支撑	100 m^2	0.038	同清单量
40	011702001002	亭满堂基础模板	m^2	2.96	$3.7\times4\times0.2=2.96(m^2)$
	A13 - 7	无梁式满堂基础 竹胶合板模板 木支撑	100 m^2	0.03	同清单量
41	050403001001	树木支撑架	株	51.00	计数
	E13 - 242	树木支撑 树棍桩 四脚桩	10 株	5.10	同清单量

(五)工程量清单文件

工程量计算完成后,依据国家规范《计价规范》及当地主管部门规定的表格形式,填写封面、说明、该工程工程量清单文件。具体表格略。

(六)招标控制价/投标报价文件

招标人进行招标控制价的编制。投标人则对照工程量清单,按照国家规范、地方规定,结合自身企业的情况,进行投标报价。以招标控制价的表格为例来说明表格形式。详见图9-8~图9-10、表9-12~表9-21。

某庭院园林　　工程 **招标控制价** 招标人：　××有限公司 （单位盖章） 造价咨询人：　××工程咨询公司 （单位盖章） 年　月　日

图9-8　某庭院园林工程招标控制价封面

某庭院园林　　工程 **招标控制价**	
招标控制价(小写):　158826.58	
(大写):　壹拾伍万捌仟捌佰贰拾陆元伍角捌分	
招　标　人:	造价咨询人:
(单位盖章)	(单位资质专用章)
法定代表人 或其授权人:	法定代表人 或者授权人:
(签字或者盖章)	(签字或者盖章)
编　制　人:	复　核　人:
(造价人员签字盖专用章)	(造价工程师签字盖专用章)
编制时间:　年　月　日	复核时间:　年　月　日

图9-9　某庭院园林工程招标控制价扉页

工程名称:××庭院园林工程

编 制 说 明

一. 主要编制依据:

1. 湘建价【2016】72 号、湘建价【2016】134 号、湘建价【2016】160 号文

2. ××省建设工程消耗量标准

二. 工程建安造价

1. 建安工程造价:

2. 其中: 安全文明施工费:

社会保险费:

销项税额:

三. 人工工资单价取定

1. 综合人工工资单价取定: 110 元/工日

2. 机上人工工资单价取定: 110 元/工日

四. 材料价格调价按《××建设造价》20×× 年×期 ×月

五. 其他

1.

2.

图 9-10　某庭院园林工程招标控制价总说明

表 9-12　某庭院园林工程单位工程费用计算

序号	工程内容	计费基础说明	费率(%)	金额(元)
1	直接费	1.1+1.2+1.3		85 499.09
1.1	人工费			31 414.33
1.1.1	其中:取费人工费			15 719.52
1.2	材料费			53 683.18
1.3	机械费			401.58
2	费用和利润	2.1+2.2+2.3+2.4		14 570.69
2.1	管理费	1.1.1	19.90	3 128.17
2.2	利润	1.1.1	21.70	3 411.15
2.3	总价措施项目费			1 818.25
2.3.1	其中:安全文明施工费	1.1.1	10.63	1 670.99
2.4	规费	2.4.1+2.4.2+2.4.3+2.4.4+2.4.5		6 213.12
2.4.1	工程排污费	1+2.1+2.2+2.3	0.40	375.42
2.4.2	职工教育经费和工会经费	1.1	3.50	1 099.58
2.4.3	住房公积金	1.1	6.00	1 884.86
2.4.4	安全生产责任险	1+2.1+2.2+2.3	0.20	187.73
2.4.5	社会保险费	1+2.1+2.2+2.3	2.84	2 665.53
3	建安费用	1+2		100 069.78
4	销项税额	3	9.00	9 006.28
5	附加税费	3+4	0.36	392.67
6	其他项目费			49 357.85
建安工程造价		3+4+5+6		158 826.58

表 9-13 某庭院园林工程单位工程工程量清单与造价表

序号	项目编码	项目名称	项目特征描述	计量单位	工程量	金额(元)				
						综合单价	合价	其中		
								建安费用	销项税额	附加税费
		园路铺装					23 984.14	21 924.86	1 973.24	86.04
1	050201001001	亭地面铺装	略	m^2	25.00	166.555	4 163.88	3 806.37	342.57	14.94
	BE4 - 2	花岗岩地面 厚 30 mm		10 m^2	0.96	1 963.424	1 884.89	1 723.05	155.07	6.76
	E14 - 76	青片石路面		10 m^2	1.344	1 115.43	1 499.14	1 370.43	123.34	5.38
	B1 - 47	零星项目 花岗岩 水泥砂浆		100 m^2	0.03	25 994.60	779.84	712.88	64.16	2.80
2	050201001002	园路铺装(透水砖)路面	略	m^2	76.24	253.484	19 325.62	17 666.32	1 589.97	69.33
	E14 - 49	园路土基 整理路床		10 m^2	10.867	73.87	802.70	733.78	66.04	2.88
	E14 - 54	基础垫层 碎石		m^3	10.867	252.73	2 746.42	2 510.60	225.96	9.86
	E14 - 55 换	基础垫层 混凝土 C15 ~ 换:现浇及现场混凝土:砾石最大粒径 20 mm C20 水泥 32.5		m^3	10.867	661.45	7 187.98	6 570.82	591.37	25.79
	E14 - 67 换	建菱砖、互锁路面砖(透水砖)路面 ~ 换:景观透水砖		10 m^2	7.624	1 126.516	8 588.56	7 851.15	706.60	30.81
3	050201001003	汀步	略	m^2	2.40	206.10	494.64	452.17	40.70	1.77
	E14 - 49	园路土基 整理路床		10 m^2	0.312	73.87	23.05	21.07	1.90	0.08
	E14 - 54	基础垫层 碎石		m^3	0.312	252.73	78.85	72.08	6.49	0.28
	E14 - 68	汀步板面层		10 m^2	0.24	1 636.42	392.74	359.02	32.31	1.41
		园建及小品					36 389.16	33 264.80	2 993.83	130.53

续表 9-13

序号	项目编码	项目名称	项目特征描述	计量单位	工程量	金额(元)				
						综合单价	合价	其中		
								建安费用	销项税额	附加税费
		景墙					4 214.64	3 852.77	346.75	15.12
4	050307010001	景墙	略	m^3	1.48	2 757.014	4 080.38	3 730.04	335.70	14.64
	A1 - 4	人工挖槽、坑 深度 2 m 以内 普通土		100 m^3	0.024	3 875.49	93.01	85.03	7.65	0.33
	E1 - 59	回填土 基槽(坑) 夯实		m^3	1.35	42.736	57.69	52.74	4.75	0.21
	E14 - 55 换	基础垫层 混凝土 C15 ~ 换:现浇及现场混凝土:砾石最大粒径 20 mm C20 水泥 32.5		m^3	0.511	661.45	338.00	308.98	27.81	1.21
	E2 - 13	砖基础		m^3	0.422	564.89	238.38	217.91	19.61	0.85
	E2 - 33	其他砌体 小型砌体		m^3	1.04	741.19	770.84	704.65	63.42	2.77
	B2 - 151	文化石 砂浆粘贴 零星项目		100 m^2	0.107	18 808.91	2 012.55	1 839.76	165.58	7.22
	BE4 - 8	花岗岩压顶 厚度 10 cm 以内		10 m^2	0.104	4 198.08	436.60	399.11	35.92	1.57
	E4 - 3	现浇混凝土 基础梁 C20		m^3	0.14	517.19	72.41	66.19	5.96	0.26
	E4 - 15	现浇混凝土 过梁 C20		m^3	0.07	869.91	60.89	55.67	5.01	0.22
5	010515001001	现浇构件钢筋	略	t	0.019	7 066.316	134.26	122.73	11.05	0.48
	A5 - 3	圆钢筋 直径 8 mm		t	0.006	7 522.00	45.13	41.26	3.71	0.16
	A5 - 5	圆钢筋 直径 12 mm		t	0.013	6 856.15	89.13	81.47	7.33	0.32
		四角亭					32 174.53	29 412.03	2 647.08	115.41

续表 9-13

序号	项目编码	项目名称	项目特征描述	计量单位	工程量	金额(元)				
						综合单价	合价	其中		
								建安费用	销项税额	附加税费
6	050304004001	木柱 200×200×3 000 木柱	略	m^3	0.48	10 628.54	5 101.70	4 663.67	419.73	18.30
	E5－17 换	扁作梁厚度 24 cm 以内 大梁、承重、山界梁、轩梁、荷包梁、双步～ 换:枋材菠萝木		m^3竣工木料	0.48	9 986.45	4 793.50	4 381.93	394.37	17.19
	E9－8	广(国)漆明光三遍 柱、梁、桁、枋古式木构件		10 m^2	0.244	1 263.13	308.20	281.74	25.36	1.11
7	050304004002	木梁 120×200	略	m^3	0.288	13 354.80	3 846.18	3 515.95	316.44	13.80
	E5－17 换	扁作梁厚度混凝土 24 cm 以内 大梁、承重、山界梁、轩梁、荷包梁、双步～ 换:枋材菠萝木		m^3竣工木料	0.288	9 986.45	2 876.10	2 629.16	236.62	10.32
	E9－8	广(国)漆明光三遍 柱、梁、桁、枋古式木构件		10 m^2	0.768	1 263.13	970.08	886.79	79.81	3.48
8	050304004003	木梁 100×160	略	m^3	0.192	13 302.17	2 554.02	2 334.73	210.13	9.16
	E5－17 换	扁作梁厚度 24 cm 以内 大梁、承重、山界梁、轩梁、荷包梁、双步～ 换:枋材菠萝木		m^3竣工木料	0.192	9 986.45	1 917.40	1 752.77	157.75	6.88
	E9－8	广(国)漆明光三遍 柱、梁、桁、枋古式木构件		10 m^2	0.504	1 263.13	636.62	581.96	52.38	2.28

续表 9-13

序号	项目编码	项目名称	项目特征描述	计量单位	工程量	金额(元)				
						综合单价	合价	其中		
								建安费用	销项税额	附加税费
9	050304004004	木梁 100×120	略	m^3	0.34	14 596.88	4 962.94	4 536.82	408.31	17.80
	E5－17 换	扁作梁厚度混凝土 24 cm 以内大梁、承重、山界梁、轩梁、荷包梁、双步～ 换:枋材菠萝木		m^3竣工木料	0.34	9 986.45	3 395.39	3 103.87	279.35	12.18
	E9－8	广(国)漆明光三遍 柱、梁、桁、枋古式木构件		10 m^2	1.241	1 263.13	1 567.54	1 432.96	128.97	5.62
10	050304004005	木矮柱 120×100×240	略	m^3	0.012	14 407.33	172.89	158.04	14.22	0.62
	E5－17 换	扁作梁厚度 24 cm 以内 大梁、承重、山界梁、轩梁、荷包梁、双步～ 换:枋材菠萝木		m^3竣工木料	0.012	9 986.45	119.84	109.55	9.86	0.43
	E9－8	广(国)漆明光三遍 柱、梁、桁、枋古式木构件		10 m^2	0.042	1 263.13	53.05	48.50	4.36	0.19
11	050304004006	木柱 200×200×300	略	m^3	0.012	12 512.67	150.15	137.26	12.35	0.54
	E5－17 换	扁作梁厚度 24 cm 以内 大梁、承重、山界梁、轩梁、荷包梁、双步～ 换:枋材菠萝木		m^3竣工木料	0.012	9 986.45	119.84	109.55	9.86	0.43
	E9－8	广(国)漆明光三遍 柱、梁、桁、枋古式木构件		10 m^2	0.024	1 263.13	30.32	27.71	2.49	0.11

续表 9-13

序号	项目编码	项目名称	项目特征描述	计量单位	工程量	金额(元)				
						综合单价	合价	其中		
								建安费用	销项税额	附加税费
12	050303009001	木(防腐木)屋面	略	m^2	26.93	348.72	9 391.00	8 584.69	772.62	33.69
	A7－63 换	明光檩木上钉屋面板～换:屋面板制作 错口 1.5 cm 厚一面刨光		100 m^2	0.269	9 609.35	2 587.80	2 365.61	212.91	9.28
	E9－8	广(国)漆明光三遍 柱、梁、桁、枋古式木构件		10 m^2	5.386	1 263.13	6 803.22	6 219.10	559.72	24.40
13	010101004001	挖基坑土方	略	m^3	11.41	39.44	450.06	411.41	37.03	1.61
	A1－1	挖土方 深度 2 m 以内 普通土		100 m^3	0.152	2 962.84	450.06	411.41	37.03	1.61
14	010103001001	回填方	略	m^3	6.989	77.24	539.82	493.47	44.41	1.94
	A1－11	回填土 夯填		100 m^3	0.108	4 998.36	539.82	493.47	44.41	1.94
15	010404001001	垫层	略	m^3	1.521	521.16	792.68	724.62	65.22	2.84
	A2－14	垫层 混凝土		10 m^3	0.152	5 211.56	792.68	724.62	65.22	2.84
16	010501004001	满堂基础	略	m^3	2.738	573.13	1 569.23	1 434.50	129.10	5.63
	A5－79	现拌混凝土 满堂基础 C35		10 m^3	0.274	5 731.32	1 569.23	1 434.50	129.10	5.63
17	010501003001	独立基础	略	m^3	0.22	529.42	116.47	106.47	9.58	0.42
	A5－77 换	现拌混凝土 带形基础、独立基础 C35～换:现浇及现场混凝土:砾石最大粒径 40 mmC20 水泥 32.5		10 m^3	0.022	5 294.17	116.47	106.47	9.58	0.42

续表 9-13

序号	项目编码	项目名称	项目特征描述	计量单位	工程量	金额(元)				
						综合单价	合价	其中		
								建安费用	销项税额	附加税费
18	010515001002	现浇构件钢筋	略	t	0.235	7 253.55	1 707.27	1 560.68	140.46	6.12
	A5－3	圆钢筋 直径 8 mm		t	0.003	7 522.00	21.36	19.53	1.76	0.08
	A5－16	带肋钢筋 直径 10 mm		t	0.23	7 251.91	1 664.31	1 521.41	136.93	5.97
	A5－17	带肋钢筋 直径 12 mm		t	0.003	7 126.41	21.59	19.74	1.78	0.08
19	010606013001	零星钢构件	略	t	0.077	1 882.90	144.23	131.85	11.87	0.52
	A6－93	小型零星构件 安装		t	0.077	1 882.89	144.23	131.85	11.87	0.52
20	011108001001	石材零星项目	略	m^2	2.20	307.22	675.89	617.85	55.61	2.42
	B1－47	零星项目 花岗岩 水泥砂浆		100 m^2	0.003	25 994.60	72.79	66.54	5.99	0.26
	B2－84	挂贴花岗岩 混凝土柱面		100 m^2	0.019	31 411.53	603.10	551.32	49.62	2.16
		绿化种植					43 139.24	39 435.35	3 549.18	154.71
21	050101010001	整理绿化用地	略	m^2	300.00	8.21	2 462.10	2 250.72	202.56	8.82
	E13－1	整理绿化地		10 m^2	30.00	82.07	2 462.16	2 250.78	202.56	8.82
22	050102001001	栽植乔木香樟	略	株	15.00	247.79	3 716.78	3 397.65	305.79	13.33
	E13－66	栽植乔木(带土球) 土球直径 60 cm 以内		10 株	1.50	2 477.85	3 716.77	3 397.65	305.79	13.33
23	050102001002	栽植乔木广玉兰	略	株	5.00	243.92	1 219.59	1 114.88	100.34	4.38
	E13－65	栽植乔木(带土球) 土球直径 50 cm 以内		10 株	0.50	2 439.18	1 219.59	1 114.88	100.34	4.38

续表 9-13

序号	项目编码	项目名称	项目特征描述	计量单位	工程量	金额（元）				
						综合单价	合价	其中		
								建安费用	销项税额	附加税费
24	050102001003	栽植乔木桂花	略	株	5.00	688.99	3 444.95	3 149.16	283.42	12.36
	E13－66	栽植乔木(带土球) 土球直径60 cm 以内		10 株	0.50	6 889.89	3 444.95	3 149.16	283.42	12.36
25	050102001004	栽植乔木栾树	略	株	4.00	288.69	1 154.74	1 055.60	95.00	4.14
	E13－64	栽植乔木(带土球) 土球直径40 cm 以内		10 株	0.40	2 886.86	1 154.74	1 055.60	95.00	4.14
26	050102001005	栽植乔木银杏	略	株	5.00	576.11	2 880.55	2 633.22	236.99	10.33
	E13－65	栽植乔木(带土球) 土球直径50 cm 以内		10 株	0.50	5 761.09	2 880.55	2 633.22	236.99	10.33
27	050102001006	栽植乔木樱花	略	株	17.00	165.02	2 805.32	2 564.46	230.80	10.06
	E13－63	栽植乔木(带土球) 土球直径30 cm 以内		10 株	1.70	1 650.19	2 805.33	2 564.46	230.80	10.06
28	050102002001	栽植灌木南天竹	略	m^2	10.00	483.19	4 831.92	4 417.06	397.55	17.32
	E13－85	栽植灌木(带土球) 土球直径10 cm 以内		10 株	36.00	134.22	4 831.92	4 417.06	397.55	17.32
29	050102007001	栽植色带金丝桃	略	m^2	12.00	600.33	7 203.98	6 585.45	592.70	25.83
	E13－86	栽植灌木(带土球) 土球直径20 cm 以内		10 株	43.20	166.76	7 203.99	6 585.45	592.70	25.83

续表 9-13

序号	项目编码	项目名称	项目特征描述	计量单位	工程量	金额(元)				
						综合单价	合价	其中		
								建安费用	销项税额	附加税费
30	050102007002	栽植色带鸭脚木	略	m^2	15.00	367.34	5 510.12	5 037.03	453.33	19.76
	E13－86	栽植灌木(带土球) 土球直径20 cm以内		10 株	44.00	125.23	5 510.12	5 037.03	453.33	19.76
31	050102012001	铺种草皮	略	m^2	263.00	30.07	7 909.20	7 230.13	650.69	28.38
	E13－148	草皮铺种 满铺		10 m^2	26.30	300.73	7 909.07	7 230.00	650.69	28.38
32	050401001001	景墙砌筑脚手架	略	m^2	5.20	6.76	35.13	32.12	2.89	0.13
	E12－11	里脚手架 木制		10 m^2	0.52	67.56	35.13	32.12	2.89	0.13
33	050401003001	亭脚手架	略	座	1.00	1 251.69	1 251.69	1 144.22	102.98	4.49
	E12－2	高12 m内外脚手架 单排脚手架 木制		10 m^2	7.46	167.79	1 251.69	1 144.22	102.98	4.49
34	050402001001	亭现浇混凝土垫层模板	略	m^2	1.56	48.56	75.76	69.25	6.23	0.27
	A13－11	混凝土基础 垫层 木模板		100 m^2	0.016	4 856.17	75.76	69.25	6.23	0.27
35	050402001002	景墙现浇混凝土垫层模板	略	m^2	1.55	48.56	75.27	68.81	6.19	0.27
	A13－11	混凝土基础 垫层 木模板		100 m^2	0.016	4 856.17	75.27	68.81	6.19	0.27
36	050402001003	道路现浇混凝土垫层基础模板	略	m^2	10.40	48.56	505.05	461.68	41.55	1.81
	A13－11	混凝土基础 垫层 木模板		100 m^2	0.104	4 856.17	505.04	461.68	41.55	1.81
37	011702005001	景墙基础梁	略	m^2	1.286	65.64	84.42	77.17	6.95	0.30

续表 9-13

序号	项目编码	项目名称	项目特征描述	计量单位	工程量	金额(元)				
						综合单价	合价	其中		
								建安费用	销项税额	附加税费
	A13－23	基础梁 竹胶合板模板 钢支撑		100 m^2	0.013	6 564.16	84.42	77.17	6.95	0.30
38	011702025001	景墙过梁其他现浇构件	略	m^2	0.64	139.13	89.04	81.40	7.33	0.32
	A13－121	小型构件 木模板		10 m^3	0.007	12 720.36	89.04	81.40	7.33	0.32
39	011702001001	亭独立基础模板	略	m^2	3.84	60.19	231.15	211.30	19.02	0.83
	A13－5	独立基础 竹胶合板模板 木支撑		100 m^2	0.038	6 019.42	231.15	211.30	19.02	0.83
40	011702001002	亭满堂基础模板	略	m^2	2.96	67.19	198.88	181.80	16.36	0.71
	A13－7	无梁式 满堂基础 竹胶合板模板 木支撑		100 m^2	0.03	6 718.85	198.88	181.80	16.36	0.71
41	050403001001	树木支撑架	略	株	51.00	26.52	1 352.37	1 236.26	111.26	4.85
	E13－242	树木支撑 树棍桩 四脚桩		10 株	5.10	265.17	1 352.36	1 236.25	111.26	4.85
累计							107 411.28	98 189.01	8 837.01	385.26

表 9-14　清单项目人材机用量与单价表

清单编号:050201001001　　单位:m^2

清单名称:亭地面铺装　　数量:25

序号	编码	名称(材料、机械规格型号)	单位	数量	基期价(元)	市场价(元)		合价(元)
						含税	除税	
1	00006	综合人工(园林)	工日	10.506 24	70.00	110.00	110.00	1 155.69
2	00003	综合人工(装饰)	工日	1.523 7	70.00	140.00	140.00	213.32
3	290127	花岗岩板 30 mm 厚	m^2	9.792	85.00	125.00	110.67	1 083.68
4	P10 - 1	水泥砂浆 1:1	m^3	0.051 84	406.37	406.37	371.96	19.28
5	P10 - 5	水泥砂浆 1:3	m^3	0.268	331.73	331.73	309.36	82.90
6	P10 - 8	素水泥浆 1:0.42	m^3	0.003 84	593.91	593.91	533.04	2.05
7	410522	其他材料费	元	3.99	1.00	1.00	0.89	3.55
8	280048	青片石	t	2.204 16	45.00	80.00	70.83	156.12
9	410649	水	m^3	0.625	4.38	4.38	4.02	2.51
10	P9 - 12	水泥砂浆(水泥 32.5 级)强度等级 M5	m^3	0.510 72	258.88	258.88	243.59	124.41
11	040015	白水泥	kg	0.33	0.69	0.69	0.61	0.20
12	410599	石料切割锯片	片	0.057	12.00	12.00	10.62	0.61
13	070017	花岗岩板(综合)	m^2	3.18	120.00	139.00	123.06	391.33
14	P10 - 10	水泥 107 胶浆 1:0.175:0.2	m^3	0.003 3	1 130.45	1 130.45	1 007.90	3.33
15	411020	机械费	元	11.727	1.00	1.00	0.95	11.14
16	J6 - 16	灰浆搅拌机 拌筒容量 200 L 小	台班	0.010 2	92.19	92.19	87.58	0.89
17	J12 - 133	石料切割机 小	台班	0.274	10.68	10.68	10.15	2.78
	累计							3 253.78

注:这里只列出了清单项"亭地面铺装"清单项的人材机用量与单价表,其他清单项略。

表 9-15　清单项目费用计算(综合单价表)

清单编号:050201001001　　单位: m^2

清单名称:亭地面铺装　　数量: 25.00　综合单价: 166.56

序号	工程内容	计费基础说明	费率(%)	金额(元)
1	直接费	1.1+1.2+1.3		3 253.77
1.1	人工费			1 369.00
1.1.1	其中:取费人工费			721.80
1.2	材料费			1 869.96
1.3	机械费			14.81
1.3.1	其中:取费机械费			
2	费用和利润	2.1+2.2+2.3		552.59
2.1	管理费	1.1.1 或 1.1.1+1.3.1	19.90	143.64
2.2	利润	1.1.1 或 1.1.1+1.3.1	21.70	156.63
2.3	规费	2.3.1+2.3.2+2.3.3+2.3.4+2.3.5		252.32
2.3.1	工程排污费	1+2.1+2.2	0.40	14.22
2.3.2	职工教育经费和工会经费	1.1	3.50	47.92
2.3.3	住房公积金	1.1	6.00	82.14
2.3.4	安全生产责任险	1+2.1+2.2	0.20	7.11
2.3.5	社会保险费	1+2.1+2.2	2.84	100.93
3	建安造价	1+2		3 806.36
4	销项税额	3	9	342.57
5	附加税费	3+4	0.36	14.94
合计		3+4+5		4 163.87

注:这里只列出了“亭地面铺装”的清单项目费用计算表(综合单价表),其他清单项略。

表 9-16　总价措施项目清单计费

序号	项目编码	项目名称	计算基础	费率(%)	金额(元)
1	050405001001	安全文明施工费	取费人工费	10.63	1 670.99
2	050405005001	冬雨季施工增加费	人、材、机之和	0.16	147.26
合计					1 818.25

表 9-17 其他项目清单与计价汇总

序号	项目名称	金额(元)	结算金额(元)	备注
1	暂列金额	15 000.00		图纸部分不完整
2	暂估价	30 000.00		
2.1	材料(工程设备)暂估价			
2.2	专业工程暂估价	30 000.00		园林水电工程
3	计日工			
4	总承包服务费	120.00		外包工程现场管理与协调
5	索赔与现场签证			
6	1 +2.2 +3 +4 +5 项合计	45 120.00		1 +2.2 +3 +4 +5 项合计
7	销项税额	4 060.80		(6) ×9%
8	附加税费	177.05		(6 +7) × 费率
合计		49 357.85		6 +7 +8

表 9-18 暂列金额明细

序号	项目名称	计量单位	暂列金额(元)	说明
1.1	图纸部分不完整		15 000.00	
合计			15 000.00	

表 9-19 专业工程暂估价及结算价

序号	工程名称	工程内容	暂估金额(元)	结算金额(元)	差额 ±(元)	说明
1	园林水电工程		30 000.00			
合计			30 000.00			

表 9-20 总承包服务费计价

序号	项目名称	项目价值(元)	服务内容	费率(%)	金额(元)
1	发包人发包专业工程服务费	8 000.00	现场管理与协调	1.50	120.00
1.1					
2	发包人提供材料采保费				
2.1					
合计		—	—	—	120.00

注:发包人发包专业工程服务费可按发包工程直接费用的1.0% ~2.0%计取。

表 9-21　人工、主要材料（工程设备）、机械用量汇总与单价

序号	编码	名称（材料、机械规格型号）	单位	数量	基期价（元）	市场价（元）		合价（元）
						含税	除税	
1	00001	综合人工（建筑）	工日	22.028	70.00	110.00	110.00	2 423.08
2	00003	综合人工（装饰）	工日	86.507	70.00	140.00	140.00	12 110.96
3	00006	综合人工（园林）	工日	153.457	70.00	110.00	110.00	16 880.29
4	010381	镀锌铁丝 12#	kg	5.10	5.75	5.75	5.09	29.33
5	010391	镀锌铁丝 8#	kg	19.16	5.75	5.75	5.09	110.17
6	010514	钢筋	kg	2.847	4.60	4.60	4.07	13.10
7	010946	膨胀螺栓 M8×55	套	17.664	0.40	0.40	0.35	7.07
8	011095	铜丝	kg	0.149	54.00	54.00	47.81	8.06
9	011322	电焊条	kg	0.419	7.00	7.00	6.20	2.93
10	011413	HPB300 直径 8 mm	kg	9.017	4.20	4.20	3.72	37.87
11	011415	HPB300 直径 12 mm	kg	13.26	4.65	4.65	4.12	61.66
12	011425	HRB400 直径 10 mm	kg	234.09	4.79	4.79	4.24	1 121.29
13	011426	HRB400 直径 12 mm	kg	3.091	4.69	4.69	4.15	14.49
14	011453	镀锌铁丝 22#	kg	1.434	5.75	5.75	5.09	8.24
15	040015	白水泥	kg	0.658	0.69	0.69	0.61	0.45
16	040018	标准砖 240 mm×115 mm×53 mm	百块	7.965	41.00	41.00	36.30	326.55
17	040031	粗净砂	m^3	0.766	140.41	140.41	135.53	107.59
18	040069	黄砂	m^3	4.466	77.32	77.32	74.63	345.27
19	040083	砾石	m^3	0.005	150.38	150.38	145.15	0.82
20	040086	砾石 40 mm	m^3	4.149	148.75	148.75	143.58	617.14
21	040089	砾石 20 mm	m^3	9.925	150.37	150.37	145.14	1 492.48
22	040123	砂	m^3	0.001	108.19	108.19	104.43	0.16
23	040139	水泥 32.5 级	kg	5 127.466	0.39	0.39	0.35	1 999.71
24	040142	水泥 42.5 级	kg	1 053.268	0.44	0.44	0.39	463.44
25	040150	碎（砾）石	m^3	12.297	108.73	108.73	104.95	1 337.04
26	040151	碎石	m^3	0.005	108.73	108.73	104.95	0.60
27	040190	细砂	m^3	0.152	115.54	115.54	111.53	17.62
28	040204	中净砂	m^3	8.992	128.51	128.51	124.04	1 155.51
29	040253～1	景观透水砖	m^2	77.765	33.50	72.00	63.75	5 599.07

续表 9-21

序号	编码	名称(材料、机械规格型号)	单位	数量	基期价(元)	市场价(元)		合价(元)
						含税	除税	
30	050091	模板竹胶合板(15 mm 双面覆膜)	m^2	0.807	70.50	70.50	62.42	56.89
31	050106	木脚手杆	m^3	0.137	1 300.00	1 300.00	1 150.95	178.62
32	050139	杉原条	m^3	0.359	1 100.00	1 100.00	973.88	394.50
33	050148	松原木	m^3	0.176	1 175.00	1 175.00	1 040.28	206.32
34	070017	花岗岩板(综合)	m^2	5.512	120.00	139.00	123.06	766.17
35	110002	107 胶	kg	1.476	2.00	2.00	1.77	2.95
36	110135	广漆(生漆)	kg	5.91	37.80	37.80	33.47	223.42
37	110208	氧化铁红	kg	0.238	2.91	2.91	2.58	0.69
38	120165	坯油	kg	5.91	8.24	8.24	7.30	48.70
39	280048	青片石	t	2.204	45.00	80.00	70.83	176.33
40	290001	草皮	m^2	284.04	8.00	13.00	11.93	3 692.52
41	290004	麻石汀步板 50 厚	m^2	1.958	98.00	162.00	143.43	317.26
42	290127	花岗岩板 30 mm 厚	m^2	9.792	85.00	125.00	110.67	1 224.00
43	290131	花岗岩 10 cm 厚	m^2	1.093	280.00	280.00	247.90	306.05
44	320056	合金钢钻头 Φ20	个	0.221	80.00	80.00	70.83	17.66
45	320094	零星卡具	kg	0.221	5.80	5.80	5.14	1.28
46	320116	砂轮	片	0.016	14.00	14.00	12.39	0.22
47	410002	安全网	m^2	0.97	10.05	10.05	8.90	9.75
48	410016	草袋子	m^2	0.132	2.00	2.00	1.77	0.26
49	410202	防滑条	m^3	0.007	943.00	943.00	834.88	7.03
50	410267	隔离剂	kg	2.506	1.66	1.66	1.47	4.16
51	410481	木砂纸	张	15.515	0.70	0.70	0.62	10.86
52	410522	其他材料费	元	32.685	1.00	1.00	0.89	32.69
53	410588	石膏粉	kg	2.545	0.40	0.40	0.35	1.02
54	410593	石灰膏	m^3	0.024	327.04	327.04	289.54	7.97
55	410599	石料切割锯片	片	0.233	12.00	12.00	10.62	2.80
56	410640	树棍(长 1.2 m)	根	204.00	3.20	3.20	2.83	652.80
57	410649	水	m^3	60.06	4.38	4.38	4.02	263.06
58	410650	水柏油	kg	1.629	3.60	3.60	3.19	5.86

续表 9-21

序号	编码	名称(材料、机械规格型号)	单位	数量	基期价(元)	市场价(元)		合价(元)
						含税	除税	
59	410680	松香水	kg	4.597	6.19	6.19	5.48	28.46
60	410714	铁件(套筒)	kg	0.662	8.15	12.50	11.07	8.28
61	410744	文化石	m^2	11.342	20.00	56.00	49.58	635.15
62	410781	血料	kg	3.119	0.64	0.64	0.57	2.00
63	410804	银珠	kg	0.238	69.74	69.74	61.74	16.60
64	410986	圆钉	kg	0.952	6.00	8.00	7.08	7.62
65	B15494937	菠萝木	m^3	0.024	2 600.00	2 600.00	2 600.00	61.21
66	B38945519	菠萝木	m^3	0.667	2 600.00	2 600.00	2 600.00	1 734.41
67	B43760140	菠萝木	m^3	0.377	2 600.00	2 600.00	2 600.00	979.43
68	B64623031	菠萝木锯材 2	m^3	0.534	3 580.00	3 580.00	3 580.00	1 913.14
69	B65926715	菠萝木	m^3	0.024	2 600.00	2 600.00	2 600.00	61.21
70	B71903890	菠萝木	m^3	0.565	2 600.00	2 600.00	2 600.00	1 469.15
71	B79208591	菠萝木	m^3	0.942	2 600.00	2 600.00	2 600.00	2 448.58
72	ZC1000016～1	乔木香樟	株	15.00	175.00	175.00	160.55	2 625.00
73	ZC1000016～2	乔木广玉兰	株	5.00	200.00	200.00	183.49	1 000.00
74	ZC1000016～3	乔木桂花	株	5.00	600.00	600.00	550.46	3 000.00
75	ZC1000016～4	乔木栾树	株	4.00	260.00	260.00	238.53	1 040.00
76	ZC1000016～5	乔木银杏	株	5.00	520.00	520.00	477.06	2 600.00
77	ZC1000016～6	乔木樱花	株	17.00	150.00	150.00	137.61	2 550.00
78	ZC1000017～1	灌木南天竹	株	360.00	10.00	10.00	9.17	3 600.00
79	ZC1000017～3	灌木金丝桃	株	432.00	12.00	12.00	11.01	5 184.00
80	ZC1000017～4	灌木鸭脚木	株	440.00	8.00	8.00	7.34	3 520.00
81	J12－133	石料切割机 小	台班	1.817	10.68	10.68	10.15	19.41
82	J1－67	夯实机 电动 夯击能力 20～62N·m 小	台班	0.594	29.17	29.17	27.71	17.33
83	J3－17	汽车式起重机 提升质量 5 t 中	台班	0.007	475.19	475.19	451.43	3.12
84	J4－30	机动翻斗车 装载质量 1 t 小	台班	0.231	156.03	156.03	148.23	36.00
85	J4－6	载货汽车 装载质量 6 t 中	台班	0.033	452.34	452.34	429.72	15.07

续表 9-21

序号	编码	名称(材料、机械规格型号)	单位	数量	基期价(元)	市场价(元)		合价(元)
						含税	除税	
86	J5-10	电动卷扬机 单筒慢速牵引力50 kN 小	台班	0.081	128.66	128.66	122.23	10.37
87	J6-11	单卧轴式混凝土搅拌机 出料容量350 L 小	台班	0.269	179.96	179.96	170.96	48.41
88	J6-16	灰浆搅拌机 拌筒容量200 L 小	台班	0.064	92.19	92.19	87.58	5.86
89	J6-55	混凝土振动器 插入式 小	台班	0.228	12.23	12.23	11.62	2.79
90	J6-56	混凝土振动器 附着式 小	台班	0.12	11.47	11.47	10.90	1.38
91	J7-1	钢筋调直机 直径14 mm 小	台班	0.001	38.80	38.80	36.86	0.05
92	J7-114	电锤520 W　小	台班	0.221	8.99	8.99	8.54	1.98
93	J7-12	木工圆锯机 直径500 mm 小	台班	0.031	30.95	30.95	29.40	0.96
94	J7-18	木工压刨床 刨削宽度单面600 mm 小	台班	0.004	43.82	43.82	41.63	0.17
95	J7-2	钢筋切断机 直径40 mm 小	台班	0.029	49.51	49.51	47.03	1.45
96	J7-3	钢筋弯曲机 直径40 mm 小	台班	0.083	26.98	26.98	25.63	2.25
97	J9-12	对焊机 容量75 kV·A 小	台班	0.001	216.81	216.81	205.97	0.19
98	J9-2	交流电弧焊机 容量32 kV·A 小	台班	0.005	179.55	179.55	170.57	0.90
99	J9-27	点焊机 容量 长臂75 kV·A　中	台班	0.002	245.09	245.09	232.84	0.54
100	J9-3	交流电弧焊机 容量42 kV·A 小	台班	0.031	225.18	225.18	213.92	6.90
101	J9-8	直流电弧焊机 功率32 kW 小	台班	0.004	188.70	188.70	179.27	0.74
		合计						89 563.92

附录　园林绿化工程施工招标投标管理标准

《园林绿化工程施工招标投标管理标准》(T/CHSLA 50001—2018)由中国风景园林学会发布,为团体标准,自2019年1月1日起实施。

1　总　则

1.0.1　为保障城市园林绿化施工企业资质核准取消后园林绿化工程施工招标投标工作的有序衔接,进一步规范招标投标行为,促进市场有序发展,维护公平竞争,保障工程施工质量和品质,提升行业技术水平,根据相关法律法规和政策的规定,结合园林绿化行业特点,制定本标准。

1.0.2　本标准适用于各类园林绿化工程的施工招标投标管理。

1.0.3　园林绿化工程的施工招标投标活动,除应符合本标准外,尚应符合国家现行有关标准的规定。

2　术　语

2.0.1　园林绿化工程 landscape construction

新建、改建、扩建公园绿地、防护绿地、广场用地、附属绿地、区域绿地的绿化工程,以及对城市生态和景观影响较大建设项目的配套绿化工程。主要内容包括园林绿化地形整理、植物栽植、园林设备安装及建筑面积300 m^2以下单层配套建筑、小品、花坛、园路、水系、驳岸、喷泉、假山、雕塑、绿地广场、园林景观桥梁等。

2.0.2　附属绿地工程 project of attached green space

附属于各类建筑工程、市政工程、水利工程、交通工程等项目范围内的园林绿化工程。

2.0.3　工法 construction method

又叫建设工法,是以工程为对象,以工艺为核心,运用系统工程原理,把先进技术和科学管理结合起来,经过一定工程实践形成的综合配套的施工方法。

2.0.4　园林绿化信用信息管理系统 information management system of landscaping credit

园林绿化企业及个人的信用信息管理系统,是行业管理部门建立的用于记录和管理企业及个人从事园林绿化工程的基本信息、市场行为、履约能力、履约行为、工程现场管理、工程质量评价、资信等内容的信息系统。

3　基本规定

3.0.1　园林绿化工程的施工招标不得对投标人设置企业资质要求。

3.0.2　新建、改建、扩建的园林绿化工程,以及面积大于10 000 m^2或投资大于400万元以上的附属绿地工程,应按照园林绿化工程项目单独招标,不应混同其他工程项目招标。

3.0.3　园林绿化工程应依法按照国家和地方有关规定组织开展招标投标活动;其招标范

围、招标方式、招标组织形式等应按照国家相关规定和程序执行。

3.0.4 具有一定规模或技术复杂的园林绿化工程,可采用设计施工一体化的工程总承包方式招标投标。

3.0.5 资格审查文件和招标文件应报项目招标管理部门备案,并报项目所在地的园林绿化主管部门备案。

3.0.6 园林绿化工程的施工企业应具备与从事工程建设活动相匹配的专业技术管理人员、技术工人、资金、设备等条件,并遵守工程建设相关法律法规。

3.0.7 园林绿化工程的项目负责人应具备相应的现场管理工作经历和专业技术能力。

3.0.8 园林绿化工程招标时,根据工程情况可要求投标人及其项目负责人具备相应的工程业绩。

3.0.9 园林绿化工程的施工项目招标应将企业市场主体信用情况纳入评审要求,并作为投标人资格审查和评标的依据;园林绿化施工企业应在园林绿化信用管理系统中登记基本信息。

4 工程类型

4.0.1 园林绿化工程根据项目的建设规模、工程特点、建设的复杂性及特殊性等因素划分为四种类型。园林绿化工程类型的划分应符合表4.0.1的规定。

表4.0.1 园林绿化工程类型

类型	工程规模	工程特点
Ⅰ类	工程造价≤400万元	主要为植物栽植或园林要素较少的小型园林绿化工程项目
Ⅱ类	400万元<工程造价<3 000万元	具有植物栽植及部分园林要素(如园林建筑物、构筑物、小品、园路、水系、喷泉、假山、雕塑)的中型园林绿化工程项目
Ⅲ类	工程造价≥3 000万元	具有植物栽植及综合园林要素(如园林建筑物、构筑物、小品、园路、水系、喷泉、假山、雕塑)的大型园林绿化工程项目
Ⅳ类	…	1. 名木古树保护、高堆土(高度5 m以上)、假山(高度3 m以上)、仿古园林施工等技术较复杂的园林绿化工程项目; 2. 植物专类园、动物园、立体绿化工程项目; 3. 盐碱地、黑臭水体、矿山矿坑、塌陷地、污染土壤、荒漠、高陡边坡等特殊生境的生态治理或修复工程项目

4.0.2 园林绿化工程项目招标时,招标人应根据园林绿化工程的不同类型对投标人承包工程的能力提出要求。

5 技术能力

5.1 投标人基本条件

5.1.1 承担各类园林绿化工程的施工企业,应当具有独立的法人资格,且有承担相应工程的资金能力、技术能力和履行合同的能力。

5.1.2　投标人出具的营业执照应当列有从事园林绿化工程施工相关的经营范围。

5.1.3　投标人应具有承担相应工程的业绩和良好的信用记录。

5.2　项目管理机构

5.2.1　招标人应根据招标文件的要求，结合工程规模、项目特点及技术要求等合理配置项目管理机构。

5.2.2　项目管理机构应由项目负责人、技术负责人、施工员、质检（量）员、安全员、材料员、资料员等管理人员组成。项目管理机构的人员数量和岗位配备应符合表5.2.2的规定。

表5.2.2　项目管理机构的人员数量和岗位配备

工程规模	人员数量（人）	岗位职责
Ⅰ类小型工程 （工程造价≤400万元）	4	项目负责人（本专业中级职称）1人； 安全员1人； 质量员1人； 材料员1名
Ⅱ类中型工程 （400万元<工程造价<3 000万元）	7	项目负责人（本专业中级职称）1人； 技术负责人（本专业中级职称）1人； 施工员1人； 安全员1人； 质量员1人； 资料员1人； 材料员1人
Ⅲ类大型工程 （工程造价≥3 000万元）	8	项目负责人（本专业中级职称）1人； 技术负责人（本专业高级职称）1人； 施工员2人； 安全员1人； 质量员1人； 资料员1人； 材料员1人
Ⅳ类特殊复杂工程	8	项目负责人（本专业中级职称）1人； 技术负责人（本专业高级职称）1人； 施工员2人； 安全员1人； 质量员1人； 资料员1人； 材料员1人

注：1. 本表人员数量、职称和岗位配备为最低标准。

2. 施工技术复杂的大型工程，在以上配备的基础上应适当增加技术管理人员。

3. 工程规模≤400万元的技术复杂型工程，如名木古树保护、高堆土、假山、立体绿化、仿古园林等，在满足工程对特殊技术人员的配备需求基础上，可适当减少其他技术管理人员数量。

5.2.3　项目负责人应符合下列要求:

1　应具有园林或园林相关专业学历或教育背景,具有园林或相关专业工程技术职称,并取得相应等级的园林绿化工程负责人人才评价合格证书;

2　应定期参加行业主管部门或省级以上行业协(学)会举办的专业培训或继续教育;

3　承担Ⅰ类小型、Ⅱ类中型园林绿化工程的项目负责人,应具有园林专业中级以上职称及园林绿化施工管理5年以上工作经历;

4　承担Ⅲ类大型工程、Ⅳ类特殊复杂工程的园林绿化工程的项目负责人,应具有园林专业中级及以上职称及园林绿化工程施工管理10年以上工作经历;

5　工作经历按实际从事专业管理工作时间起算,可参考学历证书颁发时间确定;

6　近年来承担过类似工程的施工项目,并有相应的工程业绩和良好的信用记录。

5.2.4　项目技术负责人应符合下列规定:

1　应具有园林或园林相关专业学历或教育背景,具有园林或园林相关专业工程技术职称;

2　承担Ⅱ类中型园林绿化工程的项目技术负责人,应具有园林专业中级及以上职称及5年以上工作经历;

3　从事Ⅲ类大型工程、Ⅳ类特殊复杂工程的园林绿化工程的项目技术负责人,应具有园林专业高级及以上职称及园林绿化10年以上工作经历;

4　工作经历按实际从事专业管理工作时间起算,可参考学历证书颁发时间确定;

5　近年来承担过同类型工程施工的技术管理工作。

5.2.5　项目负责人不得同时承担有两个及以上的在建工程项目。

5.2.6　施工现场配备项目管理人员,应经过行业主管部门或协(学)会考核合格,持证上岗。施工员、质检(量)员还应定期参加省市级园林绿化主管部门或行业协(学)会举办的专业培训和继续教育。

5.3　技术工人

5.3.1　投标企业应具有一定数量的技术工人储备。

5.3.2　企业储备的技术工人的人数和工种配备应符合表5.3.2的规定。

5.3.3　各类技术工人应定期参加行业管理部门或协(学)会的举办的继续教育培训,考核或培训合格后持证上岗。

5.4　工程业绩

5.4.1　投标人近年应承担过类似园林绿化工程的施工项目,并有良好的工程业绩和履约记录。应在招标文件中明确对投标人具备的工程业绩要求。

5.4.2　对Ⅰ类园林绿化工程的招标可不设置工程业绩的要求。对Ⅱ类、Ⅲ类、Ⅳ类工程的招标,企业以及项目负责人应具有从事类似工程的业绩记录。

5.4.3　工程招标投标设置的类似工程业绩应符合下列规定:

1　工程业绩应根据招标项目的特点,在招标公告、招标文件中明确相应的量化指标及期限。量化指标可为面积或造价规模,但不应超过招标项目相应指标的70%。

2　工程业绩的证明材料一般为中标通知书、合同、竣工验收证明等。

3　投标人所提供的工程业绩证明应在园林绿化信用信息管理系统平台中记录。

表 5.3.2　技术工人的人数和工种配备

工程规模	人员数量(人)	岗位职责
Ⅰ类小型工程 (工程造价≤400 万元)	10	包括绿化工、花卉工、砌筑工、木工、电工、园林植保工等,相关工种应与工程内容相匹配
Ⅱ类中型工程 (400 万元<工程造价<3 000 万元)	20~30	包括绿化工、花卉工、花艺环境设计师、砌筑工、木工、电工、园林植保工等,相关工种应与工程内容相匹配; 高级专业技术工人不少于 6 人,其中高级绿化工/高级花卉工总数不少于 3 人
Ⅲ类大型工程 (工程造价≥3 000 万元)	30~60	包括绿化工、花卉工、花艺环境设计师、砌筑工、木工、电工、园林植保工等,相关工种应与工程内容相匹配; 高级专业技术工人不少于 10 人,其中高级绿化工/高级花卉工总数不少于 5 人
Ⅳ类特殊复杂工程	10~20	应具有从事名木古树保护、大规模假山、仿古园林施工等技术复杂内容的专业技术人员,如园林植保工、假山工、木雕工、石雕工、古建瓦工、彩绘工、油漆工等

注:1. 本人员数量和工种配备为企业应当具备工种人数的标准。
2. 工程规模较小的技术复杂型工程,如名木古树保护、假山、仿古园林等,在满足工程对特殊专业技术工人配备基础上,可适当减少其他人员数量。

5.5　技术储备

5.5.1　投标人应当具有与工程建设活动相匹配的技术储备,包括企业工法、施工技术规程(标准)、专项工艺、技术要点等。承担Ⅲ类、Ⅳ类园林绿化工程的企业应有解决专类问题和特殊复杂问题的技术能力,如专项企业工法、专项工艺、标准等。

5.5.2　投标人承担Ⅲ类、Ⅳ类园林绿化工程应具有二次设计深化能力。招标人可根据项目需要将风景园林设计能力纳入评标分值。

5.5.3　投标人应根据项目要求配备或租赁相应的施工机械设备,如洒水车、园林机械、吊装设备、运输车辆以及其他专用设备等。

5.5.4　投标人应根据招标文件要求,结合工程项目的地域条件、工程特点、施工范围、现场条件、施工管理等编制施工组织设计。施工组织设计内容应包括工程概况、现场平面布置、进度计划、投资计划、质量措施、安全文明措施,以及关键施工技术、工艺和重点、难点的解决方案等。

5.5.5　对危险性较大、特殊复杂分部(分项)工程,投标人应编制专项施工方案。专项施工方案内容应包括工程概况、施工安排、施工方法、技术保证、安全措施、工法、企业标准等。

6 商务报价

6.0.1 招标人应在招标文件中明确商务标中工程发承包计价以及报价评审办法。

6.0.2 工程发承包计价应遵循国家和地方对工程施工发包与承包计价管理办法的规定。投标报价编制应符合下列规定:

1 投标报价应当依据工程量清单、工程计价有关规定、企业定额和市场价格信息等编制;

2 投标报价不得低于工程成本,不得高于最高投标限价。

6.0.3 工程造价大于400万元的园林绿化工程项目,招标人可设置相关要约条件,限制不合理报价行为,选取合理价中标单位,并应符合不列规定:

1 园林绿化工程商务标的合理报价不应低于招标控制的85%;

2 对于投标人的中标价低于招标控制价85%的,中标人应额外提供保函等形式的风险担保或者相应功能的保险。

6.0.4 工程造价小于等于400万元的园林绿化工程项目,招标人可采用合理价随机抽取法确定中标人。

7 资信评价

7.0.1 投标人应当具备良好的资信能力,有从事工程施工的充足资金,且财务状况良好。

7.0.2 招标文件中应要求投标人提交投标保证和履约保证。投标人提交的保函可采用银行保函等形式。

7.0.3 投标人所提供的企业及人员的市场行为记录、履约记录、工程质量评价、技术水平、工程获奖等主要信息,应按规定在园林绿化信用信息管理系统中登记记录。

7.0.4 园林绿化行业的市场主体信用记录,应作为投标人资格审查和评标的依据。

8 评标规则

8.1 评标委员会

8.1.1 招标人应依据《中华人民共和国招标投标法》《中华人民共和国招标投标法实施条例》的规定,结合项目实际情况组建评标委员会。

8.1.2 园林绿化工程的评标委员会专家组成应符合下列规定:

1 评标委员会由招标人或其委托的招标代理机构中熟悉相关业务的代表,以及有关技术、经济等方面的专家组成,成员人数应为5人及以上的单数;

2 资格审查委员会、评标委员会的园林类技术专家不应少于成员总数的三分之一。

8.2 资格审查

8.2.1 投标人应按照国家有关规定及招标文件的要求对投标人资格进行审查。资格审查活动应按照现行的国家和地方招标投标有关法规、政策和管理办法执行。

8.2.2 资格审查应符合下列规定:

1 评标委员会由招标人或其委托的招标代理机构中熟悉相关业务的代表,以及有关技术、经济等方面的专家组成,成员人数应为5人及以上的单数。

2 资格审查委员会、评标委员会的园林类技术专家不应少于成员总数的三分之一。

(1)资格审查分为资格预审和资格后审,由招标人根据实际情况选择;

(2)投标人的资格条件以及资评审办法、标准应在资格预审文件、招标文件和相应的公告中明确;

(3)资格审查内容一般可包括企业的法人资格、财务状况、信誉或信用评价、工程业绩等,以及项目负责人的专业、资格、受聘或执业情况及类似业绩等。

8.3 符合性评审

8.3.1 符合性评审可分为形式评审、资格评审、响应性评审等,具体应按照招标文件中列出的规定执行。

8.3.2 形式评审应审核投标人名称、投标文件格式、投标文件签单等内容。

8.3.3 资格评审应审核投标人的营业执照、财务状况、类似工程业绩、信用评价、承诺书,以及项目负责人、管理人员、技术工人的资格证书、劳动合同、社会保险等资料。

8.3.4 响应性评审应审核投标人的投标报价、工期、质量标准、投标保证金、投标有效期、权利义务以及其他发包人要求。

8.4 详细评审

8.4.1 详细评审应包括技术评审和报价评审。

8.4.2 技术评审应符合下列规定:

1 技术评审方法应符合现行的国家和地方招标投标有关法规、政策、管理办法的规定。

2 技术评审内容可包括施工组织设计、技术能力、业绩评价、企业信用评价、项目负责人答辩等,具体要求应在招标文件中明确。

3 施工组织设计应符合下列要求:

(1)符合施工合同有关工程进度、质量、安全、环境保护及文明施工等方面的要求;

(2)优化施工方案,达到合理的技术经济指标,并具有先进性和可实施性;

(3)推广应用绿色施工技术,实现节能、节地、节水、节材和环境保护;

(4)结合工程特点推广应用新技术、新工艺、新材料、新设备;

(5)项目管理机构符合本标准第5.2.2条的要求,人员配备合理,职责分工明确;

(6)技术方案应符合本标准第5.5节的要求,包括施工方案、专项方案、季节性施工保障施工、关键技术、相应施工工艺和企业工法,承担Ⅲ类、Ⅳ类园林绿化工程应具有现场深化设计能力;

(7)苗木采购计划应包括苗木的品种、规格、质量、外观要求,以及起苗、包扎、装车、运输和质量保证措施;

(8)其他施工组织设计评审的要求。

4 技术能力评价应按招标文件要求和工程实际,依据本标准5.3、5.5节的规定对企业的技术工人配置情况、技术储备(技术标准、施工工法、园林专业设计人员与二次深化设计能力),以及项目负责人和技术负责人的技术职称和项目负责人所承担的园林绿化工程获得优秀表彰的相关证明等进行审核和评价。

5 业绩评价应按照招标文件要求对企业工项目负责人所承担的类似工程业绩、履约记录、质量评价以及近年来所承担园林绿化工程获得优秀表彰的相关证明等进行审核和评价。

6 企业信用评价应运用园林绿化信用管理系统的信息,对投标人市场主体信用进行评审。

7 项目负责人答辩应由评标委员会根据招标文件及工程要求进行组织,可采取笔试或面试等形式,主要内容为工程特点、关键环节、关键技术、专项方案、质量与进度控制等,以及从事专业技术的管理经验和能力。

8.4.3 报价评审应符合下列规定:

1 报价评审方法应符合现行的国家和地方招标投标有关法规、政策、管理办法的规定,并在招标文件和相应公告中明确。

2 投标报价应符合本标准第6.0.2条的规定。评标委员会应对显著低于招标控制价的报价文件作进一步评审、比较,以确定其是否低于成本价。

3 投标报价低于工程成本或者高于最高投标限价总价的,评标委员会应否决其投标。

8.5 评标分值

8.5.1 评标分值由技术评审、投标报价等相关分值构成,具体分值应按照招标文件中列出的要求执行。

8.5.2 除采用随机办法抽取中标候选人外,技术评审分在总分值中占比宜符合表8.5.2的规定。

表8.5.2 技术评审分中总分值中占比

工程类型	技术评审分在总分值中占比(%)
Ⅰ类工程(单项合同额≤400万元)	不低于20
Ⅱ类中型工程(400万元<单项合同额<3 000万元)	不低于40
Ⅲ类大型工程(单项合同额≥3 000万元)	不低于50
Ⅳ类特殊复杂工程	不低于60

参考文献

[1] 国家住房与城乡建设部. 建设工程工程量清单计价规范:GB 50500—2013[S]. 北京:中国计划出版社,2013.

[2] 国家住房与城乡建设部. 园林绿化工程工程量计算规范:GB 50858—2013[S]. 北京:中国计划出版社,2013.

[3] 国家住房与城乡建设部. 仿古建筑工程工程量计算规范:GB 50855—2013[S]. 北京:中国计划出版社,2013.

[4] 国家住房与城乡建设部. 园林绿化工程消耗量定额: ZYA2 - 31 - 2018[S]. 北京:中国计划出版社,2018.

[5] 中国风景园林学会. 园林绿化工程施工招标投标管理标准:T/CHSLA 50001—2018[S]. 北京:中国建筑工业出版社,2019.

[6] 徐梅,杨嘉玲. 园林绿化工程预算课程设计指南[M]. 成都:西南交通大学出版社,2018.

[7] 陈振锋. 园林工程预决算[M]. 北京:机械工业出版社,2018.

[8] 吴立威. 园林工程招标与预决算[M]. 北京:中国林业出版社,2015.

[9] 高建亮,等. 园林工程技术/高等职业院校学生专业技能考核标准与题库[M]. 长沙,湖南大学出版社,2017.

[10] 许桂芳,张蕊. 园林工程招投标及预决算[M]. 2 版. 郑州:黄河水利出版社,2015.